近年来使用天意设备的部分生产厂家

天津东方巨龙年产 80 万平方外墙保温一体化生产线

中煤集团年产 5 万立方天意 PC 生产线

河南国隆实业年产 60 万平方外墙保温一体化生产线

甘肃建投年产 100 万平方天意装饰及保温隔热一体化板生产线

喀什金橙公司年产 50 万平方天意卧室复合板机生产现场

南通三建年产 7 万立方天意 PC 生产线

冀东水泥集团年产 30 万平方天意平模墙板生产线

天意机械
天意股份（代码：201648）
诚信天意　装配梦想

云南太古公司年产 50 万平方
天意立式复合板机生产现场

江西雄宇年产 50 万平方
外墙保温一体化生产线

江西雄宇年产 10 万
立方 PC 生产线

装配式建筑之优选部品
——建筑板材

崔玉忠　刘洪彬　主编

中国建材工业出版社

图书在版编目(CIP)数据

装配式建筑之优选部品:建筑板材/崔玉忠,刘洪彬主编 . --北京:中国建材工业出版社,2017.8
ISBN 978-7-5160-1985-6

Ⅰ. ①装… Ⅱ. ①崔… ②刘… Ⅲ. ①装配式构件—板材 Ⅳ. ①TU531.1

中国版本图书馆 CIP 数据核字(2017)第 197636 号

装配式建筑之优选部品——建筑板材
崔玉忠 刘洪彬 主编

出版发行:中国建材工业出版社
地 址:北京市海淀区三里河路 1 号
邮 编:100044
经 销:全国各地新华书店
印 刷:北京文高印刷有限公司
开 本:787mm×1092mm 1/16
印 张:26.5
字 数:650 千字
版 次:2017 年 11 月第 1 版
印 次:2017 年 11 月第 1 次
定 价:168.00 元

本社网址:www.jccbs.com 微信公众号:zgjcgycbs
广告经营许可证号:京海工商广字第 8293 号

前　　言

国务院办公厅《关于大力发展装配式建筑的指导意见》中指出：发展装配式建筑是建造方式的重大变革，是推进供给侧结构性改革和新型城镇化发展的重要举措，有利于节约资源能源、减少施工污染、提升劳动生产效率和质量安全水平，有利于促进建筑业与信息化工业化深度融合、培育新产业新动能、推动化解过剩产能。该《指导意见》中提出的八项重点任务"健全标准规范体系"、"创新装配式建筑设计"、"优化部品部件生产"、"提升装配施工水平"、"推广绿色建材"、"推进建筑全装修"、"推行工程总承包"、"确保工程质量安全"中，与建材行业密切相关的任务有"优化部品部件生产"和"推广绿色建材"，部分相关的任务有"健全标准规范体系"和"推进建筑全装修"。因此，装配式建筑的推广和政策支持将为建材行业特别是建材产品生产企业提供良好的发展机遇。

无论是从预制产品的性能和功能方面考虑，还是从建造作业方式和建造速度方面考虑，建筑板材无疑都是装配式建筑的最优匹配产品。《装配式建筑之优选部品——建筑板材》正是在这样的背景之下立项并开始编撰的。本书编撰时间历时两年半，主编人员查阅了大量国内外文献资料，并结合相关理论知识和实际从业经验，编撰完成了包含楼板、屋面板、墙板、楼梯与装配式房屋实践在内的《装配式建筑之优选部品——建筑板材》。全书分为七章，各章视具体情况分别包括以综述形式撰写的概括性技术内容和以讲述产品质量要求、生产控制要素为主撰写的具体可操控的技术内容，还在第一章、第二章、第三章和第六章中设置了相关预制混凝土产品的欧洲标准翻译稿。本书中"大型墙板"的宽度和（或）高度一般为整个房屋开间（或进深）的宽度和整个楼层的高度，墙板厚度视墙板的具体使用部位和性能要求以及功能要求而定。大型墙板常用于建筑外墙，分为承重墙板和非承重墙板；"条型板材"的厚度一般不超过180mm，宽度优选600mm，长度通常为楼层高度减去安装处理间距，条型板材主要用于分户墙与内隔墙;"薄型板材"的长度和宽度远大于其厚度,此类板材的厚度通常不大于 20mm,宽度通常不小于 1200mm,长度通常不小于 2400mm,薄型板材常用于内隔墙、外墙墙面装饰以及吊顶。本书第七章分别介绍了三种不同结构形式的装配式房屋,并约请徐州中煤汉泰建筑工业化有限公司朱蕾宏总工撰写了本章的第三节。

本书的主编人员力求以科学求实和认真负责的态度编撰本书,尽管如此,书中仍然可能存在诸多不妥之处,敬请相关专家和广大读者不吝指正。

主编

2017 年 10 月

目　　录

第1章　装配式建筑与预制混凝土产品

第1节　装配式混凝土建筑与预制混凝土产品

1　引言

装配式建筑是用预制部品部件在工地装配而成的建筑。国务院办公厅以国办发〔2016〕71号文发布《关于大力发展装配式建筑的指导意见》，在"指导思想"中指出：按照适用、经济、安全、绿色、美观的要求，推动建造方式创新，要大力发展装配式混凝土建筑和钢结构建筑，在具备条件的地方倡导发展现代木结构建筑，不断提高装配式建筑在新建建筑中的比例。在"工作目标"中指出：力争用10年左右的时间，使装配式建筑占新建建筑面积的比例达到30％。同时，逐步完善法律法规、技术标准和监管体系，推动形成一批设计、施工、部品部件规模化生产企业，具有现代装配建造水平的工程总承包企业以及与之相适应的专业化技能队伍。该《指导意见》提出的发展装配式建筑的"重点任务"是：健全标准规范体系；创新装配式建筑设计；优化部品部件生产；提升装配施工水平；推进建筑全装修；推广绿色建材；推行工程总承包；确保工程质量安全。其中"优化部品部件生产"的具体任务是：支持部品部件生产企业完善产品品种和规格，促进专业化、标准化、规模化、信息化生产，优化物流管理，合理组织配送。积极引导设备制造企业研发部品部件生产装备机具，提高自动化和柔性加工技术水平。建立部品部件质量验收机制，确保产品质量。

在装配式建筑中经常采用的预制混凝土产品包括：钢筋混凝土柱、钢筋混凝土梁或预应力混凝土梁、钢筋混凝土檩条或预应力混凝土檩条、钢筋混凝土楼板或预应力混凝土楼板、钢筋混凝土屋面板或预应力混凝土屋面板、钢筋混凝土外墙板、钢筋混凝土楼梯段及楼梯踏步、钢筋混凝土门窗横梁、混凝土隔墙板、混凝土饰面板、由耐热混凝土制成的装配式烟囱及烟道、装配式建筑基础用的混凝土及钢筋混凝土构件等。

《装配式混凝土结构技术规程》JGJ 1—2014对"装配式混凝土结构"的定义为：由预制混凝土构件通过可靠的连接方式装配而成的混凝土结构，包括装配整体式混凝土结构、全装配混凝土结构等。在建筑工程中，简称装配式建筑；在结构工程中，简称装配式结构。

与现浇混凝土结构相比，装配式混凝土结构具有现场湿作业量少、建造速度快、有利于建筑工业化等优点，预制构件之间连接的可靠性与结构的整体性是装配式混凝土结构必须解决的重要问题。

中国建筑工业出版社出版的《大力推广装配式建筑必读》之专题"装配式混凝土建筑技术体系"中认为：目前的装配式混凝土技术体系从结构形式可分为框架结构、剪力墙结构、框架-剪力墙结构、框架-核心筒结构等。

按照结构中预制混凝土产品的应用部位,可将装配式混凝土结构分为三种方式:①全部竖向承重结构构件、水平构件和非结构构件均采用预制构件;②部分竖向承重结构构件、水平构件、外墙、内隔墙、楼板、楼梯等采用预制构件;③外墙板、内隔墙、楼板、楼梯等采用预制构件,全部竖向承重构件采用现浇钢筋混凝土。

按照结构中主要预制承重构件连接方式的整体性能,可分为装配整体式混凝土结构和全装配式混凝土结构。装配整体式混凝土结构是指由预制混凝土构件通过可靠的方式进行连接并与现场后浇混凝土、水泥基灌浆料形成整体的装配式混凝土结构。

2 装配式混凝土建筑的结构体系

2.1 框架结构体系

混凝土框架结构可分为现浇混凝土框架结构、装配式混凝土框架结构、装配整体式混凝土框架结构。现浇混凝土框架全部在现场浇注,因此整体性好、抗震性好,缺点是现场湿作业量大、工期长、需要大量模板。装配式混凝土框架是指采用预制的梁、柱、楼板等,在现场通过焊接拼装连接成为整体框架结构,由于所有构件都是在可控的生产条件下预制而成,因此产品的标准化程度高,可加快现场施工速度,但需要大量运输作业和吊装作业。装配式框架结构整体性相对较差,不宜在地震区应用。装配整体式混凝土框架是指采用预制的梁、柱、楼板等,现场吊装就位后,通过焊接或绑扎节点区钢筋并浇注混凝土,形成框架节点并使各预制构件连接成为整体的框架结构。整体式混凝土框架结构具有良好的整体性和抗震能力,兼具现浇式框架和装配式框架的优点,缺点是施工现场仍然需要湿作业。

根据构件种类和连接方式,装配式混凝土框架结构可细分为以下几种类型:①框架梁、柱为预制构件,通过梁柱后浇节点区进行整体连接;②梁柱节点与梁、柱均为预制构件,在梁、柱构件上设置后浇段进行连接;③采用现浇或多段预制混凝土柱,预制预应力混凝土叠合梁、板,通过钢筋混凝土后浇部分将梁、板、柱及节点连接成整体框架结构;④采用预埋型钢等进行辅助连接的框架体系。通常采用预制框架柱、叠合梁、叠合板或预制楼板,通过梁、柱内预埋型钢螺栓连接或焊接,并结合节点区后浇混凝土,形成整体结构;⑤框架梁、柱均为预制构件,采用后张预应力筋自复位连接或者采用预埋件和螺栓连接等形式,节点性能介于刚性连接和铰接之间。

2.2 剪力墙结构体系

剪力墙结构是以钢筋混凝土墙体承受竖向荷载与水平荷载的结构。随着建筑层数增加,框架结构由原来主要承受竖向荷载转变为主要承受水平荷载(风荷载或地震荷载),框架结构表现出"抗侧刚度小,水平位移大"的柔性特点,而且对水平荷载的动力反应非常敏感,所需要的钢筋混凝土框架结构梁、柱的截面越来越大。提高抗侧刚度的有效解决方案就是利用建筑物墙体构成的可承受水平荷载和竖向荷载的剪力墙结构。剪力墙结构比框架结构具有更强大的竖向和侧向刚度,抵抗水平作用的能力强,空间整体性好。按照施工工艺,剪力墙结构体系可分为现浇剪力墙结构体系、装配大板剪力墙结构体系和内浇外挂剪力墙结构体系。按照剪力墙受力特点,剪力墙结构分为整体墙、小开口整体墙、双肢(多肢)剪力墙、框支剪力墙和壁式框架剪力墙。

剪力墙结构分为装配式剪力墙结构和现浇剪力墙结构。北京市地方标准《装配式剪力墙结构设计规程》DB 11/T1003—2013 对"装配式剪力墙结构"的定义为:混凝土结构的部分或全部采用承重预制墙板,通过节点部位的连接形成的具有可靠传力机制的混凝土剪力墙结构。该规程中的装配式剪力墙结构包括装配整体式混凝土剪力墙结构、预制圆孔板剪力墙结构、装配式型钢混凝土剪力墙结构。装配整体式混凝土剪力墙结构的定义为:混凝土结构的部分或全部采用承重预制墙板,通过节点部位的连接形成具有可靠连接机制,并与现浇混凝土形成整体的装配式混凝土剪力墙结构,其整体性能与现浇混凝土剪力墙结构接近。预制圆孔板剪力墙结构的定义为:墙体采用预制钢筋混凝土圆孔板的装配式混凝土剪力墙结构,预制圆孔板的圆孔内配置连续的竖向钢筋,并用现浇微膨胀混凝土将圆孔全部灌实。装配式型钢混凝土剪力墙结构的定义为:预制墙板的边缘构件位置设置型钢、拼缝位置设置钢板预埋件,型钢和钢板预埋件在拼缝位置采用焊接或螺栓连接的装配式混凝土剪力墙结构。

装配式混凝土剪力墙结构适用的最大高度应符合表 1-1-1 的规定。不规则建筑采用装配式剪力墙结构时,其适用的剪力墙高度宜适当降低。装配式剪力墙结构建筑的高宽比不宜超过表 1-1-2 的规定。

表 1-1-1　装配式混凝土剪力墙结构适用的最大高度(m)

结构类型		抗震设防烈度	
		7 度	8 度
装配整体式剪力墙	外墙装配,内墙现浇	100	90
	外墙装配,内墙部分装配	90	80
预制圆孔板剪力墙		60	45
装配式型钢混凝土剪力墙		60	45

注:1. 房屋高度是指室外地面到主楼屋面板板顶的高度。
　　2. 在规定水平力作用下,预制剪力墙构件承担的底部剪力大于底部总剪力的 80% 时,最大适用高度宜适当降低。

表 1-1-2　装配式剪力墙结构适用的最大高宽比

抗震设防烈度	7 度	8 度
建筑高宽比	6.0	5.0

2.3　框架-剪力墙结构体系

框架-剪力墙结构(简称框剪结构)是在框架结构中设置适当剪力墙的结构。它具有框架结构平面布置灵活、具有较大空间的优点,又有侧向刚度大的优点。框架剪力墙结构中,框架主要承受竖向荷载,剪力墙主要承受水平荷载。由于框架-剪力墙结构是由框架和剪力墙两部分组成的结构体系,所以框架-剪力墙的结构布置应能保证框架和剪力墙的协同工作。北京市地方标准《装配式框架及框架剪力墙结构设计规程》DB11/T 1310—2015 对"装配式框架-剪力墙结构"的定义为:由预制框架梁柱通过可靠的方式进行连接,并与现场浇注的混凝土剪力墙可靠连接并形成整体的框架-剪力墙结构,简称装配整体式框架-剪力墙结构。根据预制构件所在部位,装配式框架-剪力墙结构可分为预制框架-现浇剪力墙结构、预制框架-现浇核心筒结构、预制框架-预制剪力墙结构。

3 规范、规程、图集对预制混凝土板材的需求及要求

3.1 《装配式混凝土建筑技术标准》GB/T 51231—2016

该标准适用于抗震设防烈度为8度及8度以下地区装配式建筑的设计、生产运输、施工安装和质量验收。该标准对"装配式建筑"的定义为:结构系统、外围护系统、设备与管线系统、内装系统的主要部分采用预制部品部件集成的建筑。对"装配式混凝土建筑"的定义为:建筑的结构系统由混凝土部件(预制构件)构成的装配式建筑。对"装配整体式混凝土结构"的定义为:由预制混凝土构件通过可靠的连接方式进行连接并与现场后浇混凝土、水泥基灌浆料形成整体的装配式混凝土结构。

《装配式混凝土建筑技术标准》对预制混凝土板材的需求及要求:

· 外围护系统应根据装配式混凝土建筑所在地区的气候条件、使用功能等综合确定抗风性能、抗震性能、耐撞击性能、防火性能、水密性能、气密性能、隔声性能、热工性能和耐久性能要求,屋面系统还应满足结构性能要求。外墙系统可选用预制外墙、现场组装骨架外墙、建筑幕墙等类型。对于预制外墙,预制混凝土外墙板用材料应符合现行行业标准《装配式混凝土结构技术规程》JGJ 1的规定;拼装大板用材料包括龙骨、基板、面板、保温材料、密封材料、连接固定材料等,各类材料应符合国家现行相关标准的规定;整体预制条板和复合夹芯条板应符合国家现行相关标准的规定。对于现场组装骨架外墙,内侧墙面材料宜采用普通型、耐火型或防潮型纸面石膏板,外侧墙面宜采用防潮型纸面石膏板或纤维水泥板等材料。对于建筑幕墙,人造板材幕墙的设计应符合现行行业标准《人造板材幕墙工程技术规范》JGJ 336的相关规定。

· 预制混凝土外墙的装饰面层宜采用清水混凝土、装饰混凝土、免抹灰涂料和反打面砖等耐久性强的建筑材料。

· 在正常使用状态下,外挂墙板应具有良好的工作性能。外挂墙板在多遇地震作用下应能正常使用;在设防烈度地震作用下经修理后应仍可使用;在预估的罕遇地震作用下不应整体脱落。

· 外挂墙板的形式和尺寸应根据建筑立面造型、主体结构层间位移限值、楼层高度、节点连接形式、温度变化、接缝构造、运输限制条件和现场起吊能力等因素确定。

· 装配整体式混凝土结构的楼盖宜采用叠合楼盖,叠合板设计应符合现行国家标准《混凝土结构设计规范》GB 50010的有关规定。

3.2 《装配式混凝土结构技术规程》(JGJ 1—2014)

该规程适用于民用建筑非抗震设计及抗震设防烈度为6度至8度抗震设计的装配式混凝土结构的设计、施工及验收。该规程涉及的装配式混凝土结构包括:装配整体式框架结构、装配整体式剪力墙结构、装配整体式框架—现浇剪力墙结构、装配整体式部分框支剪力墙结构。

《装配式混凝土结构技术规程》对预制混凝土产品的需求及要求:

· 建筑的围护结构以及楼梯、阳台、隔墙、空调板、管道井等配套构件、室内装修材料宜采

用工业化、标准化产品。

·装配整体式结构的楼盖宜采用叠合楼盖。

·阳台板、空调板宜采用叠合构件或预制构件。预制构件应与主体结构可靠连接。

·预制剪力墙宜采用一字形,也可采用L形、T形或U形;开洞预制剪力墙洞口宜居中布置,洞口两侧的墙肢宽度不应小于200mm,洞口上方连梁高度不宜小于250mm。

·当预制外墙采用夹芯墙板时,应满足下列要求:①外叶墙板厚度不应小于50mm,且外叶墙板应与内叶墙板可靠连接;②夹芯层厚度不宜大于120mm;③当作为承重墙时,内叶墙板应按剪力墙进行设计。

·对于多层剪力墙结构,当房屋层数大于3层时,屋面、楼面宜采用叠合楼盖;当房屋层数不大于3层时,楼面可采用预制楼板。

·外挂墙板的高度不宜大于一个层高,厚度不宜小于100mm;外挂墙板宜采用双层、双向配筋,竖向和水平钢筋的配筋率均不应小于0.15%,且钢筋直径不宜小于5mm,间距不宜大于200mm。

3.3 《高层建筑混凝土结构技术规程》JGJ 3—2010

该规程适用于非抗震设计和抗震设防烈度为6度至9度抗震设计的10层及10层以上或房屋高度超过28m的高层民用建筑结构。该规程不适用于建造在危险地段场地的高层建筑。该规程涉及框架结构、剪力墙结构、框架-剪力墙结构、筒体结构、复杂高层建筑结构及混合结构。

《高层建筑混凝土结构技术规程》对预制混凝土产品的需求及要求:

·高层建筑的填充墙、隔墙等非结构构件宜采用各类轻质材料。

·房屋高度不超过50m时,6度、7度抗震设计时可采用装配整体式楼盖,且应符合下列要求:①楼盖每层宜设置钢筋混凝土现浇层。现浇层厚度不宜小于50mm,并应双向配置直径不小于6mm、间距不大于200mm的钢筋网,钢筋应锚固在剪力墙内;②楼盖的预制板板缝不宜小于40mm,板缝大于40mm时应在板缝内配置钢筋,并贯通整个结构单元。现浇板缝、板缝梁的混凝土强度等级宜高于预制板的混凝土强度等级。③预制板搁置在梁上的长度不宜小于50mm;④预制板板端宜预留胡子筋,其长度不宜小于100mm;⑤预制空心板孔端堵头深度不宜小于60mm,并应采用强度等级不低于C20的混凝土浇灌密实。

3.4 《装配式框架及框架剪力墙结构设计规程》DB11/T 1310—2015

该规程适用于北京市行政区域内的抗震设防类别为标准设防类及重点设防类、抗震设防烈度为7度(0.15g)及8度(0.20g)的装配式混凝土框架及框架-剪力墙结构的设计。该规程规定了装配式混凝土框架及框架-剪力墙结构的最大适用高度(见表1-1-3)以及各种结构类型适用的最大高宽比(见表1-1-4)。

表 1-1-3　装配式整体框架及装配整体式框架-剪力墙结构的最大适用高度(m)

结构类型	抗震设防烈度	
	7 度(0.15g)	8 度(0.20g)
装配整体式框架结构	50	40
装配整体式框架-剪力墙结构	120	100

表 1-1-4　装配整体框架及装配整体式框架-剪力墙结构适用的最大高宽比

结构类型	抗震设防烈度	
	7 度(0.15g)	8 度(0.20g)
装配整体式框架结构	4	3
装配整体式框架-剪力墙结构	6	5

　　装配式结构设计应综合考虑预制构件制作和安装阶段误差的影响,采取有效措施减小误差影响,防止误差累积。预制构件之间的拼缝宽度不宜小于 10mm。

　　装配式结构的设计应满足下列要求:①预制构件宜符合模数协调原则,优化预制构件的尺寸,减少预制构件的种类;②预制构件应满足施工吊装要求,且应便于施工安装和进行质量控制;③应根据预制构件的功能部位、采用的材料、加工制作等因素,确定合理的公差。在必要的精度范围内,宜选用较大的基本公差。

　　《装配式框架及框架剪力墙结构设计规程》对预制混凝土产品的需求及要求:

　　·预制构件应合理选择吊具和吊点的数量和位置,使其在脱模、翻转、运输及安装阶段满足设计要求。对制作、运输和堆放、安装等短暂设计状况下的预制构件验算,应符合《混凝土结构工程施工规范》GB 50666 的有关规定。

　　·预制构件中普通钢筋及预应力筋的混凝土保护层厚度应满足《混凝土结构设计规范》GB 50010 的要求;混凝土保护层厚度大于 50mm 时,宜对保护层采取有效的防裂构造措施。

　　·预制楼梯梯板上部应配置通长的构造钢筋,配筋率不宜小于 0.15%;下部钢筋应按计算确定;分布钢筋直径不宜小于 6mm,间距不宜大于 250mm。

　　·预制构件中外露预埋件凹入混凝土表面不宜小于 10mm。预制构件外露金属件应进行封锚或防腐处理,其耐久性应满足结构设计使用年限的要求。有防火要求时还应采取防火措施。

　　·用于装配整体式楼盖的叠合板应满足下列要求:①叠合板的现浇层厚度不应小于 60mm;②当叠合板的预制板搁置在梁上或剪力墙上时,搁置长度不宜小于 15mm;③当叠合板中预制板采用空心单孔板时,板端堵头宜留出不小于 60mm 的空腔,空腔端部应采用不低于 M5.0 的砂浆块或 C10 混凝土进行封堵,并将多余的砂浆或混凝土清理干净。板端空腔应采用强度等级不低于 C30 的混凝土浇灌密实。

　　·对叠合面不配抗剪钢筋的叠合板,其叠合面的受剪强度应满足公式 1-1-1 的要求,式中的 V 为水平接合面剪力设计值(N)、b 为叠合面的宽度(mm)、h_0 为叠合面的有效高度(mm)、f_t 为混凝土抗拉强度设计值(MPa)。

$$\frac{V}{bh_0} \leqslant 0.4 f_t \tag{1-1-1}$$

　　·当未设置桁架钢筋时,下列情况下,叠合板的叠合面应设置抗剪构造钢筋:①跨度超过 4.0m 的板,周围 1/4 跨范围内;②相邻悬挑板的上部钢筋伸入叠合板现浇层时,上部钢筋的锚固范围内;③悬挑叠合板。预埋在预制板内的抗剪构造钢筋宜采用马镫形状,直径不应小于 6mm,中心间距不应小于 400mm,马镫筋宜伸到叠合板上、下部纵向钢筋处,预埋在预制板内的总长度不应小于钢筋直径的 15 倍,水平段长度不应小于 50mm。

　　·叠合板端支座处,预制板内的纵向受力钢筋宜从板端伸出并锚入梁或墙的现浇混凝土层中,锚固长度不应小于 $5d(d$ 为钢筋直径)及 100mm 的较大值,且宜伸过支座中心线。单向预制板的板侧支座处,钢筋可不伸出,支座处宜贴预制板顶面在现浇混凝土中设置附加钢筋;附加钢筋面积不宜小于预制板内同向钢筋面积,在现浇混凝土层内锚固长度不应小于 $0.8l_a$(l_a 为受拉钢筋的锚固长度),在支座内锚固长度 l 不应小于 $5d(d$ 为钢筋直径)及 100mm 的较大值,且宜伸过支座中心线。

·阳台板宜采用预制构件或预制叠合构件。当采用预制叠合构件时,悬臂叠合构件负弯矩钢筋应在现浇层中锚固并应置于现浇层主要受力钢筋下侧。

3.5　《装配式剪力墙住宅建筑设计规程》DB11/T 970—2013

该规程适用于北京市采用装配式剪力墙结构方式建设的新建住宅。该规程对"装配式剪力墙住宅"的定义为:全部或部分剪力墙采用预制混凝土构件的住宅。

《装配式剪力墙住宅建筑设计规程》对预制混凝土产品的需求及要求:

·装配式剪力墙住宅在保证安全和质量的前提下,应在承重外墙、内墙、楼板等主要受力构件全部或部分采用工业化生产的预制构件,宜在楼梯、阳台、空调板等部位配套采用预制构件。

·预制构件(梁、墙、板)的划分,应遵循受力合理、连接简单、施工方便、少规格、多组合的原则。

·预制外墙的设计应充分考虑其制作工艺、运输及施工安装的可行性,满足施工安装的三维可调性要求,做到标准化、系列化,实现构件的不断复制和工业化生产。预制外墙要做好构件拆分设计,满足功能、结构、经济性和立面要求等,便于建筑立面的表现和结构合理性,便于运输、施工和安装。

·装配式剪力墙住宅的分户墙宜作为预制承重内墙,在分户墙上宜设置备用门洞。

·预制非承重内墙宜采用自重轻的材料,内墙的侧面、顶端及底部与主体结构的连接应满足抗震及日常使用安全性要求,同时应满足不同使用功能房间的防火、隔声等要求。用作厨房及卫生间等潮湿房间的内墙应满足防水要求。

·装配式剪力墙住宅的楼板宜采用叠合楼板。

3.6　《装配式剪力墙结构设计规程》DB11/T 1003—2013

该规程适用于北京市抗震设防类别为标准设防类、抗震设防烈度为 7 度($0.15g$)及 8 度($0.20g$)的装配式剪力墙结构设计。

装配式剪力墙结构的设计应满足下列要求:①预制构件宜符合模数协调原则,优化预制构件的尺寸,减少预制构件的种类;②预制构件应满足制作、存储、运输、施工吊装等要求,且应便于施工安装和进行质量控制。

《装配式剪力墙结构设计规程》对预制混凝土产品的需求及要求:

·预制构件应合理选择吊点的数量和位置以及起吊方式,使其在制作和吊装施工阶段满足设计要求。预制构件设置预埋吊环时,其设计与构造应满足起吊方便和吊装安全的要求。吊环钢筋应选用 HPB300 级钢筋,锚入结构构件的长度不应小于吊环钢筋直径的 30倍,并应与钢筋骨架焊接或绑扎牢固;在构件自重标准值作用下,每个吊环按两个截面计算,吊环的设计应力不应大于 65MPa;当在一个构件上设有 4 个吊环时,应按 3 个进行承载力计算。

• 建筑外墙宜采用预制夹芯外墙板,并应符合下列要求:①外叶墙板的厚度不应小于50mm,且不宜大于70mm,建筑装饰线脚突出外墙面的尺寸不宜大于50mm,超出时应采取有效措施;混凝土强度等级不应低于C30;外叶墙板内应配置单层双向钢筋网片,钢筋直径不宜小于4mm,钢筋间距不宜大于150mm;②内叶墙板与外叶墙板之间填充的保温材料应连续,材料性能应符合建筑节能、防火和环保要求,采取的构造措施应使保温材料满足结构设计使用年限的要求;③内叶墙板厚度不宜小于200mm,且应满足相应的各项规定;④预制夹芯外墙板应通过连接件将内、外叶墙板及保温层连接成整体;连接件应符合下列规定:在正常使用状态、地震作用和风荷载作用下,满足承载力要求;应减小内、外叶墙板的相互影响;在内、外叶墙板中应有可靠的锚固性能;耐久性能应满足结构设计使用年限的要求。

• 预制墙板的配筋应满足《建筑抗震设计规范》GB 50011 和《高层建筑混凝土结构技术规程》JGJ3 对剪力墙、连梁和边缘构件的要求,并宜符合下列规定:①预制墙板钢筋宜采用机械锚固措施,钢筋锚固长度折减系数不宜小于0.65;端部设置弯钩和螺栓锚头的做法可用于水平钢筋,螺栓锚头和端部贴焊锚固钢筋的做法可用于竖向钢筋;采用机械锚固措施时,连梁受力钢筋的水平段锚固长度不应小于400mm。②预制墙板两侧伸出钢筋的长度、间距和端部做法宜采用统一的标准做法;钢筋锚固于现浇段边缘构件区域内时,可采用直锚形式,锚固长度不应小于 l_{aE}(l_{aE} 为受拉钢筋的抗震锚固长度);钢筋锚固于现浇段墙体区域内时,现浇段内应设置竖向钢筋和水平封闭箍筋,竖向钢筋配筋率不小于墙体竖向分配筋配筋率,水平环箍配筋率不小于墙体水平钢筋配筋率。③预制墙板洞口上部的预制连梁可与水平现浇带、现浇圈梁合并为一个整截面连梁设计;宜将部分箍筋伸出预制墙板顶面作为连接钢筋,间距不宜大于400mm 和 3 倍箍筋间距的较大值。④预制墙板两端无边缘构件时,宜配置 2 根直径不小于10mm 的纵向钢筋;沿高度方向应设置拉筋,直径不宜小于6mm、间距不宜大于300mm 和 2倍水平钢筋间距的较大值。⑤墙体竖向和水平分布钢筋的配筋率,抗震等级为1、2、3 级时不应小于0.25%,抗震等级为 4 级时不应小于0.20%;分布钢筋直径不宜小于8mm,且不宜大于墙板厚度的1/10;分布钢筋的间距不宜大于200mm。

• 预制楼梯板可采用一端滑动、一段简支或两端简支的设计方案,且应符合以下规定:①预制楼梯梯板上部应配置通长的构造钢筋,配筋率不宜小于0.15%;下部钢筋应按计算确定;分布钢筋直径不宜小于6mm,间距不宜大于250mm;②预制楼梯在支撑构件上的搭置长度不宜小于75mm。

• 用于装配整体式楼盖的叠合楼板应符合下列要求:①叠合板的预制板厚度不宜小于50mm,现浇层厚度不应小于50mm;②当叠合板的预制板搁置在剪力墙上时,搁置长度不宜小于15mm。

• 在下列情况下,叠合板的叠合面应设置抗剪构造钢筋:①跨度超过5m 的板,周围1/4跨范围内;②相邻悬挑板的上部钢筋伸入叠合板现浇层时,上部钢筋的锚固范围内;③悬挑叠合板。预埋在预制板内的抗剪构造钢筋,直径不应小于6mm,间距不应大于600mm,应伸入到现浇层上部钢筋处且不应小于40mm。

• 阳台板宜采用预制构件或预制叠合构件。当采用预制叠合构件时,悬臂叠合构件负弯矩钢筋应在现浇层中锚固并应置于现浇层主要受力钢筋下侧。

第 2 节　钢结构建筑与预制混凝土产品

1　引言

钢结构是采用焊接、螺栓连接或铆接等方法将钢质构件可靠连接在一起的建筑结构。钢结构体系是指以钢框架或钢框架、钢支撑或钢板剪力墙组成的结构体系。钢结构住宅是指主要承重结构为钢结构的住宅建筑,包括由钢结构或钢-混凝土混合结构两种结构体系组成的住宅建筑。钢-混凝土混合结构体系是指由钢框架(或支撑钢框架)或由组合构架(含钢管混凝土柱、钢骨混凝土柱等)构成的框架与混凝土核心筒(剪力墙)联合工作所组成的结构体系。

钢结构建筑在民用公共建筑中的应用涉及学校、医院、体育、机场等机构的建筑物,在民用居住建筑中的应用涉及低层钢结构住宅、多层及高层钢结构住宅,在工业建筑中的应用涉及大跨度工业厂房、单层厂房、多层厂房、仓储库房等。

从国家建筑标准设计图集《钢结构住宅(一)》05J910-1 和《钢结构住宅(二)》05J910-2 的内容分析,钢结构住宅的结构体系分为六类:冷弯薄壁型钢密肋结构体系、轻钢框架结构体系、钢框架体系、钢框架-支撑体系、钢框架-剪力墙体系和钢框架-混凝土核心筒体系。其中,冷弯薄壁型钢密肋结构体系和轻钢框架结构体系适用于 3 层及 3 层以下独立或联排钢结构住宅,钢框架体系、钢框架-支撑体系、钢框架-剪力墙体系适合 4 层至 6 层钢结构住宅,钢框架-混凝土核心筒体系适合 7 层至 12 层钢结构住宅。

中国建筑工业出版社出版的《大力推广装配式建筑必读》之专题"钢结构建筑发展状况"中认为:现有钢结构住宅体系主要包括低层轻钢住宅和多、高层钢结构住宅两大类别。其中,低层轻钢结构住宅包括轻钢龙骨承重墙体系和低层轻钢框架结构体系,而高层钢结构住宅从结构体系划分主要有六类:①钢框架体系。该体系一般用于多层住宅及低抗震设防烈度区的小高层住宅;②钢框架-支撑体系。该体系属钢框架和支撑双重抗侧力体系,是高层钢结构住宅中应用最广泛的结构体系,适用于高层及超高层住宅;③钢框架-核心筒体系。该体系由钢框架和钢筋混凝土核心筒组成双重抗侧力体系,适用于高层住宅;④钢框架模-核心筒体系。核心筒是模块建筑体系的抗侧力核心,钢框架模块承受竖向荷载;⑤钢框架-剪力墙体系。该体系由钢框架和钢筋混凝土剪力墙(或钢板剪力墙)组成双重抗侧力体系。⑥钢管束剪力墙体系。该体系由若干 U 型钢、矩形钢管、钢板拼接组成的具有多个竖向空腔的结构单元形成钢管束,并在其中浇注混凝土形成剪力墙与钢梁组成的结构体系。

《钢结构住宅设计规范》CECS 261:2009 中指出:钢框架按构件材料和截面的不同可分为轻型截面框架与普通型材框架,前者框架梁、柱由热轧薄壁 H 型钢或高频焊接薄壁 H 型钢等型材组成,后者由普通热轧 H 型钢、钢管或焊接型材组成。

2　钢结构建筑的结构体系

2.1　冷弯薄壁型钢密肋体系

冷弯薄壁型钢是指用钢板或带钢在冷状态下弯曲成的各种断面形状的成品钢材。在房屋建筑中,冷弯型钢不仅可用作钢架、桁架、梁、柱等主要承重构件,也被用作屋面檩条、墙架梁柱、龙骨、门窗、屋面板、墙面板、楼板等次要构件和围护结构。冷弯薄壁型钢密肋体系是按照一定的模数间距设置钢龙骨,钢龙骨之间设置各种支撑体系,龙骨骨架两侧安装结构板材和保温隔热材料以及面层装饰材料,形成非常可靠的密肋结构体系。该体系自重轻,基础建造费用低,具有良好的抗风和抗震性能;型钢骨架构架与围护结构材料以及各种配件均可工厂化生产;容易实现个性化设计的建筑造型,室内空间布置灵活;施工现场基本为干法作业,设备管线布置简便。图 1-2-1 为冷弯薄壁型钢密肋体系住宅的骨架。

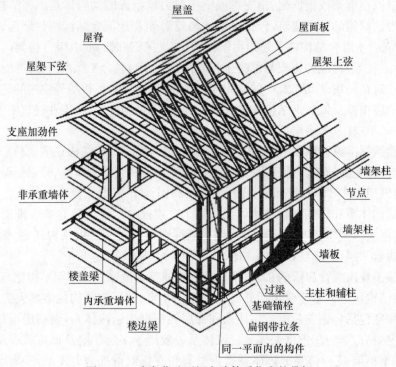

图 1-2-1　冷弯薄壁型钢密肋体系住宅的骨架

用于低层冷弯薄壁型钢房屋承重结构的钢材,应采用符合《碳素结构钢》GB/T 700、《低合金高强度结构钢》GB/T 1591 规定的 Q235 级、Q345 级钢材,或者采用符合《连续热镀锌钢板及钢带》GB/T 2518 和《连续热镀铝锌合金镀层钢板及钢带》GB/T 14978 规定的 550(LQ550)级钢材。用于承重结构的冷弯薄壁型钢的钢板或钢带的镀层标准应符合《连续热镀锌钢板及钢带》GB/T 2518 和《连续热镀铝锌合金镀层钢板及钢带》GB/T 14978 的规定。

冷弯薄壁型钢的现行产品标准有:《建筑结构用冷弯薄壁型钢》JG/T 380—2012、《冷弯型钢》GB/T 6725—2008 和《通用冷弯开口型钢尺寸、外形、重量及允许偏差》GB/T 6723—2008。《建筑结构用冷弯薄壁型钢》JG/T 380—2012 适用于工业与民用建筑及构筑物所用的冷弯薄壁开口型钢。冷弯薄壁开口型钢的定义为:将厚度不大于 6mm 的冷轧或热轧钢带,在连续辊式冷弯机组上冷弯成型的槽形、角形等开口薄壁型钢。按截面形状分为:等边角钢、不等边角钢、等边卷边角钢、等边槽钢、内卷边槽钢、斜卷边 Z 形钢。《通用冷弯开口型钢尺寸、外形、重量及允许偏差》GB/T 6723—2008 适用于冷加工变形的冷轧或热轧钢板和钢带在连续辊式冷弯机组上生产的冷弯开口型钢。按截面形状分为:等边角钢、不等边角钢、等边槽钢、不等边槽钢、内卷边槽钢、外卷边槽钢、Z 形钢、卷边 Z 形钢。《冷弯型钢》GB/T 6725—2008 适用于冷加工变形的冷轧或热轧钢板和钢带在连续辊式冷弯机组上生产的冷弯型钢。冷弯型钢按产品截面形状分为：冷弯圆形空心型钢（圆管）、冷弯方形空心型钢（方管）、冷弯矩形空心型钢（矩形管）、冷弯异形空心型钢（异形管）、冷弯开口型钢（开口型钢）。图 1-2-2 为冷弯等边槽钢（也称U 型钢）和冷弯内卷边槽钢（也称 C 型钢）截面示意图。

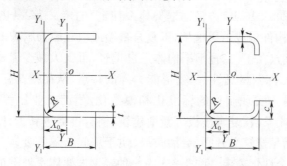

(a) 冷弯等边槽钢 (U型钢)　　　(b) 冷弯内卷边槽钢 (C型钢)

图 1-2-2　冷弯等边槽钢和冷弯内卷边槽钢截面示意图

冷弯薄壁型钢钢材的强度设计值应按表 1-2-1 的规定采用。冷弯薄壁型钢结构承重构件的壁厚不应小于 0.6mm，主要承重构件的壁厚不应小于 0.75mm。

表 1-2-1　冷弯薄壁型钢钢材的强度设计值（MPa）

钢材牌号	钢材厚度 t（mm）	屈服强度	抗拉、抗压和抗弯强度	抗剪强度	端面承压（磨平顶紧）
Q235	$t \leqslant 2$	235	205	120	310
Q345	$t \leqslant 2$	345	300	175	400
LQ550	$t < 0.6$	530	455	—	
	$0.6 < t \leqslant 0.9$	500	430		
	$0.9 < t \leqslant 1.2$	465	400		
	$1.2 < t \leqslant 1.5$	420	360		

低层冷弯薄壁型钢房屋建筑的竖向荷载应由承重墙体的立柱独立承担，水平风荷载或水平地震作用应由抗剪墙体承担。低层冷弯薄壁型钢房屋墙体结构的承重墙应由立柱、顶导梁和底导梁、支撑、拉条和撑杆、墙体结构面板等部件组成；非承重墙可不设支撑、拉条和撑杆。墙体立柱的间距宜为 400～600mm。在上、下抗剪墙体间应设置抗拔件，抗剪墙体与基础间应设置地脚螺栓和抗拔件。

楼面构件宜采用冷弯薄壁槽形、卷边槽形型钢。楼面梁宜采用冷弯薄壁卷边槽形型钢，跨度较大时也可采用冷弯薄壁型钢桁架。楼面梁应按受弯构件验算其强度、整体稳定性以及支座处腹板的局部稳定性。受力螺钉连接节点以及地脚螺栓节点应符合现行国家标准的有关规定。

屋面承重构件可采用桁架或斜梁，斜梁上端支承于抱合截面的屋脊上；在屋架上弦应铺设结构板或设置屋面钢带拉条支撑；在屋架腹杆处宜设置纵向侧向支撑和交叉支撑。

2.2 轻型钢框架结构体系

《轻型钢结构住宅技术规程》JGJ 209—2010 对"轻型钢框架"的定义为：由小截面的热轧 H 型钢、高频焊接 H 型钢、普通焊接 H 型钢或异型截面型钢、冷轧或热轧成型的钢管等构件构成的纯框架或框架-支撑结构体系。

《钢结构住宅(一)》05J910-1 对"轻钢框架体系住宅"的定义为：以热轧 H 型钢、高频焊接 H 型钢、冷弯型方管等构件构成承重框架，以复合幕墙或填充墙为围护体系的一种房屋形式。

轻钢结构住宅的优点在于：①轻钢结构体系自重轻，可大大减少基础造价，轻钢结构体系用于住宅建设可充分发挥钢材延性好、变形能力强的特点，从而提高住宅的抗震性能和安全性。②所采用的构件易于实现制作的标准化和模数化，生产工业化程度高。配套用预制构(部)件为薄型板材、轻质条板、复合楼板等新型建筑材料，可促进新型建材制品及其生产装备的发展。③可更好地满足建筑大开间、灵活布局、便于房间分隔等要求，可建造丰富多姿的屋顶形式，满足建筑外观个性化需求。图 1-2-3 为一种轻钢框架体系外围护方案，框架-轻型承重幕墙体系由钢框架和轻钢龙骨复合墙组合工作。

轻型钢结构住宅的设计使用年限不应少于 50 年，其安全等级不应低于二级。结构体系应根据建筑层数和抗震设防烈度选用轻型钢框架结构体系或轻型钢框架-支撑结构体系。框架结构体系宜利用镶嵌填充的轻质墙体侧向刚度对整体结构抗侧移的作用，墙体的侧向刚度应根据墙体的材料和连接方式的不同由试验确定，并应符合下列要求：①通过足尺墙片试验确定填充墙对钢框架侧向刚度的贡献，按位移等效原则将墙体等效成交叉支撑构件，并应提供支撑构件截面尺寸的计算公式；②抗侧力试验应满足：当钢框架层间相对侧移角达到 1/300 时，墙体不得出现任何开裂破坏；当达到 1/200 时，墙体在接缝处可出现能修补的裂缝；当达到 1/50 时，墙体不应出现断裂或脱落。

2.3 钢框架结构体系

钢框架结构体系是指沿房屋的纵向和横向用钢梁和钢柱组成的框架结构作为承重和抵抗侧力的结构体系。框架结构是由梁和柱通过刚性节点连接而成的结构，当整个结构单元所有的竖向荷载和水平荷载作用完全由框架承担时，该结构体系称为框架结构体系。钢框架体系可分为半刚接框架和全刚接框架，框架结构体系不设置柱间竖向支撑，可采用较大的柱距并获得较大的空间，但是由于纯框架结构体系抗侧力刚度小，因此适用的建筑层数受到限制。

2.4 钢框架-支撑结构体系

钢框架-支撑结构是在钢框架结构的基础上，通过在部分框架柱之间布置支撑以提高结构承载力及侧向刚度。支撑体系与框架体系共同作用形成双重抗侧力结构体系，这不但为结构在正常受力情况下提供了一定的刚度，而且为结构在遭受水平地震作用及较大风荷载作用时提供了双重抗侧力设防。根据不同设计要求，可选择中心支撑框架结构、偏心支撑框架结构或消能支撑框架结构。

• 中心支撑框架结构：支撑构件的两端均位于梁柱节点处，或一端位于梁柱节点处而另一端与其他支撑杆件相交。中心支撑的特点是支撑杆件的轴线与梁柱节点的轴线交汇于一点，

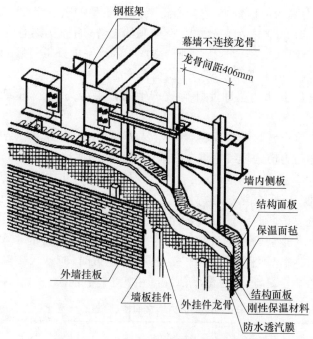

钢框架

幕墙不连接龙骨

龙骨间距406mm

墙内侧板

结构面板

保温面毡

外墙挂板

墙板挂件

外挂件龙骨

结构面板

刚性保温材料

防水透汽膜

图 1-2-3 一种轻钢框架体系外围护方案

中心支撑体系具有较大的侧向刚度,构造相对简单,能减小结构的水平位移,改善结构的内力分布。但是在水平荷载作用下,中心支撑容易产生屈曲,造成其受压承载力和抗侧力刚度急剧下降,从而影响结构的整体性能,因此中心支撑框架结构适用于抗震设防等级较低的地区以及主要由风荷载控制侧移的多高层建筑物。中心支撑包括:单斜杆支撑、十字交叉支撑、人字形支撑、V 形支撑、K 形支撑等。

· 偏心支撑框架结构:支撑杆件的轴线与梁柱的轴线不是相交于一点,而是偏离了一段距离,形成一个先于支撑构件屈服的"耗能梁段"。偏心支撑框架结构较好地解决了中心支撑存在的强度、刚度和耗能的不匹配问题。偏心支撑包括人字形偏心支撑、V 形偏心支撑、八字形偏心支撑、单斜杆偏心支撑等。偏心支撑适用于抗震设防等级较高的地区或安全等级要求较高的建筑,而且相对中心支撑而言可以很容易解决门窗布置受限的难题。

· 消能支撑框架结构:消能支撑框架结构是将支撑杆件设计成消能杆件,以吸收和耗散地震能量来减小地震反应的一种新型抗震结构。消能支撑可做成方框支撑、圆框支撑、交叉杆支撑、斜杆支撑、K 型支撑、Y 型支撑和节点屈服型支撑等。消能支撑框架结构不仅可用于新建建筑,还可用于现有建筑的抗震加固。

2.5 钢框架-剪力墙结构体系

框架-剪力墙结构是在框架结构中设置适当剪力墙的结构,它具有框架结构平面布置灵活、有较大空间的优点,又具有侧向刚度大的优点。在框架-剪力墙结构中,剪力墙主要承受水平荷载,框架结构主要承受竖向荷载。

框架-剪力墙是由框架和剪力墙结构两种不同的抗侧力结构组成的新的受力结构形式,所以它的框架不同于纯框架结构中的框架,剪力墙在框剪结构中也不同于剪力墙结构中的剪力

13

墙。在下部楼层,剪力墙的位移较小,它拉着框架按弯曲型曲线变形,剪力墙承受大部分水平力;上部楼层则相反,剪力墙位移越来越大,有外倾的趋势,而框架则有内收的趋势,框架拉住剪力墙按剪切型曲线变形,框架除了负担外荷载产生的水平力外,还额外负担了把剪力拉回来的附加水平力,剪力墙不但不承受框架剪力墙荷载产生的水平力,还因为给予框架的附加水平力而承受负剪力,所以,上部楼层即使外荷载产生的楼层剪力很小,框架中也出现相当大的剪力。

混合结构中剪力墙布置与选型应符合下列要求:①钢框架-剪力墙结构中,剪力墙宜为双向布置,框架梁、柱与剪力墙的轴线宜重合在同一平面。②不宜孤立地布置单片剪力墙。纵向剪力墙宜布置在结构单元的中间区段;住宅建筑较长时,不宜集中在两端布置剪力墙。③纵、横剪力墙宜组成 L 形、T 形、囗形、匚形等形式;在各主轴方向剪力墙的刚度宜相近。高层住宅结构为 8 度及以上抗震设防时,可采用钢骨混凝土剪力墙。④剪力墙长度不宜过大,一般墙肢的高度不宜大于 8m,每道剪力墙的底部剪力不宜超过总底部剪力的 40%。⑤剪力墙之间无大洞口的楼、屋盖的长宽比不宜超过表 1-2-2 的规定;超过时,应计入楼盖平面内变形的影响。⑥剪力墙宜贯通建筑物全高,厚度逐渐减薄,避免刚度突然变化。

表 1-2-2　抗震剪力墙之间楼、屋盖的长宽比

楼(屋)盖类型	非抗震设防时	抗震设防时		
		6 度、7 度	8 度	9 度
现浇板、叠合板	5	4	3	2
装配式楼盖	3.5	3	2.5	不应采用

注:当剪力墙之间的楼(屋)盖有较大开洞时,剪力墙的间距应适当减小。

2.6　钢框架-核心筒结构体系

钢框架-混凝土剪力墙(核心筒)结构体系由钢框架(或支撑框架)、剪力墙(核心筒)与组合楼盖等组成。

筒体结构是指由竖向筒体为主组成的承受竖向和水平作用的高层建筑结构。筒体结构的筒体又分为由剪力墙围成的空间薄壁实腹筒体和由密柱深梁形成空间整体受力的非实腹筒体-框筒或由四个平面桁架组成的空间桁架形成的非实腹筒体-桁架筒等,因此有框筒结构、筒中筒结构、多筒结构和成束筒结构等。

钢框架-混凝土核心筒混合结构中,构件的布置和选型应符合下列要求:①核心筒宜居中布置以减小刚心的偏移;筒身宜贯通建筑物全高,其刚度宜均匀变化,沿竖向需开洞时,宜上下对齐,在筒体角部附近不宜开洞。②核心筒高宽比不宜大于 12,当同时设置部分剪力墙时,核心筒的宽度可适当减小。③当采用 H 型钢框架柱时,宜将强轴方向布置在主要受力框架平面内;框架角柱宜采用十字形截面或箱形截面。

3　规范、规程、图集对预制混凝土产品的需求及要求

3.1　《钢结构住宅设计规范》CECS261:2009

该规范适用于新建和改建的不多于 30 层且高度不超过 90m 的钢结构住宅设计。该规范

对"钢结构住宅"的定义为:主要承重结构为钢结构的住宅建筑,包括由钢结构或钢-混凝土混合结构两种结构类别组成的住宅建筑。表1-2-3列出各类结构体系的适用住宅类型。

表1-2-3　钢结构住宅结构体系的适用住宅类型

结构类别	结构体系		适用住宅类型
钢结构	轻型截面钢结构	框架结构	低层住宅
		框架-支撑结构	多层住宅
	普通钢结构	框架结构	多层及中高层住宅
		框架-支撑结构	中高层及高层住宅
钢-混凝土混合结构	悬挂楼盖框架结构	混凝土异形柱框架	多层复式住宅
		钢框架或混合框架	多层及中高层复式住宅
		框架-剪力墙(核心筒)	多层及中高层住宅
	混合框架结构		
	钢框架-剪力墙(核心筒)结构		中高层及高层住宅
	混合框架-剪力墙(核心筒)结构		

注:① 轻型截面框架是指梁、柱由高频焊接薄壁H型钢或热轧薄壁H型钢等组成的框架。

② 普通钢框架是指由普通热轧或焊接H型钢、钢管、箱形截面等组成的框架。

③ 混合框架是指由钢管(骨)混凝土柱和钢梁组成的框架。

《钢结构住宅设计规范》对预制混凝土产品的需求及要求:

· 住宅填充外墙除选用轻型块材砌筑外,宜积极提高预制装配化程度,可选用、发展和推广下列各类新型外墙:蒸压加气混凝土板外墙、薄板钢骨砌筑复合外墙、薄板钢骨骨架轻质复合外墙、钢筋混凝土幕墙板现场复合外保温外墙、钢丝网混凝土预制保温夹芯板外墙。

· 装配整体式外墙(条板或大板)应满足制作、运输、堆垛、吊装、连接、接缝处理等工艺技术要求。

· 外墙板标准化设计应满足互换性要求。

· 预制装配式分户墙板、内隔墙板应满足制作、运输、堆垛、吊装、连接、电气管线设置、接缝处理等工艺技术要求。

· 工业化结构住宅建筑体系中采用预制装配式轻质内隔墙板时,应采用模数设计网格法,经过模数协调确定隔墙板中的基本板、洞口板、转角板和调整板等类型板的规格、截面尺寸和公差。

· 预制装配式轻质内隔墙板可采用空心截面墙板或实心截面墙板,高度方向的板构造是连续的;内隔墙板应具有较好的尺寸稳定性;卫生间、厨房的内隔墙采用轻质内隔墙板时,应能满足防潮和管线暗埋、吊挂的要求。

· 住宅钢结构楼盖应采用钢-混凝土组合楼盖。组合楼盖的楼板类型可分为现浇板、叠合板、压型钢板组合楼板等。设计时宜比选结构性能、使用与施工条件、防火、隔声要求及工程造价等因素,合理选用楼板形式。

· 叠合板楼板的底板宜采用预应力混凝土带肋板,板跨较小时也可采用预应力平板。

3.2 《轻型钢结构住宅技术规程》JGJ 209—2010

该规程适用于以轻型钢框架为结构体系,并配套有满足功能要求的轻质墙体、轻质楼板和轻质屋面板建筑体系,层数不超过6层的非抗震设防以及抗震设防烈度为6度到8度的轻型钢结构住宅的设计、施工和验收。该规程对"轻型钢框架"的定义为:由小截面的热轧H型钢、高频焊接H型钢、普通焊接H型钢或异型截面型钢、冷轧或热轧成型的钢管等构件构成的纯框架或框架-支撑结构体系。

《轻型钢结构住宅技术规程》对预制混凝土产品的需求及要求:

· 轻型钢结构住宅的轻质围护材料宜采用水泥基复合多功能材料;也可采用水泥加气发泡类材料、轻质混凝土空心材料、轻钢龙骨复合墙体材料等。

· 预制轻质外墙板和屋面板应按等效荷载设计值进行承载力检验,受弯承载力检验系数不应小于1.35,连接承载力检验系数不应小于1.50,在荷载效应的标准组合作用下,板受弯挠度最大值不应超过板跨度的1/200,且不应出现裂缝。

· 用于外墙或屋面的水泥基板材应配钢筋网或钢丝网增强,板边应有企口;用于采暖地区的外墙材料和屋面材料的抗冻性在一般环境中不应低于D15,在干湿交替环境中不应低于D25;外墙材料和屋面材料的软化系数不应低于0.65。

· 对于轻钢龙骨复合墙体,蒙皮用钢丝网水泥板的厚度不宜小于15mm,纤维水泥板应配置钢丝网增强,石膏板的厚度不应小于12mm并应具有一定的防水和耐火性能。

· 轻型钢结构住宅的楼板应采用轻质板材,如钢丝网水泥板、定向刨花板、轻骨料圆孔板、配筋加气发泡类水泥板等预制板材。

· 未配钢筋的纤维水泥类板材和未配钢筋的水泥加气发泡类板材不得用于楼板及楼梯间和人流通道的墙体。水泥加气类发泡板材中配置的钢筋、钢丝网、钢构件应经有效的防腐处理,且钢筋的粘结强度不应小于1.0MPa。楼板用水泥加气发泡类材料的立方体抗压强度标准值不应低于6.0MPa。

· 轻质楼板中的配筋可采用冷轧带肋钢筋,其性能应符合《冷轧带肋钢筋》GB13788以及《钢筋焊接网混凝土结构技术规程》JGJ 114的规定。楼板用钢丝网应进行镀锌处理,其规格应采用直径不小于0.9mm、网格尺寸不大于20mm×20mm的冷拔低碳钢丝编织网,钢丝的抗拉强度标准值不应低于450MPa。

3.3 《低层冷弯薄壁型钢房屋建筑技术规程》JGJ 227—2011

该规程适用于以冷弯薄壁型钢为主要承重构件,层数不大于3层,檐口高度不大于12m的低层房屋建筑的设计、施工和验收。冷弯薄壁型钢是指用钢板或带钢在冷状态下弯曲成的各种断面形状的成品钢材,包括C型钢、U型钢、Z型钢、带钢、镀锌带钢、镀锌卷板、镀锌C型钢、镀锌U型钢、镀锌Z型钢。该规程与预制混凝土产品有关的术语是"结构面板",结构面板是指直接安装在立柱或梁上的面板,用以传递荷载和支承墙(梁)。

《低层冷弯薄壁型钢房屋建筑技术规程》对预制混凝土产品的需求及要求:

· 结构板材可采用结构用定向刨花板、石膏板、结构用胶合板、纤维水泥板和钢板等。围护材料宜采用节能环保的轻质材料,并应满足国家现行有关标准对耐久性、适用性、防火性、气密性、水密性、隔声性和隔热性等性能的要求。

· 分室墙宜采用轻质墙板或冷弯薄壁型钢石膏板墙,也可采用易拆型隔墙板。

· 围护材料宜采用节能环保的轻质材料,并应满足国家现行有关标准对耐久性、适用性、防火性、气密性、水密性、隔声性和隔热性等性能的要求。

3.4 《钢结构住宅(一)》05J910-1

该图集适用于抗震设防烈度 8 度及 8 度以下地区三层及三层以下的独立或联排轻型钢结构住宅。

《钢结构住宅(一)》对预制混凝土产品的需求及要求:

· 承重外墙外侧板可采用水泥木屑板作为结构板材,厚度不应小于 12mm;外墙内侧板可采用厚度不小于 12mm 的石膏板或水泥木屑板。

· 外墙饰面应优先采用木质板、金属板、纤维水泥板或 PVC 板。

3.5 《装配式钢结构建筑技术标准》GB/T 51232—2016

该标准适用于抗震设防烈度为 6 度到 9 度的装配式钢结构建筑的设计、生产运输、施工安装、质量验收与使用维护。该标准对"装配式钢结构建筑"的定义为:建筑的结构系统由钢部(构)件构成的装配式建筑。

装配式钢结构建筑可根据建筑功能、建筑高度以及抗震设防烈度等选择下列结构体系:钢框架结构、钢框架-支撑结构、钢框架-延性墙板结构、筒体结构、巨型结构、交错桁架结构、门式钢架结构、低层冷弯薄壁型钢结构。

《装配式钢结构建筑技术标准》对预制混凝土产品的需要及要求:

· 楼板可选用工业化程度高的压型钢板组合楼板、钢筋桁架楼承板组合楼板、预制混凝土叠合楼板及预制预应力空心楼板等。

· 楼梯宜采用装配式混凝土楼梯或钢楼梯。

· 外墙围护系统应根据建筑所在地区的气候条件、使用功能等综合确定抗风性能、抗震性能、耐撞击性能、防火性能、水密性能、气密性能、隔声性能、热工性能和耐久性能要求,屋面系统还应满足结构性能要求。外墙系统与结构系统的连接形式可采用内嵌式、外挂式、嵌挂结合式等,且宜分层悬挂或承托,并可选用预制外墙、现场组装骨架外墙、建筑幕墙等类型。

第 3 节 欧洲标准:预制混凝土产品通则 [EN13369:2013(E)]

1 范围

本欧洲标准规定了用密实轻质混凝土、普通混凝土和重质混凝土制作的预制混凝土产品、预制钢筋混凝土产品和预应力混凝土产品的要求、基本性能指标与符合性评价。按照 EN206-1 的规定,混凝土中除了引入的气体之外,只应有少量裹挟气体。混凝土中除了配置受力钢筋之外,还有聚合物纤维或其他纤维。本标准不包括用轻骨料混凝土制作的预制钢筋混凝土构件。

注:仿宋字体部分为欧洲标准的内容。

本标准还可用于那些没有标准的特定产品。本标准第 4 章的所有要求不是都与所有预制混凝土产品相关。

如果一种特定产品有标准,则此标准优先于本标准。

本标准涉及的预制混凝土产品是在工厂生产的用于建筑工程和土木工程的产品。如果生产过程不受恶劣天气条件的影响并且遵循本标准第 6 章的规定,本标准也可用于在现场的临时车间内制作的产品。

预制混凝土产品的分析和设计不在本标准的范围之内,但是对于非地震地区可提供以下方面的信息:

- 相关欧洲规范规定的分项安全系数的选择;
- 对预应力混凝土产品某些要求的规定。

2 引用文件

本标准全部或部分规范性引用的下列文件是本标准应用不可缺少的。对于有日期的引用文件,只有该版本适用。对于没有日期的引用文件,该文件的最新版本(包括任何修正)适用。

EN206-1:2000[1],混凝土-第 1 部分:技术要求、性能、生产和符合性

EN934-2,用于混凝土、砂浆和水泥浆的外加剂-第 2 部分:混凝土外加剂-定义、要求、符合性、标志和标记

EN1008,混凝土拌和水-水适用性的取样、试验和评价技术要求,包括从混凝土工业生产过程中回收的作为混凝土拌和水的水

EN1097-6,集料力学性能和物理性能的试验-第 6 部分:颗粒密度和吸水率的测定

EN1992-1-1:2004[2],欧洲规范 2:混凝土结构设计-第 1-1 部分:建筑通则和规则

EN1992-1-2:2004[3],欧洲规范 2:混凝土结构设计-第 1-2 部分:结构防火设计

EN10080:2005,用于混凝土的增强筋-可焊接钢筋-通用要求

prEN10138-1,预应力筋-第 1 部分:通用要求

prEN10138-2,预应力筋-第 2 部分:钢丝

prEN10138-3,预应力筋-第 3 部分:钢绞线

prEN10138-4,预应力筋-第 4 部分:钢筋

EN12350-7,新拌混凝土试验-第 7 部分:含气量-压力法

EN12390-1,硬化混凝土试验-第 1 部分:试样和模具的形状、尺寸与其他要求

EN12390-2,硬化混凝土试验-第 2 部分:强度试验用试样的制作和养护

EN12390-3,硬化混凝土试验-第 3 部分:试样的抗压强度

EN12390-7,硬化混凝土试验-第 7 部分:硬化混凝土的密度

EN12504-1,结构中的混凝土试验-第 1 部分:芯样-取样、检查和压缩试验

EN13501-1,建筑产品和建筑构件的防火等级-第 1 部分:用火反应试验数据分级

注:[1] 该文件受 EN206-1:2000/A1:2004 和 EN206-1:2000/A2:2005 独立修正的影响。

[2] 该文件受 EN1992-1-1:2004/AC:2010 勘误的影响。

[3] 该文件受 EN1992-1-2:2004/AC:2008 勘误的影响。

EN ISO717-1,声学性能-建筑物和建筑构件的隔声等级-第 1 部分:空气声隔声量(ISO717-1)

EN ISO717-2,声学性能-建筑物和建筑构件的隔声等级-第 2 部分:撞击声隔声量(ISO717-2)

EN ISO10456,建筑材料及产品耐湿热性能-确定声称热值和设计热值的列表设计值与程序(ISO10456)

ASTMC173/C173M-10b,新拌混凝土含气量标准试验方法(体积法)

3　术语和定义

下列术语和定义适用于本标准。

3.1　通用术语和定义

3.1.1　预制混凝土产品

按照本标准或者按照不同最终使用目的地当地的特定产品标准,用混凝土制作的产品,其生产过程不受不利天气条件的影响,它是在工厂生产控制体系下经过工业过程所得到的结果,具有在交货之前进行分级的可能性。

提示:在相关欧洲标准中,常常使用更短的术语"预制产品"。

3.1.2　(混凝土)保护层

最靠近混凝土表面的钢筋表面(包括相关的连接筋、箍筋的表面钢筋)与最近混凝土表面之间的距离。

3.1.3　混凝土系列

一组混凝土混合物,为此要建立和文件化记录相关性能之间的可靠关系。

3.1.4　钢筋束

经受先张拉或后张拉的预应力筋(钢丝、钢绞线或钢筋)。

3.1.5　轻质混凝土

具有闭孔结构、绝干密度为 $800\sim2000\text{kg/m}^3$ 的混凝土。

3.1.6　普通混凝土

绝干密度为 $2000\sim2600\text{kg/m}^3$ 的混凝土。

3.1.7　重质混凝土

绝干密度大于 2600kg/m^3 的混凝土。

3.2　尺寸

3.2.1　主要尺寸

长度、宽度、深度或厚度。

3.2.2　公称尺寸

在技术文件中公开的并在制作过程中作为目标的尺寸。

3.3　公差与偏差

3.3.1　公差

允许偏差上限和下限的绝对值之和。

3.3.2 偏差

实际测量值与相应公称尺寸之间的差值。

3.4 耐久性

3.4.1 耐久性

在预期环境作用影响下的设计使用年限之内,在预期维护的情况下,预制混凝土产品符合设计性能要求的能力。

3.4.2 设计使用年限

在预期维护但不需要大范围修复的情况下,用于预期目的的结构或部件的假设期限。

3.4.3 环境条件

预制混凝土产品所遭受的物理或化学影响,对混凝土或钢筋或金属埋件造成影响,在结构设计中未作为荷载考虑。

3.4.4 周围环境条件

在工厂中对混凝土硬化过程造成影响的湿热条件。

3.5 力学性能

3.5.1 潜在强度

按照 EN12390-2,在实验室条件下用模具制作的立方体或圆柱试件并经养护,通过实验得到的混凝土抗压强度。

3.5.2 结构强度

对取自预制混凝土产品的试样(钻芯试样或切割棱柱体试样)进行测试而得到的混凝土抗压强度(直接结构强度),或者对用模具制作的、与产品本身同条件养护的试样进行测试而得到的混凝土抗压强度(间接结构强度)。

3.5.3 强度标准值

用标准试件按标准试验方法测得的大量混凝土的所有可能的强度值,预计有5%试件的强度值低于该值。

4 要求

4.1 材料要求

4.1.1 一般要求

仅应使用具有确定适用性的材料。

对于特殊材料,可依据在混凝土或预制混凝土产品中所用材料的特定欧洲标准确定其适用性;在没有欧洲标准的情况下,也可以依据同等条件下的 ISO 标准。

当这种材料未包含在欧洲标准或 ISO 标准中时,或者如果这种材料偏离这些标准的要求,则其适用性的确定可依据:

　　·预制混凝土产品使用地的有效规定,特别是在混凝土中或者在预制混凝土产品中使用的此种材料。

•欧洲技术认可,特别针对这种在混凝土中或者在预制混凝土产品中使用的材料。

4.1.2 混凝土的组成材料

4.1.2.1 一般要求

应符合 EN206-1:2000 条款 5.1 的规定。

4.1.2.2 回收破碎的粗集料和再生粗集料

在混凝土中与其他集料混合使用的回收破碎的粗集料和再生粗集料,这些集料不应不利于混凝土的凝结和硬化速率,也不应对在最终使用条件下的预制混凝土产品的耐久性产生有害影响。

对源自在同样工厂制作的预制混凝土产品的破碎再生集料,其最大用量为混凝土混合物中集料总重量的 10%,除了对混凝土的抗压强度进行测试之外,无需对产品的力学强度或硬化混凝土的性能作进一步测试。

需要时并且对于特殊用途的产品,回收集料的重量掺量被限制为集料总量的 5%。附录G 给出了使用回收破碎粗集料和再生粗集料的更多详细建议。

可供选择的规定是正在制定的新版本 EN206-1,并应对此进行考虑。

4.1.3 增强筋

增强筋(钢筋、盘条和焊接网)应符合 EN10080 的规定。按照产品使用地的有效规定(例如:EN1992-1-1:2004 条款 3.2),可使用其他类型的增强筋。

提示:附录 N 给出了刻痕钢筋和钢丝的建议。

4.1.4 预应力筋

预应力筋(钢丝、钢筋和钢绞线)应符合 prEN10138-1、prEN10138-2,prEN10138-3 和prEN10138-4 的规定。

按照产品使用地的有效规定(例如:EN1992-1-1:2004 条款 3.3),可使用其他类型的预应力筋。

4.1.5 埋件和连接件

埋件和连接件应:

a)抵抗设计作用;

b)有必需的耐久性。

在预制混凝土产品的设计使用期限内,永久性连接件和紧固件应保持这些性能。

应考虑产品使用地的有效规定。

提示:可在 CEN/TS1992-4(所有部分)中找到对某些锚固件设计的建议;可在 CEN/TR15728 中找到对起吊设备和装卸设备的设计建议。

4.2 生产要求

4.2.1 混凝土制备

4.2.1.1 一般要求

混凝土组分、水泥类别、集料、外掺料和外加剂的使用,抗碱硅反应能力、氯离子含量、含气量和混凝土温度,均应符合 EN206-1:2000 条款 5.2 和 5.3 的规定。

混凝土的技术要求应符合 EN206-1 的规定。

提示:当由制造商指定混凝土时,设计文件规定的基本要求(EN206-1:2000 条款 6.2.2)

和附加要求(EN206-1:2000 条款 6.2.3)通常与预制混凝土无关。

4.2.1.2　混凝土的浇注和密实

为避免有害离析并确保钢筋适当嵌入,除了引入的气体之外(例如:为了达到足够的抗冻性能),应对浇注的混凝土进行密实,使裹挟气体少量留存。

4.2.1.3　养护(防止干燥)

在养护过程中应对混凝土进行保护,避免由于温度和收缩引起的强度损失和开裂,如果相关,还可避免对耐久性的影响。

新浇注混凝土的所有表面可采用表 1 中规定的任意一种方法进行保护,或者采用在使用地适用的其他方法进行保护。如果在生产环境中使用其他方法,应通过试验和检查,以确定此种方法对成品或其代表样品影响的关联性。

表 1　防止干燥的养护方法

方法	典型保护措施
A:不加水	• 对于 CEM I 和 CEM II/A 水泥,保持混凝土所处环境的相对湿度大于 65%;对于其他胶凝材料,保持相对湿度大于 75% • 保持模板就位 • 用耐蒸汽的薄膜覆盖混凝土表面
B:通过加水保持混凝土潮湿	• 覆盖混凝土表面使其保持潮湿 • 喷洒水,保持混凝土表面明显潮湿
C:使用养护剂	使用的养护剂应符合使用地的有效规定

对于方法 A 和方法 B,应维持所采用的保护措施,直到养护结束时样品的抗压强度 $f_{c,cure}$ 等于或大于参数 $D_d \cdot f_{ck}$ 和 $f_{c,L}$(圆柱试件和立方体试件)中的最低值。表 2 列出参数 D_d 和 $f_{c,L}$ 值。

$$f_{c,cure} \geq \min(D_d \cdot f_{ck}; f_{c,L}) \tag{1}$$

f_{ck} 为制造商作为目标的混凝土 28d 龄期抗压强度标准值。

应对与产品在同样防干燥措施下养护的混凝土试件进行平均抗压强度 $f_{c,cure}$ 测试。

对设计使用年限大于 50 年的混凝土,或者对特定地方环境条件下的混凝土,可按照使用地的要求,规定其他强度值。

表 2 中规定的硬化程度可通过对混凝土试件进行测试来确定,也可根据初始型式检验或成熟度概念使用硬化定律通过计算进行评估。

当在同龄期对用一个样品制作的两个或两个以上试件进行测试时,测试结果应取单个试件的结果或者取两个试件结果的平均值。

表 2　防干燥措施结束时混凝土的最小强度

使用地的暴露条件 (EN206-1 暴露等级)	硬化程度 D_d (%)	圆柱试件/立方体试件的 $f_{c,L}$ (MPa)
X0、XC1	仅对 $f_{c,L}$ 有要求	12/15
XC2、XC3、XC4、XD1、XD2、XF1	35	12/15[a]
所有其他暴露条件(湿干循环)	50	16/20[b]

注:[a] 如果 $0.25 f_{ck} \geq 12\text{MPa}$(圆柱体试件)或 15MPa(立方体试件),则必须用 $0.25 f_{ck}$ 替换这个值。

　　[b] 如果 $0.35 f_{ck} \geq 16\text{MPa}$(圆柱体试件)或 20MPa(立方体试件),则必须用 $0.35 f_{ck}$ 替换这个值。

按照附录 G 规定的试验方法测定混凝土吸水率,如果有不超过 10%(相对比例)混凝土试件的吸水率测定值符合该附录中表 1 的规定,那么除了表 2 中的规定,还可使用其他方法。吸水率试验是用厚度为 (30 ± 1)mm 的试件进行,包括暴露于环境中的表面。

4.2.1.4　通过热处理加速水化

为了加快混凝土硬化速度,对在大气压力下适用于生产过程中的混凝土的热处理,应通过对所涉及的每个混凝土系列达到所需强度而进行的初始试验来证实。

• 根据材料和气候条件,按照使用地的有效规定,对某些地区室外产品的热处理可能有较多的限制要求。当养护过程中混凝土内部的最大平均温度超过 40℃时,为避免微裂纹和(或)耐久性缺陷,应采取 $T_{mean}\leqslant40$℃的预热措施,除非先前的正面经验已经证明没必要采取特殊措施。

• 在加热阶段和冷却阶段,产品相邻部分之间的温度差应限制为 20℃。

应文件化记录全部加热阶段的持续时间和加热速率以及冷却时间(如果适用)。

在全部加热阶段和冷却阶段的 T_{mean} 应限制为表 3 的规定值。但是,假若混凝土在特定环境下的耐久性已通过长期的正面经验得到验证,则可以接受较高的温度。

表 3　加速水化的条件

产品环境	混凝土最高平均温度 T_{mean} [a]
明显干燥或温和的湿度	$T_{mean}\leqslant85$℃　[b]
潮湿和循环加湿	$T_{mean}\leqslant65$℃

注:[a] 单个值可以高 5℃。
　　[b] 当 70℃$<T_{mean}\leqslant85$℃时,初始试验应证实 90d 龄期时的结构强度与硬化过程正常进展的一致性,相对于 28d 龄期得到的结构强度。

对潮湿和循环加湿环境,在没有长期正面经验的情况下,应对采取较高温度处理的适应性进行验证;下列限值可以作为验证的依据:对于混凝土,Na_2O 等效含量$\leqslant3.5$kg/m³;对于水泥,SO_3 含量$\leqslant3.5$kg/m³。

按照科学试验结果或技术经验,可以改变上述 Na_2O 等效含量和 SO_3 含量的限值,或者可以设定其他组分的限值。

4.2.2　硬化混凝土

4.2.2.1　强度等级

混凝土的抗压强度等级应符合 EN206-1:2000 条款 4.3.1 的规定。

对于设计目的,EN1992-1-1:2004 表 3.1 规定的普通混凝土和重质混凝土的抗压强度等级最高可达到 C90/105,EN1992-1-1:2004 表 11.3.1 规定的轻质混凝土的抗压强度等级最高可达到 LC80/88。

制造商可选择中间的等级,以强度标准值的 1.0MPa 递进。在这种情况下,通过线性插值获得其他混凝土性能。

对于预制钢筋混凝土产品或预制预应力混凝土产品,混凝土的最小强度等级应为:

• 预制钢筋混凝土产品,C20/25;

• 预制预应力混凝土产品,C30/37。

使用轻质混凝土时,无论是预制钢筋混凝土产品还是预制预应力混凝土产品,最小强度等级都应为 LC16/18。

4.2.2.2 抗压强度

4.2.2.2.1 一般要求

混凝土强度等级的抗压强度通过潜在强度来确定,制造商可使用直接结构强度或间接结构强度对其进行验证。

4.2.2.2.2 潜在强度

潜在强度应在 28d 龄期时测试。

为了评价潜在强度的发展,或者为了在早期通过适当的硬化定律推测 28d 龄期的潜在强度,可在 28d 龄期之前测试混凝土的潜在强度。当有相关性时,可在超过 28d 龄期时进行测试。

潜在强度的测定应符合 EN206-1:2000 条款 5.5.1.1 和条款 5.5.1.2 的规定。本标准条款 5.1.1 规定了附加要求。

4.2.2.2.3 直接结构强度

通过对取自产品的试件进行抗压试验获得直接结构强度,可按照 EN12504-1 在产品上钻芯取样或者通过切割棱柱体将其转化为具有适当校正系数的立方体或圆柱体。

也可按照 EN12504-2 对产品进行无损测试,但是应按照条款 5.1.1 建立无损测试结果与试件测试结果的相互关系。

4.2.2.2.4 间接结构强度

假若初始试验已经确定了试件抗压强度与直接结构强度的关系,那么,对于确立的混凝土组分和养护方法没有变化的生产工艺,可通过对试件进行抗压试验获得间接结构强度;试件是用新拌混凝土制成,其在工厂的养护条件和储存条件应尽可能与预制混凝土产品的养护条件和储存条件接近。

密度可用作确立相互关系的特征值。

4.2.2.2.5 转换系数

通过用结构强度除以 $\eta=0.85$,确立结构强度和潜在强度之间的相互关系。

4.2.2.3 抗拉强度

如果需要,应按照 EN1992-1-1:2004 条款 3.1.2,采用下列方法之一确定抗拉强度:

· 通过试验(例如:按照 EN12390-6 进行试验);

· 由同龄期试件的抗压强度获得;

· 由同龄期试件的劈裂抗拉强度获得。

4.2.2.4 收缩

按照 EN1992-1-1:2004 条款 11.3.3 的规定,对于轻质混凝土,制造商应公布干燥收缩值。

4.2.2.5 干密度

如果需要,应按照 EN206-1:2000 条款 5.5.2 的规定测定干密度。

4.2.2.6 吸水率

为了耐久性理由或者是适用于混凝土产品使用地的规定,如果需要,应按照附录 G 测定吸水率。

4.2.3 结构配筋

4.2.3.1 钢筋的加工处理

在工厂调直、弯曲或焊接的用于结构目的的钢筋,在加工处理后应保持与条款 4.1.3 的符合性。

当钢筋的焊接性有完整的文件证明时，才可使用钢筋的焊接连接。

可在 EN1992-1-1:2004 条款 3.2.5 中找到对焊接工艺的指导。

4.2.3.2　张拉和预应力

4.2.3.2.1　初始张拉应力

钢筋束放张后瞬间施加在构件上的最大预应力应满足下列条件：

- 混凝土没有非受控的纵向开裂、剥落或破裂；
- 混凝土中的应力不会造成产品的过度徐变或变形。

当产品与标准相关要求的符合性是通过初始型式检验和工厂生产控制进行验证并且满足条款 4.2.3.2.2 的严格公差要求时，张拉应力的最大值 σ_{omax} 可取作：

$$\sigma_{omax} = \min(0.85 f_{pk} \text{ 或 } 0.95 f_{p0.1k}) \qquad \text{等级 1} \qquad (2)$$

如果无法满足上一段落中提到的条件，则应符合 EN 1992-1-1:2004 条款 5.10.2.1 的规定：

$$\sigma_{omax} = \min(0.80 f_{pk} \text{ 或 } 0.90 f_{p0.1k}) \qquad \text{等级 2} \qquad (3)$$

4.2.3.2.2　张拉力的准确度

按照条款 4.2.3.2.1，如果采用等级 1，则预应力严格公差的准确度至少为：

- 单根钢筋束/预应力：±5%。

按照条款 4.2.3.2.1，如果采用等级 2，则预应力严格公差的准确度至少为：

- 单根钢筋束/预应力：±10%。
- 总预应力：±7%。

4.2.3.2.3　预应力传递时的最小混凝土强度

在预应力传递时，混凝土的最小抗压强度 $f_{cm,p}$ 应为混凝土最大压应力的 1.5 倍并不应小于 20MPa(圆柱体试件的强度)。

按照 EN1992-1-1:2004 条款 5.10.2.2(5)，应考虑这个要求。

在任何情况下，混凝土的强度都应足够锚固钢筋束。

4.2.3.2.4　钢筋束的滑动

滑动是钢筋束传递预应力之后在构件一端的回缩，滑动值应被限制为下列数值：

- 单根钢筋束(钢绞线或钢丝)：$1.3\Delta L_0$
- 构件一端所有钢筋束的平均值：ΔL_0

对于钢绞线，应考虑三根刻痕定位钢丝的平均值。

ΔL_0 值的单位为毫米，应通过式(4)计算：

$$\Delta L_0 = 0.4 l_{pt2} \frac{\sigma_{pmo}}{E_p} \qquad (4)$$

式中：按照 EN1992-1-1:2004 条款 8.10.2.2，l_{pt2} 为传输长度的上界限值，等于 $1.2 l_{pt}$(mm)；σ_{pmo} 为放张后瞬间预应力筋的初始应力(MPa)；E_p 为预应力筋的弹性模量(MPa)。

除了用模型制造的产品之外，通常都要测量钢筋束的滑动值(见表 D-3)。对于锯切的产品，如果单独的目视检查可以看出没有滑动，则不需要进一步测量。

4.3 产品要求

4.3.1 几何尺寸

4.3.1.1 生产公差

表4给出了截面尺寸最大偏差[宽度偏差 Δb 和高度偏差 Δh]的建议值,还给出了钢筋、钢丝和钢绞线混凝土保护层的最大偏差(Δc_{dev})建议值。

表4 偏差

目标尺寸 (mm)	截面 $\Delta b, \Delta h^a$ (mm)	混凝土保护层 $\Delta c_{dev}{}^{ab}$ (mm)
$L \leqslant 150$	$+10, -5$	± 5
$L = 400$	$+15, -10$	$+15, -10$
$L \geqslant 2500$	± 30	$+25, -10$

注:[a] 中间值为线性插值。

　　[b] 按照 EN1992-1-1:2004 条款 4.4.1.1:$c_{nom} = c_{min} + \Delta c_{dev}$(使用 $-\Delta c_{dev}$ 数值)。Δc_{dev} 是国家范围内确定的参数;因此在使用地的其他值可以是有效的。通过采取适当的措施,生产商可达到并公布比规范性附录中规定的 Δc_{dev} 更小的值。

工程的结构设计应考虑在工程结构设计中规定的支座处的公差。

可以 EN1992-1-1:2004 条款 10.9.5.2 作为指导,确定与支座边缘和预制混凝土产品边缘的假定无效距离。总体公差的组合不可用于确定支座处的公差,因为在大多数情况下,支座处的公差都必须比这种组合得到的公差更加严格。

对于板和梁,混凝土保护层厚度的平均偏差可按照在梁截面上或者在板最大 1m 宽度上布置的单根钢筋、钢丝或钢绞线的平均偏差来确定。任何单根钢筋、钢丝或钢绞线混凝土保护层厚度的负偏差数值都不应大于建议的负偏差数值。

提示:在附录 A 中可找到关于混凝土保护层的导则。

按照附录 J 中的条款 J.1 到 J.3,可通过测量确定几何尺寸的生产公差。

a)长度的最大偏差建议值:

$$\Delta l = \pm \left(10 + \frac{L}{1000} \right) \leqslant \pm 40 mm \tag{5}$$

式中:L 为公称长度(mm)。

b)孔洞、洞口、钢板、埋件等的最大偏差建议值:

1)孔洞或洞口尺寸的最大偏差建议值为 $\pm 10mm$。

2)孔洞、洞口、钢板、埋件等的位置最大偏差建议值为 $\pm 25mm$。

4.3.1.2 最小尺寸和细节

预制混凝土产品的几何尺寸应符合所要求的最小尺寸和细节。最小尺寸值和细节是基于公称尺寸,可从 EN1992-1-1:2004 第 7、8、9 和 10 章中获取。

4.3.2 表面特性

对产品表面特性的技术要求,应参考 J.4,J.4 还给出了建议值。

可以规定其他最大偏差。

对于混凝土产品的标识,可使用 CEN/TR15739。

4.3.3　力学抗力

4.3.3.1　一般要求

应公布混凝土的抗压强度等级,除非能够同时满足下列两个条件:

· 产品的力学抗力是根据初始型式检验和在产品工厂生产控制过程中对该性能的常规试验而确定和公布的;

· 抗压强度等级不是验证产品耐久性的相关参数(见条款 4.3.7.1 和条款 4.3.7.5)。

无论是极限状态设计还是正常使用极限状态设计,都应考虑产品的所有相关结构性能。

关于预应力损失,可参照附录 K,该附录详细说明了一些案例。

应采用下列方法之一验证力学抗力:

· 计算验证(见条款 4.3.3.2);

· 通过试验辅助的计算验证(见条款 4.3.3.3);

· 试验验证(见条款 4.3.3.4)。

应按照产品使用地的规定,采用这些方法。

4.3.3.2　计算验证

按照 EN19921-1 相关条款的规定,或者按照产品使用地的规定,应对通过计算获得的力学抗力设计值进行验证。应符合本文和产品标准规定的相关补充规定。

4.3.3.3　实物试验辅助的计算验证

在下列情况下,要求对产品进行实物试验以辅助计算验证:

· 针对条款 4.3.3.2 中可选择的设计规则;

· 采用条款 4.3.3.2 未包含的非常规设计模型的结构布置。

在这些情况下,为了对为计算而假定的设计模型的可靠性进行验证,在开始生产之前,需要对少量足尺试样进行力学试验。加载试验应进行到极限承载状态(设计条件)。

按照 EN1992-1-1 的原则,在有可靠理论验证的情况下,则不需要进行力学试验。相关信息也可在 EN1990:2002 附录 D 中找到。

4.3.3.4　试验验证

在试验验证的情况下,应通过对按照适当统计原理所抽取试样的直接加载试验,对声称值进行验证。

相关信息也可在 EN1990:2002 附录 D 中找到。

4.3.3.5　安全系数

可在 EN1990 和 EN1992-1-1 中找到分项安全系数的建议值。这些标准还允许在某些条件下采用较低的值。附录 C 提供有这样的信息。

4.3.3.6　瞬变状况

应考虑下列瞬变状况:

· 脱模;

· 运送到存储场地;

· 存储(支撑和荷载状态);

· 运送到现场;

· 安装(起吊);

· 建造(装配)。

当与构件类型相关时,对于瞬变状况,应考虑由于动态作用或垂直度偏差而引起的平面外横向水平力。这个值可取构件自重的1.5%。

4.3.4 耐火性能和火反应性

4.3.4.1 一般要求

当耐火性能和火反应性与产品的预期用途相关时,应公布耐火性能和火反应性。

耐火性能通常以分级方法表示耐火等级。另外,耐火性能还可用耐火极限表示。

附录O给出了使用EN1992-1-2的相关建议。

提示:所需要的耐火等级或者耐火极限,取决于国家防火规范。

4.3.4.2 标准耐火性能的分级

为了确认标准耐火等级,可选择下列方法之一。

a)通过试验进行分级

可以考虑之前按照EN13501-2要求所进行的试验(即:同样的产品、同样要求或更多要求的试验方法)。

通过适当的计算方法[例如下面提到的c)],能够将试验结果的有效性扩展到其他跨距、截面和荷载的状况。

b)通过列表数据进行分级

当在产品标准中可以给出适用的补充规则时,可在EN1992-1-2找到列表数据。

c)通过计算分级

基于计算方法的分级,应符合EN1992-1-2中的相关条款或产品使用地有效规章的规定。适用时,可在产品标准中给出补充规则。

4.3.4.3 耐火极限的确认

由火灾引起的作用应依照EN1991-1-2的规定。可按照EN1992-1-2通过计算方法对耐火极限进行确认,或者通过试验进行确认。

4.3.4.4 火反应性

用最多含有1%有机材料(重量含量或体积含量中的较大值)的混凝土组分制作的混凝土产品,可以公布其火反应性为A1级而不需要进行试验。

当混凝土组分中的有机材料重量含量或体积含量大于1%时,应按照EN13501-1对混凝土产品进行测试并分级。

提示:参见委员会条例96/603/EEC,依照委员会条例2000/605/EC修订的规章,认为火反应性为A级的材料无需进行试验。

4.3.5 声学性能

声学性能为空气声隔声量和撞击声隔声量。当声学性能与产品的预期用途相关时,应公布声学性能特征值。

混凝土产品的空气声隔声量可按照EN12354-1:2000附录B通过计算进行评估,或者按照ENISO140-3进行测量。按照ENISO717-1,在这种情况下,隔声量应以100~3150Hz范围内1/3倍频程带的隔声量表示,并作为单值评价量和频谱修正量。

混凝土产品的撞击声隔声量可按照EN12354-2:2000附录B通过计算进行评估,或者按照ENISO140-6进行测量。按照ENISO717-2,在这种情况下,隔声量应以100~3150Hz范围内1/3倍频程带的隔声量表示,并作为单值评价量和频谱修正量。

在相关产品标准中可找到补充信息。

4.3.6　热工性能

当热工性能与产品的预期用途相关时,应公布热工性能。混凝土产品的热工性能应以下列几组数据的其中一组进行表达:

a)材料的导热系数连同产品的几何尺寸;

b)产品的热阻。

相关时,可以给出材料的比热容或产品的热容。

材料的导热系数可按照 EN12664 通过试验确定。

应按照 ENISO10456 规定,确定所公布的干燥状态下的热值,ENISO10456 还给出了把公布的热值转变为设计热值的程序。

材料的设计导热系数和比热容都应从 ENISO10456 和 EN1745 的列表值中获得。

可按照 ENISO6946 计算混凝土产品的热阻和传热系数,或者按照 ENISO8990 或 EN1934 在热箱中进行测量。

提示:附录 L 给出来自 ENISO10456 和 EN1745 相关数据的列表。

4.3.7　耐久性

4.3.7.1　耐久性要求

下列技术要求适用于设计使用年限符合 EN1992-1-1 规定的混凝土结构产品。

通过下列相关要求来保证预制混凝土产品的耐久性:

· 水泥和外掺料的适当用量(见条款 4.2.1.1);

· 最大水胶比(见条款 4.2.1.1);

· 最大氯离子含量(见条款 4.2.1.1);

· 最大碱含量(见条款 4.2.1.1);

· 新浇注混凝土的防干燥保护(见条款 4.2.1.3);

· 最小混凝土强度(见条款 4.2.2.1);

· 最小混凝土保护层厚度和混凝土保护层的质量(见条款 4.3.7.4)。

适用时,还包括:

· 含气量(见条款 4.2.1.1);

· 通过热处理获得的充分的水化反应(见条款 4.2.1.4);

· 确保内部结构整体性的特定要求(见条款 4.3.7.2);

· 确保表面整体性的特定要求(见条款 4.3.7.3);

· 吸水率(见条款 4.3.7.5);

· 使用的性能设计方法(例如:EN206-1)。

在 EN1992-1-1:2004 条款 4.2 中可找到关于耐久性的要求。

对于非结构混凝土产品,或者混凝土产品的设计使用年限短于或长于 EN1992-1-1(50年)相应值,耐久性技术要求应适应产品的特定应用领域。

4.3.7.2　内部结构整体性

应在生产过程中通过充分的水化反应、热处理和对混凝土早期开裂的抑制,确保与混凝土抗力和耐久性相关的潜在性能,见条款 4.2.1.3 和条款 4.2.1.4。

4.3.7.3 表面整体性

相关时,混凝土表面的抗劣化能力,例如抗化学反应、抗冻融、抗机械磨损等能力,应通过适当的规定得以保证。

表面整体性的技术要求可遵循 206-1:2000 条款 5.3 的规定并尽可能地遵循该规定,应使用与设计方法相关的性能(EN206-1:2000 条款 5.3.3 和附录 J),便于性能检验。

按照在产品使用地有效的规定,这些方法的其中之一可以是各极限值的组合,即:对于各种等级的暴露条件,对制造产品的混凝土,取其最大水胶比、最小强度等级和最大吸水率进行组合。

举例:对于暴露等级 XC3(中等湿度、具有中等空气湿度和高空气湿度的建筑内的混凝土、免雨淋的外部混凝土),其极限组合可以是:最大水胶比 0.50,最小强度等级 35/45,最大吸水率 6%。

4.3.7.4 钢筋耐腐蚀性

按照 EN1992-1-1:2004 条款 4.1 的原则,使钢筋获得耐腐蚀能力。为了满足这些原则的要求,本标准附录 A 给出了在预制混凝土产品设计时所采用的与混凝土保护层相关的周围环境条件的范围。

通过对钢筋进行防护或者通过使用不锈钢,获得耐腐蚀能力。

4.3.7.5 吸水率

当对吸水率有规定时,应按照条款 5.1.2 测试吸水率。

4.3.7.6 等效耐久性程序

预制混凝土产品的性能可通过等效耐久性程序进行确定。

4.3.8 其他要求

4.3.8.1 装卸安全

应对混凝土产品进行设计和制作,以便能够安全装卸而对产品本身不会产生不利影响。应由制造商提供并用文件记录运输过程和现场装卸及储存的规定。在 EN13670:2009 条款 9.4 中可找到附加信息。

提示:CEN/TR15728 给出通用指导规则。对于特定用途,更多指导规则可在供应商的技术文件中给出。

4.3.8.2 使用安全

如果需要,应考虑混凝土产品的性能以及与预期最终用途相关的安全监管(例如:表面规整性、抗滑性、锐利边缘等)。

4.3.8.3 自重

如果需要,应公布产品的自重。

如果本标准附录 C 中条款 C.5"基于自重控制的分项安全系数 γ_G 的减小"适用,制造商应控制产品自重。

5　试验方法

5.1　混凝土

5.1.1　抗压强度

应按照 EN12390-3 测试混凝土强度：

- 按照 EN12390-1 和 EN12390-2 对代表性模制试件进行测试；
- 或者按照 EN12504-1 对代表性钻芯试件进行测试。

对于结构性能的确定,EN12390-2 中的养护条件不适用。

提示 1:不同形状和尺寸的试件得到的混凝土强度值不同。

为给出标准圆柱体强度或立方体强度,应采用合适的形状系数。

假设,采用公称尺寸至少为 100mm 和公称尺寸不大于 150mm 的立方体试件、采用直径从 100~150mm 而且具有相同公称高度的圆柱体试件或钻芯圆柱体试件,所得到的强度值都与在同样养护条件下获得的标准立方体的强度值相当。

假设,采用公称直径至少为 100mm 和不大于 150mm,公称高度与公称直径之比等于 2 的圆柱体试件或钻芯圆柱体试件,所得到的强度值都与在同样养护环境条件下获得的标准圆柱体的强度值相当。

对于不同形状和尺寸的试件,应按照 EN206-1:2000 条款 5.5.1.1,通过初始试验确定转换系数。

不应使用公称直径小于 50mm 的钻芯圆柱体试件和(或)公称高度小于直径 0.7 倍的钻芯圆柱体试件。不应使用公称尺寸小于 50mm 的立方体试件。

提示 2:附录 H 提供了关于形状相关系数的信息。

应通过初始试验确定间接结构强度和直接结构强度之间相互关系的转换系数。根据所考虑的试件的形状和(或)尺寸,间接结构强度和直接结构强度的转换系数可包括或者不包括形状和(或)尺寸的转换系数。

5.1.2　吸水率

应按照规范性附录 G 规定的试验方法,测试混凝土的吸水率。

5.1.3　混凝土的干密度

当需要混凝土的干密度时,应按照 EN12390-7 对代表性试件进行进行测试。

5.2　尺寸和表面特性

当在特定产品标准中没有规定时,附录 J 给出了关于尺寸测量的信息。

假定产品尺寸是指在温度 10℃~30℃之间、龄期为 28d 时的尺寸。如有必要,当在其他温度或龄期测量尺寸时,应对尺寸的固有偏差进行理论修正。

检查尺寸偏差所用设备的读数精度至少应为被检查偏差的 1/5。

平面的角度偏差应在相互垂直的两个方向进行测量。

对于宽构件,例如带肋构件和特定屋面构件,应在三个位置分布测量其长度,例如:在距离两侧 100mm 的位置和中心位置进行测量。

如果认为有必要,还应沿构件的长度在三个位置测量宽度和高度。对难以在构件上直接测量的尺寸,可使用水平杆或水平仪协助测量。

应在跨中测量产品的侧向弯曲和翘曲。

5.3 产品重量

当按照本标准附录 C 中的条款 C.5 减小的 γ_G 适用时,预制混凝土产品的自重应通过使用精度为±3%的设备进行称量,或者通过计算估测。

估测重量应采用下列参数计算:

- 产品的公称尺寸;
- 认为能代表产品的混凝土密度的平均值。按照 EN12390-3,对用于潜在强度测试的试件进行测量;
- 产品中的钢筋重量。

6 符合性评价

6.1 总则

6.1.1 一般要求

在产品标准相关附录 ZA 中,在 CE 标志的注意事项中规定了制造商和认证机构的任务分配。应注意这样的事实:本条款中描述的任务与 CE 标志无关。

6.1.2 符合性验证

混凝土产品与本标准中相关要求、产品性能特定值或公开值(级别或等级)的符合性,应通过执行下列两项任务来验证。

a)相关时,包括计算在内的型式检验(见条款 6.2);

b)工厂生产控制(见条款 6.3),包括产品检验。

6.1.3 符合性评价

6.1.3.1 一般要求

除了 6.1.2 款中的要求,还可通过第一方、第二方或第三方进行符合性评价(附录 E),他们的任务取决于产品系列。

6.1.3.2 工厂生产控制的评价

如果进行工厂生产控制的评价,则第三方评价应基于下列两项任务:

a)工厂的初始检查和工厂生产控制的初始检查;

b)工厂生产控制(包括对测量的监督,对材料、流程和产品的测试)的持续监测、评价和认可。

6.1.3.3 产品评价

如果进行产品评价,第三方评价应基于下列一项或两项任务,这些任务是对任务条款 6.1.3.2 中任务 a)和 b)的补充:

a)对产品型式检验的监督、评价和认可(见条款 6.2);

b)对取自工厂的样品或者可能取自施工现场的样品,进行审核试验。

6.1.4 产品系列

为了验证与相关要求的符合性,将混凝土的产品类型归类为系列。如果在产品标准中规定了系列,或者有下列情况,则可进行归类:

· 单一类型产品的性能可由制造商进行验证,以便可靠地代表系列中其他类型产品的性能;

· 由制造商验证受控于同样工厂生产控制程序的性能。

6.2 型式检验

6.2.1 一般要求

型式检验的目的是为了证明产品是否满足要求。

预制混凝土产品的特点是具有在交货之前对产品进行足尺试验的可能性。但定期进行足尺试验不是目的。

型式检验可以是:

· 实物型式检验:实物型式检验是对产品的代表性样品和(或)试件,针对需要证明的性能进行相关试验;

· 型式计算:型式计算是通过计算对产品的相关性能进行证明;

· 实物型式检验与型式计算的结合。

当一种产品的设计是由购买者提出时,则不需要确定产品型式。

对根据普遍接受的设计方法(例如:EN1992-1-1 设计规则或产品标准)、采用常规安排和常规设计模型或者基于文件化的长期经验评估的产品性能,不需要对产品进行实物型式检验。在其他情况下,应进行实物型式检验,以验证设计方法的可靠性。

无论是产品还是混凝土,型式检验都不应是必要的。

如果制造商拥有使用适合试验设备的和校准试验设备的权利,则可利用这些设备进行实物型式检验。

应记录型式检验的结果,附录 P 给出应该执行的或者按本标准要求可能执行的型式检验和(或)型式计算的综述。

可以其他生产线或其他工厂的型式检验(共享型式检验)作为参考,假若这种型式检验被证明具有代表性并且是文件化的。对于混凝土性能,不接受共享型式检验。

6.2.2 初始型式检验

在新型产品投放到市场之前,应进行初始型式检验,以证明其与标准要求的符合性。在相关产品标准的有效性到期时,还应对正在生产的产品进行初始型式检验。对同样的产品,在到期之前,可以考虑先前所进行的型式检验,如果它们符合相关产品标准的要求。

混凝土的初始型式检验应符合 EN206-1:2000 附录 A 的相关要求。

在初始型式检验结果表明产品符合要求之前,产品不应交付。

当设计、混凝土组分、钢筋类型、制作方法发生变化时,或者有其他可能大幅改变产品某些性能的修改时,也应对产品进行初始型式检验。

6.2.3 对取自工厂的样品做进一步试验

当有必要对符合性进行证明时,应对取自工厂的样品进行适当的进一步试验。

6.3 工厂生产控制

6.3.1 一般要求

制造商应制定、文件化、维持并执行工厂生产控制体系,以确保投放到市场的产品能够满足标准要求、与规定值和公开值相符合、并符合技术文件上的要求。

提示:按照ENISO9001:2008并考虑本标准要求运行质量体系的制造商,被认为可满足下面所述的工厂生产控制要求。

6.3.2 组织机构

应明确、文件记录、维持并落实参与工厂生产控制的人员的任务、能力、责任和权利,包括针对下列活动的程序:

a)在适当的阶段,进行产品的符合性验证。

b)对任何不符合事项的识别记录与处理。

c)确定不符合事项的原因与可能采取的纠正措施(设计、材料或生产程序)。

组织计划应阐明参与人员参加 a)~c)中规定的活动。

对各种职责能力水平的特殊要求可能是适用的。

6.3.3 控制体系

工厂生产控制体系应由程序、指导书、定期检查、试验以及对受控设备、原材料、其他输入材料、生产过程和产品组成。

6.3.4 文件控制

应以这样的方式对文件进行控制,在工作场地只可使用有效的文件副本。这些文件为程序文件、指导书、标准、施工报告、图纸和工厂生产控制程序。

生产图纸和文件应提供产品制作的技术要求和所有必要数据(见条款6.3.5)。这些文件应署明日期并由制造商指定的人员批准。

6.3.5 过程控制

制造商应辨别工厂和(或)生产过程中影响产品与技术要求符合性的相关特性。制造商应采用这样一种方式计划并执行生产过程,以确保产品与产品标准要求的符合性。

6.3.6 检查和试验

6.3.6.1 一般要求

应对设备、原材料、其他输入材料、生产过程和产品进行检查和试验。在检查方案中应标明检查和试验的项目、指标、方法和频次。应用这种方法确定检测和检查的频次以及本标准未涉及的方法,以实现产品的永久符合性。

附录D中表D-1~D-4给出的检查方案为参考方案。

制造商应采用这些方案的相关部分,除非他能够证明他所做的任何改变都能使产品的符合性获得同等信任度。对于混凝土生产的符合性,可考虑采用EN206-1产品控制程序的相关部分,以获得同等信任度。

附录D中表D-5给出了在检查方案中标明的检查项目的频率的转换规则。

如果相关,可进行额外检查。

检查结果以数值表达,所有需要采取纠正措施的检查结果和试验结果,都应记录并可供使用。

应按照在相关标准中提到的方法进行试验,或者采用已被证明相关的可选择试验方法进行试验,或者采用与标准方法有安全关系的方法进行试验。

试验结果应满足规定的符合性标准而且是有效用的。

6.3.6.2　设备

工厂试验使用的称量设备、测量设备和测试设备都应按照附录 D 中表 D-1 给出的参考方案进行校正和检查。

6.3.6.3　材料

应按照条款 6.3.4,检查原材料和其他输入材料与技术文件要求的符合性。

附录 D 中表 D-2 给出检查、测量和试验的参考方案。

6.3.6.4　生产过程

附录 D 中表 D-3 给出检查、测量和试验的方案。

6.3.6.5　产品

对所有需要检验的性能(包括标志),应编制并执行对产品的取样和试验计划。

附录 D 中表 D-4 给出产品检查的参考方案。

6.3.7　不符合要求产品

如果工厂生产控制结果或者交货之后的投诉显示出产品的一项或多项性能与本标准或制造商的技术要求不符合,则制造商应采取必要的措施来纠正这种缺陷。如果出现不符合项,应用文件记录其对抗力、适用性、外观耐久性以及对安装和装配兼容性可能产生的相关影响。该文件应评估采取或不采取纠正措施的可能性或者产品降级后在相关产品标准范围内的适合用途。如果缺陷产品不被接受而且没有令人满意的纠正措施,或者发现等级降低,则缺陷产品应被拒收。

如果在交货后才发现不符合项,则制造商应启动允许其追溯不合格项并对其进行评估的必要的登记和程序。

不符合要求的产品应放置在旁边并做相应标记。

应用文件记录处理不符合产品、处理对标准中规定性能或技术要求中规定性能的投诉、处理纠正措施的程序。

6.3.8　符合性标准指标

6.3.8.1　混凝土强度

28d 龄期标准抗压强度的符合性标准指标应取自 EN206-1:2000 条款 8.2.1.1 和条款 8.2.1.3。但是:

· 评估一种类型混凝土或混凝土系列中参照混凝土类型的现有统计参数(平均值、标准偏差……)的连续生产期,可被减少为工厂生产控制的三个日历周,假若最少连续 15d 的检查结果能够延续至少 5 个生产日;

· 减少至上面规定的三个日历周的第一个生产阶段评估的统计参数的初始值,可通过连续体系对下一个评估期的数值进行更新;

· 在初始阶段,达到上述规定的最少生产期限之前,应依据下列标准指标进行符合性评价:

$$f_{cm} \geqslant f_{ck} + 4\text{MPa} \quad 和 \quad f_{ci} \geqslant f_{ck} - 4\text{MPa}$$

式中:f_{ci} 为单个试验结果;f_{cm} 为混凝土的平均抗压强度;f_{ck} 为混凝土的抗压强度标准值。

非连续的偶然生产应使用同样的标准指标。

• 假如接受概率相当,可使用符合 EN206-1 要求的控制图,检查连续生产期内的混凝土强度的符合性评价。

• 可使用同样的符合性评价程序和判定标准,对早期混凝土强度进行检验。附录 B 给出更多建议。

6.3.8.2　除强度之外的其他混凝土性能

应符合 EN206-1:2000 条款 8.2.3 的规定

6.3.9　直接试验方法或可选择的试验方法

可以采用任何直接试验方法或其他试验方法测试特定性能,例如用回弹锤和声速测试混凝土的性能(假如确定并维持了这种方法与直接方法的安全相关性)。

6.3.10　工厂的初始检查和工厂生产控制的初始检查

当终结的生产过程重新开始运行时,应进行工厂初始检查和工厂生产控制的初始检查。应对工厂和工厂生产控制文件进行评价,以确认是否满足条款 6.3.1～6.3.9 的要求。

在检查过程中,应确认:

a)实现产品特性的所有必要资源,包括已经就位并被正确执行的欧洲标准。

b)按照工厂生产控制文件进行的工厂生产控制程序在实际工作中被遵循。

c)相关时,产品性能与初始型式检验的符合性,已经对产品性能与符合性声明书的一致性进行了验证。

应对相关产品最终装配或至少是最终试验的所有场所都进行评价,以确认上述 a)～c)中所列要求已经就位并被执行。如果工厂生产控制体系涵盖的产品、生产线或生产工艺多于一种,当评价其他产品、生产线或生产工艺的工厂生产控制时,不需要对总体要求进行重复评价。

在初始检查报告中,应文件化记录所有评价及评价结果。

6.3.11　工厂生产控制的连续监测

应每年进行一次工厂生产控制的连续监测。工厂生产控制的连续监测应包括对工厂生产控制试验计划和各种产品生产工艺的审查,以确定自上次评价或连续监测以来是否发生了任何变化。应评价任何变化的严重性。

应在合适的时间间隔进行检查,以确保试验计划仍在正确执行,并确保生产设备仍在正确维护和校正。

可审查生产过程以及对产品所进行试验和测量的记录,以确保所得到的结果值仍然与那些在产品型式检验中所得到的结果一致,并确保对不合格仪器设备采取了纠正措施。

6.3.12　修正程序

相关时,对那些可能受修正措施影响的事项,应对工厂和工厂生产控制进行重新评价。

所有评价及评价结果都应文件化记录在报告中。

7　标志

应对每件产品都进行标志或标记,以标明:

• 制造商的标识;

• 生产地点的标识;

· 生产标准的编号；

· 必要时，产品的标识码；

· 必要时(例如：为追溯在技术文件中公布的产品性能、功能和其他相关产品数据，或者为了追溯生产过程数据)，产品规范的编号；

· 浇注成型日期；

· 需要时，产品的自重；

· 需要时，现场安装需要的其他相关信息(例如：位置和方位)。

对于相同混凝土产品或配套混凝土产品，可简化上述程序或者在产品包装上或在产品堆场用完整标志或标签替代。

除上述信息之外，还应在标志或标签或附带文件上提供下列附带信息：

· 产品标示[按照标准进行的描述和(或)商用名称]；

· 适用时，技术文件。

提示：适用时，CE 标志可参考相关产品标准的附录 ZA。

8　技术文件

最后，在交货时，技术文件应是有效可用的，它适用于所选择的声明书的方法，并且：

· 确保构件的设计设想、方法、结果、细节的可追溯性，包括结构数据例如尺寸、公差、钢筋布置、混凝土保护层厚度等；

· 满足产品使用地设计文件的国家规定；

· 给出对安全运输、装卸和储存的指导；

· 给出构件安装的技术要求；

· 给出贴附在构件上的标记中提到的补充信息。

上述能够满足要求的结构混凝土产品的不同技术文件，在资料性附录 M 中都有实例。

附录 D(规范性)：检查方案

D. 1　总则

如果本附录中的检查项目与特定产品不相关，或者采用其他恰当的方法能够满足检查目的，则这些检查项目不适用于该产品。

D.2 设备检查

表 D-1 设备检查

	项目	方法	目的	检查频率*
		D-1-1 试验设备和测量设备		
1	强度试验设备	除了在试验方法中标明的设备之外,还应对已按照国家规范校准的设备和专用设备进行校准	正确的功能和准确性	• 重新安装或大修之后 • 每年一次
2	称量设备			
3	尺寸测量设备			
4	温度和湿度测量设备			
		D-1-2 储存和生产设备		
1	材料储存	视觉检查或其他恰当的方法	无污染	• 安装时 • 每周一次
2		视觉检查	正确的功能和清洁度	每天一次
3	称重器或体积计量设备	对已按照国家规范校准的设备和专用设备进行校准	生产商公布的准确度	• 重新安装时或大修后 • 称量器:每年一次 • 体积计量设备:每年两次 • 有疑问时
4	连续测量细集料含水率的设备	实际含量与计量表读数比较	生产商公布的准确度	• 重新安装时 • 每年两次 • 有疑问时
5	搅拌机	视觉检查	磨损和正确功能	每周一次
6	模具	视觉检查	状况(例如:磨损和变形)	定期,取决于材料类型和使用频率
7	预应力设备	对已按照国家规范校准的设备和专用设备进行校准	正确功能和准确度	• 重新安装时 • 每年两次 • 有疑问时
8		视觉检查	锚固设备的磨损	对使用的设备每周一次
9	浇注机/设备	制造商检查说明书	混凝土正确密实	按照制造商检查说明书要求且至少每月一次
10	钢筋储存	视觉检查	查明独立且干净的储存,没有引起钢筋严重锈蚀的污染物	定期
11	预应力筋储存	视觉检查	干燥、通风储存,没有污染物	定期

注: * 只有在设备可用时,而且未被表 D-3 中 D-3-1 或表 D-4 中 D-4-1 的适当检查涵盖时。

D.3　材料检查

表 D-2　材料检查

	项目	方法	目的	检查频率
		D-2-1　所有方法		
1	所有材料	交货卸货之前,检查包装上表明与订单符合性的标签ᵃ	确定托付物是订单的货物与正确的原产地	每次交货
		D-2-2 交货前未提交进行符合性评价的材料ᵇ		
1	水泥或其他胶凝材料	合适的检查方法	符合要求(见条款 4.1.2)	每次交货
2	集料	卸货之前对颗粒形状和杂质的视觉检查	符合要求(见条款 4.1.2)	• 每次交货 • 由带式输送机交货和同样原产地交货,定期,取决于位置和交货条件
3		按照 EN933-1 做筛分分析	与协商级配的符合性	• 新产地第一次交货 • 视觉检查后有疑问时 • 定期,取决于位置和交货条件
4		适用的检验方法	杂质或污染物评价	
5		按照 EN1097-6 做吸水率试验	混凝土有效含水率评价(见 EN206-1:2000 条款 5.4.2)	• 新产地第一次交货 • 视觉检查后有疑问时
6	外加剂	视觉检查	与正常外观的符合性	每次交货
7		按照 EN934-2 进行试验	密度一致	
8		按照 EN934-2 进行鉴定,例如密度、红外线灯	符合供应商规定的数据	有疑问时
9	添加料/颜料	视觉检查	与正常外观的符合性	• 每次交货 • 混凝土生产过程中,定期
10		适用的方法	密度的一致性	
11		烧失量试验	确定可能影响引气混凝土的含碳量的变化	用于引气混凝土,每次交货
12	非取自公共分配系统的水	按照 EN1008 进行试验	确定水中无有害成分	• 首次使用新产地的水 • 开放水域的水:每年三次,或按照当地条件进行多次 • 其他来源的水:每年一次 • 有疑问时
13	再生水	视觉检查	固体物和污染物检查(见条款 4.1.2)	每周一次
14		按照 EN1008 进行试验		有疑问时
15	钢筋	视觉检查	符合要求(见条款 4.1.3 和条款 4.1.4)	每次交货
16		适用的试验方法		
17	埋件和连接件	制造商的方法	符合要求(见条款 4.1.5)	每次交货

注:ᵃ订单上应提及的技术要求。
　　ᵇ在交货前被预制混凝土产品制造商或没有通过其他方式进行证明的材料。

D.4 过程检查

表 D-3 过程检查

项目		方法	目的	检查频率
		D-3-1 混凝土		
1	混凝土组分（除了用水量）	·对称量设备进行视觉检查 ·对照生产文件检查	与预期组分的符合性（称量或体积计量）	·对使用的组分，每天一次 ·每次变化后
2		适用的分析	符合预期混合物值（只有体积计量）	对使用的组分，每月一次
3	新拌混凝土的含水率	适用的方法	为水胶比提供数据	·对使用的组分，每天一次 ·每次变化后 ·有疑问时
4	混凝土氯离子含量	计算	确保不超过最大氯离子含量	在组分中的氯离子含量增大的情况下
5	新拌混凝土的水胶比	计算（见 EN206-2000 条款 5.4.2）	评价规定的水胶比	如果有规定，每天一次
6	新拌混凝土的含气量，有规定时	普通混凝土和重质混凝土按照 EN12350-7 进行试验，轻质混凝土按照 ASTMC173/C173M-10b 进行试验	评价与规定含气量的符合性	每个生产日的第一拌混合物，直到含气量稳定
7	混凝土混合物	视觉检查	正确的混合	每种混合物每天一次
8	潜在强度	按照条款 5.1.1 试验	评级与预期值的符合性	每种类型的混凝土每天一次
9	结构强度		评级与预期值的符合性	每个混凝土系列每五个生产日，一次
10	硬化轻质混凝土或重质混凝土的密度	按照 EN12390-7 试验	评价规定的密度（见条款 4.2.2.5）	与潜在强度的频率相同
11	吸水率	按照附录 G 试验	预期值（见条款 4.3.7.5 和附录 G）	每种类型的硬化混凝土和使用的浇注技术，每五个生产日期，一次；5 个正面结果之后，可以应用 D5.2
		D-3-2 其他过程项目		
1	钢筋和埋件（包括吊装埋件）	视觉检查	与要求类型、数量、形状、尺寸和位置的符合性	每天一次
2		测量		取决于制造商的检查指导书
3	焊接	视觉检查	焊接质量	每天一次
4		适用的方法	与焊接钢筋的符合性（见条款 4.2.3.1）	取决于制造商的检查指导书，但是每 400 吨钢筋不少于一次

续表

项目		方法	目的	检查频率
D-3-2 其他过程项目				
5	钢筋调直	视觉检查	调直质量	每天一次
6		适用的方法	与调直钢筋的符合性(见条款 4.2.3.1)	取决于制造商的检查指导书,但是每 400t 钢筋不少于一次
7	弯曲	视觉检查	弯曲质量	每天一次
8		适用的方法	与弯曲钢筋的符合性(见条款 4.2.3.1)	取决于制造商的检查指导书,但是每 400t 钢筋不少于一次
9	模具和台座	视觉检查	清洁润滑	每天一次
10			磨损和变形检查	取决于模具材料和使用频率
11		测量	尺寸测定	每台新模或大修后
12	预应力	张拉力或张拉长度测量	正确的张拉力(见条款 4.2.3.2)	取决于制造商的检查指导书
13	浇注前	视觉检查	与生产图纸的符合性	每天,检查频率取决于浇注成型工艺
14	混凝土浇注	视觉检查	正确地密实	每台一次
15	防干燥措施	视觉检查	与技术要求(见条款 4.2.1.3)和文件化的工厂程序的符合性	每天一次
16		相关过程条件验证		每周一次
17	加速硬化(热处理)	相关过程条件验证	与技术要求和文件化的工厂程序的符合性	每天一次
18		测量温度		取决于工艺
19	后浇工艺	适用时	与技术要求和文件化的工厂程序的符合性	取决于工艺和技术要求
20	钢筋束滑动	检查/测量	与技术要求和文件化的工厂程序的符合性	取决于产品和(或)工艺
21	温度	相关时,检查温度(室外,生产区和储存区)	采取适合的措施	每台一次

D.5　产品检查

表 D-4　产品检查

项目		方法	目的	检查频率
D-4-1　产品检验[a]				
1	生产公差(包括混凝土保护层)	按照条款 J.1～J.3 和(或)其他适用的方法检验	与本标准要求和制造商所公布性能要求的符合性	取决于产品与几何特性
2	表面特性	按照条款 J.4 和(或)其他适用的方法检验	与制造商所公布性能要求的符合性	取决于产品与几何特性

续表

	项目	方法	目的	检查频率
3	力学抗力(通过试验)	适用的方法	与制造商所公布力学抗力力性能要求的符合性	取决于产品与力学抗力性能
4	标志/标签	视觉检查	与本标准要求的符合性	每天一次
5	储存	视觉检查	与本标准要求的符合性	
			不合格产品单独存放	每天一次
6	交货	视觉检查	正确的交货龄期、承载与承载文件	每天一次
7	最终检查	视觉检查	确定产品完整无缺	每天一次

注：ᵃ对于特定产品,这项检查可以被调整和(或)实践。

D.6 变换规则

变换规则仅适用于表 D-1~表 D-4 中的检查项目,对照规定的声称值和文件记录值提供量化结果。

变换规则适用于每个单独选定的项目。

根据选定的项目,应用变换规则所得到的结果可以是独立的结果或者与从一个样品得到的一组相关结果。

表 D-5　变换规则

D.5.1常规检查
检查频率应按照表 D-1~表 D-4。
D.5.1 从常规检查变换为简化检查
简化检查相当于常规检查的一半。当常规检查有效并且前 10 次的连续检查都可接受时,可采取简化检查。
D.5.3 从简化检查变换为常规检查
当简化检查有效时,如果发生以下任何状况,应恢复至常规检查: ·检查结果不被接受; ·生产变得不规则或延迟; ·应采用常规检查的其他警告状况。
D.5.4 从常规检查变换为严格检查
严格检查相当于常规检查的 2 倍。当 5 次或 5 次以下常规检查的结果中有 2 次不被接受时,应采用严格检查。
D.5.5 从严格检查变换为常规检查
保持严格检查,直到连续检查结果被接受。然后恢复为常规检查。
D.5.6 停止生产
10 次连续检查结果都需要保持严格检查时,应停止生产。应研究失败的原因并采取必要的纠正措施,以恢复产品的符合性。应采用严格检查恢复生产。

附录 G(规范性):吸水率试验

G.1 方法

试件制备好之后,浸入水中直到质量恒定,然后烘干至质量恒定。以干燥试件的质量百分数表示通过浸水得到的混凝土吸水率。

G.2 取样

这项试验可采用一件完整的产品,也可在产品上锯切试件或钻取试件,或者在与产品生产类似的条件下采用与产品生产相同的混凝土用模具浇注成型试件。

作为参考,开始试验时,试件的龄期至少应为 28d(见 G-6)。

提示:如果试件同时被用于测定密度,则 EN 12390-7 要求的最小体积为 $1000cm^3$。

a)以完整产品作为试件

如果产品的质量至少为 1.5kg 而且不大于 5.0kg,则可采用该产品进行试验,而无需用树脂对任何表面进行保护。

b)通过锯切或钻取得到的试件

试件可以是在产品上通过钻取得到的圆柱体试件,也可以是在产品上通过锯切得到的棱柱体试件。

圆柱体试件的尺寸包括直径 D 和高度 H,棱柱体试件的尺寸包括边长为 A 的正方形截面和高度 H,所有尺寸都应满足表 G-1 中的要求。必须对下列两种类型的试件进行考虑:

1)薄型产品(厚度 E 至少为 30mm 且小于 100mm)。

2)厚型产品(厚度 E 至少为 100mm)。

如果不能从产品上取得满足上述条件的圆柱体试件或棱柱体试件,则可采用其他形状的试件,但是这种试件的体积 V 和展开面积 S 应能够满足表 G-1 中的要求。

• 薄型产品

贯穿产品的全厚度切割试件(锯切或钻取)。试件的切割边可用树脂进行保护(见 G-5 中的试件制备)。非切割的两个对面不进行保护(图 G-1)。

• 厚型产品

贯穿产品的全厚度切割试件(锯切或钻取)。如果需要,可对试件再次进行切割使试件变短,注意试件中包含有裸露表面而且要满足表 G-1 中的尺寸要求,可用树脂对试件周围的切割面进行保护(见 G-5 中的试件制备)。剩余的两个对面不进行保护(图 G-1)

c)模具浇注成型的试件(圆柱体或者棱柱体)

模具浇注成型的试件应满足表 G-1 中的尺寸要求。试件可以是包含直径 D 和高度 H 的圆柱体,或者是包含边长为 A 的正方形截面和高度 H 的棱柱体。

对于圆柱体试件,试件的顶面和底面可用树脂进行保护(见 G-5 中的试件制备)。试件的周围面不用保护。不用保护的表面应为模型面(图 G-2)。

对于棱柱体试件,试件的周围面可用树脂进行保护(见 G-5 中的试件制备)。剩余的两个对面不用保护。不用保护的两个对面应为模型面(图 G-2)。

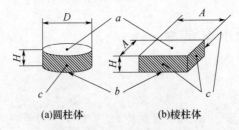

图 G-1 从产品上切割的试件

A—边长；D—直径；H—高度；a—不用保护的裸露面；

b—不用保护的对面（裸露面或切割面）；c—可能保护的切割面

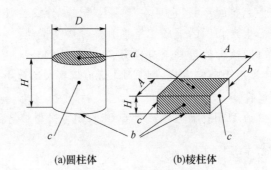

图 G-2 模具浇注成型的试件

A—边长；D—直径；H—高度；a—可能保护的水平面；

b—可能保护的模型面；c—不用保护的模型面；

d)试件的尺寸要求

试件的尺寸要求列于表 G-1。

表 G-1 试件的几何尺寸要求

		产品厚度	圆柱体		棱柱体		其他形状	
		E(mm)	H(mm)	D(mm)	H(mm)	A(mm)	V(cm³)	S(cm²)
从产品上切割试件	薄产品	$30{\leqslant}E{<}50$	E	$200{\leqslant}D{<}250$	E	$200{\leqslant}A{<}250$	$800{\leqslant}V$ $\leqslant2000$	$1.2{\leqslant}$ $V/S{\leqslant}2$
		$50{\leqslant}E{<}70$	E	$160{\leqslant}D{<}200$	E	$160{\leqslant}A{<}200$		
		$70{\leqslant}E{<}100$	E	$140{\leqslant}D{<}160$	E	$140{\leqslant}A{<}160$		
	厚产品	$E{\geqslant}100$	$0.5D{\leqslant}H{<}D$	$100{\leqslant}D{<}160$	$0.5A{\leqslant}H{<}A$	$100{\leqslant}A{<}150$		
模具浇注成型试件			$0.5D{\leqslant}H{<}D$	$100{\leqslant}D{<}160$	$0.5A{\leqslant}H{<}A$	$100{\leqslant}A{<}150$		

G.3 材料

应使用饮用水浸泡试件。

G.4 仪器设备

应使用下列仪器设备：通风干燥箱；平底容器；天平；硬毛刷；海绵或干皮革。

G.5　试件制备

用刷子除去所有灰尘、毛刺等,确保试件处在温度为(20±3)℃的条件下。可用树脂对 G.2 中规定的表面进行保护。树脂和遮护方法的选择应确保被处理的表面在整个试验过程中都得到完全保护。

G.6　步骤

将试件浸入水温为(20±5)℃的容器中,试件相互之间的距离至少应为 15mm,水面应高出试件最少 20mm。最短浸水期限应为 3d,持续浸水直到试件的质量恒定,此时的质量记为 M_1。当间隔 24h 的两次称量结果之间的差异小于 0.1% 时,即认为试件的质量达到恒定。

每次称量之前,用干皮革或海绵擦去试件表面的多余水分。当混凝土表面黯淡时,即认为多余水分都被擦去。然后称量并记录试件饱水状态的质量 M_1。

然后将试件放入干燥箱内,试件相互之间的距离至少为 15mm。试件在温度为(105±5)℃的条件下干燥至恒重。最短干燥期限应为 3d,持续干燥直到试件的质量恒定,此时的质量记为 M_2。当间隔 24h 的两次称量结果之间的差异小于 0.1% 时,即认为试件的质量达到恒定。称量之前,使试件冷却 30min 至 1h,然后称量并记录试件干燥状态的质量 M_2。

当已处在干燥过程的试件达到 48h 时,不应将新的潮湿试件放入干燥箱中。

G.7　结果

按照公式 $\dfrac{M_1-M_2}{M_2}\times100\%$ 计算每个试件的吸水率值。

试验报告应显示每个试件的制备方法(模具浇注成型或锯切或钻取)、试件尺寸、制备条件、开始试验时的试件龄期、试件饱水状态的质量 M_1、干燥状态的质量 M_2 和试件的吸水率值。

提示:如果对于同种样品,取用多于 1 个试件进行试验,则试验结果取所有试件试验结果的平均值。

参考文献

[1] 住房和城乡建设部住宅产业化促进中心 . 大力推广装配式建筑必读——技术·标准·成本与效益[M]. 北京:中国建筑工业出版社 .
[2] 住房和城乡建设部住宅产业化促进中心 . 大力推广装配式建筑必读——制度·政策·国内外发展[M]. 北京:中国建筑工业出版社 .
[3] 05J910-1.《钢结构住宅(一)》国家建筑标准设计图集[S].
[4] 中华人民共和国国家标准 . GB 50018. 冷弯薄壁型钢结构技术规范[S].
[5] 马咏梅 . 混凝土工程技术问答详解[M]. 北京:化学工业出版社 .
[6] 哈敏强 . 几种钢框架-支撑结构体系的特点和性能[J]. 住宅科技 . 2004(3):19-21.
[7] 吴学奎 . 低层轻钢住宅结构体系选型和设计的研究[D]. 大连:大连理工大学学位论文,2004.

第2章 预制混凝土楼板与屋面板

第1节 预制混凝土楼板综述

1 引言

楼盖是建筑结构中的水平结构体系,它与竖向构件、抗侧力构件共同组成建筑结构的整体空间结构体系。《工程结构设计基本术语标准》GB/T 50083—2014对"楼盖"的定义为:在房屋楼层间用以承受各种楼面作用的楼板、次梁和主梁等所组成的部件的总称。

按照结构形式,可将楼盖分为单向板肋梁楼盖、双向板肋梁楼盖、井式楼盖、无梁楼盖、密肋楼盖、预应力空腹楼盖(由上、下薄板和连接于其中用以保证上、下板共同工作的短柱所组成的结构,上、下层板为预应力混凝土平板或带肋平板)等。肋梁楼盖一般由板、次梁和主梁组成,主要传力途径为:板→次梁→主梁→柱或墙→基础→地基。井式楼盖中两个方向的柱网和梁的截面相同,由于是两个方向受力,梁的高度比肋梁楼盖小,宜用于跨度较大且柱网呈方形的结构。密肋楼盖由于肋间距小,板的厚度也小,梁高也较肋梁楼盖小,结构自重较轻。无梁楼盖是将板直接支承于柱上,无梁楼盖的结构高度小,支模简单,常用于仓库、商店等柱网布置接近方形的建筑。

按照施工方法,可将混凝土楼盖分为现浇楼盖、装配式楼盖和装配整体式楼盖。现浇楼盖整体性好、刚度大、抗震性强,但施工工期长、模板费用高、施工易受气候限制。装配式楼盖由预制混凝土构件装配而成,便于机械化生产和施工,但装配式楼盖结构的整体性相对较差。装配整体式楼盖是先装配预制构件,然后再浇注混凝土面层或连接部位而形成整体,装配整体式楼盖兼具现浇楼盖和装配式楼盖的优点,适用于荷载较大的高层民用建筑、多层工业厂房及有抗震设防要求的建筑。

2 楼板类别

楼板不仅是直接承受楼面荷载的构件,也是建筑物中分隔空间的水平构件。按照制作楼板所用材料,可分为木楼板、钢衬板楼板和钢筋混凝土楼板。木楼板由木梁和木地板组成,此类楼板的构造简单,自重也较轻,但防火性能不好,不耐腐蚀,又由于木材昂贵,故一般工程中应用较少。钢衬板楼板是以压型钢板与混凝土浇注在一起构成的整体式楼板,压型钢板同时还是现浇混凝土的永久性模板,由于压型钢板上有肋或凹槽,可起到配筋作用,使其与混凝土共同工作,钢衬板楼板已在大空间建筑和高层建筑中采用,它可提高施工速度,具有现浇钢筋混凝土楼板刚度大、整体性好的优点,还可利用压型钢板肋间空间敷设电力或通讯管线。钢筋混凝土楼板强度高、刚度大、耐久性好、防火性能好,是普遍采用的工业与民用建筑楼板,按施工方法,钢筋混凝土楼板分为现浇钢筋混凝土楼板、预制装配式钢筋混凝土楼板和装配整体式钢筋混凝土楼板。

预制钢筋混凝土楼板可分为实心板、槽形板和空心板。钢筋混凝土实心板的尺寸通常较小,对吊装设备的要求不高,但隔音效果差,适用于跨度较小的过道、楼梯平台等位置。预制槽形板是一种梁板结合的构件,由面板和纵肋构成,作用在槽形板上的荷载,由面板传给纵肋,再由纵肋传到板两端的墙或梁上;由于板肋的作用,板的适用跨度较大,可达 3～6m,板面厚度为 30～35mm,板肋高度为 150～300mm,板的宽度为 600mm、900mm 和 1200mm。为提高槽形板的刚度和搁置处的强度,常在板的两端加横肋封闭。当板跨度较大时,在板的中部增设横向肋梁,以增强板的刚度,槽形板除了可用作一般楼面的楼板外,还可以用于需要开孔洞的场合,如住宅的厨房、卫生间等处。空心板的截面高度较实心板大,故其刚度也大,由于为空心构造,隔音隔热效果相对较好,而且上下表面都平整,顶棚处理较容易;缺点是板面不能任意开孔洞,因此在有些位置不能使用;空心板的孔洞截面形状有圆形、椭圆形、方形和矩形;方形孔和矩形孔可节约混凝土用量,但是抽芯成孔时会使尚未完全硬化的孔间混凝土塌落;圆形孔和椭圆孔虽然用料较多,但孔之间混凝土的面积增大,使板的刚度增大,对受力有利,抽芯成孔也较容易,相比之下,圆形孔板的生产更加容易。

装配整体式钢筋混凝土楼板可分为叠合楼板和密肋填充块楼板。叠合楼板是由预制板和现浇钢筋混凝土层叠合而成的装配整体式楼板,叠合楼板使用的预制底板分为平板底板、空心板底板、带肋底板和钢筋桁架底板。预制底板既是楼板结构的组成部分,又是现浇钢筋混凝土叠合层的永久性模板。叠合结构中的预制构件需承受施工荷载和现浇混凝土的自重,待现浇混凝土达到设计强度后,由预制构件和现浇混凝土层形成的整体叠合结构承受使用荷载。

3　常用预制混凝土楼板

3.1　预应力混凝土空心板

预应力混凝土空心板的截面可采用圆形孔或异形孔(见图 2-1-1 和图 2-1-2)。

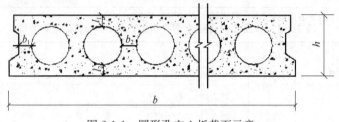

图 2-1-1　圆形孔空心板截面示意

预应力混凝土空心板的质量标准可依据《预应力混凝土空心板》GB/T 14040—2007,该标准适用于采用先张法工艺生产的用作一般房屋建筑的楼板和屋面板的预应力混凝土空心板。

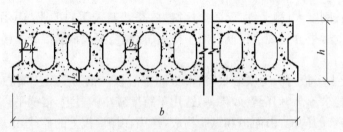

图 2-1-2　异形孔空心板截面示意

3.2　预制混凝土圆孔板

　　预制混凝土圆孔板的质量标准可遵循《乡村建设用混凝土圆孔板和配套构件》GB 12987—2008,该标准适用于农村和乡镇建造的住房、办公室、中小学教室等用作建筑楼面、屋面和天棚等的圆孔板和混凝土门、窗过梁、阳台悬臂梁及楼梯踏步板等配套构件。预制混凝土圆孔板分为预应力混凝土圆孔板和非预应力混凝土圆孔板(也称:钢筋混凝土圆孔板)两种类型,圆孔板按正常使用均布活荷载标准值划分为五个级别(见表 2-1-1),预应力混凝土圆孔板的几何尺寸列于表 2-1-2,非预应力混凝土圆孔板的几何尺寸列于表 2-1-3。

表 2-1-1　预制混凝土圆孔板正常使用均布活荷载标准值级别划分

级别	I	II	III	IV	V
活荷载标准值(kN/m^2)	1.5	2.0	2.5	3.0	3.5

表 2-1-2　预应力混凝土圆孔板的几何尺寸与结构尺寸

截面尺寸 (mm×mm)	孔数 (个)	孔径 (mm)	t_1 (mm)	t_2 (mm)	公称长度 (mm)
490×110	5	70	20	20	2700,3000,3300,3400,3600,3800,3000,4200
590×110	6	70	20	20	
490×120	5	76	22	22	3000,3300,3400,3600,3800,4000,4200,4300,4500
590×120	6	76	22	22	
490×130	4	108	25	29	3600,3800,4000,4200,4300,4500,4700,4800,5000
590×130	4	108	25	29	

注:t_1 代表圆孔顶端至板上表面的距离,t_2 代表圆孔底端至板下表面的距离。

表 2-1-3　非预应力混凝土圆孔板的几何尺寸与结构尺寸

截面尺寸 (mm×mm)	孔数 (个)	孔径 (mm)	t_1 (mm)	t_2 (mm)	公称长度 (mm)
490×110	5	70	20	20	2700,3000,3300,3400,3600
590×110	6	70	20	20	
490×130	5	76	25	29	2700,3000,3300,3400,3600,3800
590×130	6	76	25	29	
490×150	4	108	20	22	2700,3000,3300,3400,3600,3800,4000,4200
590×150	4	108	20	22	

注:t_1 代表圆孔顶端至板上表面的距离,t_2 代表圆孔底端至板下表面的距离。

预制混凝土圆孔板的外观质量和尺寸允许偏差列于表 2-1-4。预应力混凝土圆孔板的力学性能检验项目包括承载力、挠度和抗裂性；非预应力混凝土圆孔板的力学性能检验项目包括承载力、挠度和裂缝宽度。

表 2-1-4　预制混凝土圆孔板的外观质量和尺寸偏差允许值

项目		允许值
外观质量	露筋、裂缝、孔洞	不允许
	缺角、掉边	每件不超过 1 处；长度≤40mm,宽度≤20mm
	蜂窝、麻面	不大于同一面面积的 1%
	端部疏松	长度≤50mm,宽度≤20mm
	活筋	每件不超过 1 根；长度≤50mm
	凸瘤	每件不超过 3 个；高度≤5mm
尺寸偏差 (mm)	长度	+10,−5
	宽度、高度	±5
	侧向弯曲	≤L/750
	表面平整度	≤5(2m 长度内)
	主筋保护层厚度	+5,−3
	圆孔直径	+3,−5
	对角线差	≤10
	预应力中心位移	±3

制作预制混凝土圆孔板的基本技术要求：

（1）原材料要求

· 混凝土强度等级：对于预应力混凝土圆孔板，当采用冷轧带肋钢筋时混凝土强度等级不宜低于 C30，当采用碳素钢丝时混凝土强度等级不宜低于 C40。对于非预应力混凝土圆孔板，混凝土强度等级不宜低于 C30。混凝土配合比设计应符合《普通混凝土配合比设计规程》JGJ 55 的规定，混凝土的质量控制应符合《混凝土质量控制标准》GB 50164 的规定。

· 放张预应力时，与产品同条件养护的混凝土抗压强度不得低于混凝土设计强度值的 75%。出厂时，与产品同条件养护的混凝土抗压强度不得低于混凝土设计强度值。

· 预应力混凝土圆孔板中的预应力筋宜采用 CRB650 或 CRB800 冷轧带肋钢筋，也可采用碳素钢丝及刻痕钢丝；非预应力混凝土圆孔板宜采用 CRB550 冷轧带肋钢筋、钢筋混凝土用热轧光圆钢筋或冷拔低碳钢丝；其性能应分别符合《冷轧带肋钢筋》GB 13788、《预应力混凝土用钢丝》GB/T 5223、《钢筋混凝土用钢　第 1 部分：热轧光圆钢筋》GB 1499.1、《混凝土制品用冷拔低碳钢丝》JC/T 540 的规定。

（2）构造要求

· 受力钢筋(钢丝)的混凝土保护层厚度不宜小于 15mm。主筋间净距不宜小于 15mm，当采用冷轧带肋钢筋配筋数量较多排列有困难时，也可两根并列。板端主筋外伸长度应符合设计要求。

· 钢筋的加工、焊接、绑扎和安装应符合《混凝土结构工程施工质量验收规范》GB 50204 的有关规定。

（3）施加预应力要求

·冷轧带肋钢筋、预应力钢丝等施加预应力时的张拉控制应力、张拉程序及预应力钢丝检验规定值应符合《混凝土结构设计规范》GB 50010 及《混凝土结构工程施工质量验收规范》GB 50204 的有关规定。

·预应力筋实际建立的预应力总值与检验规定值的偏差不应超过±5％。

3.3 叠合板用预应力混凝土底板

叠合板用预应力混凝土底板包括预应力混凝土实心底板和预应力混凝土空心底板。其质量标准为《叠合板用预应力混凝土底板》GB/T 16727—2007,该标准适用于房屋建筑楼盖与屋盖叠合板用预应力混凝土底板。图 2-1-3 为预应力混凝土实心底板示例,图 2-1-4 为两种形式预应力混凝土空心底板示例。

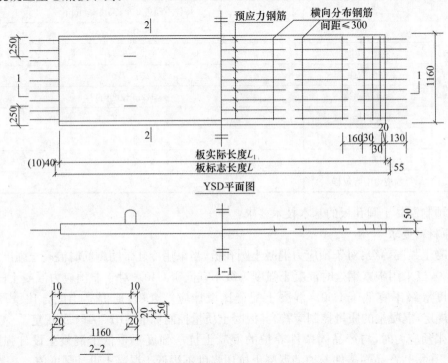

图 2-1-3 预应力混凝土实心底板示例

3.4 叠合板用钢筋桁架混凝土底板

将楼板中的受力钢筋在工厂加工成钢筋桁架,在钢筋桁架下弦处浇注一定厚度的混凝土,形成一种带有钢筋桁架的混凝土叠合板底板。与普通叠合板底板相比,由于存在桁架腹杆钢筋,以钢筋桁架混凝土底板与现浇混凝土层构成的叠合楼板有更好的整体工作性能。与压型钢板混凝土楼板相比,此叠合楼板的下表面平整,无需吊顶,便于饰面处理。与现浇混凝土楼板相比,此楼板受力钢筋间距均匀,容易控制保护层厚度,且施工速度快。

钢筋桁架混凝土叠合板底板将上、下层纵向钢筋与弯折成型的钢筋焊接形成能够承受荷载的小桁架,与混凝土结合,组成在施工阶段无需模板支撑的能够承受湿混凝土重量及施工荷载的结构体系。在使用阶段,钢筋桁架成为整体混凝土楼板的配筋,能够承受使用荷载。图 2-1-5 为典型钢筋桁架混凝土叠合板底板。

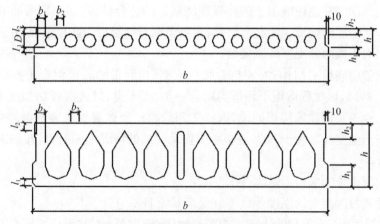

图 2-1-4　预应力混凝土空心底板示例

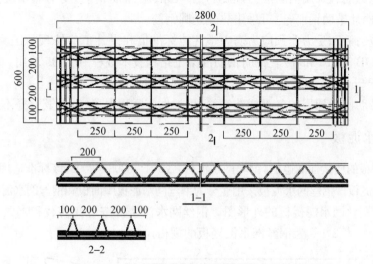

图 2-1-5　典型钢筋桁架混凝土叠合板底板

　　与传统混凝土叠合板相比,钢筋桁架混凝土叠合板具有下列优点:钢筋间距均匀,容易控制混凝土保护层;由于存在腹杆钢筋,钢筋桁架混凝土叠合板具有更好的整体工作性能;工厂制作钢筋桁架,大幅度减少现场钢筋绑扎工作量;可单榀或多榀桁架预制成一块底板,也可整个房间预制成一块大板,充分发挥其灵活性,以适应多变的建筑平面布局。

3.5　叠合楼板用预制混凝土带肋底板

　　预制带肋底板由实心平板与设有预留孔洞的板肋组成,是在工厂或现场预先制作并用于混凝土叠合楼板的底板。预制带肋底板分为预制预应力带肋底板和预制非预应力带肋底板。与预制带肋底板相关的术语有:①实心平板:预制带肋底板的下部实心混凝土平板,其内配置受力的先张法纵向预应力钢筋或纵向非预应力钢筋。②板肋:沿预制带肋底板跨度方向设置并带预留孔洞的肋条,其截面形式可为矩形、T 形等。③拼缝防裂钢筋:布置于预制带肋底板拼缝处横向穿孔钢筋上方、用于约束裂缝产生的构造钢筋。④胡子筋:实心平板端部伸出的纵向受力钢筋。⑤横向穿孔钢筋:垂直于板肋并从预留孔洞穿过的非预应力钢筋。⑥叠合层:在

51

预制带肋底板上部配筋并浇注混凝土的楼板现浇层。⑦叠合楼板：在预制带肋底板上配筋并浇注混凝土叠合层形成的楼板。⑧叠合楼盖：由各类梁与预制带肋底板组成，并通过配筋及浇注混凝土叠合层而形成的装配整体式楼盖。

预制混凝土带肋底板的制作、安装与验收可依据《预制带肋底板混凝土叠合楼板技术规程》JGJ/T 258—2011，该规程适用于环境类别为一类、二a类，且抗震设防烈度小于或等于9度地区的一般工业与民用建筑楼板的设计、施工和验收。当遇有板底表面温度大于100℃或有生产热源且表面温度经常大于60℃或板承受振动荷载的情况之一时，应按国家现行有关标准进行专门设计。

制作预制混凝土带肋底板的基本技术要求：

- 预制带肋底板混凝土的强度等级不宜低于C40且不应低于C30。
- 混凝土力学性能标准值和设计值应按现行国家标准《混凝土结构设计规范》GB 50010取用。
- 受力预应力筋宜采用消除应力螺旋筋钢丝或冷轧带肋钢筋；受力非预应力钢筋宜采用热轧带肋钢筋、冷轧带肋钢筋，也可采用热轧光圆钢筋。
- 受力预应力筋和受力非预应力筋力学性能标准值和设计值应按现行国家标准《混凝土结构设计规范》GB 50010和《冷轧带肋钢筋混凝土结构技术规程》JGJ 95取用。受力预应力筋的直径不应小于5mm；受力非预应力筋的直径不应小于6mm。
- 在预制带肋底板配置的各类构造钢筋，可根据实际情况确定，但其直径不应小于4mm。

3.6　钢丝网水泥板

钢丝网水泥板的质量标准遵循《钢丝网水泥板》GB/T 16308—2008，该标准适用于工业和民用建筑用钢丝网水泥板。钢丝网水泥板按用途分为钢丝网水泥板屋面板和钢丝网水泥楼板。

图2-1-6为钢丝网水泥楼板的外形图。钢丝网水泥楼板按可变荷载和永久荷载分为四个级别（见表2-1-5），表2-1-6为钢丝网水泥楼板的规格尺寸。

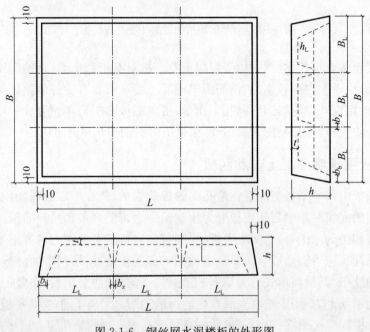

图2-1-6　钢丝网水泥楼板的外形图

表 2-1-5　钢丝网水泥楼板的荷载分级

荷载级别	I	II	III	IV
可变荷载(kN/m²)	2.0	2.5	3.0	3.5

表 2-1-6　钢丝网水泥楼板的规格尺寸(mm)

公称尺寸 (长×宽)	长×宽 ($L \times B$)	高 (h)	中肋高 (h_L)	边肋宽 (b_b)	中肋宽 (b_z)	板厚 (t)
3300×5000	3270×4970	250、300	160、200	32～35	35～40	18、20、22
3300×4800	3270×4770	250、300	160、200	32～35	35～40	18、20、22
3300×1240	3270×1210	200、250	140、180	32～35	35～40	18、20、22
3580×4450	3820×4420	250、300	160、200	32～35	35～40	18、20、22

4　相关图集与技术规程

4.1　《预应力混凝土圆孔板(预应力钢筋为螺旋肋钢丝,跨度 2.1～7.2m)》03SG 435-1～2

该图集适用范围:①适用于环境类别为一类及二 a 类的工业与民用建筑的楼板及屋面板。②适用于采用先张法工艺生产的预应力混凝土圆孔板。③适用于非抗震设计及抗震设防烈度不大于 8 度的地区;用于抗震设防烈度 9 度地区时,应采取专门的构造措施,并应符合有关标准规范的规定。④当环境类别为二 b～五类时,当板需作振动计算时,应按有关规范和规程另行处理。⑤当构件表面温度高于 100℃或有生产热源且结构表面温度经常高于 60℃时,不得采用该图集。

该图集第 1 部分所包括圆孔板的板高为 120mm,圆孔直径为 76mm,板标志宽度为 500mm、600mm、900mm、1200mm,板标志长度(轴跨)为 2.1m、2.4m、2.7m、3.0m、3.3m、3.6m、3.9m、4.2m、4.5m、4.8m。实际板长确定:非抗震设计时为标志长度减 20mm;抗震设计时为标志长度减 80mm,当有恰当抗震措施时也可用非抗震设计时的板长。跨度 2.1～4.8m 预应力混凝土圆孔板制作材料的技术性能要求列于表 2-1-7。

表 2-1-7　预应力混凝土圆孔板制作材料的技术性能要求

项目		性能要求
混凝土强度等级		C30、C40
螺旋肋钢丝直径(mm)		5
钢丝在最大力下的总伸长率($L_0 = 200mm$)		≥3.5%
钢丝反复弯曲180°(弯曲半径15mm)		≥4 次
1000h 后应力松弛率(%)	初始应力相当于公称抗拉强度的 60%	≤1.0
	初始应力相当于公称抗拉强度的 70%	≤2.0
	初始应力相当于公称抗拉强度的 80%	≤4.5

该图集第 2 部分所包括圆孔板的板高为 180mm,圆孔直径为 133mm,板标志宽度为

600mm、900mm、1200mm，板标志长度（轴跨）为 4.8m、5.1m、5.4m、5.7m、6.0m、6.3m、6.6m、6.9m、7.2m。实际板长：非抗震设计时为标志长度减 20mm；抗震设计时为标志长度减 80mm，当有恰当抗震措施时也可用非抗震设计时的板长。跨度 4.8～7.2m 预应力混凝土圆孔板制作材料的技术性能要求列于表 2-1-8。

表 2-1-8　预应力混凝土圆孔板制作材料的技术性能要求

项目		性能要求
混凝土强度等级		C40
螺旋肋钢丝直径(mm)		7
钢丝在最大力下的总伸长率(L_0＝200mm)		≥3.5%
钢丝反复弯曲180°(弯曲半径 20mm)		≥4 次
1000h 后应力松弛率(%)	初始应力相当于公称抗拉强度的 60%	≤1.0
	初始应力相当于公称抗拉强度的 70%	≤2.0
	初始应力相当于公称抗拉强度的 80%	≤4.5

4.2　《预应力混凝土叠合板(50mm、60mm 实心底板)》06SG439-1

该图集适用范围：①适用于环境类别为一类的工业与民用建筑的楼板及屋面板。②适用于非抗震设计及抗震设防烈度不大于 8 度地区的建筑。③处于侵蚀环境、结构表面温度高于100℃或有生产热源且结构表面温度经常高于 60℃时，应另做处理。④不适用于有振动的楼板。

该图集所包括叠合板的规格及材料要求列于表 2-1-9。

表 2-1-9　叠合板的规格及材料要求

项目		要求	
叠合板标志宽度(mm)		1200	
底板厚度(mm)/叠合层厚度(mm)		50/60、70、80	
		60/80、90	
底板预应力筋	钢筋种类	螺旋肋钢丝	冷轧带肋钢筋
	直径(mm)	$\phi^H 5$	$\phi^R 5$
	抗拉强度标准值(MPa)	1570	800
	抗拉强度设计值(MPa)	1110	530
	弹性模量(MPa)	$2.05×10^5$	$1.9×10^5$
底板构造钢筋种类		冷轧带肋钢筋 CRB550($\phi^R 5$)，也可采用 HPB235 或 HRB335 级钢筋	
支座负钢筋种类		HRB335 或 HRB400 级钢筋	
吊钩		HPB235 钢筋	
底板混凝土强度等级		C40	
叠合层混凝土强度等级		C30	

注：消除应力低松弛螺旋肋钢丝 $\phi^H 5$ 及冷轧带肋钢筋 $\phi^R 5$ 的性能应分别符合《预应力混凝土用钢丝》GB/T 5223—2002 及《冷轧带肋钢筋》GB 13788—2008 中的相关规定。

4.3　《桁架钢筋混凝土叠合板(60mm 厚度板)》15G366-1

该图集适用于非抗震设计及抗震设防烈度不大于 8 度地区的剪力墙结构住宅(剪力墙厚度 200mm);适用于环境类别为一类的建筑楼面板及屋面板(不包括阳台、厨房和卫生间);不适用于有振动的楼板。

预制钢筋混凝土底板的混凝土的强度等级为 C30,钢筋采用 HRB400 级热轧钢筋,桁架钢筋上弦、下弦采用 HRB400 级热轧钢筋,腹筋采用 HPB300 级热轧光圆钢筋。现浇叠合层厚度为 70mm、80mm 或 90mm,叠合层混凝土的强度等级为 C30。

该图集包括单向受力、双向受力两种情况下的叠合板用桁架钢筋混凝土底板,板的标志宽度包括 1200mm、1500mm、1800mm、2000mm、2400mm 五种;标志跨度为 2700～4200mm(以 300mm 递进)。该图集给出各类板型的模板图、配筋图及材料表,并提供相应的构造节点。

4.4　《预制混凝土槽形板》DBJT 27—51—03(新 03G307)

该图集适用于非抗震区及抗震设防烈度为 6 度至 8 度地区处于一类环境类别时的一般民用与工业建筑的屋面板和楼面板;当用于二类环境类别时,构件应由工厂预制,且构件表面采取有效保护措施。

处于腐蚀环境、板表面温度高于 100℃或有生产热源且表面温度经常高于 60℃的板,不得采用本图集。

制作预制混凝土槽形板的基本技术要求:

(1)材料要求

·混凝土强度等级:用于一类环境时,混凝土强度等级为 C25;用于二类环境时,混凝土强度等级为 C30。

·板肋钢筋采用 HRB335 级热轧钢筋,其性能应符合《钢筋混凝土用钢　第 2 部分:热轧带肋钢筋》GB1499.2 的规定;面板及构造钢筋采用 CRB550 级冷轧带肋钢筋,其性能应符合《冷轧带肋钢筋》GB 13788 的规定。

·面板采用钢筋焊接网,应符合《钢筋焊接网混凝土结构技术规程》JGJ 114 的规定。

(2)板的几何尺寸

·板厚度为 120mm 时,标志宽度为 600mm,标志长度为 2.1m、2.4m、2.7m、3.0m、3.3m;板厚度为 180mm 时,标志宽度为 600mm,标志长度为 3.0m、3.3m、3.6m、3.9m、4.0m、4.2m、4.5m、4.8m。

·板端采用双齿槽口形式。

第 2 节　预制混凝土屋面板综述

1　引言

《工程结构设计基本术语标准》GB/T 50083—2014 对"屋盖"的定义为:在房屋顶部,用以承受各种屋面作用的屋面板、檩条、屋面梁或屋架及支撑系统组成的部件或以拱、网架、薄壳和悬索等大跨空间构件与支承边缘构件所组成的部件的总称。屋盖分为平屋盖、坡屋盖、拱形屋盖等。

屋盖是房屋最上层的覆盖物,由屋面和支撑结构组成。屋盖的作用是防止自然界雨、雪和风沙的侵袭及太阳辐射的影响。另外还要承受屋顶上部的荷载,包括风荷载、雪荷载、屋顶自重以及可能出现的其他构件和人群的重量,并且还要能够将荷载传递给建筑的结构体系。因此,对屋盖的要求是坚固耐久、自重轻,并具有防水、防火、保温隔热功能。无论是在装配式混凝土建筑的设计规范、规程中,还是在钢结构建筑的设计规范、规程中,都是将屋盖作为围护体系的组成部分进行设计。

屋面板作为屋盖中直接承受荷载的部件,在屋盖中具有重要地位。

2 屋面板类别

在现代建筑中,屋面板还常常需要有保温隔热功能。因此,按照屋面板所起的作用可分为单独承受荷载的屋面板和既具有承载能力又具有保温功能的屋面板。按照制作材料可分为木屋面板、钢筋混凝土屋面板、钢骨架轻型屋面板、金属面夹芯屋面板和压型钢板屋面板等。钢筋混凝土屋面板又可分为现浇屋面板和预制屋面板。预制屋面板的类型相对较多,单独承受荷载的预制屋面板有预应力混凝土肋型屋面板、预应力混凝土空心板、预制混凝土圆孔板、钢丝网水泥屋面板和叠合板用预应力混凝土底板;兼有保温功能的预制屋面板有蒸压加气混凝土板、复合夹芯屋面板和玻镁复合保温网架屋面板。

3 常用预制混凝土屋面板

3.1 预应力混凝土肋型屋面板

预应力混凝土肋型屋面板的质量标准为《预应力混凝土肋型屋面板》GB/T 16728—2007,该标准适用于工业建筑跨度为6m的屋盖中铺设有防水层、采用先张法的预应力混凝土肋型屋面板。普通混凝土肋型屋面板可参照使用,民用建筑中的肋型屋面板亦可参照使用。预应力混凝土肋型屋面板分为屋面板、檐口板、嵌板、嵌板檐口板四类,各类板的主要规格尺寸列于表2-2-1。图2-2-1～图2-2-4分别为各类板的平面、剖面及截面的各部位尺寸。

表 2-2-1 预应力混凝土肋型屋面板的主要规格尺寸

类别	标志长度(mm)	标志宽度(mm)	纵肋高度(mm)	面板厚度(mm)
屋面板	6000	1500	240	30
檐口版	6000	1900	240	30
嵌板	6000	900	240	30
嵌板檐口板	6000	1100	240	30

注:板的制作长度与标志长度的差值为30mm,板的制作宽度与标志宽度的差值为10mm。

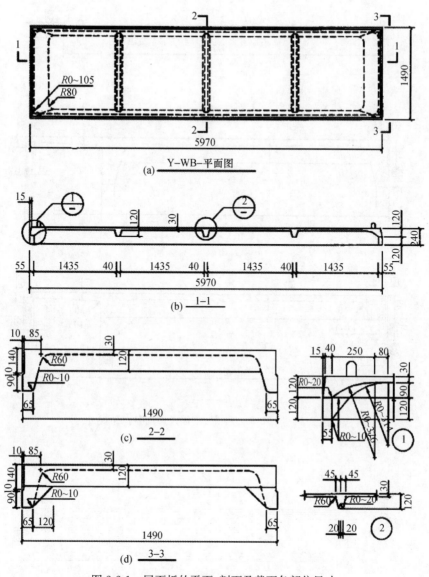

图 2-2-1　屋面板的平面、剖面及截面各部位尺寸

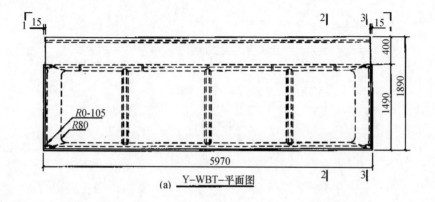

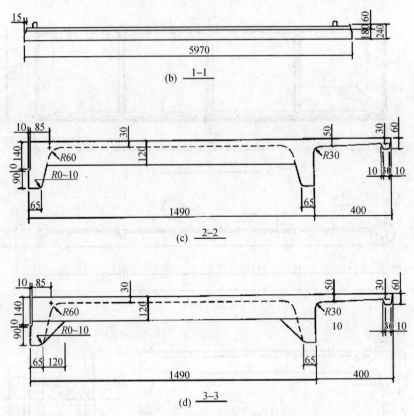

图 2-2-2　檐口板的平面、剖面及截面各部位尺寸

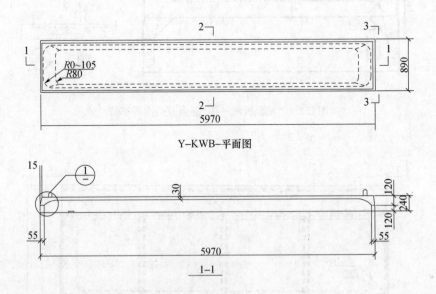

Y-KWB-平面图

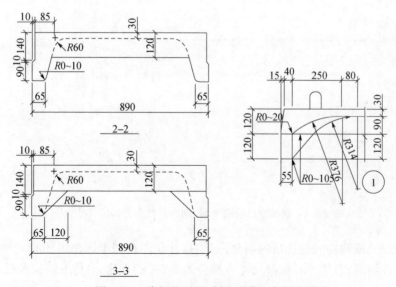

图 2-2-3　嵌板的平面、剖面及截面各部位尺寸

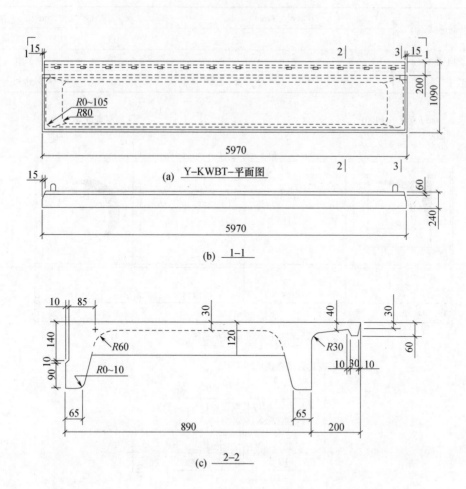

(a)　Y–KWBT–平面图

(b)　1–1

(c)　2–2

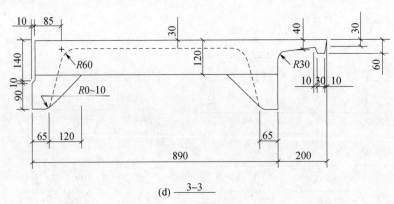

(d) $\frac{3-3}{}$

图 2-2-4　嵌板檐口板的平面、剖面及截面各部位尺寸

屋面板在纵肋、横肋构成的区格内均允许开洞，且允许在四个区格内同时开洞，开洞区格的面板需加厚，开洞形式、尺寸及加厚尺寸应符合表 2-2-2 的规定，具体开洞位置见图 2-2-5。

表 2-2-2　屋面板开洞规定

开洞形式	开洞尺寸(mm)		加厚尺寸(mm)	
	直径 ϕ	边长 a	厚度	宽度
圆形洞	300～1100	—	50	直径+400
正方形洞	—	300～1100	50	边长+400

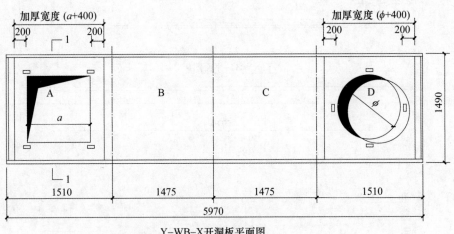

Y-WB-X开洞板平面图

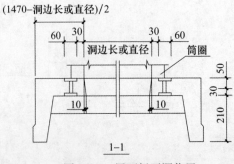

图 2-2-5　屋面板开洞位置

预应力混凝土肋型屋面板的外观质量要求列于表 2-2-3,尺寸偏差允许值列于表 2-2-4。

表 2-2-3　预应力混凝土肋型屋面板的外观质量要求

项目	质量要求
露筋(板内钢筋未被混凝土包裹)	• 主筋:不应有 • 副筋:外露总长度不超过 500mm
孔洞(混凝土中深度和长度均超过保护层厚度的孔穴)	任何部位都不应有
蜂窝(混凝土表面缺少水泥砂浆而形成石子外露的缺陷)	• 主要受力部位:不应有 • 次要部位:总面积不超过所在板面面积的 1%,且每处不超过 0.01m²
裂缝(伸入混凝土内的缝隙)	• 板面纵向裂缝:缝宽不大于 0.15mm,且缝长度总和不大于 $L/4$,挑檐部位不应有 • 板面横向裂缝:长度不超过板宽的 1/2,且不延伸到侧边,缝宽不大于 0.15mm • 肋裂:不应有 • 角裂:仅允许一个角裂,且不延伸到表面
板端部缺陷	混凝土疏松、夹渣或外伸主筋松动:不应有
外表缺陷(板表面麻面、掉皮、起砂和漏抹等)	不应有
外形缺陷(板端头不直、倾斜、缺棱掉角、棱角不直、飞边和凸筋疤瘤等)	不宜有
外表沾污(表面有油污或其他粘杂物)	不应有

表 2-2-4　预应力混凝土肋型屋面板的尺寸允许偏差

项目	允许偏差(mm)	备注
长度	$+10, -5$	
宽度	± 5	
高度	$+5, -3$	
面板厚度	$+4, -2$	
肋宽(纵肋、横肋)	$+4, -2$	
侧向弯曲	$L/750$	L 为板的长度
表面平整	5	
预埋件中心位置偏移	10	
预埋件与混凝土面平整	5	
预留孔洞中心位置偏移	10	
预留孔洞规格尺寸	$+10, 0$	
主筋保护层厚度	± 3	
对角线差	7	
翘曲	$L/750$	L 为板的长度

板的结构性能包括承载力、挠度、抗裂（或裂缝宽度），均应符合设计要求，并应按 GB 50204 的相关规定进行检验验证（包括使用阶段及制作、运输、安装等阶段）。

制作预应力混凝土肋型屋面板的基本技术要求：

（1）原材料

·混凝土强度等级不应低于 C30，并应符合《混凝土结构工程施工质量验收规范》GB 50204、《混凝土强度检验评定标准》GBJ 107 及《普通混凝土配合比设计规程》JGJ 55 的规定。混凝土原材料的质量应分别符合《通用硅酸盐水泥》GB175、《普通混凝土用砂、石质量标准及检验方法》JGJ 52、《混凝土用水标准》JGJ 63 的规定，砂宜采用中砂，粗骨料宜采用粒径为 5mm～20mm 的碎石，严禁使用含氯盐的外加剂。

·主筋预应力筋可采用冷拉热轧钢筋、螺旋肋钢丝，其材质和性能应分别符合《混凝土结构设计规范》GB 50010、《预应力混凝土用钢丝》GB/T 5223 的规定。

·非预应力筋宜采用冷轧带肋钢筋 CRB550、热轧钢筋 HPB235 级和 HRB335 级，其材质和性能应分别符合《冷轧带肋钢筋》GB 13788、《冷轧带肋钢筋混凝土结构技术规程》JGJ 95、《钢筋混凝土用钢　第 1 部分：热轧光圆钢筋》GB 1499.1、《钢筋混凝土用余热处理钢筋》GB 13014、《钢筋混凝土用钢　第 2 部分：热轧带肋钢筋》GB 1499.2、《混凝土结构设计规范》GB 50010、《钢筋焊接网混凝土结构技术规程》JGJ 114 的规定。

·吊钩应采用未经冷加工的 HPB235（Q235）级钢筋制作，预埋钢板应采用 Q235-B 制作，其材质应符合《碳素结构钢》GB/T 700、《低碳钢热轧圆盘条》GB 701、《钢筋混凝土用钢　第 1 部分：热轧光圆钢筋》GB 1499.1 和《热轧盘条尺寸、外形、重量及允许偏差》GB/T 14981 的规定。

（2）构造要求

·钢筋的混凝土保护层厚度应满足环境类别要求，用于一类环境类别时，主筋保护层厚度不应小于 25mm，横筋及面板保护层厚度不应小于 10mm。

·主筋接头位置和数量应符合《混凝土结构工程施工质量验收规范》GB 50204 的有关规定。

（3）施加预应力

·预应力筋的张拉控制应力应符合设计要求及国家现行标准的有关规定。预应力筋实际建立的预应力总值与检验规定值的偏差不应超过±5%。

·放张预应力时，应采取缓慢放张的措施，不得骤然放松。放张时混凝土立方体抗压强度必须符合设计要求；当设计无明确要求时，不得低于设计混凝土立方体抗压强度标准值的 75%。

3.2　蒸压加气混凝土屋面板

蒸压加气混凝土板的质量标准为《蒸压加气混凝土板》GB 15762—2008，该标准适用于民用与工业建筑物中使用的蒸压加气混凝土板。按照使用功能，蒸压加气混凝土板分为屋面板、楼板、外墙板和隔墙板。该标准规定的加气混凝土板的常用规格尺寸列于表 2-2-5。

表 2-2-5　蒸压加气混凝土板常用规格

长度 L(mm)	宽度 B(mm)	厚度 D(mm)
1800～6000	600	75、100、125、150、175、200、250、300
（300 模数进位）		120、180、240

3.3　钢丝网水泥板

钢丝网水泥板的质量标准遵循《钢丝网水泥板》GB/T 16308—2008,该标准适用于工业和民用建筑用钢丝网水泥板。钢丝网水泥板按用途分为钢丝网水泥板屋面板和钢丝网水泥楼板。钢丝网水泥屋面板按可变荷载和永久荷载分为四个级别(见表 2-2-6),表 2-2-7 为钢丝网水泥屋面板的规格尺寸,图 2-2-6 为钢丝网水泥屋面板的外形图。

表 2-2-6　钢丝网水泥屋面板的荷载分级

级别	Ⅰ	Ⅱ	Ⅲ	Ⅳ
可变荷载(kN/m²)	0.5	0.5	0.5	0.5
永久荷载(kN/m²)	1.0	1.5	2.0	2.5

表 2-2-7　钢丝网水泥屋面板的规格尺寸(mm)

公称尺寸 (长×宽)	长×宽 ($L \times B$)	高 (h)	中肋高 (h_L)	边肋宽 (b_b)	中肋宽 (b_z)	板厚 (t)
2000×2000	1980×1980	160、180	120、140	32~35	35~40	16、18
2121×2121	2101×2101	180、200	140、160	32~35	35~40	18、20
2500×2500	2480×2480	180、200	140、160	32~35	35~40	18、20
2828×2828	2808×2808	180、200	140、160	32~35	35~40	18、20
3000×3000	2980×2980	180、200	140、160	32~35	35~40	18、20
3500×3500	3480×3480	200、220	160、180	32~35	35~40	18、20
3536×3536	3516×3516	200、220	160、180	32~35	35~40	18、20
4000×4000	3980×3980	200、220	160、180	32~35	35~40	18、20

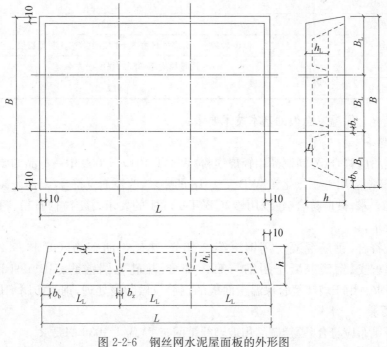

图 2-2-6　钢丝网水泥屋面板的外形图

3.4 玻镁复合保温屋面板

玻镁复合保温屋面板的质量标准为《玻镁复合保温屋面板》WB/T 1023—2012,该标准适用于以钢筋混凝土用热轧光圆钢筋或热轧带肋钢筋经防腐处理后作受力筋,以氧化镁、氯化镁和水三元体系,经改性剂改性而制成的性能稳定的镁质水泥为胶凝材料、以中碱或无碱玻璃纤维网布为增强材料,与聚苯乙烯泡沫塑料板或硬质岩棉板或发泡水泥作芯材复合而成的玻镁复合保温屋面板;该标准适用于公共建筑、工业厂房、大型仓库等一般工业与民用建筑。

玻镁复合保温屋面板按板型分为网架板、普通平板和槽形板,其规格尺寸列于表2-2-8,物理力学性能列于表2-2-9。

表 2-2-8 玻镁复合保温屋面板的规格尺寸

板型	长度(mm)	宽度(mm)	厚度(mm)
网架板	2400～3900	2400～3900	160～220
普通平板	2700～3000	900～1200	160～180
槽形板	3300～8100	900～1500	180～440

表 2-2-9 玻镁复合保温屋面板的物理力学性能

项目	网架板	普通平板	槽形板
面密度(kg/m²)	≤80	50～80	55～190
标准荷载(kN/m²)	Ⅰ级:≥1.20;Ⅱ级:≥1.70;Ⅲ级:≥2.00		
允许挠度(mm)	板长>7000mm 时:≤$L/200$(L 为板长度)		
	板长≤7000mm 时:≤$L/250$(L 为板长度)		
允许荷载(kN/m²)	Ⅰ级:≥2.25;Ⅱ级:≥2.92;Ⅲ级:≥3.32		
传热阻(m²·K/W)	≥1.2	≥1.5	≥1.2
软化系数	≥0.85		
抗冲击性	30kg 砂袋在 1m 高处自由落下冲击 10 次,无贯通裂纹、无破损		
抗冻性	质量损失率≤5%,强度损失率≤25%		
燃烧性能	A 级		

制作玻镁复合保温屋面板的基本技术要求:

(1)原材料

• 轻烧镁粉应符合《菱镁制品用轻烧镁粉》WB/T 1019—2002 中一等品的要求,工业氯化镁应符合《菱镁制品用工业氯化镁》WB/T 1018 的要求,改性剂应符合《菱镁胶凝材料改性剂》WB/T1023 的要求,砂应符合《建设用砂》GB/T 14684 的要求,掺合料(石粉、粉煤灰等)应符合相应标准要求;

• 钢筋应符合《钢筋混凝土用钢　第 2 部分:热轧带肋钢筋》GB 1499.2 中强度等级HRB335 的要求或《钢筋混凝土用钢　第 1 部分:热轧光圆钢筋》GB1499.1 中强度等级HPB235 的要求。用于玻镁复合保温屋面板的钢筋应做防腐处理,钢筋防腐剂的质量应符合表 2-2-10 的要求。

• 玻璃纤维布应符合《菱镁制品用玻璃纤维网布》WB/T 1036 的要求。

· 绝热材料应符合相应标准的要求。

表 2-2-10　钢筋防腐剂的质量要求

项目	质量要求
外观	平整光亮
黏度(涂一4 杯)	45s～120s
细度	$50\mu m$
干燥时间	表干时间≤1h;实干时间≤8h
柔韧性	1mm
附着力(划圈法)	1 级～2 级
耐水性(3%NaCl 浸泡 10d,自来水浸泡 10d)	不起泡、不脱落
耐酸性(30%H_2SO_4 浸泡 10d,10%HCl 浸泡 10d)	不起泡、不脱落
耐碱性(10%NaCl 浸泡 10d,饱和氨水浸泡 10d)	不起泡、不脱落

② 构造要求

纵肋主筋的保护层厚度不应小于 15mm,边肋及中间肋的保护层厚度不应小于 10mm。

3.5　预应力混凝土空心板

预应力混凝土空心板的质量标准为《预应力混凝土空心板》GB/T 14040—2007,该标准适用于采用先张法工艺生产的用作一般房屋建筑的楼板和屋面板的预应力混凝土空心板。

3.6　叠合板用预应力混凝土底板

叠合板用预应力混凝土底板的质量标准为《叠合板用预应力混凝土底板》GB/T 16727—2007,该标准适用于房屋建筑楼盖与屋盖叠合板用预应力混凝土底板,包括叠合板用预应力混凝土实心底板和叠合板用预应力混凝土空心底板。

3.7　预制混凝土圆孔板

预制混凝土圆孔板的质量标准遵循《乡村建设用混凝土圆孔板和配套构件》GB 12987—2008,该标准适用于农村和乡镇建造的住房、办公室、中小学教室等用作建筑楼面、屋面和天棚等的圆孔板和混凝土门、窗过梁、阳台悬臂梁及楼梯踏步板等配套构件。

3.8　金属面绝热夹芯板

金属面绝热夹芯板的质量标准遵循《建筑用金属面绝热夹芯板》GB/T 23932—2009,该标准适用于工业化生产的工业与民用建筑外墙、隔墙、屋面、天花板的夹芯板。按芯材分为:聚苯乙烯夹芯板、硬质聚氨酯和夹芯板、岩棉(矿渣棉)夹芯板及玻璃棉夹芯板。按用途分为墙板和屋面板。金属面绝热夹芯板的长度不大于 12000mm,宽度为 900～1200mm;模塑聚苯乙烯夹芯板的聚苯乙烯夹芯板的厚度为 50mm、75mm、100mm、150mm、200mm,挤塑聚苯乙烯夹芯板的聚苯乙烯夹芯板与硬质聚氨酯和夹芯板的厚度均为 50mm、75mm、100mm,岩棉(矿渣棉)夹芯板与玻璃棉夹芯板的厚度均为 50mm、80mm、100mm、120mm、150mm。

金属面绝热夹芯板用作屋面时,夹芯板挠度为 17.5mm 时的所承受的均布荷载不应小于

$0.5kN/m^2$。当有下列情况之一时,应符合相关结构设计规范的规定:①承载力试验的支座中心距 L_0 大于 3500mm;②屋面坡度小于 20%;③夹芯板作为承重构件使用。

金属面绝热夹芯板的外观质量应符合表 2-2-11 的规定,尺寸允许偏差应符合表 2-2-12 的规定。

表 2-2-11 金属面绝热夹芯板的外观质量

项目	要求
板面	板面平整;无明显凹凸、翘曲、变形;表面清洁、色泽均匀;无胶痕、油污;无明显划痕、磕碰、伤痕等
切口	切口平直、切面整齐、无毛刺、面材和芯材之间粘结牢固、芯材密实
芯板	芯板切面整齐,无大块剥落,块与块之间接缝无明显间隙

表 2-2-12 金属面绝热夹芯板的尺寸允许偏差

项目	允许偏差
厚度	厚度≤100mm 时,允许偏差±2mm;厚度>100mm 时,允许偏差±2%
宽度	允许偏差±2mm
长度	长度≤3000mm 时,允许偏差±5mm;长度>3000mm 时,允许偏差±10mm
对角线差	长度≤3000mm 时,允许偏差≤4mm;长度>3000mm 时,允许偏差≤6mm

金属面绝热夹芯板制作的基本技术要求:

(1)金属面材

彩色涂层钢板应符合《彩色涂层钢板及钢带》GB/T 12754 的规定,基板的公称厚度不得小于 0.5mm;压型钢板应符合《建筑用压型钢板》GB/T12755 的规定,板的公称厚度不得小于 0.5mm。

(2)芯材

· 模塑聚苯乙烯泡沫塑料板应符合《绝热用模塑聚苯乙烯泡沫塑料》GB/T 10801.1 的规定,且密度不得小于 $18kg/m^3$。

· 挤塑聚苯乙烯泡沫塑料板应符合《绝热用挤塑聚苯乙烯泡沫塑料(XPS)》GB/T 10801.2 的规定。

· 硬质聚氨酯泡沫塑料应符合《建筑绝热用硬质聚氨酯泡沫塑料》GB/T 21588 的规定,物理力学性能应符合Ⅱ型产品规定,且密度不得小于 $38kg/m^3$。

· 岩棉、矿渣棉除热荷重收缩温度外,应符合《绝热用岩棉、矿渣棉及其制品》GB/T 11835 的规定,且密度应大于 $100kg/m^3$。

· 玻璃棉除热荷重收缩温度外,应符合《绝热用玻璃棉及其制品》GB/T 13350 的规定,且密度不得小于 $64kg/m^3$。

4 相关图集、规范与规程

4.1 《屋面工程技术规范》GB 50345—2012

该规范适用于房屋建筑屋面工程的设计和施工,屋面工程是指由防水、保温、隔热等构造层所组成的房屋顶部的设计和施工。屋面工程应根据建筑物的造型、使用功能、环境条件,对下列内容进行设计:屋面防水等级和设防要求;屋面构造设计;屋面排水设计;找坡方式和选用的找坡材料;防水层选用的材料、规格及主要性能;保温层选用的材料、规格及主要性能;接缝密封防水选用的材料、厚度、燃烧性能及主要性能。

各种屋面构造中的结构层均是指混凝土基层或木基层,而混凝土基层则主要是指钢筋混凝土屋面板或预应力混凝土屋面板。若屋面结构层采用装配式钢筋混凝土板,则在屋面工程施工前,应对板缝进行嵌填,嵌填之前应对板缝进行清理并保持湿润,当板缝宽度大于 40mm或上窄下宽时,板缝内应按设计要求配置钢筋,嵌填细石混凝土的强度等级不应低于 C20,填缝高度宜低于板面 10~20mm,且应振捣密实并进行养护,板端缝应按设计要求增加防裂构造措施。

4.2 《坡屋面工程技术规范》GB 50693—2011

该规范适用于新建、扩建和改建的工业建筑、民用建筑坡屋面工程的设计、施工和质量验收。该规范对"坡屋面"的定义为:坡度不小于 3%的屋面;对"屋面板"的定义为:用于坡屋面承托保温隔热层和防水层的承重板。该规范涉及的坡屋面包括沥青瓦屋面、块瓦屋面、波形瓦屋面、金属板屋面、防水卷材屋面与装配式轻型坡屋面。根据建筑物高度、风力、环境等因素,确定坡屋面类型、坡度和防水垫层,并应符合表 2-2-13 的规定。

表 2-2-13 坡屋面类型、坡度和防水垫层

屋面类型		适用坡度(%)	防水垫层
沥青瓦屋面		≥20	应选
块瓦屋面		≥30	应选
波形瓦屋面		≥20	应选
金属板屋面	压型金属板屋面	≥5	一级防水应选;二级防水宜选
	夹芯板屋面	≥5	—
防水卷材屋面		≥3	—
装配式轻型坡屋面		≥20	应选

坡屋面工程设计应包括下列内容:确定屋面防水等级;确定屋面坡度;选择屋面工程材料;防水、排水系统设计;保温、隔热设计和节能措施;通风系统设计。

装配式混凝土屋面板的对接缝宜采用水泥砂浆或细石混凝土灌填密实。

4.3 《坡屋面建筑构造(一)》09J202-1

该图集适用于瓦屋面(块瓦、沥青瓦、波形瓦)、防水卷材屋面和种植坡屋面。该图集适用于屋面基层为现浇钢筋混凝土板和木塑板的坡屋面,其他基层可参考该图集。对于屋顶基层采用耐火极限不小于 1.0h 的非燃烧体的建筑,其屋顶保温材料的燃烧性能不应低于 B2 级;其他情况下,保温材料的燃烧性能不应低于 B1 级。当屋面瓦材料为难燃或可燃材料(如:沥青瓦、聚氯乙烯塑料波形瓦)时,屋顶与外墙交界处、屋顶开口部位四周的保温层,应采用宽度不小于 500mm 的 A 级不燃保温材料设置水平防火隔离带。屋顶防水层或可燃保温层应采用不燃材料进行覆盖。

4.4 《平屋面建筑构造》12J201

该图集适用于屋面排水坡度为 2‰～5‰、屋面结构层为钢筋混凝土的工业与民用建筑平屋面。各类平屋面的适用范围列于表 2-2-14。

表 2-2-14　各类平屋面的适用范围

平屋面类型	适用地区	屋面坡度(%)
卷材、涂膜防水屋面	全国各地	2～5
倒置式屋面	除严寒地区外	3
架空屋面	需采取隔热措施的地区	2～5
种植屋面	需采取隔热措施的地区	1～2
蓄水屋面	除寒冷地区、地震设防区和振动较大的建筑以外	0.5
停车屋面	全国各地	2～3

屋面工程所用的防水材料、保温材料的燃烧性能应符合防火规范的有关规定,当屋面和外墙采用的保温材料均为 B1 或 B2 级材料时,应采用宽度不小于 500mm 的不燃材料在屋面与外墙交界处设置防火隔离带。无组织排水适用于三层及三层以下,或檐高不大于 10m 的建筑物屋面以及干燥少雨地区的屋面。采用钢筋混凝土檐沟、天沟时,其净宽不应小于 300mm,并应满足敷贴保温层及安装雨水口所需的宽度要求。

4.5 《钢框轻型屋面板》09CJ18/09CG11

国家建筑标准设计参考图集《钢框轻型屋面板》09CJ18/09CG11 适用于抗震设防烈度不大于 8 度的地区,适用于室内正常环境(环境类别一)、无侵蚀性介质和年平均相对湿度不大于 75% 的一般工业与民用建筑。该图集包括钢框轻型屋面板标准板选用表以及相关结构、建筑构造。

钢框轻型屋面板由型钢边框、钢筋桁架(或钢肋)、改性 EPS 轻混凝土保温芯材、陶粒混凝土上下面层(下面层内配冷拔低碳钢丝网,钢丝网外包裹玻纤网)复合而成,具有轻质、承重、保温、隔热等特点。钢框轻型屋面板的型钢边框采用 Q235B 冷弯薄壁型钢,钢筋桁架采用 HPB235 级钢筋,板底配筋采用冷拔低碳钢丝焊接网片。钢框轻型屋面板的安全等级为二级,重要性系数 γ_0=1.0,承载力极限状态按照可变荷载效应控制的组合计算,永久荷载分项系数取 1.2,可变荷载分项系数取 1.4。钢框轻型屋面板采用四角支承受力。钢框轻型屋面板包括网架板、1.5m 宽大型屋面板、3.0m 宽大型屋面板。型钢边框长度 L 小于 7m 时的最大挠度限值为 $L/200$,型钢边框长度 7m≤L≤9m 时的最大挠度限值为 $L/250$,大型屋面板通过预先起拱的方法减少正常使用状态下的挠度,起拱高度控制在屋面板跨度的 1/600～1/500。钢框轻型屋面板坡度不宜小于 2%,宜采用卷材防水,卷材可直接铺设在屋面板上。

4.6 《钢骨架轻型板》09CJ20/09GG12

该图集中的钢骨架轻型板包括钢骨架轻型屋面板(含大型屋面板、网架板、天沟板)、钢骨架轻型楼板及钢骨架轻型外墙板。钢骨架轻型楼板适用于仅承受竖向荷载的工业与民用建筑加(夹)层楼板及栈桥通道板。钢骨架轻型外墙板适用于高度不超过 20m 的工业建筑,是装配在钢结构或混凝土结构上的非承重外围护挂板。

该图集适用于:①非地震地区及抗震设防烈度不大于 8 度地区的工业与民用建筑;②钢骨架轻型屋面板、钢骨架轻型楼板适用于环境类别为一类、无侵蚀性介质的工业与民用建筑;③钢骨架轻型外墙板适用于环境类别为二 b 类、无侵蚀性介质的工业建筑;④室内年平均湿度不大于 75%、构件表面温度不大于 100℃ 的工业与民用建筑。

钢骨架轻型屋面板、楼板的荷载等级列于表 2-2-15。

表 2-2-15　钢骨架轻型屋面板、楼板的荷载等级

项目	屋面板		楼板	
	1 级	2 级	1 级	2 级
允许外加均布荷载组合标准值(kN/m²)	1.2(1.0)	1.9	4.0	5.5
允许外加均布荷载基本组合设计值(kN/m²)	1.54(1.3)	2.4	5.0	7.3

注:括号内数值为标志板宽≥3000mm 的荷载等级值,不包括自重。

4.7 《预应力混凝土圆孔板(预应力钢筋为螺旋肋钢丝,跨度 2.1m～7.2m)》03SG 435-1～2

该图集适用范围:①适用于环境类别为一类及二 a 类的工业与民用建筑的楼板及屋面板。②适用于采用先张法工艺生产的预应力混凝土圆孔板。③适用于非抗震设计及抗震设防烈度不大于 8 度的地区;用于抗震设防烈度 9 度地区时,应采取专门的构造措施,并应符合有关标准规范的规定。④当环境类别为二 b～五类时,当板需作振动计算时,应按有关规范和规程另行处理。⑤当构件表面温度高于 100℃ 或有生产热源且结构表面温度经常高于 60℃ 时,不得采用该图集。

4.8 《预应力混凝土叠合板(50mm、60mm 实心底板)》06SG439-1

该图集适用范围:①适用于环境类别为一类的工业与民用建筑的楼板及屋面板。②适用于非抗震设计及抗震设防烈度不大于 8 度地区的建筑。③处于侵蚀环境、结构表面温度高于 100℃ 或有生产热源且结构表面温度经常高于 60℃ 时,应另做处理。④不适用于有振动的楼板。

4.9 《预制混凝土槽形板》DBJT 27-51-03(新 03G307)

该图集适用于:①非抗震区及抗震设防烈度为 6 度至 8 度地区处于一类环境类别时的一般民用与工业建筑的屋面板和楼面板;②当用于二类环境类别时,构件应由工厂预制,且构件表面采取有效保护措施。

处于腐蚀环境,板表面温度高于 100℃ 或有生产热源且表面温度经常高于 60℃ 的板,不得采用本图集。

4.10 《1.5m×6.0m 预应力混凝土屋面板(预应力混凝土部分)》04G410-1

该图集适用范围:①抗震设防烈度小于或等于 9 度地区的一般单层工业建筑的防水屋面;②板底表面温度不大于 100℃ 的厂房;③无侵蚀性介质的厂房;一类环境中的厂房。

对用于有侵蚀性介质环境,板表面温度高于 100℃、或有生产热源且表面温度经常高于

60℃的板,或高湿环境以及有较大振动设备的环境时,尚应遵守有关现行国家标准和规范的规定。

该图集包括预应力混凝土屋面板及檐口板,预应力混凝土屋面板采光、通风开洞板,预应力混凝土嵌板及檐口板。

4.11 《1.5m×6.0m预应力混凝土屋面板(钢筋混凝土部分)》04G410-2

该图集适用范围:①抗震设防烈度小于或等于9度地区的一般单层工业建筑的防水屋面;②板底表面温度不大于100℃的厂房;③无侵蚀性介质的厂房;④一类环境中的厂房,天沟板可用于二b类环境中的厂房,但是外露部分需采取有效保护措施;⑤屋面坡度为1:10～1:5的厂房。

对用于有侵蚀性介质环境,板表面温度高于100℃、或有生产热源且表面温度经常高于60℃的板,或高湿环境以及有较大振动设备的环境时,尚应遵守有关现行国家标准和规范的规定。

该图集包括钢筋混凝土屋面板、嵌板、天沟板和檐口板。

第3节 预应力混凝土空心板

1 引言

钢筋混凝土构件在正常使用条件下受拉区开裂,造成构件刚度降低、挠度增大。为限制构件的裂缝和变形,可采用不同的技术措施,例如增大构件截面尺寸和钢筋用量,或者采用高强度等级混凝土和高强度钢筋,但是都无法获得非常令人满意的效果。

所谓预应力混凝土构件,就是在构件承受荷载之前预先对受拉区混凝土施加压应力,以抵消或减小构件在荷载作用下产生的拉应力,由此利用混凝土的高抗压强度弥补混凝土抗拉强度的不足,达到防止受拉区混凝土过早开裂的目的,从而可提高构件的截面抗弯刚度并减小裂缝宽度,甚至可能避免构件在使用状态下开裂。按照张拉钢筋的方法,预应力的产生可分为机械法、电热法和化学法。按照张拉钢筋与浇注混凝土的先后顺序,施加预应力的方法可分为先张法和后张法(包括后张粘结法和后张无粘结法)。在浇注混凝土之前张拉钢筋的方法称为先张法,先张法的要点为:在台座或模板上张拉预应力筋并用夹具临时固定,然后浇注混凝土,待混凝土达到一定强度(一般约为设计强度的70%以上)后,放松预应力筋,预应力筋在回缩时对混凝土产生压力,使混凝土获得预加压应力,因此先张法是通过钢筋与混凝土之间的粘结传递预加应力。在硬化后的混凝土构件或结构中张拉钢筋的方法称为后张法,后张法的要点为:先制作混凝土构件,并在构件中预留孔道,待混凝土达到规定的强度后,在孔道中穿钢筋或钢筋束,在构件一端安装锚具将钢筋或钢筋束固定,在构件另一端张拉钢筋,张拉完毕后在张拉端用锚具锚固预应力筋并向孔道内压力灌浆,钢筋的回缩力使混凝土受到预加压应力,后张法的锚具永久固定在构件或结构上,因此后张法是依靠锚具保持预应力。

后张无粘结预应力采用的钢筋为挤压涂塑钢筋,是将聚乙烯套管内涂防腐建筑油脂,通过挤压成型机一次成型包裹在钢绞线或钢丝绳上。无粘结预应力钢筋可像普通钢筋那样预先铺设,然后浇注混凝土,待混凝土达到预定强度后再进行张拉。后张无粘结预应力混凝土技术的优点是无需预留孔道和灌浆,操作简单。无粘结预应力混凝土钢筋摩擦力小,特别适用于建造需要复杂连续曲线配筋的大跨度楼盖和屋盖结构。

2　质量要求与性能特点

预应力混凝土空心板的质量标准为《预应力混凝土空心板》GB/T 14040—2007,该标准适用于采用先张法工艺生产的用作一般房屋建筑的楼板和屋面板的预应力混凝土空心板。该标准列出的空心板的主要规格尺寸列于表 2-3-1。该标准推荐的规格尺寸为:高度宜为 120mm、180mm、240mm、300mm、360mm,标志宽度宜为 900mm、1200mm,标志长度不宜大于高度的 40 倍。

表 2-3-1　预应力混凝土空心板的主要规格尺寸(mm)

高度	标志宽度	标志长度
120	500、600、900、1200	2100～6000(以 300 递增)
150	600、900、1200	3600～7500(以 300 递增)
180、200	600、900、1200	4800～9000(以 300 递增)
240、250	900、1200	6000～10800(以 300 递增)、11400、12000
300	900、1200	7500～10800(以 300 递增)、114000～15000(以 600 递增)
360、380	900、1200	9000～10800(以 300 递增)、114000～17400 以 600 递增)

预应力混凝土空心板的孔洞截面可采用圆形孔或异形孔(见图 2-3-1 和图 2-3-2),孔洞尺寸及形状应能满足成型要求、受力计算要求以及表 2-3-2 中的规定,侧边双齿槽的尺寸可参考图 2-3-3 中给出的尺寸,其中边槽上齿高度 h_1、下齿高度 h_2 应为空心板高度的 1/4～1/3。

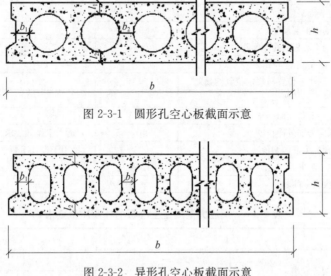

图 2-3-1　圆形孔空心板截面示意

图 2-3-2　异形孔空心板截面示意

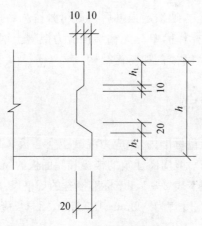

图 2-3-3　双齿形边槽的尺寸

表 2-3-2　预应力混凝土空心板截面各部位尺寸要求(mm)

板高(h)	边肋宽度(b_1)	中肋宽度(b_2)	板面厚度(h_1)	板底厚度(h_2)
120、150、180、200	≥25	≥25	≥20	≥20
240、250、300、360、380	≥30	≥30	≥25	≥25

　　预应力混凝土空心板的尺寸允许偏差应符合表 2-3-3 的规定,外观质量应符合表 2-3-4 的规定。

表 2-3-3　预应力混凝土空心板的尺寸能允许偏差

项目	允许偏差(mm)	备注
长度	+10,−5	
宽度	±5	
高度	±5	
侧向弯曲	$L/750$ 且≤20	L 为板的标志长度
表面平整	5	
主筋保护层厚度	+5,−3	
预应力筋与空心板内孔净间距	+5,0	
对角线差	10	
预应力筋在板宽方向的中心位置与规定位置的偏差	<10	
预埋件中心位置偏移	10	
预埋件与混凝土面平整	<5	
板端预应力筋外伸长度	+10,−5	适用于设计要求预应力筋外伸的构件
板端预应力筋内缩值	5	适用于设计不要求预应力筋外伸的构件
翘曲	$L/750$	L 为板的标志长度
板自重(kg)	+7%,−5%	

表 2-3-4　预应力混凝土空心板的外观质量要求

项目		质量要求
露筋(板内钢筋未被混凝土包裹)	主筋	不应有
	副筋	不宜有
孔洞(混凝土中深度和长度均超过保护层厚度的孔穴)	任何部位	不应有

项目		质量要求
蜂窝（混凝土表面缺少水泥砂浆而形成石子外露的缺陷）	支座预应力筋锚固部位、跨中板顶	不应有
	其余部位	不宜有
裂缝（伸入混凝土内的缝隙）	板底裂缝、板面纵向裂缝、肋部裂缝	不应有
	支座预应力筋挤压裂缝	不宜有
	板面横向裂缝、板面不规则裂缝	裂缝宽度不应大于 0.10mm
板端部缺陷	混凝土疏松、夹渣或外伸主筋松动	不应有
外表缺陷（板表面麻面、掉皮、起砂和漏抹等）	板底板面	不应有
	板顶板面、板侧板面	不宜有
外形缺陷（板端头不直、倾斜、缺棱掉角、棱角不直、翘曲不平、飞边、凸筋和疤瘤等）		不宜有
外表沾污（表面有油污或其他粘杂物）		不应有

　　按照《混凝土结构工程施工质量验收规范》GB 50204—2015 的规定，梁板类简支受弯构件应进行结构性能检验，并应符合下列规定：结构性能检验应符合国家现行有关标准的有关规定及设计要求，检验要求和试验方法应符合规范 GB 50204—2015 附录 B《受弯预制构件结构性能检验》的规定；钢筋混凝土构件和允许出现裂缝的预应力混凝土构件应进行承载力、挠度和裂缝宽度检验；不允许出现裂缝的预应力混凝土构件应进行承载力、挠度和抗裂检验。

2.1　预应力混凝土空心板的承载力

　　· 当按照现行国家标准《混凝土结构设计规范》GB 50010 的规定进行检验时，承载力应满足公式 2-3-1 的要求。

$$\gamma_u^0 \geqslant \gamma_0 [\gamma_u] \tag{2-3-1}$$

　　式中：γ_u^0 为预应力混凝土空心板的承载力检验系数实测值，即：试件的荷载实测值与荷载设计值（均包括自重）的比值；γ_0 为结构重要性系数，按设计要求确定，当无专门要求时取 1.0；$[\gamma_u]$ 为承载力检验系数允许值，按表 2-3-5 取值。

表 2-3-5　承载力检验系数允许值

受力情况	达到承载能力极限状态的检验标志		$[\gamma_u]$
受弯	受拉主筋处的最大裂缝宽度达到 1.5mm；或挠度达到跨度的 1/50	有屈服点热轧钢筋	1.20
		无屈服点钢筋（钢丝、钢绞线、冷加工钢筋、无屈服点热轧钢筋）	1.35
	受压区混凝土破坏	有屈服点热轧钢筋	1.30
		无屈服点钢筋（钢丝、钢绞线、冷加工钢筋、无屈服点热轧钢筋）	1.50
	受拉主筋拉断		1.50
受弯构件的受剪	腹部斜裂缝达到 1.5mm，或斜裂缝末端受压混凝土剪压破坏		1.40
	沿斜截面混凝土斜压、斜拉破坏；受拉主筋在端部滑脱或其他锚固破坏		1.55
	叠合构件叠合面、接槎处		1.45

- 当按照预应力混凝土空心板实配钢筋进行承载力检验时,应满足公式 2-3-2 的要求。

$$\gamma_u^0 \geqslant \gamma_0 \eta [\gamma_u] \tag{2-3-2}$$

式中:γ_u^0、γ_0、$[\gamma_u]$ 的意义与取值同公式 2-3-1;η 为承载力检验修正系数,根据《混凝土结构设计规范》GB 50010 按实配钢筋的承载力计算确定。

2.2 预应力混凝土空心板的挠度

- 当按照《混凝土结构设计规范》GB 50010 规定的挠度允许值进行检验时,应满足公式 2-3-3 的要求。

$$\alpha_s^0 \leqslant [\alpha_s] \tag{2-3-3}$$

式中:α_s^0 为在检验用荷载标准值或荷载准永久组合值(计算钢筋混凝土受弯构件)作用下的板挠度实测值(mm);$[\alpha_s]$ 为挠度检验允许值,按荷载标准组合值计算预应力混凝土受弯构件的挠度检验允许值,按公式 2-3-4 计算确定。

$$[\alpha_s] = \frac{M_k}{M_q(\theta-1)+M_k}[\alpha_f] \tag{2-3-4}$$

式中:M_k 为按荷载标准组合值计算的弯矩值(kN/m);M_q 为按荷载准永久组合值计算的弯矩值(kN/m);θ 为考虑荷载长期效应组合对挠度增大的影响系数,按 GB 50010 确定;α_f 为预应力混凝土空心板的挠度限值,按 GB 50010 确定。

- 当按板实配钢筋进行挠度检验或仅检验板的挠度、抗裂或裂缝宽度时,应满足公式 2-3-5 的要求,同时满足公式 2-3-3 的要求。

$$a_s^0 \leqslant 1.2 a_s^c \tag{2-3-5}$$

式中:a_s^c 为在检验用荷载标准组合值或荷载准永久组合值作用下,按实配钢筋确定的板短期挠度计算值,按 GB 50010 确定。

2.3 预应力混凝土空心板的抗裂性

预应力混凝土空心板的抗裂性应满足公式 2-3-6 的要求。

$$\gamma_{cr}^0 \geqslant [\gamma_{cr}] \tag{2-3-6}$$

式中:γ_{cr}^0 为板的抗裂检验系数实测值,即:板的开裂荷载实测值与检验用荷载标准组合值(均包括自重)的比值;$[\gamma_{cr}]$ 为板的抗裂检验系数允许值,可通过公式 2-3-7 计算得到。

$$[\gamma_{cr}] = 0.95 \frac{\sigma_{pc}+\gamma \cdot f_{tk}}{\sigma_{ck}} \tag{2-3-7}$$

式中:σ_{pc} 为由预加力产生的板抗拉边缘混凝土法向应力值,按 GB 50010 确定;γ 为板截面抵抗矩塑性影响系数,按 GB 50010 确定;f_{tk} 为混凝土抗拉强度标准值;σ_{ck} 为按荷载标准组合值计算的板抗拉边缘混凝土法向应力值,按 GB 50010 确定。

2.4 预应力混凝土空心板的裂缝宽度

预应力混凝土空心板的裂缝宽度应满足公式 2-3-8 的要求

$$W_{s,\max}^0 \leqslant [W_{\max}] \tag{2-3-8}$$

式中:$W_{s,\max}^0$ 为在检验用荷载标准组合值或荷载准永久组合值作用下,受拉主筋处的最大裂缝宽度实测值(mm);$[W_{\max}]$ 为板检验的最大裂缝宽度允许值,按表 2-3-6 取值。

表 2-3-6　板的最大裂缝宽度允许值(mm)

设计要求的最大裂缝宽度限值	0.1	0.2	0.3	0.4
$[W_{\max}]$	0.07	0.15	0.20	0.25

3　生产工艺及控制要素

3.1　生产工艺

　　预应力混凝土的全称为预应力钢筋混凝土,通过张拉钢筋产生预应力。采用预应力钢筋混凝土可提高制品或构件的抗拉能力,防止或延迟混凝土裂缝的出现,充分利用高强材料,能使制品或构件的抗裂度、刚度、耐久性都得到大幅度提高,并减轻自重。预应力混凝土空心板采用先张法生产工艺,制作先张法预应力混凝土构件一般需要台座、千斤顶、传力架和锚具等。台座承受张拉力的反力,台座的形式有多种,长度往往接近100m,因此应保证台座具有足够的强度和刚度,而且无滑移、不倾覆。先张法采用工具式锚具(或称夹具),台座越长,一次生产构件的数量就越多,所以适合工厂化批量生产中、小型预应力构件。对于尺寸较小的构件,也可不用台座,而直接在钢模板上进行张拉。在台座上布置预应力筋时,应防止预应力筋遭受污染;张拉预应力筋之前应对台座及张拉设备进行符合性检查,预应力筋张拉完毕后,与设计位置的偏差不得大于5mm;预应力筋的放张顺序应符合设计要求,设计未规定时,应分段、对称、交错放张。图 2-3-4 为预应力混凝土空心板先张法生产工艺流程。

3.2　生产控制要素

　　(1)混凝土

　　配制预应力混凝土所用原材料均应符合相应的国家标准或行业标准。预应力混凝土构件要求所配制的混凝土具有强度高、收缩小、徐变小、快硬早强等特点。预应力混凝土必须有较高的抗压强度,高强度混凝土与高强度预应力筋配合才能有效减小构件的截面尺寸和自重。另外,混凝土的高强度意味着具有较高的粘结强度,这对先张法预应力混凝土构件来说尤为重要,因此预应力混凝土空心板要求混凝土强度等级不应低于C30,轻骨料混凝土强度等级不应低于LC30。收缩小、徐变小的混凝土可减少由于收缩和徐变引起的预应力损失,快硬早强可提高台座、模具和锚具的周转率,降低生产成本。放张预应力筋时的混凝土强度必须符合设计要求,当设计无明确要求时,不得低于设计混凝土立方体抗压强度标准值的75%。放张预应力时,由于预应力筋回缩而挤压周围的混凝土,如果混凝土强度未能达到预定值,则可能导致混凝土的局部压陷,从而引起预应力损失甚至预制构件损坏。

　　(2)预应力筋

　　预应力筋是用于混凝土结构构件中施加预应力的钢丝、钢绞线和螺纹钢筋以及纤维增强复合塑料筋的总称。采用先张法生产预应力混凝土构件时,宜采用有肋纹的预应力筋,以保证钢筋与混凝土之间的可靠粘结;当采用光面钢丝作预应力筋时,应保证钢丝在混凝土中的可靠锚固,防止钢丝与混凝土粘结力不足而造成钢丝滑动。

　　预应力混凝土空心板所用预应力筋宜采用强度标准值为 1570MPa 的螺旋肋钢丝或强度

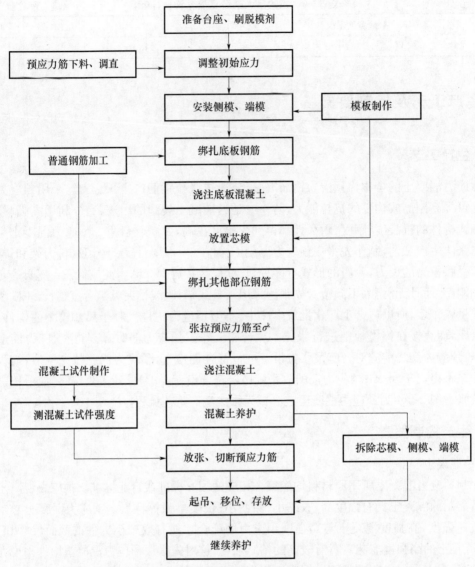

图 2-3-4 预应力混凝土空心板先张法生产工艺流程

标准值为 1860MPa 的七股钢绞线，也可采用其他强度标准值不小于 1470MPa 的螺旋肋钢丝、钢绞线，其材质应分别符合《预应力混凝土用钢丝》GB/T 5223、《预应力混凝土用钢绞线》GB/T 5224 及其他相关国家标准的规定。不同规格空心板适用的预应力筋种类列于表 2-3-7。

表 2-3-7 不同规格空心板适用的预应力筋种类

板高(mm)	预应力筋种类	预应力筋公称直径(mm)
120、150、180、200	1570MPa 的螺旋肋钢丝	5、7
	1470MPa 的螺旋肋钢丝	9
240、250、300、360、380	1860MPa 的七股钢绞线	9.5、11.1、12.7、15.2

预应力筋的混凝土保护层厚度应符合设计要求，且不应小于 20mm；先张预应力筋的净间

距应根据混凝土、施加预应力及钢筋锚固等要求确定,预应力筋之间的净间距不应小于其公称直径的 2.50 倍和混凝土粗骨料粒径的 1.25 倍,而且螺旋肋钢丝的净间距不应小于 15mm,七股钢绞线的净间距不应小于 25mm。预应力筋与空心板内孔的净间距不应小于钢筋公称直径且不应小于 10mm;预应力筋的张拉控制应力应符合设计要求。预应力筋张拉锚固后实际建立的预应力总值与检验规定值的偏差不应超过±5%;浇注混凝土前发生断裂或滑脱的预应力筋应予以更换。

受拉预应力筋的基本锚固长度 l_a 应按公式 2-3-9 计算。

$$l_a = \alpha \frac{f_{py}}{f_t} d \tag{2-3-9}$$

式中:f_{py} 为预应力筋的抗拉强度设计值(MPa);f_t 为混凝土轴心抗拉强度设计值(MPa);α 为钢筋外形系数,可按表 2-3-8 取值;d 为锚固钢筋的直径(mm)。

表 2-3-8 预应力筋的外形系数

钢筋类型	刻痕钢丝	螺旋肋钢丝	三股钢绞线	七股钢绞线
α	0.19	0.13	0.16	0.17

对于预应力筋端部无锚固措施的先张法预应力混凝土构件,预应力依靠钢筋与混凝土之间的粘结力来传递。放松预应力筋时,钢筋回缩,其直径变大,对混凝土产生挤压,可增加钢筋与混凝土之间的摩阻咬合,阻止钢筋回缩,建立预应力。但是,预应力的传递并不能在构件端部集中地骤然完成,而必须通过一定的传递长度。先张法预应力筋的预应力传递长度 l_{tr} 应按公式 2-3-10 计算。

$$l_{tr} = \alpha \frac{\sigma_{pe}}{f'_{tk}} d \tag{2-3-10}$$

式中:σ_{pe} 为放张时预应力筋的有效预应力(MPa);f'_{tk} 为与放张时混凝土立方体抗压强度相对应的轴心抗拉强度标准值(MPa);α 为预应力筋的外形系数,可按表 2-3-8 取值;d 为预应力筋的公称直径(mm)。

(3)张拉控制应力

张拉控制应力是指预应力钢筋在进行张拉时所控制达到的最大应力值。其值为张拉设备(如千斤顶油压表)所指示的总张拉力除以预应力钢筋截面面积而得到的应力值,以 σ_{con} 表示。张拉控制应力的大小直接影响到预应力混凝土的使用效果。如果张拉控制应力取值过低,则预应力经过各种损失后,对混凝土产生的预压应力过小,不能有效地提高预应力混凝土构件的抗裂度和刚度。如果张拉控制应力取值过高,则可能引起以下问题:①在施工阶段会引起构件的某些部位受到拉力甚至开裂,对后张法构件则可能造成端头混凝土局部承压破坏。②构件出现裂缝时的荷载值与破坏荷载很接近,使构件在破坏前无明显的预兆,构件的延性较差。③为了减少预应力损失,有时需进行超张拉,这就有可能在超张拉过程中使个别钢筋的应力超过它的实际屈服强度,使钢筋产生较大塑性变形或脆断。

张拉控制应力值的大小与张拉方法有关,对于相同的钢种,先张法取值高于后张法。这是由于先张法和后张法建立预应力的方式不同。先张法是在浇灌混凝土之前在台座上张拉钢筋,故在预应力钢筋中建立的拉应力就是张拉控制应力 σ_{con}。后张法是在混凝土构件上张拉钢筋,在张拉的同时,混凝土被压缩,张拉设备千斤顶所指示的张拉控制应力是扣除混凝土弹性压缩后的钢筋应力,因此后张法构件的 σ_{con} 值应适当低于先张法构件的 σ_{con}。张拉控制应力值大小的确定,还与预应力筋的钢种有关。由于预应力混凝土采用的都是高强度钢筋,其塑性较差,故控制应力的取值不能太高。《混凝土结构设计规范》GB50010 规定预应力筋的张拉控制应力值不宜超过表 2-3-9 规定的张拉控制应力限值，且不应小于 $0.4f_{ptk}$（f_{ptk} 为预应力筋的强度标准值）。当符合下列情况之一时，表 2-3-9 规定的张拉控制应力限值可提高 $0.05f_{ptk}$：①要求提高构件在施工阶段的抗裂性能而在使用阶段受压区内设置的预应力筋；②要求部分抵消由于应力松弛、摩擦、钢筋分批张拉以及预应力筋与台座之间的温差等因素产生的预应力损失。

表 2-3-9　张拉控制应力限值

钢筋种类	张拉方法	
	先张法	后张法
消除应力钢丝、钢绞线	$0.75f_{ptk}$	$0.75f_{ptk}$
热处理钢筋	$0.70f_{ptk}$	$0.65f_{ptk}$

预应力筋的强度标准值列于表 2-3-10（摘自 GB 50010—2010）。

表 2-3-10　预应力筋的强度标准值

预应力筋种类		公称直径 d(mm)	屈服强度标准值 f_{pyk}(MPa)	极限强度标准值 f_{ptk}(MPa)
中强度预应力钢丝	光面 螺旋肋	5、7、9	620	800
			780	970
			980	1270
预应力螺纹钢筋	螺纹	18、25、32	785	980
			930	1080
			1080	1230
消除应力钢丝	光面	5	1380	1570
			1640	1860
		7	1380	1570
	螺旋肋	9	1290	1470
			1380	1570
钢绞线	三股	8.6、10.8、12.9	1410	1570
			1670	1860
			1760	1960
	七股	9.5、12.7、15.2、17.8	1540	1720
			1670	1860
			1760	1960
		21.6	1590	1770
			1670	1860

（4）先张法预应力筋用夹具和连接器

夹具是在先张法预应力混凝土构件生产过程中，用于保持预应力筋的拉力并将其固定在生产台座或设备上的工具性锚固装置；连接器是用于连接预应力筋的装置。根据对预应力筋的锚固方式，夹具可分为夹片式和支承式，连接器可分为夹片式、支承式和挤压握裹式。

预应力筋用夹具和连接器的性能应符合《预应力筋用锚具、夹具和连接器》GB/T 14370—2015 与《预应力筋用锚具、夹具和连接器应用技术规程》JGJ 85 的规定。GB/T 14370 标准适用于体内或体外配筋的有粘结、无粘结、缓粘结的预应力结构中和特种施工过程中使用的锚具、夹具、连接器及拉索用的锚具和连接器。

夹具应具有良好的自锚、松锚和重复使用的性能,主要锚固零件应具有良好的防锈性能。根据对预应力筋的锚固方式,锚具、夹具和连接器可分为夹片式、支承式、握裹式和组合式四种基本类型。夹具的静载锚固性能应符合公式 2-3-11 的要求,预应力筋-夹具组装件的破坏形式应是预应力筋破断,而不应由夹具的失效导致试验终止。

$$\eta_g = \frac{F_{Tu}}{F_{ptk}} \geq 0.95 \tag{2-3-11}$$

式中:η_g 为预应力筋-夹具组装件静载锚固性能试验测得的夹具效率系数(%);F_{Tu} 为预应力筋-夹具组装件的实测极限抗拉力(kN);F_{ptk} 为预应力筋的公称抗拉强度(MPa)

夹具变形可引起预应力损失,夹具变形有两种方式:其一是挤压变形,即张拉台的固定端或张拉端的活动钢横梁加垫板被挤紧;其二是滑移,即夹具的夹片由于预应力筋回缩而滑移。夹具的变形值不应大于规定数值,否则会增大预应力损失。用于先张法施工且在张拉后还需进行放张和拆卸的连接器,应符合夹具的要求。

(5)预应力损失

在预应力混凝土构件中,对钢筋(钢丝)施加预应力能提高构件的抗裂性能,限制裂缝发展。在预应力混凝土空心板生产中,预应力筋在锚固、混凝土浇捣、养护、起吊等操作过程中的预应力值不断损失。有些预应力损失已在设计计算中进行考虑,但是也有一些因素可能引起的预应力损失无法预先估算,如:材料特性、张拉设备、测力计精度、台座长度、定位板刚度和安装质量、锚夹具的磨损变形、操作技术等因素可能引起的预应力的损失。

由于张拉工艺和材料特性等原因,使得预应力筋的张拉应力从构件开始制作直到安装使用各个过程都在不断降低,这种应力值的损失实质上是由于预应力筋的回缩变形引起的。充分了解引起预应力损失的因素并采取减少预应力损失的措施是非常必要的。

① 张拉端锚具变形和预应力筋内缩引起的预应力损失

预应力筋锚固时,由于锚具与构件之间、锚具与垫板之间、垫板与构件之间的所有缝隙被挤紧,或者由于钢筋、钢丝、钢绞线在锚具内滑移,使得被拉紧的钢筋、钢丝、钢绞线松动缩短而引起的预应力损失。张拉端锚具变形和预应力筋内缩引起的预应力损失 σ_{l1} 可按公式 2-3-12 计算。

$$\sigma_{l1} = \frac{a}{l} E_p \tag{2-3-12}$$

式中:a 为张拉端锚具变形和预应力筋内缩值(mm),可按表 2-3-12 采用。l 为张拉端至锚固段之间的距离(mm),E_p 为预应力筋的弹性模量。

表 2-3-12 张拉端锚具变形和预应力筋内缩值

锚具类别		a(mm)
支承式锚具(钢丝束墩头锚具等)	螺帽缝隙	1
	每块后加垫片的缝隙	1
夹片式锚具	有顶压时	5
	无顶压时	6~8

② 混凝土热养护引起的预应力损失

为缩短预应力混凝土构件的生产周期,常常需要采用蒸汽养护。升温时,新浇注的混凝土尚未硬化,钢筋受热自由膨胀,但锚固端与张拉端的距离仍保持不变,张拉后的钢筋因此松动。降温时,混凝土硬化并与钢筋粘结形成整体,预应力筋的应力无法恢复到原来的张拉值,因此就产生了预应力损失。为减少温差引起的预应力损失,可采用两阶段养护,即:先在常温下养护至混凝土强度达到约 10MPa,再转为热养护。

③ 混凝土收缩、徐变引起的预应力损失

通常,混凝土在凝结硬化过程中均发生体积收缩,而在预压力作用下的混凝土还发生沿压力方向的徐变。收缩、徐变都可使构件的长度缩短,预应力筋也随之回缩,造成预应力损失。为减少混凝土收缩、徐变引起的预应力损失,应采取各种措施减小混凝土的收缩值和徐变值,同时控制混凝土的预压压力,使 $\frac{\sigma_h}{R'} \leqslant 0.5$($\sigma_h$ 为预应力筋合力点处的混凝土法向应力,R' 为施加预应力时混凝土的立方体强度)。

(6)普通钢筋

普通钢筋是用于混凝土结构中的各种非预应力钢筋的总称。当通过对一部分纵向钢筋施加预应力已能使构件符合裂缝控制要求时,承载力计算所需的其余纵向钢筋可采用非预应力钢筋,非预应力筋宜采用热轧带肋钢筋及其焊接网片,其性能应符合《钢筋混凝土用钢 第 2 部分:热轧带肋钢筋》GB 1499.2 及相关国家标准的规定。也可采用其他钢筋及其焊接网片,其性能应符合相关国家标准的规定。

吊环应采用未经冷加工的 HPB235 级热轧钢筋或者 Q235 热轧盘条制作,预埋件应采用 Q235 钢制作,其材质应分别符合《碳素结构钢》GB/T 700、《低碳钢热轧圆盘条》GB/T701《钢筋混凝土用钢 第 1 部分:热轧光圆钢筋》GB1499.1 的规定。

4 主要性能试验(选择介绍)

4.1 结构性能

(1)结构性能试验的条件

进行结构性能试验时的条件应符合下列规定:

· 试验场地的温度应在 0℃ 以上。

· 蒸汽养护后的构件应冷却至常温。

· 预应力混凝土空心板的混凝土强度应达到设计强度的 100% 以上。

· 试验前应量测板的实际尺寸,并检查板表面。所有的缺陷和裂缝应在构件上标出。

· 试验用的加荷设备及量测仪表应预先进行标定或校准。

(2)支承方式

预应力混凝土空心板的支承方式应符合下列规定:

· 试验时应一端采用铰支承,另一端采用滚动支承。铰支承可采用角钢、半圆型钢或焊于钢板上的圆钢,滚动支承可采用圆钢。

· 当试验板承受较大集中力或支座反力时,应对支承部分进行局部受压承载力验算。

·板与支承面应紧密接触；钢垫板与板、钢垫板与支墩间宜铺砂浆垫平。

·板支承的中心线位置应符合设计要求。

（3）荷载布置

试验荷载布置应符合设计要求。

当荷载布置不能完全与要求相符时，应按荷载效应等效的原则换算，并应计入荷载布置改变后对板其他部位的不利影响。

（4）加载方式

加载方式应根据设计加载要求、构件类型及设备等条件选择。当按不同形式荷载组合进行加载试验时，各种荷载应按比例增加，并应符合下列规定：

·荷重块加载可用于均布加载试验。荷重块应按区格成垛堆放，垛与垛之间的间隙不宜小于 100mm，荷重块的最大边长不宜大于 500mm。

·千斤顶加载可用于集中加载试验。集中加载可采用分配梁系统实现多点加载。千斤顶的加载值宜采用荷载传感器量测，也可采用油压表量测。

（5）加载过程

·应分级加载。当荷载小于标准荷载时，每级荷载不应大于标准荷载值的 20％；当荷载大于标准荷载时，每级荷载不应大于标准荷载值的 10％；当荷载接近抗裂检验荷载值时，每级荷载不应大于标准荷载值的 5％；当荷载接近承载力检验荷载值时，每级荷载不应大于标准荷载值的 5％；

·试验设备重量及预制板自重应作为第一次加载的一部分。

·试验前宜对板进行预压，以检查试验装置的工作是否正常，但应防止板因预压而开裂。

·对仅作挠度、抗裂或裂缝宽度检验的构件应分级卸载。

·每级加载完成后，应持续 10～15min；在标准荷载作用下，应持续 30min。在持续时间内，应观察裂缝的出现和开展，以及钢筋有无滑移等；在持续时间结束后，应观察并记录各项读数。

（6）检验标志

进行承载力检验时，应加载至板出现表 2-3-5 所列承载力极限状态的检验标志之一后结束试验。当在规定的荷载持续时间内出现上述检验标志之一时，应取本级荷载值与前一级荷载值的平均值作为其承载力检验荷载实测值；当在规定的荷载持续时间结束后出现上述检验标志之一时，应取本级荷载值作为其承载力检验荷载实测值。

（7）挠度量测

·挠度可采用百分表、位移传感器、水平仪等进行观测。接近破坏阶段的挠度，可采用水平仪或拉线、直尺等测量。

·试验时，应量测板跨中位移和支座沉陷。对宽度较大的板，应在每一量测截面的两边布置测点，并取其量测结果的平均值作为该处的位移。

·当试验荷载竖直向下作用时，对水平放置的试件，在各级荷载下的跨中挠度实测值应按公式 2-3-13 计算。

$$a_t^0 = a_q^0 + a_g^0 = \left[v_m^0 - \frac{1}{2} (v_l^0 + v_r^0) \right] + \left[\frac{M_g}{M_b} a_b^0 \right] \tag{2-3-13}$$

式中：a_t^0 为全部荷载作用下板跨中的挠度实测值（mm）；a_q^0 为外加试验荷载作用下板跨中的挠度实测值（mm）；a_g^0 为板自重及加荷设备重产生的跨中挠度值（mm）；v_m^0 为外加试验荷载

作用下板跨中的位移实测值(mm);v_l^0、v_r^0分别为外加试验荷载作用下左、右端支座沉陷的实测值(mm);M_g为板自重及加荷设备重产生的跨中弯矩值(kN·m);M_b为从外加试验荷载开始至板出现裂缝的前一级荷载为止的外加荷载产生的跨中弯矩值(kN·m);a_b^0为从外加试验荷载开始至板出现裂缝的前一级荷载为止的外加荷载产生的跨中挠度实测值(mm)。

· 当采用等效集中力加载模拟均布荷载进行试验时,挠度实测值应乘以修正系数φ。当采用三分点加载时,φ可取0.98;当采用其他形式集中力加载时,φ应经计算确定。

(8)裂缝观测

· 可用放大镜观察裂缝。试验中未能及时观察到正截面裂缝的出现时,可取荷载-挠度曲线上第一弯转段两端点切线的交点的荷载值作为试件的开裂荷载实测值。

· 在对板进行抗裂检验时,当在规定的荷载持续时间内出现裂缝时,应取本级荷载值与前一级荷载值的平均值作为其开裂荷载实测值;当在规定的荷载持续时间结束后出现裂缝时,应取本级荷载值作为其开裂荷载实测值。

· 裂缝宽度宜采用精度为0.05mm的刻度放大镜等仪器进行观测,也可采用满足精度要求的裂缝检验卡进行观测。

· 对正截面裂缝,应量测受拉主筋处的最大裂缝宽度;对斜截面裂缝,应量测腹部斜裂缝的最大裂缝宽度。当确定受弯构件受拉主筋处的裂缝宽度时,应在构件侧面量测。

(9)安全防护

试验时应采取安全防护措施,并应符合下列规定:

· 试验的加荷设备、支架、支墩等应有足够的承载力安全储备。

· 试验过程中应采取安全措施保护试验人员和试验设备的安全。

4.2　生产过程检验

在钢筋混凝土构件生产的各个阶段都应进行生产检验,包括:原料及半成品的质量检验、各生产工序是否遵守既定制度的检验(逐道工序检验)、成品质量检验。钢筋混凝土构件厂各生产阶段的检验项目及检验内容列于表2-3-13。

表2-3-13　钢筋混凝土构件厂各生产阶段的检验项目及检验内容

生产阶段	检验项目	检验内容
材料进厂	水泥、骨料、外加剂	物理力学性能
	钢筋	直径、强度
半成品生产	混凝土拌和物	称量准确性、搅拌时间、和易性
成型阶段	钢模及模板	钢模组装的准确性及模板的质量
	浇灌混凝土前的准备	钢筋骨架的位置及预埋件的位置,预应力钢筋的张拉程度
湿热养护	热养护制度	养护温度、湿度及其周期
脱模阶段	成品	构件外形、尺寸及表面质量
成品堆场	检验用试块	混凝土的强度等级、抗渗性、抗冻性等
	成品	用非破损方法检验混凝土强度;强度、刚度的实物检测;保护层厚度测定

5　安装施工要点

预应力混凝土圆孔板的安装构造可依据《预应力混凝土圆孔板（预应力钢筋为螺旋肋钢丝,跨度 2.1～7.2m）》03SG435—1～2。该图集适用范围:①适用于环境类别为一类及二 a 类的工业与民用建筑的楼板及屋面板。②适用于采用先张法工艺生产的预应力混凝土圆孔板。③适用于非抗震设计及抗震设防烈度不大于 8 度的地区;用于抗震设防烈度 9 度地区时,应采取专门的构造措施,并应符合有关标准规范的规定。④当环境类别为二 b～五类时;当板需作振动计算时;应按有关规范和规程另行处理。⑤当构件表面温度高于 100℃或有生产热源且结构表面温度经常高于 60℃时,不得采用该图集。

该图集包括预应力混凝土圆孔板的板端构造及横向拼缝示意图。

第 4 节　叠合板用预应力混凝土实心底板

1　引言

叠合楼板是由预制混凝土底板和现浇钢筋混凝土层叠合而成的装配整体式楼板。预制底板既是楼板结构的组成部分,又是现浇钢筋混凝土叠合层的永久性模板。叠合楼板整体性好,刚度大,可节省模板,而且板的上下表面平整,便于饰面层装修,适用于对整体刚度要求较高的高层建筑和大开间建筑。

叠合楼板用底板应满足施工阶段作为模板与叠合成为整体而作为建筑物楼板部件的两种不同受力条件的要求。预制预应力底板与现浇混凝土层,通常采用两种不同强度等级的混凝土,由于浇注时间不同,硬化过程中由于收缩可能产生附加翘挠,设计时应对此进行考虑。叠合面的抗剪能力是保证预制底板与现浇混凝土层共同工作的关键,必须进行验算,有时还要根据计算结果,增加叠合面的抗剪钢筋。应对施工阶段预制预应力底板的各种受力状态进行验算,预应力钢筋保护层的厚度应满足防火要求。

预应力底板按叠合面的构造不同,可分为三类:①叠合面承受的剪应力较小,叠合面不设抗剪钢筋,但要求混凝土表面粗糙。②叠合面承受的剪应力较大,底板表面除要求粗糙外,还应增设抗剪钢筋,钢筋直径和间距经计算确定。钢筋的形状有波形、螺旋形及弯折成三角形断面的点焊网片。③预制底板上表面设有钢桁架,用以加强底板施工时的刚度,减少对底板的支撑。

根据截面形式,可将叠合板用预制混凝土底板分为空心板、带肋实心板和实心板。根据是否施加预压力,分为钢筋混凝土底板和预应力混凝土底板,钢筋混凝土底板包括预制带肋底板、桁架钢筋混凝土底板和实心底板;预应力混凝土底板包括预应力混凝土实心底板和预应力混凝土空心底板。预应力混凝土实心底板是应用最为普遍的叠合板用底板之一。

2　质量要求与性能特点

叠合板用预应力混凝土底板的质量标准为《叠合板用预应力混凝土底板》GB/T 16727—

2007，该标准适用于房屋建筑楼盖与屋盖叠合板用预应力混凝土底板，包括预应力混凝土实心底板和预应力混凝土空心底板。表2-4-1列出该标准中规定预应力混凝土底板的规格尺寸，预应力混凝土空心底板的细部尺寸要求列于表2-4-2。图2-4-1为预应力混凝土实心底板示例，图2-4-2为预应力混凝土空心底板示例。

表 2-4-1　预应力混凝土底板的规格尺寸

底板类别	厚度(mm)	标志长度(mm)	空心率(%)	标志宽度(mm)
实心底板	50	3000～4800	—	600、1200
空心底板	100	4500～6000	≥25	主要宽度：600、1200
	120	5400～7200		
	150	6000～9000	≥30	
	180	8100～10500		
	200	9000～11100	≥34	

表 2-4-2　预应力混凝土空心底板的细部尺寸(mm)

空心板厚度	边肋宽度 b_1、中肋宽度 b_2	下齿高度 h_1、上齿高度 h_2	板底厚度 t_1、板面厚度 t_2
100、120、150	≥25	≥30	≥30
180、200		≥35	

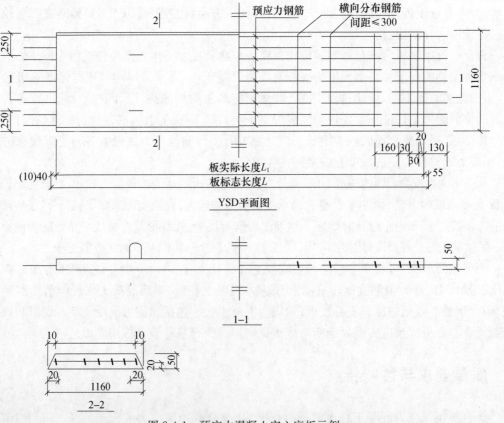

图 2-4-1　预应力混凝土实心底板示例

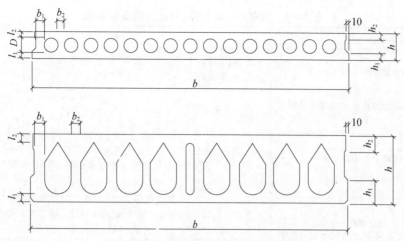

图 2-4-2　预应力混凝土空心底板示例

　　预应力混凝土底板的尺寸允许偏差应符合表 2-4-3 的规定,外观质量应符合表 2-4-4 的规定,结构性能应符合设计要求及 GB 50204 的有关规定。

表 2-4-3　预应力混凝土底板的尺寸允许偏差(mm)

项目	允许偏差	备注
长度	+10,−5	
宽度	±5	
高度	+5,−3	
对角线差	≤10	
侧向弯曲	$L/750$ 且≤20	L 为板的标志长度
翘曲	$L/750$	L 为板的标志长度
表面平整	≤5	
板底平整度	≤4,5	
预应力钢筋间距	5	
预应力筋在板宽方向的中心位置与规定位置的偏差	<10	
预应力钢筋保护层厚度	+5,−3	
预应力筋与空心板内孔净间距	+5,0	
预应力钢筋外伸长度	+30,−10	
预埋件中心位置偏移	10	
预埋件与混凝土面平整	<5	
预留孔洞中心位置偏移	10	
预留洞规格尺寸	+10,0	
板自重(kg)	±7%	

85

表 2-4-4　预应力混凝土空心板的外观质量要求

项目	质量要求
露筋(板内钢筋未被混凝土包裹)	• 主筋:不应有 • 副筋:不宜有
孔洞(混凝土中深度和长度均超过保护层厚度的孔穴)	任何部位都不应有
蜂窝(混凝土表面缺少水泥砂浆而形成石子外露的缺陷)	• 主要受力部位(弯矩剪力较大部位):不应有 • 次要部位:总面积不超过所在板面面积的 1%,且每处不超过 0.01m²(实心板不应有)
裂缝(伸入混凝土内的缝隙)。实心板不允许有垂直预应力钢筋方向的横向裂缝。实心板出现平行于预应力钢筋方向的纵向裂缝时,应按设计要求处理。但网状裂纹、龟裂水纹等不在此限	• 板面纵向裂缝:缝宽不大于 0.15mm,且缝长度总和不大于 L/4,且单条不大于 600mm • 板面横向裂缝:长度不超过板宽的 1/3,且不延伸到侧边,缝宽不大于 0.1mm • 板底裂缝、肋部裂缝:不应有 • 角裂:仅允许一个角裂,且不延伸到板面
板端部缺陷	混凝土疏松或外伸主筋松动:不应有
外表缺陷(板表面麻面、掉皮、起砂和漏抹)	• 板底表面:不应有 • 板顶表面、板侧表面:不宜有(实心板不应有)
外形缺陷(板端头不直、倾斜、缺棱掉角、棱角不直、飞边和凸筋疤瘤)	影响安装及使用功能的不应有,其他不宜有(实心板不应有)
外表沾污(表面有油污或其他粘杂物)	不应有
板上表面应加工成密实的粗糙面。当表面无结合筋时,底板上表面应做成凹凸不小于 4mm 的仍粗糙面	
板底应平直。板底平整度的允许偏差对板底不吊顶者为 4mm,对有吊顶者为 5mm	

对于预应力混凝土结构构件,除应根据使用条件进行承载力计算及变形、抗裂、裂缝宽度和应力验算外,尚应按具体情况对制作、运输、安装等阶段进行验算。

3　生产工艺与控制要素

3.1　生产工艺

预应力钢筋混凝土底板可采用长线台座先张法或模外张拉先张法制作。采用长线台座法时,首先应将台座表面清理干净,并均匀涂刷脱模剂,然后确定锁筋板位置,使板长度按设计板长的 0.1% 放大。主筋间距应均匀,先调直钢筋,使主筋的初始状态保持一致,以保证整体张拉后所有钢筋的应力偏差在允许范围之内。预应力筋采用一次张拉,即:$0\sim1.03\sigma_{con}$,$\sigma_{con}=0.8f_{ptk}$,主筋张拉后,每个台座抽检不少于 5 根钢筋进行实际张拉应力量测,张拉应力允许偏差控制在 ±5% 之内。底板端部的分布筋应按规定加密,板中洞口、转角等薄弱部位应按构造要求加强。当同条件养护的混凝土试块强度达到设计混凝土立方体强度的 75% 时,可进行预应力筋的放张。剪筋时应从张拉端开始向锚固端逐渐进行。

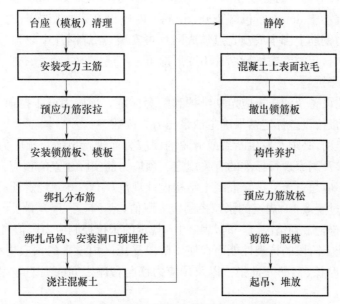

图 2-4-3 预应力混凝土底板生产工艺流程

3.2 生产控制要素

（1）混凝土

混凝土强度等级不应低于 C30。混凝土原材料的质量应分别符合《通用硅酸盐水泥》GB 175、《普通混凝土用砂、石质量标准及检验方法》JGJ 52、《混凝土用水标准》JGJ 63 的规定，砂宜采用中砂，粗骨料宜采用粒径为 5～20mm 的碎石，严禁使用含氯盐的外加剂。混凝土的坍落度控制在 6～8cm，混凝土应摊铺均匀，振捣密实。板表面拉毛深度不小于 4mm，浇注完毕后覆盖专用篷布进行养护。当采取蒸汽养护时，升温速度不应超过 25℃/h，恒温养护阶段最高温度不得高于 95℃，混凝土试块强度达到要求时即可停止加热，停止加热后，使板缓慢降温，防止因温度突变而产生收缩裂缝。

（2）预应力筋及其设置

· 预应力筋宜采用冷轧带肋钢筋 CRB550、消除应力低松弛螺旋肋钢丝和钢绞线，其材质和性能应分别符合《冷轧带肋钢筋混凝土结构技术规程》JGJ 95、《预应力混凝土用钢丝》GB/T 5223 和《预应力混凝土用钢绞线》GB/T 5224 的规定。

· 预应力主筋及非预应力筋的混凝土保护层厚度应符合《混凝土结构设计规范》GB 50010的规定，保护层厚度不足时可采用增加抹灰等措施。

· 钢筋接头和位置应符合《混凝土结构工程施工质量验收规范》GB 50204 的有关规定和设计要求。

· 实心底板的预应力钢筋宜沿板宽均匀布置，其预应力钢筋中心宜设置在距底板截面中心处。实心底板钢筋水平净距不宜小于 25mm，排列有困难时可采用两根并列。板端伸出的预应力筋长度以及侧向分布筋长度应符合要求，不得弯折及折断。预应力混凝土实心底板应配置横向分布筋，单位长度上分布筋的截面面积不宜小于单位宽度上受力筋截面面积的

15％，且不宜小于该方向板截面面积的 0.15％，其间距不应大于 300mm 且不宜大于 250mm，分布筋的直径不宜小于 6mm，在板端 100mm 范围内应设 3 道加密横向均匀布置的分布筋。分布筋应在预应力钢筋上绑牢或预先点焊成网片再安装，点焊网片中与预应力钢筋平行的钢筋，如设计无要求时，仅需考虑维持网片不变形即可。

(3)预应力筋张拉

预应力筋张拉设备及油压表应定期维护和配套标定。预应力筋张拉前，应计算张拉力和张拉伸长值，根据张拉设备标定结果确定油泵压力表读数。

在浇注混凝土前，必须对发生断裂或滑脱的预应力筋进行更换。预应力筋的张拉控制应力应符合设计要求及国家现行标准的有关规定。预应力筋实际建立的预应力值与规定检验值的相对允许偏差不应超过 ±5％。《混凝土结构设计规范》GB 50010 规定预应力筋的张拉控制应力值 σ_{con} 不宜超过表 2-3-9 规定的张拉控制应力限值，且不应小于 $0.4f_{ptk}$（f_{ptk} 为预应力筋的强度标准值）。当符合下列情况之一时，表 2-4-5 规定的张拉控制应力限值可提高 $0.05f_{ptk}$：①要求提高构件在施工阶段的抗裂性能而在使用阶段受压区内设置的预应力筋；②要求部分抵消由于应力松弛、摩擦、钢筋分批张拉以及预应力筋与台座之间的温差等因素产生的预应力损失。

表 2-4-5　张拉控制应力（σ_{con}）限值

钢筋种类	张拉方法	
	先张法	后张法
消除应力钢丝、钢绞线	$0.75f_{ptk}$	$0.75f_{ptk}$
热处理钢筋	$0.70f_{ptk}$	$0.65f_{ptk}$

采用应力控制方法张拉时，对先张法预应力构件，应检查预应力筋张拉后的位置偏差，张拉后预应力筋的位置与设计位置的偏差不应大于 5mm，且不应大于构件截面短边边长的 4％。锚固阶段张拉端预应力钢筋的内缩量应符合下面规定：①墩头夹具为 1mm；②锥塞式、夹片式夹具为 5mm。预应力钢筋采用墩头夹具时，墩头强度不得低于钢筋极限抗拉强度标准值的 95％。

(4)预应力筋放张

预应力钢筋放张时的混凝土立方体抗压强度必须符合设计要求；当设计无具体要求时，不得低于设计混凝土立方体抗压强度标准值的 75％，对于采用消除应力钢丝或钢绞线作预应力筋的先张法构件不应低于 30MPa。

放张预应力时，应采取缓慢放张的措施，不得骤然放松。对于叠合板用预应力混凝土底板，应先同时放张预压应力较小区域的预应力筋，再同时放张预压应力较大区域的预应力筋；当无法按上述顺序放张时，应分阶段、对称、相互交错放张。放张后，宜从张拉端开始逐次向另一端切断预应力筋、

预应力钢筋放张后，板端钢筋回缩值的平均值不宜大于 2mm，单根钢筋回缩值不得大于 3mm。冷轧带肋钢筋回缩值不宜大于 5mm。

(5)其他要求

非预应力筋宜采用冷轧带肋钢筋 CRB550、热轧钢筋 HPB235 级和 HRB335 级，其材质和性能应分别符合《冷轧带肋钢筋》GB 13788、《冷轧带肋钢筋混凝土结构技术规程》JGJ 95、《钢

筋混凝土用钢　第 1 部分：热轧光圆钢筋》GB 1499.1、《钢筋混凝土用余热处理钢筋》GB 13014、《钢筋混凝土用钢　第 2 部分：热轧带肋钢筋》GB 1499.2、《混凝土结构设计规范》GB 50010、《钢筋焊接网混凝土结构技术规程》JGJ 114 的规定。

吊钩应采用未经冷加工的 HPB235 级热轧钢筋或者 Q235 热轧盘条制作，预埋钢板应采用 Q235B 制作，其材质应符合《碳素结构钢》GB/T 700、《低碳钢热轧圆盘条》GB/T 701、《钢筋混凝土用钢　第 1 部分：热轧光圆钢筋》GB 1499.1 和《热轧圆盘条尺寸、外形、重量及允许偏差》GB/T 14981 的规定。吊钩的直径、数量应按设计图纸配置，最小直径不宜小于 8mm，其埋入混凝土的深度不应小于吊钩钢筋直径的 30 倍，并应焊接或绑扎在预应力钢筋上。

底板面结合用构造钢筋的设置应符合设计要求，其下半部应埋入底板混凝土内并与预应力钢筋绑扎，露出板面的高度不宜小于 2/3 叠合层厚度，结合筋的混凝土保护层不应小于 10mm。

板上的预埋件和孔洞应按设计要求设置，洞口周边应设加强筋，洞口内的预应力钢筋可暂不切断，叠合层混凝土浇灌时留出洞口，进行设备安装时再切除。

4　先张法预应力混凝土结构构件的相关计算

4.1　一般规定

（1）预应力混凝土结构构件，除应根据使用条件进行承载力计算及变形、抗裂、裂缝宽度和应力验算外，还应按具体情况对制作、运输及安装等阶段进行验算。当预应力作为荷载效应考虑时，其设计值可由相应计算公式中算出。对承载力极限状态，预应力效应对结构有利时，预应力分项系数应取 1.0；不利时应取 1.2。对正常使用极限状态，预应力分项系数应取 1.0。

（2）由预加力产生的混凝土法向应力及相应阶段预应力筋的应力可分别按公式 2-4-1～公式 2-4-3 计算。

- 由预加力产生的混凝土法向应力 σ_{pc}

$$\sigma_{pc} = \frac{N_{p0}}{A_0} \pm \frac{N_{p0}e_{p0}}{I_0}y_0 \tag{2-4-1}$$

- 相应阶段预应力筋的有效预应力 σ_{pe}

$$\sigma_{pe} = \sigma_{con} - \sigma_l - \alpha_E\sigma_{pc} \tag{2-4-2}$$

- 预应力筋合力点处混凝土法向应力等于零时的预应力筋应力 σ_{p0}

$$\sigma_{p0} = \sigma_{con} - \sigma_l \tag{2-4-3}$$

式中：A_0 为换算截面面积，包括净截面面积以及全部纵向预应力筋截面面积换算成混凝土的截面面积；I_0 为换算截面惯性矩；N_{p0} 为先张法构件的预加力；e_{p0} 为换算截面重心至预加力作用点的距离；y_0 为换算截面重心至所计算纤维处的距离；σ_l 为相应阶段的预应力损失值；σ_{con} 为预应力筋的张拉控制应力值；α_E 为钢筋弹性模量与混凝土弹性模量的比值。

（3）预加力 N_{p0} 及其作用点的偏心距 e_{p0} 分别按公式 2-4-4 与公式 2-4-5 计算。

$$N_{p0} = \sigma_{p0}A_p + \sigma'_{p0}A'_p - \sigma_{l5}A_s - \sigma'_{l5}A'_s \tag{2-4-4}$$

$$e_{p0} = \frac{\sigma_{p0}A_p y_p - \sigma'_{p0}A'_p y'_p - \sigma_{l5}A_s y_s + \sigma'_{l5}A'_s y'_s}{N_{p0}} \qquad (2\text{-}4\text{-}5)$$

式中：σ_{p0}、σ'_{p0} 为受拉区、受压区预应力筋合力点处混凝土法向应力等于零时的预应力筋应力；σ_{pe}、σ'_{pe} 为受拉区、受压区预应力筋的有效预应力；A_p、A'_p 为受拉区、受压区纵向预应力筋的截面面积；A_s、A'_s 为受拉区、受压区纵向非预应力筋的截面面积；y_p、y'_p 为受拉区、受压区预应力合力点至换算截面重心的距离；y_s、y'_s 为受拉区、受压区非预应力筋重心至换算截面重心的距离；σ_{l5}、σ'_{l5} 为受拉区和受压区纵向预应力筋在各自合力点处混凝土收缩和徐变引起预应力损失值。

（4）先张法构件预应力筋的预应力传递长度 l_{tr} 应按公式 2-4-6 计算。

$$l_{tr} = \alpha \frac{\sigma_{pe}}{f'_{tk}} d \qquad (2\text{-}4\text{-}6)$$

式中：σ_{pe} 为放张时预应力筋的有效预应力；f'_{tk} 为与放张时混凝土立方体抗压强度相应的轴心抗拉强度标准值；α 为预应力筋的外形系数，按表 2-4-6 取值；d 为预应力筋的公称直径（mm）。

当采用骤然放松预应力钢筋的工艺时，l_{tr} 的起点应从距离构件末端 $0.25l_{tr}$ 处开始。

表 2-4-6　预应力筋的外形系数

钢筋类型	刻痕钢丝	螺旋肋钢丝	三股钢绞线	七股钢绞线
α	0.19	0.13	0.16	0.17

（5）计算先张法预应力混凝土构件端部锚固区的正截面和斜截面受弯承载力时，锚固长度范围内的预应力筋抗拉强度设计值在锚固起点处应取零，在锚固终点处应取 f_{py}（预应力筋的抗拉强度设计值），两点之间可按线性内插法确定。预应力筋的锚固长度 l_a 按公式 2-4-7 计算。

$$l_a = \alpha \frac{f_{py}}{f_t} d \qquad (2\text{-}4\text{-}7)$$

式中：f_{py} 为预应力筋的抗拉强度设计值（MPa）；f_t 为混凝土轴心抗拉强度设计值（MPa）；α 为钢筋外形系数，可按表 2-4-6 取值；d 为锚固钢筋的直径（mm）。

（6）对先张法预应力混凝土结构构件，在承载力和裂缝宽度计算中，所用的混凝土法向预应力等于零的预应力钢筋和非预应力钢筋合力 N_{p0} 及及相应的合力点的偏心距 e_{p0} 分别按公式 2-4-4 与公式 2-4-5 计算。此时先张法构件预应力钢筋的应力 σ_{p0} 应按公式 2-4-3 计算。

4.2　预应力损失

（1）张拉端锚具变形和预应力筋内缩引起的预应力损失 $\sigma_{l1} = \frac{a}{l}E_s$，式中：$a$ 为张拉端锚具变形和预应力筋内缩值（mm）；l 为张拉端至锚固段之间的距离（mm）；E_s 为预应力钢筋的弹性模量

（2）混凝土热养护时，预应力筋与承受拉力的设备之间的温差引起的预应力损失 $\sigma_{l3} = 2\Delta t$

（3）预应力筋应力松弛引起的预应力损失 σ_{l4}

· 预应力筋使用消除应力钢丝、钢绞线时：普通松弛，按公式 2-4-8 计算；低松弛，分别按

公式 2-4-9 和公式 2-4-10 计算。

$$\sigma_{l4} = 0.4\left(\frac{\sigma_{con}}{f_{ptk}} - 0.5\right)\sigma_{con} \tag{2-4-8}$$

当 $\sigma_{con} \leqslant 0.7 f_{ptk}$ 时，$\sigma_{l4} = 0.125\left(\frac{\sigma_{con}}{f_{ptk}} - 0.5\right)\sigma_{con}$ （2-4-9）

当 $0.7 f_{ptk} < \sigma_{con} \leqslant 0.8 f_{ptk}$，$\sigma_{l4} = 0.2\left(\frac{\sigma_{con}}{f_{ptk}} - 0.575\right)\sigma_{con}$ （2-4-10）

- 预应力筋使用中强度预应力钢丝时：$\sigma_{l4} = 0.08\sigma_{con}$
- 预应力筋使用螺纹钢筋时：$\sigma_{l4} = 0.03\sigma_{con}$

（4）一般情况下，混凝土收缩和徐变引起受拉区、受压区纵向预应力筋的预应力损失 σ_{l5}、σ'_{l5} 分别按公式 2-4-11 和公式 2-4-12 计算。

$$\sigma_{l5} = \frac{60 + 340\dfrac{\sigma_{pc}}{f'_{cu}}}{1 + 15\rho} \tag{2-4-11}$$

$$\sigma'_{l5} = \frac{60 + 340\dfrac{\sigma'_{pc}}{f'_{cu}}}{1 + 15\rho'} \tag{2-4-12}$$

4.3　施工阶段有可靠支撑的叠合式受弯构件

二阶段成形的水平叠合受弯构件，当预制构件高度不足全截面高度的 40% 时，施工阶段应有可靠的支撑。施工阶段有可靠支撑的叠合式受弯构件，可按整体受弯构件设计计算，但预制构件和叠合构件的斜截面受剪承载力应按"斜截面承载力计算"的有关规定进行计算。其中，预制构件的剪力设计值应按 $V_1 = V_{1G} + V_{1Q}$ 规定取用，叠合构件的剪力设计值应按 $V = V_{1G} + V_{2G} + V_{2Q}$ 规定取用，式中：V_{1G} 为预制构件自重、预制楼板自重和叠合层自重在计算截面产生的剪力设计值；V_{2G} 为第二阶段面层、吊顶等自重在计算截面产生的剪力设计值；V_{1Q} 为第一阶段施工活荷载在计算截面产生的剪力设计值；V_{2Q} 为第二阶段可变荷载在计算截面产生的剪力设计值，取本阶段施工活荷载和使用阶段可变荷载在计算截面产生的剪力设计值的较大值。

计算时，叠合构件斜截面上混凝土和箍筋的受剪承载力设计值 V_c 应取叠合层和预制构件中较低的混凝土强度等级，且不低于预制构件的受剪承载力设计值；对预应力混凝土叠合构件，不考虑预应力对受剪承载力的有利影响，取 $V_p = 0$。

4.4　施工阶段无支撑的叠合受弯构件

（1）应对底部预制构件和叠合构件进行二阶段受力计算，其内力分别按下列两个阶段计算。

第一阶段：后浇叠合层混凝土未达到强度设计值之前的阶段。荷载由预制构件承担，预制构件按简支构件计算；荷载包括预制构件自重、预制楼板自重、叠合层自重以及本阶段的施工活荷载。

第二阶段：叠合层混凝土达到设计规定的强度值之后的阶段。叠合构件按整体结构计算；荷载考虑下列两种情况并取较大值：①施工阶段：考虑叠合构件自重、预制楼板自重、面层、吊顶等自重以及本阶段的施工活荷载。②使用阶段：考虑叠合构件自重、预制楼板自重、面层、吊顶等自重以及使用阶段的可变荷载。

(2)预制构件和叠合构件的正截面受弯承载力应按"正截面承载力计算"规定进行计算。其中：预制构件弯矩设计值应按 $M_1 = M_{1G} + M_{1Q}$ 取用，叠合构件的正弯矩区段弯矩设计值应按 $M = M_{1G} + M_{2G} + M_{2Q}$ 取用，叠合构件的负弯矩区段弯矩设计值应按 $M = M_{1G} + M_{1Q}$ 取用。式中：M_{1G} 为预制构件自重、预制楼板自重和叠合层自重在计算截面产生的弯矩设计值；M_{2G}——第二阶段面层、吊顶等自重在计算截面产生的弯矩设计值；M_{1Q} 为第一阶段施工活荷载在计算截面产生的弯矩设计值；M_{2Q} 为第二阶段可变荷载在计算截面产生的弯矩设计值，取本阶段施工活荷载和使用阶段可变荷载在计算截面产生的弯矩设计值的较大值。

计算时，正弯矩区段的混凝土强度等级按叠合层取用；负弯矩区段的混凝土强度等级按计算截面受压区的实际情况取用。

(3)预制构件和叠合构件的斜截面受剪承载力应按"斜截面承载力计算"的有关规定进行计算。其中：预制构件剪力设计值应按 $V_1 = V_{1G} + V_{1Q}$ 取用，叠合构件剪力设计值应按 $V = V_{1G} + V_{2G} + V_{2Q}$ 取用。式中：V_{1G} 为预制构件自重、预制楼板自重和叠合层自重在计算截面产生的剪力设计值；V_{2G} 为第二阶段面层、吊顶等自重在计算截面产生的剪力设计值；V_{1Q} 为第一阶段施工活荷载在计算截面产生的剪力设计值；V_{2Q} 为第二阶段可变荷载在计算截面产生的剪力设计值，取本阶段施工活荷载和使用阶段可变荷载在计算截面产生的剪力设计值的较大值。

计算时，叠合构件斜截面上混凝土和箍筋的受剪承载力设计值 V_c 应取叠合层和预制构件中较低的混凝土强度等级，且不低于预制构件的受剪承载力设计值；对预应力混凝土叠合构件，不考虑预应力对受剪承载力的有利影响，取 $V_p = 0$。

(4)预应力混凝土叠合式受弯构件，其预制构件和叠合构件应进行正截面抗裂验算。此时，在荷载效应的标准组合下，抗裂验算边缘混凝土的拉应力不应大于预制构件的混凝土抗拉强度标准值 f_{tk}。抗裂验算边缘混凝土的法向应力应按公式 2-4-13 和公式 2-4-14 计算。

- 预制构件
$$\sigma_{ck} = \frac{M_{1k}}{W_{01}} \tag{2-4-13}$$

- 叠合构件
$$\sigma_{ck} = \frac{M_{1Gk}}{W_{01}} + \frac{M_{2k}}{W_0} \tag{2-4-14}$$

式中：M_{1Gk} 为预制构件自重、预制楼板自重和叠合层自重标准值在计算截面产生的弯矩值；M_{1k} 为第一阶段荷载效应标准组合下在计算截面的弯矩值，取 $M_{1k} = M_{1Gk} + M_{1Qk}$，此处，$M_{1Qk}$ 为第一阶段施工活荷载标准值在计算截面产生的弯矩值；M_{2k} 为第二阶段荷载效应标准组合下在计算截面的弯矩值，取 $M_{2k} = M_{2Qk} + M_{2Qk}$，此处，$M_{2Gk}$ 为面层、吊顶等自重标准值在计算截面产生的弯矩值，M_{2Qk} 为使用阶段可变荷载标准值在计算截面产生的弯矩值；W_{01} 为预制构件换算截面受拉边缘的弹性抵抗矩；W_0 为叠合构件换算截面受拉边缘的弹性抵抗矩，此时，叠合层混凝土截面面积应按弹性模量比换算成预制构件混凝土的截面面积。

(5)预应力混凝土叠合构件，按正常使用极限状态，受弯构件在荷载标准组合和准永久组合下，抗裂验算时截面边缘混凝土的法向应力应按公式 $\sigma_{ck} = M_k/W_0$ 和 $\sigma_{cq} = M_q/W_0$ 计算，式中 W_0 为构件换算截面受拉边缘的弹性抵抗矩。

混凝土的主拉应力及主压应力应考虑叠合构件受力特点。对于混凝土主拉应力：一级裂缝控制等级构件，应符合 $\sigma_{tp} \leqslant 0.85 f_{tk}$ 的规定；二级裂缝控制等级构件，应符合 $\sigma_{tp} \leqslant 0.95 f_{tk}$ 的规定。对于混凝土主压应力：一级、二级裂缝控制等级构件，均应符合 $\sigma_{cp} \leqslant 0.60 f_{ck}$ 的规定。

(6)钢筋混凝土叠合式受弯构件在荷载准永久组合下，其纵向受拉钢筋的应力 σ_{sq} 应符合

$\sigma_{sq} \leqslant 0.9 f_y$，其中 $\sigma_{sq} = \sigma_{s1k} + \sigma_{s2q}$。

在弯矩 M_{1Qk} 作用下，预制构件纵向受拉钢筋中的应力 σ_{s1k} 可按公式 2-4-15 计算。

$$\sigma_{s1k} = \frac{M_{1Gk}}{0.87 A_s h_{01}} \tag{2-4-15}$$

式中：h_{01} 为预制构件截面有效高度。

在荷载准永久组合相应的弯矩 M_{2q} 作用下，叠合构件纵向受拉钢筋中的应力增量 σ_{s2q} 可按下列公式 2-4-16 计算。

$$\sigma_{s2q} = \frac{0.5\left(1 + \dfrac{h_1}{h}\right) M_{2q}}{0.87 A_s h_0} \tag{2-4-16}$$

当 $M_{1Gk} < 0.35 M_{1u}$ 时，公式中的 $0.5\left(1 + \dfrac{h_1}{h}\right)$ 值应等于 1.0；此处，M_{1u} 为预制构件正截面受弯承载力设计值，应按正截面承载力计算，但式中应取等号，并以 M_{1u} 代替 M。

(7)混凝土叠合构件应验算裂缝宽度，按荷载准永久组合或标准组合并考虑长期作用影响所计算的最大裂缝宽度 w_{max} 不应超过表 2-4-7 规定的最大裂缝宽度限值。

表 2-4-7　结构构件的裂缝控制等级及最大啊裂缝宽度限值(mm)

环境类别	钢筋混凝土结构		预应力混凝土结构	
	裂缝控制等级	w_{max}	裂缝控制等级	w_{max}
一	三级	0.30(0.40)	三级	0.20
二 a		0.20	三级	0.10
二 b		0.20	二级	—
三 a、二 b		0.20	一级	—

按荷载准永久组合或标准组合并考虑长期作用影响所计算的最大裂缝宽度 w_{max} 可分别按公式 2-4-17、公式 2-4-18 和公式 2-4-19、公式 2-4-20 计算。

· 钢筋混凝土构件

$$w_{max} = 2 \frac{\varphi(\sigma_{s1k} + \sigma_{s2q})}{E_s}\left(1.9c + 0.08 \frac{d_{eq}}{\rho_{tel}}\right) \tag{2-4-17}$$

$$\varphi = 1.1 - \frac{0.65 f_{tk1}}{\rho_{te1}\sigma_{s1k} + \rho_{te}\sigma_{s2q}} \tag{2-4-18}$$

· 预应力混凝土构件

$$w_{max} = 1.6 \frac{\varphi(\sigma_{s1k} + \sigma_{s2k})}{E_s}\left(1.9c + 0.08 \frac{d_{eq}}{\rho_{tel}}\right) \tag{2-4-19}$$

$$\varphi = 1.1 - \frac{0.65 f_{tk1}}{\rho_{te1}\sigma_{s1k} + \rho_{te}\sigma_{s2k}} \tag{2-4-20}$$

式中：d_{eq} 为受拉区纵向钢筋的等效直径；ρ_{te} 为按预制构件、叠合构件的有效受拉混凝土截面面积计算的纵向受拉钢筋配筋率；f_{tk1} 为预制构件混凝土抗拉强度标准值。

(8)叠合构件应按"受弯构件挠度验算"的规定进行正常使用极限状态下的挠度验算，其中，叠合受弯构件按荷载准永久组合或标准组合并考虑长期作用影响的刚度可按公式 2-4-21 和公式 2-4-22 计算。

· 钢筋混凝土构件

$$B = \frac{M_q}{\left(\frac{B_{s2}}{B_{s1}} - 1\right)M_{1Gk} + \theta M_q} B_{s2} \tag{2-4-21}$$

· 预应力混凝土构件

$$B = \frac{M_k}{\left(\frac{B_{s2}}{B_{s1}} - 1\right)M_{1Gk} + (\theta - 1)M_q + M_k} B_{s2} \tag{2-4-22}$$

式中：$M_k = M_{1Gk} + M_{2k}$；$M_q = M_{1Gk} + M_{2Gk} + \varphi_q M_{2Qk}$；$\theta$ 为考虑荷载长期作用对挠度增大的影响系数；M_k 为叠合构件按荷载标准组合计算的弯矩值；M_q 为叠合构件按荷载准永久组合计算的弯矩值；B_{s1} 为预制构件的短期刚度；B_{s2} 为叠合构件第二阶段的短期刚度；φ_q 为第二阶段可变荷载的准永久值系数。

（9）荷载准永久组合或标准组合下叠合式受弯构件正弯矩区段内的短期刚度。

· 钢筋混凝土叠合构件

预制构件的短期刚度 B_{s1} 按公式 2-4-23 计算；

$$B_{s1} = \frac{E_s A_s h_0^2}{0.2 + 1.15\varphi + \frac{6\alpha_E \rho}{1 + 3.5\gamma_f}} \tag{2-4-23}$$

叠合构件第二阶段的短期刚度可按公式 2-4-24 计算：

$$B_{s2} = \frac{E_s A_s h_0^2}{0.7 + 0.6\frac{h_1}{h} + \frac{45\alpha_E \rho}{1 + 3.5\gamma'_f}} \tag{2-4-24}$$

式中：α_E 为钢筋弹性模量与叠合层混凝土弹性模量的比值，$\alpha_E = E_s/E_{c2}$。

· 预应力混凝土叠合构件

预制构件的短期刚度 B_{s1} 按公式 2-4-23 计算。叠合构件第二阶段的短期刚度可按公式 $B_{s2} = 0.7E_{c1}I_0$ 计算。式中：E_{c1} 为预制构件的混凝土弹性模量；I_0 为叠合构件换算截面的惯性矩，此时，叠合层的混凝土截面面积应按弹性模量比换算成预制构件混凝土的截面面积。

（10）荷载准永久组合或标准组合下，叠合受弯构件负弯矩区段内第二阶段的短期刚度 B_{s2} 可按公式 2-4-24 计算，弹性模量比值取 $\alpha_E = E_s/E_{c1}$。

（11）预应力混凝土叠合构件在使用阶段的预应力反拱值可用结构力学方法按预制构件的刚度进行计算。在计算中，预应力筋的应力应扣除全部预应力损失；考虑预应力长期作用影响，可将计算所得的预应力反拱值乘以增大系数 1.75。

5 安装施工要点

5.1 预制底板安装

预制底板搁置在预制梁上时，搁置点应座浆处理；预制底板搁置在现浇梁（叠合层与梁同时浇注）上时，现浇梁模上口应贴泡沫，以防止漏浆。预制底板尽可能一次就位，防止撬动时损坏。预制底板之间的拼缝应严密。

5.2 浇注混凝土

浇注叠合层混凝土之前,预制底板表面必须清扫干净,并浇水充分湿润(冬季施工除外),但不能有积水,这是保证叠合板成为整体的关键,施工时应特别注意。

浇注叠合层混凝土时,应特别注意用平板振动器振捣密实,以保证新浇注混凝土与预制底板结合成为整体。要求布料均匀,布料堆积高度严格按现浇层厚度加施工荷载 $1kN/m^2$ 规定控制,浇注完毕后采用覆盖浇水养护。

5.3 填补拼缝

用钢丝刷将拼缝内清理干净;填缝材料可选用掺纤维的混合砂浆,有成熟经验时,也可使用其他材料;填缝材料应分两次填平压实,两次施工之间的时间间隔不少于 6h;底板批腻子时,在板缝处贴一层纤维网布等柔性材料。

第 5 节 蒸压加气混凝土屋面板

1 引言

蒸压加气混凝土板是以水泥、石灰、硅砂等为主要原料,根据结构要求配置不同数量经防腐处理的钢筋网片,经高温高压养护而制成的一种轻质多孔建筑板材。蒸压加气混凝土板具有良好的防火、隔音和保温性能。

随着对建筑节能要求的不断提高,我国相继出版了《公共建筑节能设计标准》GB 50189、《严寒和寒冷地区居住建筑节能设计标准》JGJ 26、《夏热冬冷地区居住建筑节能设计标准》JGJ 134、《夏热冬暖地区居住建筑节能设计标准》JGJ 75、《农村居住建筑节能设计标准》GB/T 50824、《既有采暖居住建筑节能改造技术规程》JGJ 129、《公共建筑节能改造技术规范》JGJ 176,这些标准、规范、规程在对围护结构的热工设计中都涉及到屋面(屋顶)的热工性能。蒸压加气混凝土板良好的综合性能使其可在屋面工程中兼具结构和保温双重功能。

2 质量要求与性能特点

蒸压加气混凝土板的质量标准为《蒸压加气混凝土板》GB 15762—2008,该标准适用于民用与工业建筑物中使用的蒸压加气混凝土板。按照使用功能,蒸压加气混凝土板分为屋面板、楼板、外墙板和隔墙板。该标准规定的加气混凝土板的常用规格尺寸列于表 2-5-1。

表 2-5-1 蒸压加气混凝土板常用规格

长度 L(mm)	宽度 B(mm)	厚度 D(mm)
1800～6000 (300 模数进位)	600	75、100、125、150、175、200、250、300
		120、180、240

按照干体积密度,蒸压加气混凝土板分为 B04、B05、B06、B07 四个密度级别;按照抗压强

度,蒸压加气混凝土板分为 A2.5、A3.5、A5.0、A7.5 四个强度级别。加气混凝土板的尺寸允许偏差应符合表 2-5-2 的规定,外观质量应符合表 2-5-3 的规定。

表 2-5-2　蒸压加气混凝土屋面板的尺寸偏差允许值(mm)

项目	尺寸偏差允许值
长度	±4
宽度	0,−4
厚度	±2
侧向弯曲	≤L/1000(L 为墙板长度)
表面平整度	≤5
对角线差	≤L/600(L 为墙板长度)

表 2-5-3　蒸压加气混凝土屋面板的外观质量要求

项目	允许修补的缺陷限值	要求
大面上平行于板宽的裂缝（横向裂缝）	不允许	无
大面上平行于板长的裂缝（纵向裂缝）	宽度<0.2mm,不多于 3 条,总长≤L/10	无
大面凹陷	面积≤150cm²,深度≤10mm,不多于 2 处	无
大气泡	直径≤20mm	无直径>8mm、深度>3mm 的气泡
掉角	每个端部的板宽方向不多于 1 处,掉角尺寸不大于 300mm×100mm×2/3 板厚	每块板不多于 1 处,尺寸不大于 100mm×20mm×20mm
侧面损伤或缺棱	≤3m 的板不多于 2 处,>3m 的板不多于 3 处;每处长度≤300mm,深度≤50mm	每侧不多于 1 处,尺寸不大于 120mm×10mm

　　蒸压加气混凝土墙板的技术要求包括基本性能要求、钢筋防锈要求和结构性能要求。国家标准《蒸压加气混凝土板》GB 15762—2008 的规定的蒸压加气混凝土的基本性能列于表 2-5-4,钢筋防锈与保护层要求列于表 2-5-5,屋面板结构性能要求列于表 2-5-6,承载力检验破坏标志及[γ_u]取值列于表 2-5-7。屋面板的强度级别应达到 A3.5、A5.0 或 A7.5。

表 2-5-4　蒸压加气混凝土的基本性能

强度级别		A3.5	A5.0	A7.5
干密度级别		B05	B06	B07
干密度(kg/m³)		≤525	≤625	≤725
抗压强度(MPa)	平均值	≥3.5	≥5.0	≥7.5
	单组最小值	≥2.8	≥4.0	≥6.0
干缩值(mm/m)	标准法	≤0.50		
	快速法	≤0.80		

续表

强度级别		A3.5	A5.0	A7.5
抗冻性	质量损失(%)	$\leqslant 5.0$		
	冻后强度(MPa)	$\geqslant 2.8$	$\geqslant 4.0$	$\geqslant 6.0$
导热系数(干态)[(W/(m·K))]		$\leqslant 0.14$	$\leqslant 0.16$	$\leqslant 0.18$

表 2-5-5　钢筋防锈与保护层要求

防锈要求		纵筋保护层要求(mm)	
防锈能力	锈蚀面积$\leqslant 5\%$	距离大面的保护层厚度	20 ± 5
粘着力	$\geqslant 1.0$MPa	距离端部的保护层厚度	$10\pm^{5}_{10}$

表 2-5-6　蒸压加气混凝土屋面板的结构性能

检验项	要求	公式中各符号的意义(荷载的单位为 N/m², 挠度的单位为 mm)
承载能力	$W_1^s \geqslant W_R$ 且 $W_2^s \geqslant \dfrac{\gamma_0 [\gamma_u]}{\gamma_R} W_R$	W_1^s 为初裂荷载实测值；W_R 为荷载设计值；W_2^s 为达到破坏标志之一时的荷载实测值；$[\gamma_u]$ 为承载力检验系数允许值；γ_0 为重要性系数,结构安全等级为一级时取 1.1,结构安全等级为二级时取 1.0,结构安全等级为三级时取 0.9；γ_R 为抗力分项系数,取 0.75
短期挠度	$a^s \leqslant a_k$	a^s 为短期挠度实验值；a_k 为短期挠度计算值,$a_k = \dfrac{W_H}{W_k} \times \dfrac{L_0}{400} \times 1000$。 $W_H = W_k - \rho \cdot D$,W_H 为检验荷载特征值,W_k 为工程的荷载标准值,L_0 为跨距,ρ 干密度值,D 为板厚度

表 2-5-7　承载力检验破坏标志及[γ_u]取值

设计受力情况	检验破坏标志	[γ_u]
受弯	受拉主筋处的最大裂缝宽度达到 1.5mm,或者挠度达到跨度的 1/50	1.20
	受压处加气混凝土破坏	1.25
	受拉主筋拉断	1.50
受弯构件的受剪	腹部斜裂缝达到 1.5mm,或者斜裂缝末端受压区混凝土剪切破坏	1.35
	沿斜截面加气混凝土斜压破坏,或者受拉主筋端部滑脱,或者其他锚固破坏	1.50

3　生产工艺与控制要素

3.1　生产工艺

　　蒸压加气混凝土板的生产工序包括原材料加工储备、钢筋网(骨架)制备、料浆浇注、静停切割、蒸压养护、出釜分拣、后期加工和包装储存。不同种类加气混凝土板的主要差别在于采用了不同组合的原材料,用各种组合原材料制备混合料的工艺大致相同,都需要经过原料加工和配料搅拌两个基本工序。以石灰-水泥-砂加气混凝土混合料的制备工艺为例,其主要特点是：胶凝材料由石灰、水泥与部分干砂(约占砂总用量的 20%)混合干磨而成；砂浆由砂、石灰 (约占砂用量的 20%)与水混合湿磨而成。石灰-水泥-砂加气混凝土板材的生产工艺流程 见图 2-5-1。

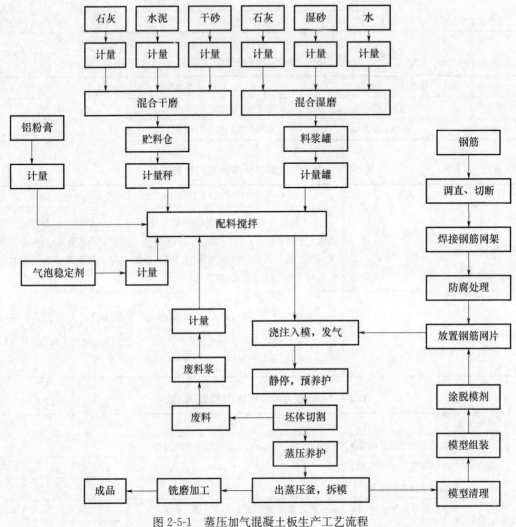

图 2-5-1 蒸压加气混凝土板生产工艺流程

3.2 生产控制要素

(1)原材料

水泥应符合《通用硅酸盐水泥》GB 175 规定的 P. Ⅰ42.5、P. Ⅱ42.5 或 P. O42.5 水泥；石 灰应符合《硅酸盐建筑制品用生石灰》JC/T621 的规定，生石灰的消化速度应为 5~15min，消 化温度应为 60℃~90℃；粉煤灰应符合《硅酸盐建筑制品用粉煤灰》JC/T 409 的规定；砂应符 合《硅酸盐建筑制品用砂》JC/T622 一等品以上要求，生产加气混凝土板时，优等品砂的氯化 物含量不应大于 0.012%，一等品砂的氯化物含量不应大于 0.03%。

铝粉膏应符合《加气混凝土用铝粉膏》JC/T 407 的规定；铝粉符合《铝粉 第 2 部分：球磨

铝粉》GB/T 2085.2 中用作加气混凝土发气剂的铝粉牌号的规定。

钢筋应符合《低碳钢热轧圆盘条》GB/T 701、《钢筋混凝土用钢 第 2 部分:热轧带肋钢筋》GB 1499.2、《冷轧带肋钢筋》GB 13788 的规定。

(2)钢筋网(骨架)制作与防腐处理

钢筋应进行调质处理,并应经防锈和调直处理;钢筋焊接应采用高压点焊,按产品要求焊接成钢筋网或钢筋笼;钢筋防锈采用浸涂方法,浸涂时钢筋网(骨架)不得有锈蚀现象,浸涂后应进行烘干处理。

钢材的调质处理是指钢材在淬火后高温回火的热处理方法,目的是使调质后的钢材具有优良的综合机械性能。钢筋防锈剂应符合相应标准的要求,现有钢筋防锈涂料及防锈钢筋相关的标准有:《酚醛树脂防锈涂料》GB/T 25252、《环氧树脂涂层钢筋》JG 3042 和《钢筋混凝土用环氧树脂涂层钢筋》GB 25826。《酚醛树脂防锈涂料》GB/T 25252 标准适用于以酚醛树脂或改性酚醛树脂为主要成膜物质制成的防锈涂料,主要用于金属基材表面的保护和装饰。《钢筋混凝土用环氧树脂涂层钢筋》GB 25826 适用于涂覆前、后加工的钢筋和涂层前加工的成品钢筋。《环氧树脂涂层钢筋》JG 3042 适用于在工厂生产条件下,用普通带肋钢筋和普通光圆钢筋采用环氧树脂粉末以静电喷涂方法生产的环氧树脂涂层钢筋。

按照结构和构造要求,板内应配置不同数量的钢筋网片,钢筋材质应符合Ⅰ级钢,直径一般为 $\phi6\sim\phi10$,钢筋网片经焊接而成;钢筋网片必须经过防腐处理,随着对建筑构件防火级别要求的提高,防腐层要相应加厚。具体要求:①宜采用 HPB235 级钢,盘圆钢筋必须经过调直、切断、点焊成网片,上下网片焊接成网架,经防腐处理,装入模框,需要高质量的焊接设备,保证网片的平整,保证焊点强度大于钢筋本身的强度;②钢筋必须经过防腐处理,由于生产过程是在高温(约 200℃)碱性环境中,加气混凝土中的钢筋比普通混凝土中的钢筋更易遭受二氧化碳的腐蚀。

钢筋腐蚀的原因是由于环境中的水分和氧气通过混凝土保护层扩散渗透到钢筋表面形成微电池现象和氧化作用而引起的,钢筋的腐蚀只有在其表面同时存在水分和氧气的条件下才可能发生。混凝土碱度对钢筋的腐蚀过程有很大影响,混凝土碱度可使钢筋表面的氧化层具有稳定性,使表面钝化,混凝土碱度降低可导致钢筋腐蚀过程加快。由于加气混凝土为多孔结构,渗透性高,水分和氧气容易渗透,而且加气混凝土液相碱度较低,所以加气混凝土中的钢筋更易发生电化学腐蚀,因此必须对钢筋进行防腐处理。钢筋防腐剂应满足以下要求:与钢筋和加气混凝土均有良好的粘结力,能有效防止氧气和有害气体的扩散渗透,不含有害物质。加气混凝土中常用的钢筋防腐剂有:①有机溶剂型聚苯乙烯-沥青类防腐剂,此类防腐剂能经受高温作用,与加气混凝土的粘结力高,贮存期长,干燥时间短;②水泥-沥青-酚醛树脂防腐剂,此类防腐剂可在钢筋表面形成坚实的涂层,涂层具有良好的强度和粘结力;③沥青-硅酸盐防腐剂,此类防腐剂可避免沥青在蒸压过程中流淌,保持涂层良好的粘结力;④乳胶漆防腐剂,此类防腐剂不仅具有良好的耐水和抗碱性能,而且在高温下能产生部分交联的高聚物,形成一种类似橡胶的大分子结构,使其具有一定的弹性和耐热性。

(3)蒸压加气混凝土的养护

蒸压加气混凝土的养护包括静停预养和蒸压养护。静停预养应满足料浆在浇注后能正常发气膨胀、稠化硬化的要求,预养宜在 40℃ 以上的热室内完成。静停预养应方便模具及坯体的移动,并不应引起坯体的损坏。

蒸压养护应通过专用蒸压釜完成,养护介质宜为不低于1.2MPa的饱和蒸汽(表压),蒸压养护制度宜通过试验进行选择。

(4)屋面板的构造要求

受弯板材中应采用焊接网和焊接骨架配筋,不得采用绑扎的钢筋网片和骨架,钢筋上网与下网必须有连接钢筋或采用其他形式使之形成一个整体的焊接钢筋网骨架,钢筋网片必须采用防毒性能可靠并具有良好粘结力的防腐剂进行处理。受弯板材内下网主筋的直径不宜超过10mm,其间距不宜大于200mm。主筋末端应焊接3根横向锚固筋,直径与最大主筋的直径相同。中间的分布钢筋可采用直径4mm的钢筋,最大间距应小于1200mm。钢筋保护层应为20mm,主筋端部到板端部的距离不得大于10mm。受弯板材内上网的纵向钢筋不得少于2根,两端应各有一根锚固钢筋,直径与上网主筋的直径相同。上网钢筋与下网钢筋必须用箍筋相连。用于地震区的受弯板材,应在板内设置预埋件或采取其他有效措施加强相邻板间的连接,预埋件应与板内钢筋网片焊接。屋面板端部的横向锚固钢筋至少应有2根配置在支座承压面以内,同时支座承压区的长度应符合下列规定:①当支承在砖墙上时,不应小于110mm;②当支承在钢筋混凝土梁或钢结构上时,不应小于90mm。

(5)加气混凝土屋面板设计计算

蒸压加气混凝土的强度等级应按出釜状态(含水率为35%~40%)的立方体抗压强度标准值确定。蒸压加气混凝土在气干状态时的强度标准值应按表2-5-8的规定确定,强度设计值应按表2-5-9的规定确定,弹性模量按表2-5-10的规定确定。

表 2-5-8　蒸压加气混凝土的抗压、抗拉强度标准值

强度种类	强度等级(MPa)		
	A3.5	A5.0	A7.5
抗压强度 f_{ck}	2.40	3.50	5.20
抗拉强度 f_{tk}	0.22	0.31	0.47

表 2-5-9　蒸压加气混凝土的抗压、抗拉强度设计值

强度种类	强度等级(MPa)		
	A3.5	A5.0	A7.5
抗压强度 f	1.71	2.50	3.71
抗拉强度 f_t	0.15	0.22	0.33

表 2-5-10　蒸压加气混凝土的弹性模量 E_c

配料	强度等级(MPa)		
	A3.5	A5.0	A7.5
水泥-石灰-砂加气混凝土	1900	2300	2300
水泥-石灰-粉煤灰加气混凝土	1700	2000	2000

加气混凝土的泊松比可取0.20,线膨胀系数可取$8\times10^{-6}/℃$(温度范围为:0~100℃)。

加气混凝土板中的钢筋宜采用HPB235级钢,抗拉强度设计值 f_y 应为210MPa。当机械调直钢筋有可靠试验根据时,可按试验数据取值,但抗拉强度设计值 f_y 不宜超过250MPa。

冷拔钢筋的弹性模量应取 2×10^5 MPa。

涂有防腐剂的钢筋与加气混凝土的粘结力应符合下列规定：加气混凝土强度等级为 A5.0 时，粘结强度不应小于 1.0MPa。

加气混凝土板的重量可按加气混凝土标准干密度乘以系数 1.4 采用。

① 正截面承载力

图 2-5-2 为配筋受弯板材正截面承载力计算简图。配筋加气混凝土受弯板材的正截面承载力应按公式 2-5-1 计算。

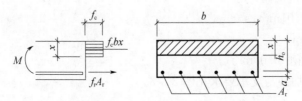

图 2-5-2　配筋受弯板材正截面承载力计算简图

$$M \leqslant 0.75 f_c bx \left(h_0 - \frac{x}{2} \right) \tag{2-5-1}$$

受压区高度可按公式 2-5-2 确定，并应符合 $x \leqslant 0.5 h_0$ 的条件，即单面受拉钢筋的最大配筋率为 $\mu_{\max} = 0.5 \dfrac{f_c}{f_y} \times 100\%$。

$$f_c bx = f_y A_s \tag{2-5-2}$$

式中：M 为弯矩设计值；f_c 为加气混凝土抗压强度设计值；b 为板材截面宽度；h_0 为截面有效高度；f_y 为纵向受拉钢筋的强度设计值；A_s 为纵向受拉钢筋的截面面积。

② 截面抗剪承载力

配筋受弯板材的截面抗剪承载力可按公式 2-5-3 进行计算。

$$V \leqslant 0.45 f_t bh_0 \tag{2-5-3}$$

式中：V 为剪力设计值；f_t 为加气混凝土抗拉强度设计值。

③ 刚度

配筋受弯板材在正常使用极限状态下的挠度应按荷载效应标准组合，并考虑荷载长期作用影响的刚度 B，用结构力学方法计算。所得挠度不应超过板材计算跨度 l_0 的 1/200。

配筋受弯板材在荷载效应标准组合下的短期刚度 B_s 可按公式 2-5-4 进行计算。

$$B_s = 0.85 E_c I_0 \tag{2-5-4}$$

式中：E_c 为加气混凝土的弹性模量；I_0 为换算截面的惯性矩。

当考虑荷载长期作用的影响时，板材的刚度 B 可按公式 2-5-5 进行计算。

$$B = \frac{M_k}{M_q(\theta - 1) + M_k} B_s \tag{2-5-5}$$

式中：M_k 为按荷载效应的标准组合计算的跨中最大弯矩值；M_q 为按荷载效应的准永久组合计算的跨中最大弯矩值；θ 为考虑荷载长期作用对挠度增大的影响系数，一般情况下可取 2.0。

4 主要性能试验(选择介绍)

4.1 结构性能(集中力四分点加载法)

(1)仪器设备

·加载试验机,示值相对误差不应低于±20％,量程选择应能使试件预期最大破坏荷载在全量程的 20％～80％范围内。

·百分表,精度 0.01mm。

·直尺,精度 1mm。

·刻度放大镜,精度 0.05mm。

·集中力四分点加载与支承要求见图 2-5-3。

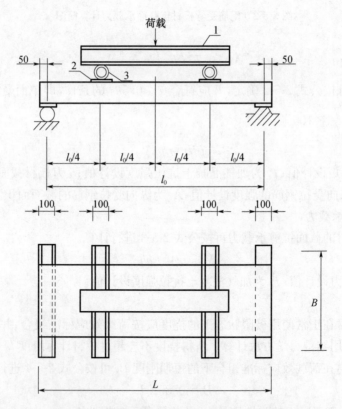

图 2-5-3 集中力四分点加载与支承要求示意图

1—加载横梁;2—加压板(宽度为 100mm,长度应大于试验墙板的宽度,厚度为 6～15mm 的钢板);

3—加载点滚筒(长度大于试验板宽度,能够抵抗因荷载造成的变形,且具有充分抗弯刚性的钢制圆柱或圆管)

(2)试验准备

·获取单项工程加气混凝土屋面板的荷载标准值 W_k 和荷载设计值 W_R。

·将试验板冷却至室温,然后测量并记录板的外观尺寸和钢筋保护层厚度,将试验板按照图 2-5-3 的要求放置在支承座上,受力面向上。

· 在板长度中部下方安装百分表,需要时可在板两端上部各自安装百分表,将百分表调整到零位。也可采用自动位移记录仪。

· 按公式 2-5-6 计算得到检验荷载特征值 W_H,按公式 2-5-7 计算得到短期挠度检验时的应加集中荷载计算值 F_1。

$$W_H = W_k - \rho \times D \tag{2-5-6}$$

$$F_1 = W_H \times B \times L_0 \tag{2-5-7}$$

公式 2-5-6 和公式 2-5-7 中,F_1 为短期挠度检验时应加集中荷载计算值(N);W_H 为检验荷载特征值(N/m²);B 为试验板宽度(m);L_0 为试验板两支点间的距离(m);W_k 为单向工程的荷载标准值(N/m²);ρ 为加气混凝土干密度计算值,按表 2-5-11 取用;D 为试验板厚度(m)。

表 2-5-11　加气混凝土干密度计算值

干密度级别	B04	B05	B06	B07
干密度计算值(N/m³)	5500	6850	8250	9600

(3)试验步骤

· 对加压板、滚筒和横梁进行称重,记录为 F_0(N)。

· 以跨中弯曲变形约为 0.05mm/s 的加载速度加载。加载到 F_1 时,记录板中挠度(不包括支座位移),即:短期挠度实测值 a^s。

· 继续加载,直到试验板出现第一条裂缝,记录初裂时的集中力实测值 F_2^s(N)。

· 再继续加载,直到承载力破坏标志之一出现(见表 2-5-7),记录破坏时的集中力实测值 F_3^s(N)。

(4)结果计算

① F_1、F_2^s、F_3^s 中均包括自重 F_0。按公式 2-5-8 和公式 2-5-9 把集中力换算成均布荷载,分别得到均布初裂荷载实测值 W_1^s 和均布破坏荷载实测值 W_2^s。

$$W_1^s = \frac{F_2^s}{B \times L_0} + \rho \times D \tag{2-5-8}$$

$$W_2^s = \frac{F_3^s}{B \times L_0} + \rho \times D \tag{2-5-9}$$

② 集中力四分点加载法屋面板短期挠度计算值按公式 2-5-10 进行计算。

$$a_k = \frac{W_H}{W_k} \times \frac{11}{10} \times \frac{L_0}{400} \times 1000 \tag{2-5-10}$$

式中:a_k 为在单项工程荷载标准值 W_k 时的屋面板短期挠度计算值(mm)。

4.2　钢筋粘着力

(1)仪器设备

· 加载试验机,示值相对误差不应低于 $\pm 20\%$,量程选择应能使试件预期最大破坏荷载在全量程的 $20\% \sim 80\%$ 范围内。

· 带孔铁板:铁板尺寸为 100mm×100mm,厚度为 3～5mm;孔径 d 为 14～16mm。

· 钢筋顶头:与所需测定钢筋的直径相同,长度为 10mm。

（2）试验步骤与结果处理

· 在蒸压加气混凝土板中部两根横筋之间，切割含纵向钢筋（不含横向钢筋）的试件，每个试件的长度为（160±3）mm，截面边长至少为 40mm，钢筋位于截面中心。在相邻部位取三个试件，为一组。

· 将试件按钢筋垂直方向立放在带孔铁板上，将钢筋顶头压在试件中需要试验的钢筋的上端，顶头、钢筋与带孔铁板上的小孔必须垂直对准。

· 以 100~150N/s 的速度加载，至钢筋移动时，记录试验机读数，即为极限荷载 $F(N)$。

· 钢筋粘着力 p 按公式 2-5-11 计算。

$$p = \frac{F}{\pi dl} \tag{2-5-11}$$

式中：π 为圆周率，取 3.1416；d 为钢筋直径（mm）；l 为钢筋长度（mm）。

4.3 钢筋涂层防锈性能

试验标准《蒸压加气混凝土板钢筋涂层防锈性能试验方法》JC/T 855—1999，通过交变湿热试验环境加速钢筋锈蚀，测定钢筋表面的锈蚀面积，计算锈蚀面积率。

（1）仪器设备

· 交变湿热试验箱：工作室容积不小于 200L，温度可控制在 20℃~80℃，相对湿度可控制在 45%~98%，温度和相对湿度应均匀。

· 千分尺或游标卡尺，分度值≤0.02mm。

· 求积仪，精度为 0.5%。

· 薄型无色玻璃纸。

· 标准计算纸，1mm^2 方格。

· 锤子和单面刀片。

（2）试验步骤

· 沿蒸压加气混凝土板纵筋切取中心带钢筋的试件，试件长度为 160mm，截面尺寸为 40mm×40mm，一组三块试件。用环氧树脂或其他密封性好的材料涂刷试件的两端，使试件端部完全封闭。

· 将试件悬挂或放置在支架上，同一组试件置于同一高度，试件之间的距离不应小于 10mm。

· 按表 2-5-12 中的湿热循环条件进行试验，试验箱内壁和顶部凝结水不应滴落到试件上。

表 2-5-12 湿热循环条件

循环步骤	温度（℃）	相对湿度（%）	持续时间（h）
1	25±5	≥95	2.5
2	由 25±5 升至 55±5	≥95	0.5
3	55±5	≥95	2.5
4	由 55±5 降至 25±5	≥95	0.5

- 连续试验 672h,取出试件,冷却至室温,打开试件,去掉钢筋涂层,测量钢筋面积和锈蚀面积。

- 钢筋面积测量与计算:用千分尺或游标卡尺测量钢筋直径,在钢筋长度中央相互垂直的位置各测量一次,取两次测量值的算术平均值作为钢筋直径。去除钢筋两端各 10mm,作为钢筋计算长度(约 140mm),然后计算出钢筋面积 A。

- 锈蚀面积测量与计算:在钢筋表面贴上无色玻璃纸,在玻璃纸上描绘出锈蚀图形,然后计算其面积 A_t。可选择下列方法之一测定锈蚀面积:①将画有锈蚀图形的玻璃纸放在标准计算纸上,数出生锈部分的方格数,不足 $1mm^2$ 的方格用目测估算。②将玻璃纸上画有锈蚀图形的部分涂黑,使用浓淡差自动面积测定仪测定。③用求积仪测定锈蚀面积。

(3)结果处理

按照公式 2-5-12 计算钢筋锈蚀面积率 p_t:

$$p_t = \frac{A_t}{A} \times 100\% \tag{2-5-12}$$

一组三个试件中的三根钢筋,每一根钢筋表面的锈蚀面积率均不超过 5%,则该组试件钢筋防锈涂层的防锈性能合格;若其中一根钢筋的表面锈蚀率大于 5%,则该组试件钢筋防锈涂层的防锈性能不合格。

5 安装施工要点

加气混凝土屋面板表面不宜镂槽;有特殊要求时,可在板的上部表面沿板长方向镂划,深度不得大于 15mm。采用加气混凝土屋面板作平屋面,当由支座找坡时,坡度应符合设计要求,支座部位应平整,板下应铺专用砂浆。在地震区应采取符合抗震要求的可靠连接措施,对设置有预埋件的屋面板,预埋件应通过连系钢筋使板与板之间以及板与支座之间有牢固的构造连接。

加气混凝土屋面板不应作为屋架的支撑系统。加气混凝土屋面板的挑出长度应符合下列规定:①沿板宽方向不宜大于板宽的 1/3;②与相邻板应用可靠连接;③沿板长方向不宜大于板宽的 2/3。

当不切断钢筋和不破坏钢筋防腐层时,加气混凝土屋面板上可开一个孔洞,孔洞在板长方向的尺寸不应大于 $L/10$,孔洞在板宽方向的尺寸不应大于 150mm。

在加气混凝土屋面板上作卷材防水层时,屋盖应有良好的整体性,当为两道以上卷材时,在板的端头缝处应干铺一条宽度为 150~200mm 的卷材,第一层应采用花撒或点铺或在底层加铺一层带孔油毡。卷材的搭接部分和屋盖周边应满粘,第二层以上应符合国家现行有关标准的规定。

当加气混凝土屋面板为无组织排水时,其檐口部位应有合理的防水、排水和滴水构造,不得顺板侧或板端自由流淌。加气混凝土屋面板底表面不应做普通抹灰,宜采用刮腻子喷浆或在其下部做吊顶等底表面构造处理方式。

应采用专用工具安装屋面板,不得用钢丝绳直接兜吊,不得用普通撬杠调整板位。当在屋面板上部施工时,板上部的施工荷载不得超过设计荷载,否则应加临时支撑。应按设计要求焊接屋面板上的预埋件,不得漏焊。

　　蒸压加气混凝土屋面板的结构构造可依据国家建筑标准设计图集《蒸压轻质砂加气混凝土砌块和板材结构构造》06CG01与《蒸压轻质砂加气混凝土砌块和板材结构构造》06CJ05,这两本图集均适用于非抗震设计及抗震设防烈度为8度和8度以下地区的新建、改建和扩建的工业与民用建筑。

　　加气混凝土屋面板是以两端搁置在主体结构上的简支连接形式参与工作,设计时应保证板材满足荷载作用下的承载力要求,同时保证其与主体结构连接节点的承载力满足要求。屋面板最大长度选用见表2-5-13。

表 2-5-13　屋面板正常配筋最大板长选用表

板厚(mm)	75	100	125	150	175	200	250
板长(mm)	2200	3000	3890	4500	5160	5720	6000

　　屋面板在钢结构上的安装搁置长度不应小于40mm且不小于板长度的1/75,屋面板在钢筋混凝土的安装搁置长度不应小于80mm。图2-5-4为安装在钢筋混凝土结构上的平屋面构造,其中①、②、③为挑檐平屋面不同位置的构造,④、⑤为女儿墙平屋面不同位置的构造。图2-5-5为安装在钢结构上的平屋面构造,其中①、②、③为挑檐平屋面不同位置的构造,④、⑤为女儿墙平屋面不同位置的构造。其他详细构造和做法要求请查阅《蒸压轻质砂加气混凝土砌块和板材结构构造》06CG01与《蒸压轻质砂加气混凝土砌块和板材结构构造》06CJ05。

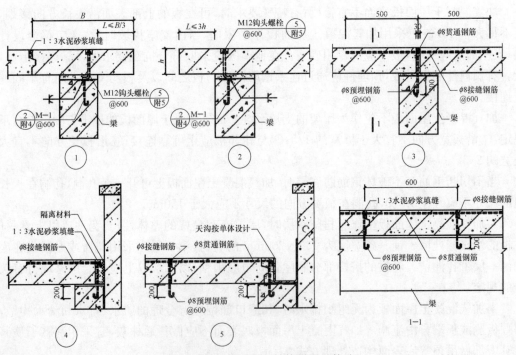

图 2-5-4　钢筋混凝土结构平屋面构造

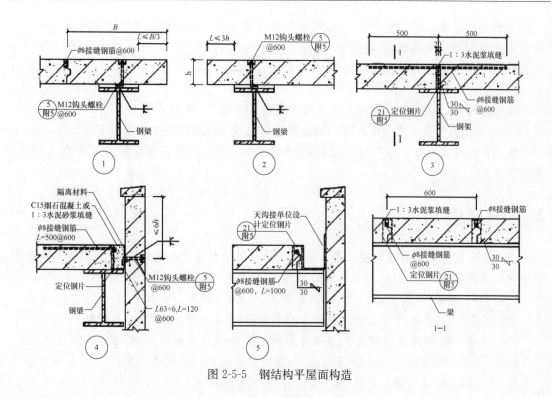

图 2-5-5 钢结构平屋面构造

第 6 节 欧洲标准:预制混凝土空心板 [EN 1168:2005(E)]

1 范围

本欧洲标准中的要求、基本性能指标和最小规定值适用于按照 EN 1992-1-1:2004 用预应力混凝土或钢筋混凝土制作的预制混凝土空心板。

本欧洲标准包括术语、性能指标、公差、相关物理性能、特定试验方法以及运输与安装方面的问题。

预制混凝土空心板可用作楼板、屋面板、墙板等。本欧洲标准叙述了空心板作为楼板和屋面板的材料性能要求与其他性能要求。对于在墙体中的特定应用和其他应用,所需要的更多要求可阅读相关产品标准。

为了通过相邻空心板之间的接缝构成传递垂直剪力的剪力键,在空心板的侧部边缘设置有构成剪力键的企口。对于隔膜作用,该接缝必须具有横向剪切缝的功能。

预制混凝土空心板是在工厂中通过挤出、滑模或模型浇注制作而成。

注:仿宋字体部分为欧洲标准的内容。

对预应力混凝土空心板,本标准限定的最大厚度为 450mm、最大宽度为 1200mm;对于钢筋混凝土空心板,本标准限定的最大厚度为 300mm,没有横向钢筋的最大限定宽度为 1200mm,有横向钢筋的最大限定宽度为 2400mm。

这种空心板可用于与现浇顶层混凝土结构的复合。

所考虑的空心板的用途是作为建筑物的楼板和屋面板,包括在 EN1991-2 中划分为 F 类和 G 类的不经受疲劳荷载的停车区。对地震区的建筑物,EN1998-1 中给出了附加规定。

本欧洲标准未对补充事项进行叙述,例如:空心板不应被用于没有额外防水渗透措施的屋面。

2 引用文件

下列引用文件对本标准的使用是不可缺少的。对于有日期的文件,只有该引用版本适用;对于未标明日期的文件,所引用文件的最新版本(包括任何修改)适用。

EN 206-1:2000 混凝土-第 1 部分:技术要求、性能、生产和符合性

EN 1992-1-1:2004 欧洲规范 2:混凝土结构设计-第 1-1 部分:建筑通则和规则

EN 1992-1-2:2004 欧洲规范 2:混凝土结构的设计-第 1-2 部分:结构防火设计

EN 12390-2 硬化混凝土试验-第 2 部分:强度试验用试样的制作和养护

EN 12390-3 硬化混凝土试验-第 3 部分:试样的抗压强度

EN 12390-4:2000 硬化混凝土试验-第 4 部分:抗压强度-试验机的技术要求

EN 12390-6 硬化混凝土试验-第 5 部分:试件的劈裂抗拉强度

EN 12504-1 结构中的混凝土试验-第 1 部分:芯样-取样、检查和压缩试验

EN 13369:2004 预制混凝土产品通则

prEN 13791:2003 在结构件或非结构件中的混凝土抗压强度的评价

3 术语和定义

下列术语和定义适用于本标准。EN13369:2004 中的通用术语适用于本标准。

3.1 定义

3.1.1 空心板

通过垂直腹板将上翼缘和下翼缘连接在一起的具有恒定总厚度的整体预应力混凝土构件或钢筋混凝土构件,由此形成的空腔是构件横截面上的纵向空腔,空腔是连续的且存在一个垂直对称轴(见图 1)。

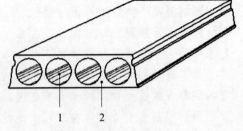

图 1 空心板举例

1—空腔;2—腹板

3.1.2 空腔

通过采用特定的工业制作技术并借助规则的模型和形状而形成的纵向空腔,如此可使施加在板面上的垂直荷载传递到腹板。

3.1.3　腹板

相邻空腔之间的垂直混凝土部分(中间腹板)或者板侧部边缘的垂直混凝土部分(最外侧腹板)。

3.1.4　侧向接缝

在空心板纵向边缘形成的侧向轮廓,以允许在两块相邻空心板之间灌浆。

3.1.5　顶层

空心板楼板上的现浇混凝土,目的是增大空心板的承载能力并因此构成复合空心板楼板。

3.1.6　找平层

用于找平竣工楼板顶面的现浇混凝土或砂浆层。

3.1.7　空心板楼板

由接缝灌浆后的空心板构成的楼板。

3.1.8　复合空心板楼板

通过在空心板顶面现浇混凝土顶层而构成的楼板。

4　要求

4.1　材料要求

作为对 EN 13369:2004 条款 4.1 的补充,应符合下列条款的规定。特别应考虑钢筋的拉伸极限强度和拉伸屈服强度。

预应力钢丝的最大直径限制为 11mm,预应力钢绞线的最大直径限制为 16mm。不允许使用预应力钢筋。

4.2　生产要求

作为对 EN 13369:2004 条款 4.2 的补充,应符合下列条款的规定。特别是应考虑混凝土的抗压强度。

4.2.1　结构筋

4.2.1.1　钢筋的加工

4.2.1.1.1　纵向钢筋

纵向钢筋的分布应满足下列要求:

a)钢筋应沿构件宽度均匀分布;

b)两根钢筋之间中心到中心的最大距离不应超过 300mm;

c)最外侧腹板内应至少配一根钢筋;

d)钢筋之间的净间距应至少为:

- 水平方向:$\geqslant(d_g+5mm)$,$\geqslant 20mm$,且 $\geqslant \phi$
- 垂直方向:$\geqslant d_g$,$\geqslant 10mm$,且 $\geqslant \phi$

4.2.1.1.2　横向钢筋

宽度不大于 1200mm 的板不需要配置横向钢筋。宽度大于 1200mm 的板必须设计配置有适当承载要求的横向钢筋。横向钢筋的最小直径应为 5mm,钢筋之间的中心距为 500mm。

4.2.1.2　张拉和预应力

4.2.1.2.1　预应力钢筋束分布的通用要求

应满足下列要求：

a)钢筋束应沿空心板的宽度均匀分布；

b)每 1.20m 宽度空心板中至少应配置 4 根钢筋束；

c)在宽度大于 0.60m 且小于 1.20m 的空心板中至少应配置 3 根钢筋束；

d)在宽度为 0.60m 或小于 0.60m 的空心板中至少应配置 2 根钢筋束；

e)钢筋束之间的净间距应为：

- 水平方向：$\geqslant(d_g+5\text{mm})$，$\geqslant 20\text{mm}$，且 $\geqslant\phi$
- 垂直方向：$\geqslant d_g$，$\geqslant 10\text{mm}$，且 $\geqslant\phi$

4.2.1.2.2　预应力传递

应符合 EN1992-1-1:2004 条款 8.10.2.2 的规定。

提示:挤压和滑模成型的空心板可获得"好"的粘结状况。对"好"和"差"粘结状况的描述见 EN1992-1-1:2004 条款 8.2。

4.3　产品要求

4.3.1　几何尺寸

4.3.1.1　生产公差

4.3.1.1.1　与结构安全相关的尺寸公差

对于规定的公称尺寸,按照条款 5.2 测量的最大偏差应满足下列要求：

a)板厚度(h)

- $h\leqslant 150\text{mm}$ 时：-5mm，$+10\text{mm}$
- $h\geqslant 250\text{mm}$ 时：$\pm 15\text{mm}$
- $150\text{mm}<h<250\text{mm}$ 时：可采用线性插值

b)公称最小腹板厚度(b_w)

- 单一腹板的偏差(b_w)：-10mm
- 每块空心板中腹板总厚度(Σb_w)的总偏差：-20mm

c)最小公称翼缘厚度(空腔的上方或下方)：

- 单层翼缘：-10mm，$+15\text{mm}$

d)受拉侧钢筋的垂直位置：

- 单根钢筋、钢绞线或钢丝：

$h\leqslant 200\text{mm}$ 时：$\pm 10\text{mm}$

$h\geqslant 250\text{mm}$ 时：$\pm 15\text{mm}$

$200\text{mm}<h<250\text{mm}$ 时：适用线性插值

- 每块空心板的平均值：$\pm 7\text{mm}$
- 本段落的要求不应与本标准条款 4.3.1.2.3 冲突。

4.3.1.1.1　用于施工目的的公差

除非制造商另有声明,最大偏差应满足下列要求：

a)板长度：±25mm

b)板宽度：±5mm

c)纵向切割板的宽度：±25mm

4.3.1.1.2 混凝土保护层厚度的公差

4.3.1.2 最小尺寸

作为对 EN13369:2004 条款 4.3.1.2 的补充,应符合下列条款的规定。

4.3.1.2.1 腹板和翼缘厚度

图纸上规定的公称厚度应至少为最小厚度加上制造商公布的最大偏差(负公差)。

最小厚度应为:

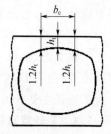

图 2 上翼缘的最小厚度

· 对于任何腹板,其最小厚度不应小于 $\frac{h}{10}$、20mm 和 (d_g+5mm) 中的最大值,其中 d_g 和 h 的单位为 mm。

· 对于任何翼缘:其最小厚度不应小于 $\sqrt{2h}$、17mm 和 (d_g+5mm)中的最大值,其中 d_g 和 h 的单位为 mm。但是上翼缘厚度不应小于 $0.25b_c$,其中 b_c 为最大厚度不大于最小厚度 1.2 倍位置的部分翼缘的宽度(见图 2)。

应按照 5.2.1.1 测量腹板和翼缘的厚度。

4.3.1.2.2 预应力筋的最小混凝土保护层厚度和轴心距离

对刻痕钢丝或光圆钢丝以及刻痕钢绞线,到最近混凝土表面和最近空腔边缘的最小混凝土保护层厚度 c_{min} 应至少为:

· 对于裸露面,应符合按照 EN 1992-1-1:2004 条款 4.4.1.2 确定的保护层厚度;

· 为防止由于锈蚀和劈裂而产生的纵向开裂,在缺少规定计算和(或)试验的情况下:

· 当钢绞线中心到中心的公称距离$\geqslant 3\phi$ 时,$c_{min}=1.5\phi$;

· 当钢绞线中心到中心的公称距离$<2.5\phi$ 时,$c_{min}=2.5\phi$;

· 钢绞线中心到中心的公称距离在上述计算值之间时,c_{min} 可通过线性插值导出。

其中:ϕ 为钢绞线或钢丝的直径,单位为 mm(当钢绞线中的钢丝直径不同时,ϕ 应采用平均值)。

对于带肋钢丝,混凝土保护层厚度应增加 1ϕ。

4.3.1.2.3 钢筋的最小混凝土保护层厚度

应符合 EN1992-1-1:2004 条款 4.4.1.2 的规定。

4.3.1.2.4 纵向接缝形状

纵向接缝宽度应为:

· 接缝顶部的宽度至少为 30mm;

· 在接缝下部,纵向接缝宽度应大于 5mm 或 d_g 中的较大值,其中 d_g 为接缝灌浆料中集料的最大颗粒尺寸。

如果在纵向接缝中设置直径为 ϕ 的拉结筋,则在拉结筋水平面的接缝宽度应至少等于($\phi+20$mm)或($\phi+2d_g$)中的较大值,其中 ϕ 和 d_g 的单位为 mm。

当纵向接缝必须抵抗垂直剪力时,接缝面应至少有一个企口。

企口的尺寸应适应灌浆料对垂直剪力的抗力要求。

企口的高度至少应为 35mm,深度至少为 8mm。企口顶面与构件顶面之间的距离应至少为 30mm。企口底面与构件底面之间的距离应至少为 30mm。

纵向接缝的典型形状见附录 B。

4.3.2 表面特性

EN1992-1-1:2004 条款 6.2.5 的要求适用于预期用作在其上现浇混凝土顶层的空心板。

4.3.3 力学抗力

4.3.3.1 一般要求

作为对 EN13369:2004 条款 4.3.3 的补充,应符合下列段落中的规定。

相关时,应在设计中给出关于瞬变状况下动态作用(例如:脉冲)效应的考虑。在缺少更严格分析的情况下,允许用相关静态效应乘以适当的系数。对于地震作用的效应,应使用适合的设计方法。

在荷载分配(附录 C)、隔膜作用(附录 D)、负弯矩(附录 E)、复合构件的抗剪能力(附录 F)和连接设计(附录 H)中提供有空心构件结构的特殊规则。

为了验证剪切抗力的设计模型,附录 J 给出了一种试验方法。

4.3.3.2 计算验证

4.3.3.2.1 预应力混凝土空心板的抗劈拉能力

在腹板处不允许有可见的水平劈拉裂缝。

应满足下列 a)或 b)中的任何一个要求来防止劈拉裂缝。

a)对于将会产生最大劈拉应力的腹板,或者对于钢绞线或钢丝沿构件截面宽度良好分布的总截面,劈拉应力 σ_{sp} 应满足下列条件:

$$\sigma_{sp} \leqslant f_{ct}$$

与

$$\sigma_{sp} = \frac{P_0}{b_w e_0} \times \frac{15\alpha_e^{2.3} + 0.07}{1 + \left(\frac{l_{pt1}}{e_0}\right)^{1.5}(1.3\alpha_e + 0.1)}$$

且

$$\alpha_e = \frac{(e_0 - k)}{h}$$

式中:f_{ct} 为基于试验的预应力释放时引起的混凝土拉伸强度值;P_0 为预应力释放后瞬间在所考虑腹板中产生的初始预应力;b_w 为单个腹板的厚度;e_0 为预应力筋的偏心距;l_{pt1} 为传递长度的最低设计值;k 为纤芯半径,等于底部纤维的截面模量与横截面净面积之比 $\left(\frac{W_b}{A_a}\right)$。

b)断裂力学设计应证明劈拉裂缝将不会发展。

4.3.3.2.2 抗剪能力和抗扭能力

4.3.3.2.2.1 一般要求

不需要核查支承边缘和距离该边缘 0.5h 处截面之间的部分。在柔性支承情况下,应考虑横向剪应力对抗剪能力影响的减小。

4.3.3.2.2.2 抗剪能力-抗扭能力

如果截面同时遭受剪切和扭曲,如果没有更加准确的方法可以利用,抗剪能力 V_{Rdn} 应按下式计算:

$$V_{Rdn} = V_{Rd,c} - V_{ETd} \qquad 与 \qquad V_{ETd} = \frac{T_{Ed}}{2b_w} \times \frac{\Sigma b_w}{b - b_w}$$

式中：V_{Rdn} 为净抗剪能力值；$V_{Rd,c}$ 为按照 EN 1992-1-1:2004 条款 6.2.2 确定的抗剪能力设计值；V_{ETd} 为扭矩引起的有效剪切力设计值；T_{Ed} 为所考虑截面上的扭矩设计值；b_w 为最外侧腹板在弹性重力线水平面位置的宽度（见图 3）。

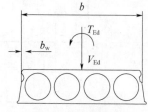

图 3　偏心剪切力

4.3.3.2.3　纵向接缝的抗剪能力

从一个构件到相邻构件的荷载分配将在接缝处和接缝两侧的构件中引起垂直剪力。

在这种情况下，抗剪能力取决于接缝和构件的性能。

以抗线荷载能力表达的抗剪能力 v_{Rdj} 为翼缘抗剪能力 v'_{Rdj} 或接缝抗剪能力 v''_{Rdj} 中的较小值：

$$v'_{Rdj} = 0.25 f_{cd} \Sigma h_f \qquad 和 \qquad v''_{Rdj} = 0.15(f_{cdj} h_j + f_{cdt} h_t)$$

式中：f_{cd} 为构件中混凝土的抗拉强度设计值；f_{cdj} 为接缝处混凝土的抗拉强度设计值；f_{cdt} 为顶层现浇混凝土的抗拉强度设计值；Σh_f 为上翼缘和下翼缘最小厚度以及顶层换算厚度之和；h_j 为接缝净高度；h_t 为顶层混凝土厚度（见图 4）。

以抗集中荷载能力表达的抗剪能力 V_{Rdj} 应按下式计算：

$$V_{Rdj} = v_{Rdj}(a + h_j + h_t + 2a_s)$$

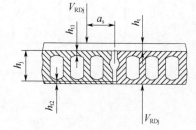

图 4　接缝处的剪切力

式中：v_{Rdj} 为 v'_{Rdj} 或 v''_{Rdj} 中的较小值；a 为平行于接缝的加载长度；a_s 为荷载中心与接缝中心之间的距离。

4.3.3.2.4　抗冲剪能力

在缺少特殊理由的情况下，以抗点荷载的能力（单位：N）表达的不含顶层混凝土的空心板的抗冲剪能力 V_{Rd} 应按下式计算：

$$V_{Rd} = b_{eff} h f_{cd} \left(1 + 0.3\alpha \frac{\sigma_{cp}}{f_{cd}}\right) 与 \alpha = \frac{l_x}{l_{bpd}} \leqslant 1 \quad （按照 EN 1992-1-1:2004 条款 6.2.2）$$

式中：b_{eff} 为按照图 5 确定的腹板的有效宽度；σ_{cp} 为在形心轴处由预应力引起的混凝土压应力。

对于 50% 以上集中荷载都作用在楼板区段自由边缘最外侧腹板［图 5b) 和 d) 中的 b_{u2}］上的状况，只有在最外侧腹板中至少配置一根钢绞线或钢丝并且配置一根横向钢筋的情况下，由公式得到的抗力才是适用的。如果这些条件之一或两个条件都不能满足，抗力应除以系数 2。

横向钢筋应是在构件顶部或结构顶层内配置的钢条或钢筋，其长度至少为 1.2m 且完全锚固，而且拉力应被设计为等于总的集中荷载。

如果空腔上方荷载的作用宽度小于空腔宽度的一半，则应采用同样的公式计算次要抗力，但是应以上翼缘的最小厚度替换公式中的 h，以加载板的宽度替换公式中的 b_{eff}。计算抗力的最小值应是适用的。

如果有结构顶层，则计算抗冲剪能力时可考虑顶层的厚度。

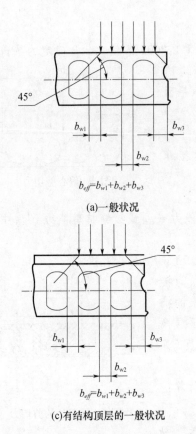
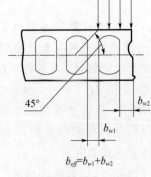
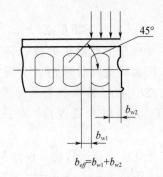

(a)一般状况　　　　　　　　　　　(b)楼板区段的自由边缘

(c)有结构顶层的一般状况　　　　(d)有结构顶层的楼板区段的自由边缘

图5　有效宽度

4.3.3.2.5　抗集中荷载的能力

集中荷载将引起横向弯矩。因为构件中没有横向钢筋,因此应限制由于横向弯矩引起的拉应力。

限定值取决于荷载分配的基本设计假定。

如果构件是在假定没有荷载分配的情况下设计的,这意味着作用在构件上的所有荷载都将由构件抵抗,在使用极限状态的拉应力限定值为 $f_{ctk0.05}$。在这种情况下,对于没有顶层的构件,在使用极限状态,在没有特殊理由的情况下,按下式计算抵抗集中荷载的能力 q_k 和 F_k:

- 对未作用在楼板区域边缘的线荷载: $q_k = \dfrac{20W_{lb}f_{ctk0.05}}{l+2b}$

- 对作用在楼板区域边缘的线荷载: $q_k = \dfrac{10W_{lt}f_{ctk0.05}}{l+2b}$

- 对作用在楼板任何位置的点荷载: $F_k = 3W_l f_{ctk0.05}$

式中: W_{lb} 为与构件底部纤维相关的每单位长度横向的最小截面模量; W_{lt} 为与顶层纤维相关的每单位长度横向的最小截面模量; W_l 为 W_{lb} 或 W_{lt} 的较小值。

如果构件是按照弹性理论在假定荷载分配的情况下设计的,这意味着作用在一个构件上的部分荷载被分配到相邻构件上,在极限状态的拉应力限定值为 f_{ctd}。

在极限状态,在这种情况下的抗集中荷载能力可用同样的公式进行计算,但是公式中的

q_k、F_k 和 $f_{ctk0.05}$ 应分别用 q_d、F_d 和 f_{ctd} 替换。

4.3.3.2.6　三边支承构件的承载能力

分配到具有一个纵向支承边缘的楼板构件上的外加荷载，将引起扭矩。在极限状态设计中应忽略由这种扭矩引起的最终支反力。

在使用极限状态，由这些扭矩引起的剪切应力应限定为 $\dfrac{f_{ctk0.05}}{1.5}$。

对作用在单位面积上的由总荷载减去构件自重得到的外加荷载，在使用极限状态下的承载能力 q_k 应按下列公式计算：

$$q_k = \frac{f_{ctk0.05}W_t}{0.06l^2} \qquad \text{与} \qquad W_t = 2t(h-h_f)(b-b_w)$$

式中：W_t 为按照弹性理论确定的构件的扭转截面模量；t 为 h_f 和 b_w 中的最小值；h_f 为上翼缘厚度或下翼缘厚度中的最小值；b_w 为最外侧腹板的厚度。

4.3.4　耐火性能与火反应性

4.3.4.1　耐火性能

作为对 EN13369:2004 条款 4.3.4.1～条款 4.3.4.3 的补充，可使用附录 G 中的计算方法和列表数据。

提示：在楼板的耐火性能中，可将直接浇注在预制构件上的顶层或抹灰层作为独立功能考虑；当按照 EN1992-1-1:2004 用必要的拉结系统安装楼板结构时，所给出的空心板的耐火性能是有效的。

4.3.4.2　火反应性

火反应性应符合 EN13369:2004 条款 4.3.4.4 的规定。

4.3.5　声学性能

应符合 EN13369:2004 条款 4.3.5 的规定。

提示：建筑物的撞击声隔声量受楼板总体结构的影响，包括楼面装饰层、支承条件、接缝细节和墙体。

4.3.6　热工性能

作为对 EN13369:2004 条款 4.3.6 的补充，可应用下列规则。

按照下列公式估算空心板热阻的粗略近似值：

$$R_c = 0.35(h + 0.25)$$

式中：R_c 为空心板的热阻（除了瞬变热阻之外，$m^2 \cdot K/W$）；h 为构件的总厚度（m）。

4.3.7　耐久性

应符合 EN13369:2004 条款 4.3.7 的规定。

4.3.8　其他要求

应符合 EN13369:2004 条款 4.3.8 的规定。

5　试验方法

5.1　混凝土试验

应符合 EN13369:2004 条款 5.1 的规定。

5.2 尺寸测量和表面特性

作为对 EN13369:2004 条款 5.2 的补充,应符合下列条款的规定。

按照所示步骤测量下列尺寸:

a)板厚度 h

在板的一端取六个测量点(在空腔处测量三次,在腹板中心线测量三次):两个测量点靠近中间,分别有两个测量点各自靠近板的两个侧边。结果为这六个测量值的平均值。按照条款 4.3.1.1.1 中的 a),将测量结果与允许值进行比较。

对宽度不大于 0.6m 的构件,测量点的数量可减少为三个。

b)腹板厚度 b_w

在每块板的端部,测量每个腹板的最小厚度。

计算这些测量值的总和。

按照条款 4.3.1.1.1 中的 b),将每个单测值 b_w 和总值 Σb_w 与允许值进行比较。

c)翼缘厚度 h_f

在板的一端测量六个点(下翼缘测量三个点,上翼缘测量三个点):两个测量点靠近中间部位,分别有两个测量点各自靠近板的两个侧边。

分别计算下翼缘厚度和上翼缘厚度的平均值。

按照条款 4.3.1.1.1 中的 c),将每个单值和两个平均值与允许值进行比较。

对宽度小于 0.6m 的构件,测量点的数量可减少为三个。

d)板长度 l

取两个测量点:分别靠近板的边缘。按照条款 4.3.1.1.2a,将每个单测值与允许值进行比较。

e)板宽度 b

在板的端部横截面最宽处取一个测量点。

按照条款 4.3.1.1.2 中的 b),将测量值与允许值进行比较。

f)板受拉侧预应力筋和钢筋的位置

测量每根钢绞线、钢丝或钢筋到板底部或模板的垂直距离。

按照条款 4.3.1.2.2 和条款 4.3.1.2.3,将预应力筋重心的每个单测值和平均值与允许值进行比较。

g)混凝土保护层厚度 c

在板的端部,在板的底部和最靠近空腔表面的位置,测量每根钢绞线、钢丝或钢筋的混凝土保护层厚度。

按照条款 4.3.1.1.3,将每个单测值与允许值进行比较。

5.3 产品重量

应符合 EN13369:2004 条款 5.3 的规定。

6 符合性评价

应符合 EN13369:2004 第 6 章的规定。

对于检查试验,附录 A 给出了特殊规则。

对于由第三方进行的符合性评价,可使用 EN13369:2004 附录 E。

7 标志

作为对 EN 13369:2004 第 7 章的补充,应符合下列规定。

在安装之前,所有单独交货的空心板的生产地点和数据都应是明确可识别的和可追溯的。为此,制造商应对产品或交货文件进行标记,以确保产品与本标准要求的相关质量记录的关联性。制造商应保持这些记录所需要的存档期,并在需要时可以利用。

提示:CE 标志的使用参考附录 ZA。

8 技术文件

构件的细节,例如几何数据、材料和埋件的补充性能,都应在技术文件中给出,包括结构数据,例如尺寸、公差、钢筋的布置、混凝土保护层厚度、预期的瞬变状况与最终支承条件和吊装条件。

EN13369:2004 第 8 章给出了技术文件的组成。

附录 A(规范性):检查方案

应符合 EN 13369:2004 附录 D 的相关规定。作为对 EN 13369:2004 附录 D 的补充,还应符合下列规定。

A.1 设备检查

表 A-1 是对 EN13369:2004 表 D-1 中 D-1-2 的补充。

表 A-1 设备检查

	项目	方法	目的	检查频率
储存和生产要求				
9	浇注机/设备	制造商的检查指导书	混凝土的正确密实;正确的空腔几何尺寸	制造商的检查指导书

A.2 过程检查

表 A-2 是对 EN13369:2004 表 D-3 中 D-3-1 和 D-3-2 的补充。

表 A-2　过程检查

	项目	方法	目的[a]	检查频率
混凝土和其他过程项目				
19	混凝土拌和物	视觉检查（见 EN 206-1 表 18）	稠度	每拌拌和物
20	混凝土抗压强度	对用模具制作的混凝土试件进行强度试验，或者进行成熟度测量，或者用回弹锤或校准声速仪在实验室进行试验（见 EN 13369：2004 条款 6.3.8）	放张预应力时的强度	每天每个浇注台座，一个样品
21	加速硬化	相关条件的验证	与工厂目标程序的符合性	每周一次
		测量温度		取决于工艺
22	横截面	偏差和缺陷的视觉检查	精度	每个浇注台座

注：[a] 当可从产品或过程中直接或间接地获得等同信息时，可调整甚至取消试验和频率。

A.3　产品检查

表 A-3 是对 EN13369：2004 表 D-4 中 D-4-1 的 3～5 条的补充。

表 A-3　产品检查

	项目	方法	目的[a]	检查频率[a]
产品试验				
1	足尺试验	按照附录 J 的描述	确认抗剪能力设计模型和（或）确认浇注设备是否正常运行	在新产品设计或新生产设施或者设计、材料类型或制作方法有重大变化时，取三个构件[b]
2	钢绞线的初始滑动	对于非锯切构件，测量滑动值	按照 EN 13369：2004 条款 4.2.3.2.4，与最大值的符合性	每个台座每生产日，取三根钢绞线
		对于锯切构件，视觉检查并测量滑动值		对所有构件进行视觉检查；如果测量过程毫无疑问，每个生产日取三根钢绞线。如果测量过程有疑问，取所有涉及到的钢绞线
6	横截面和长度	按照条款 5.2 测量	尺寸	每种混凝土截面取一个部件，包括每台机器每两个生产周至少取一个部件
7	构件端部	视觉检查	劈拉裂缝	每个锯切端
		按照条款 5.2.1.1 中的 g）在端部测量	混凝土保护层	参照横截面的检查频率
8	在使用现浇顶层的情况下，粗糙界面或缩进界面的上表面特性	视觉检查	提供抗剪能力的粗糙度	参照横截面的检查频率

	项目	方法	目的[a]	检查频率[a]
9	指定位置的排水孔	视觉检查	准确钻孔	每天
10	混凝土强度	按照 EN 12504-1 和 EN 12390-3 从产品上钻芯取样并按照 prEN 13791：2003 进行评价,或者按照 EN 12390-2 和 EN 12390-3 制作立方体或圆柱体试件	抗压强度	开始生产或者引入新的构件类型时:每个足尺试验取三个试件
		按照 EN 12504-1 和 EN 12390-3 从产品上钻芯取样	劈裂抗拉强度[c]	开始生产或者引入新的构件类型时:每个足尺试验取三个试件

注:[a]当可从产品或过程中直接或间接地获得等同信息时,可调整甚至取消试验和频率。
　　[b]如果符合本标准的要求,则在本标准失效之前,可以考虑先前进行的足尺试验。
　　[c]按照生产过程,生产商可选择所提到的任何一种方法。

附录 B(资料性):典型的接缝形状

图 B-1 为典型纵向接缝形状的实例。

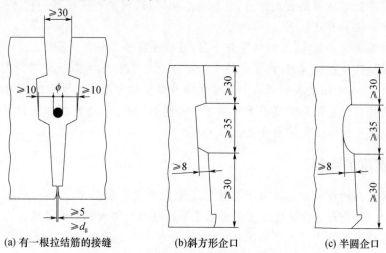

(a) 有一根拉结筋的接缝　　(b)斜方形企口　　(c) 半圆企口

图 B-1　典型纵向接缝形状(单位:mm)

d_g 为灌缝砂浆中集料最大颗粒尺寸的公称值。

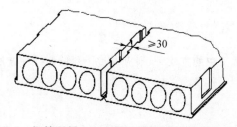

图 B-2　钢筋混凝土空心板凹槽接缝实例(单位:mm)

附录 C(资料性):横向荷载分配

C.1 计算方法

下列两种方法能够被区别:

(1)按照弹性理论的荷载分配

构件应被视为各向同性板或各向异性板以及如同铰链的纵向接缝。

正如计算得到的那样,在极限状态直接加载到构件上的荷载百分率应乘 1.25;按照它们的承载百分率,由间接承载构件分担的总荷载百分率可以同样比率减少。不是通过计算,而是可通过基于弹性理论的曲线图确定荷载分配。在条款 C.4 和条款 C.5 中给出了宽度 b 为 1.20m 的构件上的荷载分配曲线图。对于任何其他宽度的构件,荷载分配曲线图可能是复杂的。

应满足本标准条款 4.3.3.2.5 的要求。

(2)无荷载分配

每种构件都应设计为所有荷载都直接作用在构件上,并假定横向接缝处的剪切力为零。在这种情况下,在极限状态下可忽略横向荷载分配以及相关的扭矩。但是,使用极限状态应满足本标准条款 4.3.3.2.5 和条款 4.3.3.2.6 要求。按照条款 C.2,有效宽度应受到限制。

如果按照条款 C.3 限制侧向位移,且没有结构顶层,仅允许采用第一种方法计算,接缝处的纵向企口按照图 B-1 设置。

如果不能满足这些条件,应忽略荷载分配,且应按照第二种方法设计。

在线荷载加载位置的两侧,在宽度等于 1/4 跨距的宽度上,可以用均布荷载取代平行于构件跨度且不大于 5kN/m 的线荷载。如果紧挨加载位置的可用宽度小于跨距的 1/4,则应在加载位置的一侧将荷载分配到宽度等于可用宽度的整个宽度上,还有在加载位置的另一侧将荷载分配到宽度等于跨距 1/4 的宽度上。

C.2 有效宽度的限制

如果极限状态的设计分析是基于条款 C.1 中点荷载的第二种计算方法,则对标准值大于 5kN/m 的线荷载,最大有效宽度应限制为由于下列原因而增大的加载宽度:

· 对于在楼板区域内的加载状况,为加载中心与支座之间距离的两倍,但不大于承载构件的宽度;

· 对于在无纵向边缘的加载状况,为加载中心与支座之间距离的一倍,但不大于承载构件宽度的 1/2。

C.3 侧向位移

如果设计是基于条款 C.1 中的方法一,则应通过下列任何一种方法防止构件的侧向位移:

a)结构的周围部件;

b)支承位置的摩擦;

c)横向接缝处的钢筋;

d)周边的连接件;

e)钢筋混凝土顶层。

如果能够证明可形成足够的摩擦,依靠支承位置摩擦的方法仅允许在非地震状况采用。计算抗摩擦力时,应考虑实际加载方法。

所需抗力应至少等于必须通过纵向接缝传递的总垂直剪切力。

C.4　中心加载和边缘加载的荷载分配系数

中心加载和边缘加载的荷载分配系数如下:

a)在图 C-1、图 C-2 和图 C-3 中,给出了中心加载和边缘加载的承载百分率。如果从加载位置到楼板区域边缘的距离至少为 3m(2.5b),则可认为是中心加载。对于边缘和中心之间的加载,承载百分率通过线性插值获得。

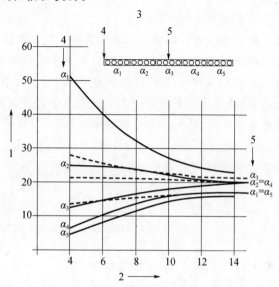

图 C-1　线荷载的荷载分配系数

1—承加载百分率(%);2—跨距 l(单位为 m);3—线荷载;4—边缘加载;5—中心加载

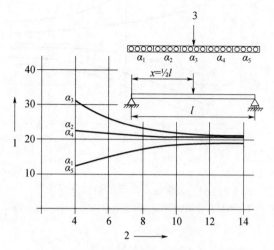

图 C-2　中心处点荷载的荷载分配系数

1—承载百分率(%);2—跨距 l(单位为 m);3—点荷载

b)在图 C-2 和图 C-3 中,给出了点荷载施加在跨中$\left(\dfrac{l}{x}=2\right)$的分配系数。对于靠近支承位置$\left(\dfrac{l}{x}\geqslant 20\right)$施加的荷载,实际承载空心板的承载百分率应取 100%,非承载空心板的承载百分率取 0%。对于在$\dfrac{l}{x}$为 2 和 20 之间施加的荷载,承载百分率可通过线性插值获得。

c)确定承载百分率时,长度大于跨距 1/2 的线荷载应被视为线加载。如果加载中心在跨中,则长度小于跨距 1/2 的线荷载应被视为线加载,如果加载中心不在跨中,则被视为在加载中心位置的点加载。

d)在没有现浇顶层的楼板中,由曲线图确定的承载百分率,在极限状态应按下列要求进行修正:

· 直接承载构件上的承载百分率应乘以 1.25;

· 非直接承载构件上的总承载百分率按照其承载百分比以同样的系数减小。

e)接缝处的剪切力应通过承载百分率计算,且应被视为线性分布的荷载。

· 对于不在跨中施加的点荷载和按照 c)得到的线荷载,必须被视为点荷载,应选定传递剪切力的接缝的有效长度,使其等于从加载中心到最近支承位置距离的两倍(见图 C-4)。

f)从曲线图给出的承载百分率,得到每条接缝的纵向剪切力;从纵向剪切力可得出每个构件的扭矩。

如果按照条款 C.3 对侧向位移进行限制,则扭矩可除以 2。

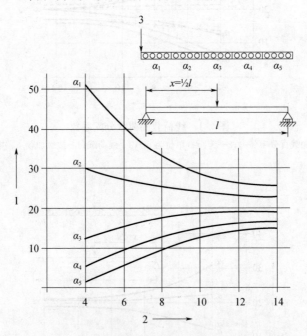

图 C-3　边缘处点荷载的荷载分配系数
1—承载百分率(%);2—跨距 l(单位为 m);3—点荷载

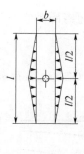
(a)中心处的点荷载

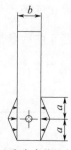
(b)中心和支座件的点荷载

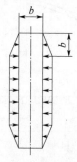
(c)中心处的线荷载

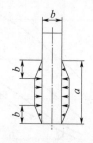
(d)非中心处的线荷载

图 C-4　接缝处假定的垂直剪切力形状

C.5　三边支承或四边支承的荷载分配系数

三边支承或四边支承的荷载分配系数如下：

a)对于线荷载和点荷载，支反力可依据图 C-5 和图 C-6 确定。

三边支承或四边支承的荷载分配系数如下：

如果构件数量(n)多于 5 个，支反力应乘以系数(见图 C-5 和图 C-6)：

$$1-\left(\frac{n-5}{50}\times\frac{s}{b}\right)$$

式中：s 为加载点与支承位置之间的距离(mm)；b 为板的宽度(mm)。

在四边支承的情况下，最靠近加载点的支承位置的支反力应乘以系数：

$$\frac{nb-s}{nb}$$

b)如果加载点与纵向支承之间的距离大于 $4.5b$，支反力可取为零。

c)在确定支反力时，大于 1/2 跨距的一段长度的线荷载应被视为线荷载。对小于 1/2 跨距的一段长度的线荷载，如果加载中心在跨中，则应被视为线荷载；如果加载中心不在跨中，则被视为点荷载。图 C-5 中的支反力可乘以加载长度与跨距的比值。

d)对于在跨中的点荷载，$\frac{l}{x}=2$，支反力从图 C-6 取值。

对靠近支承位置的荷载，$\frac{l}{x}\geqslant20$，支反力应取为零；对于 $\frac{l}{x}$ 值在 2 到 20 之间的情况，支反力应通过线性插值计算。

应选择支反力的作用长度等于加载中心与最近支座距离的两倍。

支反力的大小为图 C-6 中的取值乘以 $\dfrac{2x}{l}$。

e)由支反力产生的横向荷载分配,应把支反力视为(负)边缘荷载,按照条款 C.4 进行计算。

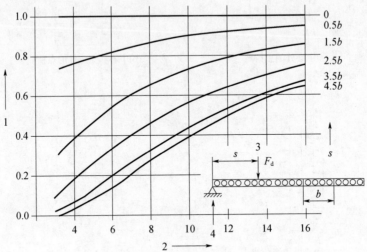

图 C-5　线荷载在纵向支承位置的支反力
1—支反力/线荷载;2—跨距(l),单位为 m;3—线荷载;4—支反力

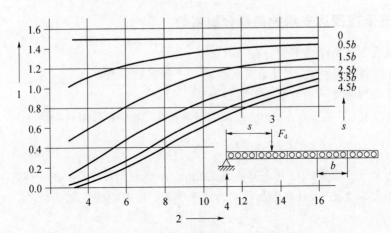

图 C-6　跨中点荷载在纵向支承位置的支反力
1—支反力×跨距/点荷载;2—跨距(l),单位为 m;3—点荷载;4—支反力

附录 D(资料性):隔膜作用

如果满足下列要求,空心板在把侧向力传递到垂直支撑结构的过程中能够起到隔膜作用。

a)剪切力或者由平行于荷载的接缝承担,或者由沿垂直接缝或边缘的特殊抗剪部件承担;

b)纵向接缝处水平剪切力的计算应依据深梁理论。

c)深梁的计算模型通常为压-拉杆模型。用于确定拉杆中力的内部杠杆臂,应取自与深梁有关的规范。

纵向接缝的抗面内剪切力应取自 EN 1992-1-1:2004 条款 6.2.5。

如果设计剪切力超过接缝的抗剪能力,则可通过下列措施提高抗剪能力:

- 考虑边梁的抗剪能力;
- 使用特殊的抗剪连接件。

如果隔膜作用小,例如在低层住宅中的情况,在非地震区的拉杆系统可依据摩擦力。计算抗摩擦力时,应考虑实际承载方式。

在地震区,设计时应考虑空心板的隔膜作用与 EN 1992-1-1:2004 条款 10.9.3(12)给出的纵向剪切应力,只要能够满足下列要求之一:

- 现浇混凝土顶层的厚度至少为 40mm,可按照 EN 1992-1-1:2004 条款 6.2.5 验证界面处的剪切力;
- 在没有现浇混凝土顶层的情况下,而且所有空心板都有适合的凹槽式侧向边缘,正如 EN 1992-1-1:2004 条款 6.2.5 所述(见图 6-9);
- 有适当设计的水平拉结系统。

附录 E(资料性):意外的约束效应和负弯矩

E.1　概述

在构件和支承位置连接细节的设计过程中,应考虑在支承位置意外的约束效应和负弯矩,以防止可引发支承位置附近剪切破坏的可能的约束开裂。

有三种应对负弯矩或意外固定力矩的方法:

- 详细设计连接部位,如此,将不会产生这些弯矩;
- 设计并详细设计,如此,裂缝将不会引发不安全状况;
- 通过计算进行设计。

E.2　通过计算进行设计

可采用下列计算设计:

a)假设在端部支承处为自由支承,应考虑计算 $M_{Edf} = \dfrac{M_{Eds}}{3}$ 时采用 E1 或 E2 两个值中的较小值;除非凭借支承的本质不能产生固定力矩。

$$M_{Eds} = \gamma_G (M_{gs} - M_{us}) + \gamma_Q M_{qs}$$

式中:M_{gs} 为永久荷载作用引起的跨中弯矩的最大标准值;M_{qs} 为可变荷载作用引起的跨中弯矩的最大标准值;M_{us} 为构件自重引起的跨中弯矩的最大标准值;γ_G 为永久荷载作用的分项系数;γ_Q 为可变荷载作用的分项系数。

$$M_{Edf} = \frac{2}{3} N_{Sdt} \alpha + \Delta M$$

ΔM 的取值为下列值中的最大值:

$$\Delta M = f_{cd} W \quad 和 \quad \Delta M = f_{xd} A_y d + \mu_b N_{Edt} h$$

如果构件端部之间的接缝小于 50mm 或者接缝没有填满,那么,ΔM 的取值为下列值中的最小值：

$$\Delta M = \mu_b N_{Edt} h \qquad \text{和} \qquad \Delta M = \mu_0 N_{Edt} h$$

式中（也可看图 E-1）：α 为支承长度，如图 E-1 所示；A_y 为可能的连接筋的横截面积；d 从板低处的纤维到连接筋位置的距离；f_{yd} 为钢筋的设计屈服强度；N_{Edt} 为结构中楼板上方的总法向力的设计值；N_{Edb} 为结构中楼板下方的总法向力的设计值；W 为构件端部之间现浇混凝土的截面模量；μ_0 为空心板下表面的摩擦系数；μ_b 为空心板上表面的摩擦系数。

对于混凝土与混凝土之间的界面，μ_0 和 μ_b 的取值为 0.8；对于混凝土与砂浆之间的界面，μ_0 和 μ_b 的取值为 0.6；对于混凝土与橡胶或氯丁橡胶之间的界面，μ_0 和 μ_b 的取值为 0.25；对于混凝土与毛发感觉的物质之间的界面，μ_0 和 μ_b 的取值为 0.15。

b）对于意外的固定力矩，如果 $M_{Edf} \leqslant 0.5(1.6 - h) f_{cd} W_t$，则可省略钢筋。

式中：h 为板的高度（m）；W_t 为与顶部纤维有关的截面模量；

c）按照 b），如果意外的固定力矩需要钢筋，或者在设计负弯矩的情况下，那么可考虑三种可能性：

1）在顶部设置钢绞线；

2）在纵向接缝或空腔中设置钢筋；

3）设置钢筋混凝土顶层。

在所有三种情况下，除了核查与正弯矩和相应正向钢筋相关的构件中的剪切力之外，还要按照条款 4.3.3.2.2 对与负弯矩和相应负钢筋的相关事项进行二次核查。

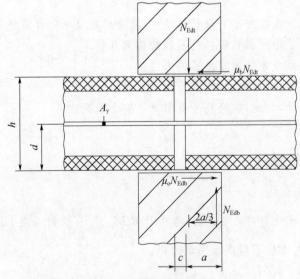

图 E-1　意外的固定力矩

如果设置钢筋或钢筋混凝土顶层，应按照 EN 1992-1-1:2004 条款 6.2.2 进行二次核查。

附录 F(资料性):在计算验证情况下的力学抗力:复合构件的抗剪能力

F.1　概述

预制空心板的抗剪切能力可通过设置现浇顶层和(或)多空腔填充得以提高。填充长度应至少为下列两个值的较大值:

- 预应力传递长度;
- 抗剪能力的必要长度加上截面总厚度。

通常必须考虑两种加载状况:

加载状况Ⅰ,板的自重和现浇混凝土顶层的自重,这种荷载由预制构件承受。

加载状况Ⅱ,施加在复合结构上的附加荷载,这种荷载由复合结构承受。

F.2　有顶层的空心板的抗拉伸剪切能力

F.2.1　破坏类型

原则上以两种方式发生破坏:

- 破坏方式 a:空心板的腹板剪切破坏;
- 破坏方式 b:拉伸剪切力超过界面处的抗剪强度且顶层剪切破坏。

应按照条款 F.2.2 检查破坏方式 a,按照条款 F.2.3 检查破坏方式 b。

F.2.2　破坏方式 a

应以下列要求替代按照 EN 1992-1-1:2004 进行的抗拉伸剪切能力检查:

$$\tau_{Ed} \leqslant \tau_{Rd} \quad 与 \quad \tau_{Sd} = \frac{V_{Edg}S}{\Sigma b_w I} + \frac{V_{Edq}S_0}{\Sigma b_w I_0} \quad 和 \quad \tau_{Rd} = \sqrt{f_{cld}{}^2 + \alpha\sigma_{cpm}f_{cld}}$$

其中:按照 EN 1992-1-1:2004 条款 6.2.2,$\alpha = \dfrac{l_x}{l_{bpd}} \leqslant 1$

式中:V_{Edg} 为由于恒荷载(构件+顶层)产生的设计剪切力;V_{Edq} 为由于附加荷载产生的设计剪切力;S、S_0 分别为构件、构件和顶层的截面面积矩;I、I_0 分别为构件、构件和顶层的截面惯性矩;f_{cld} 为构件混凝土的设计拉伸强度;l_x 为从构件端部到所考虑作用之间的距离;l_{bpd} 为传递长度的最大值,等于传递长度 l_{pt} 的 1.2 倍,按照 EN 1992-1-1:2004 公式(8.18);σ_{cpm} 为由于有效预应力(较低值)的充分发挥而产生的混凝土平均应力。

F.2.3　破坏方式 b

应该表明,由附加荷载引起的界面接缝处的剪切应力满足 EN 1992-1-1:2004 条款 6.2.5 的要求。

F.3　多空腔填充空心板的抗拉伸剪切能力

按照 EN 1992-1-1:2004 公式 6.4,当未填充空心板的抗拉伸剪切能力等于 $V_{Rd,c}$ 时,有 n 个空腔被填充的空心板的抗拉伸剪切能力为:

$$V_{Rdt} = \frac{2}{3}nb_c f_{ctd}$$

式中:f_{ctd} 为填充混凝土的设计抗拉强度;n 为被填充空腔的数量;b_c 为空腔的宽度(见图 F-1)。

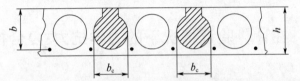

图 F-1　有填充空腔的空心板

F.3.1　有顶层并有多空腔填充的空心板的抗拉伸剪切能力

抗拉伸剪切能力可为按照条款 F.2 和按照条款 F.3"多空腔填充空心板的抗拉伸剪切能力"计算得到的抗拉伸剪切能力之和。

F.4　有顶层的空心板的抗弯曲剪切能力

对于有顶层的空心板,按照 EN 1992-1-1:2004 公式(6.2a+b)计算,公式中的 d 用 d' 替代,ρ_1 用 ρ_1' 替代:

$$d'=d+h_t \qquad 和 \qquad \rho_1'=\frac{A_P}{b_w d'}$$

式中:h_t 为顶层混凝土的厚度;A_S 为受拉钢筋的面积;A_P 为预应力钢筋的面积。

有填充空腔时,必须针对加载状况Ⅰ和加载状况Ⅱ(见图 F-1),考虑复合截面的特性进行检查。

附录 G(资料性):耐火性能

G.1　承载状况的计算方法

按照 EN 1992-1-2:2004 条款 4.2 和条款 4.3 以及下列附加信息,确定耐火性能(R)。

可使用 EN 1992-1-2:2004 图 A-2 给出的温度曲线(见图 G-1),其中 a 为钢筋与空心板底面的平均轴心距离。对于简化计算方法,按照 EN 1992-1-2:2004 中的图 4-2a)、4-2b)或图 4-3 确定钢筋强度;对于先进计算方法,按照 EN 1992-1-2:2004 第 3 章确定钢筋强度。

在混凝土中含有钙质集料的情况下,平均轴心距离可减小 10%。

可按照 EN 1992-1-2:2004 第 3 章确定混凝土强度和横截面的减小幅度。

当选择使用简化计算方法确定耐火性能时,它可以是 EN 1992-1-2:2004 附录 B、附录 D 或附录 E 之一。

提示:当顶层或抹灰层直接浇注在预制构件上时,在楼板耐火的特殊条件下可考虑这些因素。

G.2　列表数据

当选择使用列表数据时,通过使用表 G-1 和 EN 1992-1-2:2004 第 5 章的规则以及 EN 1992-1-2:2004 第 5 章给出的关于在独立结构中接缝的规则,可满足耐火性能要求。表 G-1 给出不同耐火等级的空心板必须达到的最小厚度(h)与简单支承的用硅质集料制作的普通混凝土空心板下部钢筋的轴心距离(a)。如果使用钙质集料,则 EN 1992-1-2:2004 条款 5.1 的要求适用。

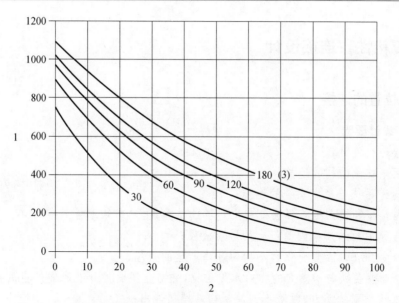

图 G-1 含硅质集料的混凝土空心板在遭受火灾过程中的温度变化

1—温度 $\theta(℃)$；2—与裸露面的距离(mm)；3—时间(min)

表 G-1 公称距离和空心板厚度(见图 G-2) (mm)

项目	要求的耐火等级							
	REI15	REI20	REI30	REI45	REI60	REI90	REI120	REI180
钢筋的轴心距离(a)[b]	10[a]	10[a]	10	15	20	30	40	55
板的厚度(h)	100	100	100	100	120	140	160	200

注：[a]通常，EN1992-1-1 要求的保护层将受到控制。

[b]对预应力空心板,轴心距离应按照 EN 1992-1-2:2004 条款 5.2(5)增大。

当钢筋以类似于图 G-2 的多层方式布置时,平均轴心距离不应小于表中规定的距离(见 EN 1992-1-2:2004 公式 5-5。单根钢筋的轴心距离不应小于 10mm。

表 G-1 中规定的空心板厚度相应于 EN 1992-1-2:2004 表 5-8 规定的实心板楼板的最小厚度。对于空心板,可按照下列转换公式进行计算：

$$t_e = h \sqrt{\frac{A_c}{(b \times h)}}$$

式中：t_e 为有效厚度；h 为板的实际厚度；A_c 为板截面上的混凝土面积；b 为板的宽度。

表 G-1 中给出的最小板厚度是基于最小混凝土面积占板总面积 55％的情况。

当混凝土面积超过图中的给定值时,总厚度可相应减小。

当使用混凝土顶层或抹灰层时,对作为隔离功能的楼板的耐火性能,应考虑非燃烧材料层的厚度。

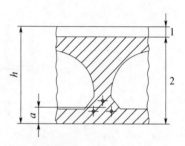

图 G-2 a 和 h 定义

1—顶层和(或)抹灰层；2—预制空心板

附录 H(资料性):连接设计

H.1 支承位置的连接

H.1.1 设计要素

应对连接进行设计:

a)空心板与支承结构的连接;

b)拉力传递系统与稳定系统的连接;

c)在纵向接缝和横向接缝界面处建立足够的抗剪能力(剪切摩擦效应);

d)抵消接缝中拉结筋锚固而产生的劈裂效应;

e)抵消徐变、收缩、温度变化和不均匀沉降产生的效应;

f)防止空心板在纵向和横向的相对水平位移,并防止不受控开孔可能产生的接缝开裂;

g)抵消支承位置的反力,以防止钢筋从构件端部伸出;

h)必要时,使隔热和隔声效果降到最低。

H.1.2 拉结筋布置

为了限制偶然作用的危害,并为了防止连续垮塌,应按照 EN1992-1-1:2004 条款 9.10 进行拉结筋布置。

H.2 接缝处的连接

H.2.1 横向钢筋

按照附录 C 中的条款 C.3 和附录 E 对所需钢筋进行设计。

在这些附录所示情况下,可省略横向钢筋。

横向钢筋可集中布置在楼板边缘的横系梁中和横向接缝中。

H.2.2 侧向接缝的连接

应对楼板和稳定结构之间的连接进行设计,便于稳定力通过沿接缝界面的水平剪切力传递。

如果有必要,连接构造中应有横向拉结筋或箍筋(见附录 C 中的条款 C.3 和附录 E),它们将沿界面布置,间隔不超过 4.8m。

以封闭箍筋形式设置的拉结筋最好布置在构件的开孔处;开孔应尽可能地小(图 H-1)。

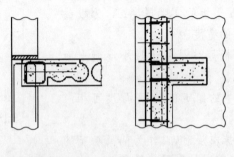

横截面　　　　　　　　主视图

(a)有现浇边梁

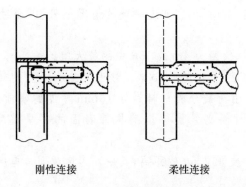

| 刚性连接 | 柔性连接 |

(b)没有现浇边梁

图 H-1 楼板与支承构件在侧向接缝处的连接原则

H.2.3 接缝灌浆

如果必须通过接缝传递剪切力,则应满足下列要求:

a)按照 EN 1992-1-1:2004 条款 3.1.2,灌浆料的强度等级至少应为 C12～C15;

b)新拌灌浆料的稠度应能完全充满接缝缝隙,防止泄露和可能引起的沉降或空洞。

c)应对灌浆料进行设计,防止由于收缩引起的沉降和开裂。

d)集料颗粒直径应与平均接缝宽度相匹配;

e)应对缝隙进行适当清理,灌浆前接缝表面不应太干;

f)应一次操作填满接缝的整个高度;为了避免接缝中进入雪和冰并避免灌浆料冻结,冬季应采取预防措施。

附录 J(规范性):足尺试验

J.1 概述

本附录介绍的足尺试验旨在验证抗剪切能力的设计模型和(或)浇注设备是否正常运行。如果相关,应向有经验的试验人员请教,帮助设置试验程序。

J.2 仪器设备

按照 EN12390-4:2000 条款 4.2,试压机最好为 3 级试验机。

J.3 试验板制备和试件保存

试验板应在同样的生产线上并采用为当前生产安排的同样的混凝土系列(混凝土等级)进行生产。

试验应在温度为 0℃～40℃的环境下进行,并应记录试验时的温度。

为获得混凝土强度的参照值,应从构件上钻取圆柱体试件。为获得这种圆柱体试件,应从与实际试件直接相邻的浇注台座上切割一块(50±5)mm×(200±5)的试验板。试件应在潮湿条件下保存。试验之前,随即从试验板上钻取试件(见表 A-3)。

为获得强度参照值,也可采用立方体试件或圆柱体试件代替钻芯取出的试件,但是仅在能够证明这些试件的密实度与实际板的密实度一致的情况下采用,通过对比密度值确定二者的一致性(见表 A-3)。

试验板应为整宽度的板,跨距为 4m 或 15h 中的较大值。

靠近加载位置的支承应为滚动支承,这样,构件在支承位置的转动便不会产生轴向力。在构件和支承梁之间,应使用荷载分配材料例如 10mm 厚度的硬质纤维板或氯丁橡胶或者砂浆或石膏块。荷载分配材料必须能够抵消构件表面的不平整度或构件在横向的最终曲率。

加载位置应在距离滚动支承 2.5h 的距离,其中 h 为横截面总厚度。支承条件应可使荷载均等地分配在构件的整个宽度上。

应通过刚性横梁施加荷载。横梁应具有足够的刚度,以防止荷载在梁整个宽度上的不均等分配。

钢梁的厚度应至少为 150mm,但是当使用千斤顶时,最好为 250mm。

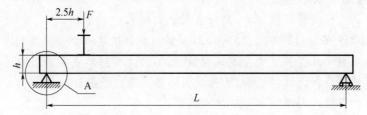

(a) 一条线荷载加载(单位: mm)

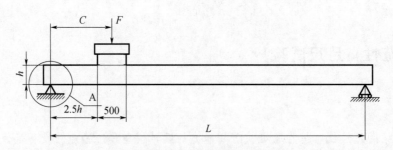

(b) 两条线荷载加载(单位: mm)

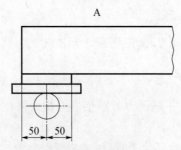

(c) 在(a)和(b)中的支承细节

图 J-1　试验装置

J. 4　加载程序

应以 10 次循环重复加载。前 9 个循环加载量的大小应等于极限荷载的(70±2)％,极限荷载为使用预应力标准值按照 EN 1992-1-1:2004 条款 6.2.208 计算得到的值,与用试验代替设计值时按照条款 J.3 确定的实际混凝土强度。最后一个循环,应增大加载量直至空心板破坏。

加载速度每分钟不应超过所计算极限荷载的 10％。

J. 5　结果判断

试验结果应对照计算值进行核查。试验结果应对照用试验板实际混凝土强度计算的值进行核查,试验时按照条款 J.3 的规定进行操作。

J. 6　试验报告

试验报告应包括:
a)试验板的标识;
b)生产日期或其他编码;
c)试验日期和地点;
d)负责试验的实验室或个人;
e)试验需要的材料的所有特性;
f)试验方法;
g)使用的测量设备;
h)试验地的温度;
i)破坏荷载值;
j)破坏方式;
k)任何关于试验的现象和任何注意到的障碍(开裂等);
l)按照标准进行试验的公告,以及所做任何修正的细节。

参考文献

[1]JGJ 17—2008. 蒸压加气混凝土建筑应用技术规程[S].
[2]JC/T 2275—2014. 蒸压加气混凝土生产设计规范[S].
[3]GB 50010—2010(2015 年版). 混凝土结构设计规范[S].
[4]GB 50204—2015. 混凝土结构工程施工质量验收规范[S].

第 3 章　大型墙板

第 1 节　GRC 框架结构板

1　引言

GRC 是 Glassfiber Reinforced Cement(玻璃纤维增强水泥)或 Glassfiber Reinforced Concrete(玻璃纤维增强混凝土)的词头缩写。GRC 是国际通用的专业性词汇,中国、英国、日本、澳大利亚、土耳其等国发表的文献资料中以及国际 GRC 协会的出版物中均采用 GRC;在美国发表的文献资料中通常缩写为 GFRC。GRC 材料经过 40 多年的研究发展,迄今已在很多国家得到广泛应用,用 GRC 材料制造的产品遍及建筑业、农业、城市景观等各个领域。代表性产品有:外挂墙板、复合外墙板、外墙装饰制品、内隔墙板、永久性模板、景观制品、网架屋面板、声屏障等等。

GRC 框架结构板属于外挂墙板范畴。GRC 框架结构板是专门为大面积墙板和异形墙板而开发的一种板材系统,框架结构是提高墙板刚度的一种特殊形式。框架结构板系统由截然不同的四个部分组成:板体(包括面层装饰材料)、框架、连接板体与框架的锚固件、将框架连接到主体结构的连接件。锚固件在板平面内是柔性的,便于对板的体积变化形成最小的面内约束,但是锚固件必须能够把风荷载传递到框架,框架必须聚集所有荷载并通过连接件将荷载传递到主体结构,在这个系统中,板体不直接与主体结构连接。框架结构板具有接受并把风荷载、自重以及地震荷载传递到建筑承载体系的能力,但是不考虑将其作为垂直承载构件或作为侧向承载体系的组成部分。

在新建特色建筑上,GRC 框架结构板可最大限度地实现设计师的创作理念,可选择从深浮雕到复杂条纹和曲线形状例如圆弧或直角,可对在一个框架上制作的板进行条块分割。GRC 框架板可一次成型装饰性面层,包括不同纹理、不同图案、不同色彩或者露集料的装饰面层,可在一块板上获得多种装饰效果。在古建筑或旧建筑修复上,可通过配料调整、模具肌理、后期处理等措施,获得修旧如旧的仿真效果。

框架除了提高板的刚度并可为板与

图 3-1-1　GRC 钢框架外墙板

支撑结构的连接提供基本条件之外，还可为建筑物内部装饰、门窗框安装提供连接条件。另外，还可在外部 GRC 板与内部装饰板之间的空腔内填充绝热材料或吸音材料，并可敷设电气管道、水管等。

图 3-1-1 为捷雅石建材工业（苏州）有限公司为郑州国际会展中心外墙设计制作的 GRC 钢框架外墙板，单块墙板尺寸为 4m×2m；图 3-1-2 和图 3-1-3 为墙板安装完成后的内侧效果和外侧效果，可在墙板内侧与混凝土框架组成的空腔内安装保温材料或吸音材料，还可安装电气管线等，可根据需要安装内侧墙板例如纸面石膏板、纤维水泥板或者带图案的 GRC 单层板。图 3-1-4 为 GRC 钢框架外墙檐口板。图 3-1-5 为带有窗洞口的 GRC 框架外墙板。

图 3-1-2　墙板安装完成后的内侧效果　　　　图 3-1-3　墙板安装完成后的外侧效果

图 3-1-4　GRC 钢框架外墙檐口板　　　　图 3-1-5　带有窗洞口的 GRC 框架外墙板

2　质量要求与性能特点

GRC 框架结构板既没有固定的规格尺寸，也没有固定的形状，其尺寸和形状不仅取决于生产技术，而且在很大程度上取决于建筑外立面的美学需求，这样的特点恰恰是开发框架结构板的原因所在。根据设计需要，GRC 框架板的最大尺寸可以是垂直方向的尺寸也可以是水平方向的尺寸。

由于 GRC 框架结构板尺寸和形状的不确定性，迄今为止，国际上还没有检验 GRC 整板性能的方法或标准，可通过在生产过程中对各个环节和各个部件进行质量控制，实现对 GRC 框架结构板整体性能的控制。国际 GRC 协会出版的《GRC 产品制造、养护和试验的技术规范》涵盖 GRC 产品的全过程,从原材料选择、生产、养护、存放直到质量保证体系的建立和检验。该规范根据 GRC 产品的生产工艺,对 GRC 的性能进行了分级,即:①一般预混浇注 GRC,归类为 8 级或 8P 级(P 表示在配料中添加了丙烯酸聚合物);②预混喷射 GRC 或者高质量预混浇注 GRC,归类为 10 级或 10P 级;③喷射 GRC,归类为 18 级或 18P 级。并根据不同质量等级进行过程控制,包括配合比设计、生产工艺、养护制度等。对各等级 GRC 产品的基本性能要求列于表 3-1-1。该规范还要求 GRC 产品制造商应具有质量保证体系,执行的质量保证体系可以是国际 GRC 协会的制造商认可计划、ISO 9001 或者类似的质量体系。在国际 GRC 协会开展的制造商认可计划中,包含有 GRC 框架结构板的质量要求和控制,包括从产品设计到产品安装的全过程。表 3-1-2 为国际 GRC 协会制造商认可计划中包含的内容。

表 3-1-1 各等级 GRC 产品全过程控制的基本性能要求

性能	性能级别		
	8 级或 8P 级	10 级或 10P 级	18 级或 18P 级
比例极限特征值	5	6	7
断裂模量特征值	8	10	18
尺寸变化(mm/m)	0.6～1.2		
吸水率(%)	5～11		
最小干密度(kg/m³)	1800		
最小湿密度(kg/m³)	2000		

注:所有性能值都是通过对 GRC 试件进行试验而得到。

表 3-1-2 国际 GRC 协会制造商认可计划的内容

内容	注解
质量手册	所有操作过程的详细说明和规定
组织机构图	职责和责任分配
设计工具	为保证剖面和固定系统的正确设计而需要的设计工具
生产计划系统	制造过程的可追踪性和透明性
模型制做	表明尺寸准确度的系统
原材料的控制	保证符合国际 GRC 协会规定的要求
配方控制	混合料配比的一致性
生产组织	正确的并且可控的生产系统
喷射工艺程序	纤维多向分布、密实度和厚度
预混工艺程序	使用双速搅拌机,正确的搅拌程序和模型填充程序
操作人员培训	令人满意的和能胜任的人员技艺
养护设施	恰当的养护或者表明使用了丙烯酸热塑性聚合物的记录
试验设施	令人满意的设施和设备,或者定期试验的正式合同
试验频率	展示对质量的承诺
试验方法	按照 BS EN 1170 或者国际 GRC 协会的技术规范进行试验
校正频率	保证正确的配合比与试验数据的收集
产品标记	允许全过程可追踪,从配料到安装

我国 GRC 框架结构板的产品标准可采用建材行业标准《玻璃纤维增强水泥外墙板》JC/T 1057—2007 或建筑业行业标准《纤维增强混凝土装饰墙板》JG/T 348—2011。JC/T 1057—2007 标准适用于以耐碱玻璃纤维为主要增强材料、硫铝酸盐水泥或铁铝酸盐水泥或硅酸盐水泥为胶凝材料、砂为集料,采用直接喷射工艺或预混喷射工艺制成的玻璃纤维增强水泥非承重外墙板。JG/T 348—2011 标准适用于以纤维为主要增强材料、硫铝酸盐水泥或硅酸盐水泥为胶凝材料、砂或掺合料为集料,采用喷射工艺或预混工艺制成的非承重纤维增强混凝土装饰墙板;该标准适用于民用建筑用非承重装饰墙板;当用于外墙时,房屋高度不宜超过 24m。表 3-1-3～表 3-1-5 分别为 JC/T 1057—2007 标准对 GRC 框架结构板尺寸偏差允许值的规定、对 GRC 框架结构板的外观质量要求以及对 GRC 框架结构板 GRC 结构层的物理力学要求。

表 3-1-3　GRC 框架结构板 GRC 结构层尺寸偏差允许值(JC/T 1057—2007)

项目	尺寸偏差允许值
长度(将板的较长边定义为板的长度)	长度≤2m 时,允许偏差±3mm/m; 长度>2m 时,允许偏差≤±6mm
宽度(将板的较短边定义为板的宽度)	宽度≤2m 时,允许偏差±3mm/m; 宽度>2m 时,允许偏差≤±6mm
厚度(除加强肋和局部加强部位以外,板主体部位的厚度)	0～+3mm
板面平整度	≤5mm,有特殊表面装饰效果要求时除外
对角线差(仅适用于矩形板)	板面积<2m² 时,对角线差≤5mm; 板面积≥2m² 时,对角线差≤10mm

表 3-1-4　GRC 框架结构板外观质量要求(JC/T 1057—2007)

要求
板边缘应整齐,外观面不应有缺棱掉角,非明显部位的缺棱掉角允许修补。
侧面防水接缝部位不应有孔洞;一般部位孔洞的长度不应大于 5mm,深度不应大于 3mm,每平方米板上的孔洞不应多于 3 处。有特殊表面装饰效果要求时除外。

表 3-1-5　GRC 结构层的物理力学性能要求(JC/T 1057—2007)

性能		指标要求
抗弯比例极限强度(MPa)	平均值	≥7.0
	单块最小值	≥6.0
抗弯极限强度(断裂模量,MPa)	平均值	≥18.0
	单块最小值	≥15.0
抗冲击强度(kJ/m²)		≥8.0
体积密度(干燥状态,g/cm³)		≥1.8
吸水率(%)		≤14.0
抗冻性		经 25 次冻融循环,无起层、剥落等破坏现象

表 3-1-6～表 3-1-9 分别为 JG/T 348—2011 标准对墙板外观质量、尺寸允许偏差、物理力

学性能、结构性能的规定。

表 3-1-6　墙板外观质量要求(JG/T 348—2011)

项目	部位	指标
裂纹	增强层	不允许
	装饰面层	不允许
缺棱掉角	内外表面	长度≤10mm,宽度≤10mm,数量≤2处
污染	装饰面层	不应有油性污渍
飞边毛刺	内外表面	不允许
麻面	光面作为装饰面	不允许
焊接缺陷	钢框架以及钢框架与预埋件的焊接	不允许

表 3-1-7　尺寸允许偏差(JG/T 348—2011)

项目	允许值	
	最大边长≤3000mm 时	最大边长为 3000~6000mm 时
边长	+2,−4	+4,−8
加强肋厚度	+3,0	+3,0
加强肋宽度	+5,0	+5,0
对角线差	≤6	≤8
表面平整度	≤2	≤2
挠曲	≤$L/1000$(L 为墙板边长)	≤$L/750$(L 为墙板边长)
安装节点	≤5	

表 3-1-8　物理力学性能(JG/T 348—2011)

项目	装饰面层	增强层	
		外墙板	内墙板
体积密度(g/cm³)	≥2.0	≥1.8	≥1.7
抗弯极限强度(MPa)	—	≥18	≥14
抗冲击强度(kJ/m²)	—	≥8	≥8
吸水率(%)	≤10	≤14	≤14
放射性核素限量	符合 GB 6566—2010 中 A 类要求		
燃烧性能	符合 GB 8624—2006 中 A1 级要求		
抗冻性	经 50 次冻融循环,无起层。剥落现象		

表 3-1-9　结构性能(JG/T 348—2011)

项目	外墙板	内墙板
承受均布荷载能力(kN/m²)	≥3.0且满足设计要求	≥2.0且满足设计要求
中心挠度(mm)	≤$L_0/350$(L_0 为试验跨距)	

　　GRC 框架结构板的性能特点体现为 GRC 结构层的性能、锚固件的性能、锚固件与板体连接位置的性能以及框架的性能。这里仅叙述 GRC 结构层设计需要考虑的主要性能,包括抗弯

性能、抗剪切性能、干缩湿胀性能、热胀冷缩性能和吸水性能。其余性能将在本节"生产工艺及控制要素"中介绍。

抗弯性能：抗弯性能包括抗弯比例极限强度、抗弯极限强度和抗弯弹性模量。28d 龄期的抗弯比例极限强度和抗弯极限强度是确定设计应力的主要参数。比例极限强度值取决于基材组分、密度和养护制度；极限强度值取决于玻璃纤维含量、纤维长度和取向、以及复合材料密度。抗弯应力-应变曲线用于确定作为设计目的的弹性模量值，抗弯弹性模量值随着基材组分、密度和养护制度的改变而改变。以 28d 龄期时的性能确定设计参数，并在整个制造过程中对其进行控制。未老化的 GRC 是相对强韧的延展性材料，当 GRC 暴露于室外环境时，其强度和变形能力将随着时间的流失而逐渐衰退。因此，必须对产品进行设计，以保证在使用条件下所产生的应力小于 GRC 完全老化时的强度与变形能力。

抗剪切性能：在用喷射工艺制造的 GRC 板中，玻璃纤维在板中为二维随机分布，因此抗剪切强度随着荷载的作用方式而变化。通常将剪切方式分为层间剪切和面内剪切。层间剪切：剪切强度值实质上是基体的剪切强度值，在 GRC 框架板中，层间剪切应力通常发生在受弯状态的板中和面内承载的粘结盘中。面内剪切：对于喷射 GRC，面内剪切强度和极限抗拉强度是相同的，因此可将抗拉强度值用作面内剪切强度值。安装 GRC 板时，在边缘的螺栓连接处通常产生面内剪切应力。典型 GRC 板的层间剪切强度为 3～5MPa，面内剪切强度为 8～11MPa。

干缩湿胀性能：像所有混凝土制品一样，GRC 板也会经受干燥收缩和吸湿部分恢复，同时也会经受热胀冷缩。与混凝土板相比，厚度较薄的 GRC 板（设计厚度通常为 13mm）对温度和含水率的变化更加敏感。在使用过程中，GRC 板尺寸变化的影响常常大于风荷载的影响，因此，GRC 板设计中需要考虑的另外一个因素就是如何减小温度和湿度变化引起的体积变化。GRC 板基材的配料中水泥含量较大，所以收缩较大，约束收缩会导致板体开裂；足够的纤维含量和纤维的随机取向可控制板的收缩开裂，尽管纤维不能从本质上减少水泥基体的干燥收缩，但它却能提高复合材料的抗拉强度并降低收缩开裂在 GRC 中的传播风险。

热膨胀性能：GRC 随着温度提高发生膨胀，通常情况下，膨胀值可被由于 GRC 材料受热水分损失引起的收缩而抵消，受热和水分变化及其与时间的相关性非常复杂，取决于多种因素。热膨胀和收缩受基体性能的支配，主要受密度、砂含量或灰砂比的支配，在设计 GRC 构件时应考虑其热膨胀特性，典型 GRC 板的热膨胀系数约为 $21.6 \times 10^{-6}/℃$。

吸水性能：GRC 的吸水性随着密度和聚合物含量的变化而变化，一般情况下，GRC 材料的质量吸水率为 8%～16%，在温度为 18℃、相对湿度为 60% 的环境下，GRC 达到平衡状态时的吸水率为 4%～8%。

3 生产工艺及控制要素

3.1 生产工艺

GRC 框架结构板生产的主要工序为：成型装饰表层→成型 GRC 结构层→放置钢框架→用 GRC 材料将钢框架上的锚固件粘结在 GRC 结构层上→模内养护→脱模→修整→后续养护→成品。

装饰表层和 GRC 结构层采用直接喷射法成型，也可在 GRC 结构层中加铺玻璃纤维网布以提高力学性能。图 3-1-6 为 GRC 框架结构板的生产工艺流程。

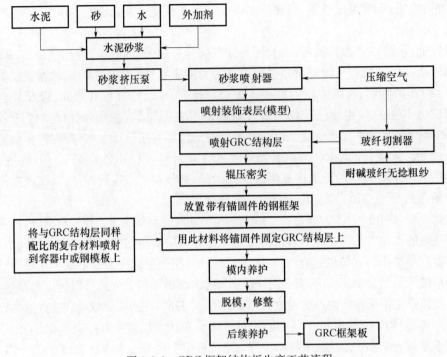

图 3-1-6　GRC 框架结构板生产工艺流程

3.2　生产控制要素

（1）原料要求

GRC 结构层的主要原材料为耐碱玻璃纤维、水泥、砂和水，有时为了满足某些特殊的性能要求或满足某种工艺操作方面的要求，也常常使用一些外加剂或其他外加材料。为保证 GRC 产品的长期耐久性，需要特别注意的是，所使用的玻璃纤维应为耐碱玻璃纤维，其典型性能列于表 3-1-10。水泥应采用硫铝酸盐水泥或经过改性的硅酸盐水泥，水泥的质量应符合相应的产品标准，这两类水泥水化物的液相 pH 值相对较低，可减缓对耐碱玻璃纤维的侵蚀程度。砂的使用不仅有经济上的意义还有重要的技术意义，应对砂进行清洗和干燥，以去除可溶性物质并保证能够准确控制水灰比。当采用喷射工艺时，砂的最大颗粒直径限制为 1.2mm；当采用预混浇注工艺时，砂的直径可以为 2.4mm；两种情况下，砂中所含细颗粒（通过 $150\mu m$ 筛）的量都应低于 10%。

表 3-1-10　耐碱玻璃纤维的典型性能

性能	指标值
单丝抗拉强度（MPa）	3000～3500
股纱抗拉强度（MPa）	1300～1700
杨氏弹性模量（GPa）	72～74
比重	2.60～2.70
断裂时的应变（股纱）（%）	2.0～2.5
单丝直径（μm）	13～20

表层装饰材料的来源或配比的任何变化都将影响 GRC 框架板的表面观感。用于面层料的水泥必须控制其颜色的一致性,应在整个工程中使用同一供应商提供的同一批次、同一型号的水泥。露集料面层的颜色变化与集料的关系更加密切,集料的用量、颜色和级配都将影响装饰效果的匀质性。面层料遭受温湿度变化所引起的变形可导致 GRC 材料层的变形,在配料设计时,应考虑面层料与 GRC 材料的相容性。

在 GRC 配料中可以使用常规混凝土外加剂,也可使用专门为 GRC 材料配制的特殊外加剂。必须注意,因为在 GRC 框架结构板中含有钢质锚固件,所以应避免使用含氯离子的外加剂。所选外加剂在 GRC 产品制造过程中的作用为:在不增大水灰比的情况下,提高料浆的和易性;改善凝聚力;减少离析;减少泌水;延迟凝结过程或加快凝结过程。对 GRC 产品的作用为:提高早期强度发展速率;提高强度;降低渗透性。

(2)GRC 结构层配料设计

喷射工艺要求混合料有足够的流动性,以确保连续泵送、喷射操作过程中不发生阻塞和混合料的适当密实。较少的水含量可使 GRC 获得高强度、并可在接近垂直的模型表面进行喷射。在设计喷射 GRC 的配合比时,应考虑以下因素:纤维含量、纤维长度、期望的性能、灰砂比、水灰比以及外加剂等。一般情况下,纤维含量为混合料总质量的 4%～5%,纤维长度为 12～52mm,灰砂比为 1:1～1:2,水灰比约为 0.3,为了在较低水灰比时获得较好的流动性能,需使用高效减水剂。如果同时引入定向长纤维,可适当减少短纤维的掺量。

在 GRC 框架结构板的配料中,常常还需要添加聚合物组分,除了可改善 GRC 板的物理力学性能,使用聚合物还有以下好处:料浆具有更好的和易性,喷射垂直面时不会发生滑落;板材密实性更好,可获得更高的抗弯性能;可消除板材表面的微裂纹和龟裂;可保持彩色板颜色的一致性,并可减缓褪色。

(3)模型制作

制作模型的材料以及模型的质量直接影响着 GRC 板的表面质量及尺寸精度。模型的使用寿命与制作模型的材料有关,因此必须选择适宜的材料制作模型。模型的边缘或棱角应呈圆弧形(最小半径为 3mm)或者具有一定的斜度,避免脱模时损伤模型或者 GRC 板。通常,对于整体式模型来说,为便于脱模,模型边缘应有 1:8 的斜度。如果要求板材的边缘为垂直面,则模型应设计为拆分式。制作 GRC 板的模型可用各种材料制作,如胶合板、钢板、塑料、玻璃纤维增强树脂、混凝土或者这些材料的组合。对于有复杂细部的板材,可使用石膏、橡胶、泡沫塑料或雕塑砂制作模型。根据所生产板的尺寸,对模型进行组合或用木材或钢材对模型进行加强。模型的尺寸应稳定,重复使用时应不影响板的观感和尺寸允许偏差。制作模型所用材料应为不吸水材料或者经过封闭处理使之不再吸水的材料,模型不应由于温湿度变化而发生翘曲或弯曲,因为这可能在板表面在形成凹坑或鼓胀。使用硅橡胶或聚氨酯橡胶衬模可展现板材表面的细部纹理。

(4)钢框架制作(带锚固件)

框架可为 GRC 板提供刚度和支承,框架通常用轻型钢或者结构钢与轻型钢的组合来制作。在框架的竖向龙骨上焊接若干起不同作用的锚固件。按照锚固件在框架结构板中所起的作用,将其分为柔性锚固件、重力锚固件和抗震锚固件。柔性锚固件主要承受风荷载,但是对于附加有装饰层的 GRC 板,如果装饰层与 GRC 板的体积变化不同,将会在锚固件和粘结盘中产生约束应力。重力锚固件主要承受板的自重,重力锚固件应设置在靠近板底部的位置,使板的自重作用在锚固件上；重力锚固件应位于同一水平线上，避免它们以相反的作用力约束板的变形。对重力锚固件进行加强以承受地震荷载，抗震锚固件通常设置在板的水平中点位置，即板长度的中部。必须对锚固件进行设计并将其焊接在框架上，以调节 GRC 板由于温湿度变化引起的尺寸变化，而不致引起过度约束。图 3-1-7 为典型 GRC 框架结构的锚固件设置。在国际 GRC 协会出版的《GRC 实用设计指南》中，对"柔性锚固件"的定义为：在龙骨框架结构板中，GRC 板与支撑龙骨框架之间的钢质连接件，旨在仅对风荷载和地震荷载提供横向约束，同时允许垂直于 GRC 板面转动；对"重力锚固件"的定义为：在龙骨框架结构板中，GRC 板与支撑龙骨框架之间的钢质连接件，旨在支撑 GRC 板的全部重量，并且布置在靠近 GRC 板的底部；对"抗震锚固件"的定义为：将 GRC 板上的地震荷载传递到龙骨框架的钢筋或钢板。

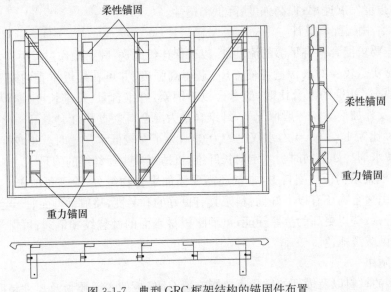

图 3-1-7　典型 GRC 框架结构的锚固件布置

　　轻型钢的最小壁厚应为 1.5mm，当在轻型钢上焊接钢板和角钢时，应防止烧穿，因为烧穿会严重改变构件的截面性能和焊接位置的强度。如果需要将厚钢板和角钢焊接在框架上，则应在框架上首先焊接薄钢板与角钢，然后再将厚钢板与角钢焊接在薄钢板与角钢上。焊接应符合相关的焊接标准。含有防腐层（镀层或涂层）的材料在焊接后应除掉熔渣并补刷防腐层。轻型钢应进行防腐处理，不推荐对焊接完成后的整体框架进行热浸电镀，因为这可能引起变形。框架防腐保护的必要性取决于材料的厚度与环境的侵蚀类型，在一般环境条件下，结构钢截面厚度不小于 5mm 时，无需进行防腐处理。

　　埋设于 GRC 材料中的锚固件应该耐腐蚀，推荐使用不锈钢材料。镀锌、镀镉防腐涂层应符合各自的标准要求。为避免不希望的化学反应或电化学反应，埋设的锚固件应与周边材料相容和或者隔离。

　　(5)GRC 结构层成型

　　直接喷射法是最传统也是应用最多的制作 GRC 产品的方法，包括手工喷射和机械喷射，喷射法需要经过专门训练的操作人员和专用设备，正确的操作有利于获得高强度和耐久性好的产品。每层喷射厚度在 3～6mm 之间，相邻两层尽量沿着相互垂直的方向喷射，喷射过程中随时检测料层厚度，保证厚度的均匀一致。每喷射完一层都应及时进行辊压密实，直到产品厚度达到要求。辊压密实可排除操作过程引入的空气,良好的辊压操作可确保均匀的密实效果、保证砂浆与纤维的均匀接触,获得最大的密实度。玻璃纤维最大掺量可为水泥砂浆质量的5%,纤维长度可在一定范围内选择,最大长度可为52mm,玻璃纤维以二维乱向随机分布于水泥砂浆之中,纤维的有效利用率较高,玻璃纤维沿厚度层均匀分布。需要时,可用网格布对遭受高应力的局部区域进行加强。图3-1-8为喷射法基本原理示意图,图3-1-9为基本喷射装置和喷射过程。

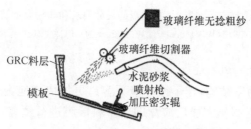

图 3-1-8 喷射法基本原理示意图

基本喷射装置

喷射过程

图 3-1-9 基本喷射装置和喷射过程

(6)GRC 结构层与框架的连接

通过使用附加的 GRC 材料,将钢框架上的锚固件与未凝固的 GRC 结构层粘结在一起,以实现 GRC 结构层与框架的连接。除了锚固件的类型和制作材料之外,锚固件所能发挥的传递力的作用还在很大程度上取决于附加 GRC 材料粘结盘的应用技术,包括粘结盘的厚度、面积、密实度、养护程度以及粘结盘对锚固件的约束程度。图3-1-10为锚固件粘结盘的尺寸要求和非约束粘结。将钢框架放置在新喷射并经密实的 GRC 材料层上的上方,使 L 型锚固件的水平部分稍微离开 GRC 材料层,然后用同样的 GRC 材料覆盖锚固件的水平部分,注意不要覆盖住 L 型锚固件的拐角,同时应避免锚固件压入 GRC 材料层中。如果锚固件的拐角被覆盖或者锚固件压入 GRC 材料层,则可能对锚固件造成约束。锚固件压入 GRC 材料层还会对未凝固的 GRC 材料施加压力并改变该区域的密度和水灰比,可能会在 GRC 层的外表面形成瑕疵和暗影。因此,用约束最小的方式实现 GRC 材料层与钢框架的连接非常重要。为保证 GRC 结构层和 GRC 粘结盘之间的良好粘结并消除随后的脱粘现象,应在 GRC 结构层密实操作完成后,尽可能快地用附加 GRC 材料将锚固件固定在 GRC 结构层之上。

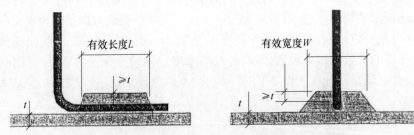

图 3-1-10　锚固件粘结盘的尺寸要求和非约束粘结

结粘盘面积 $L \times W \geqslant 160cm^2$，且 $W > 12t$。t 为 GRC 结构层的厚度（mm）

（7）GRC 结构框架板的养护

GRC 框架结构板为薄壁结构，在干燥环境下容易更加快速地失去水分，导致板表面收缩开裂和强度损失。因此，板制作完成后应立即用塑料薄膜进行覆盖，并保持环境温度在 16℃以上，达到脱模强度后，将板从模型中移出。

脱模后的 GRC 结构框架板应放置在可控环境中进行后续养护，后续养护的环境条件应能保持板处于潮湿状态和 16℃ 以上的温度下，养护期最少为 7d。这种养护方式需要较大面积的密闭空间，还需要对板进行多次搬运，无疑会大幅度提高生产成本；另外，潮湿养护可加快玻璃纤维的老化，还可能加快钢框架的锈蚀。因此，对于 GRC 框架结构板来说，采用一种更加合理有效的养护方法也是提高其质量和降低成本的关键。试验研究表明，在 GRC 配料中添加聚合物组分，可很好地解决 GRC 框架结构板的后续养护问题，这是因为有些聚合物可在 GRC 板中形成薄膜，从而阻止水分蒸发，使水泥的水化硬化过程能够持续进行。通常，人们将这种在配料中主要起保水作用的聚合物组分称为聚合物养护剂，所有聚合物养护剂都有最低成膜温度，当环境温度低于最低成膜温度时，聚合物养护剂无法形成坚韧耐久的薄膜，致使养护剂无法阻止水分的蒸发。因此，必须保证 GRC 框架结构板的初期养护温度高于最低成膜温度，推荐的初期最低养护温度为 16℃，在此温度下保存 12～16h。

在 ACI 548 委员会发布的"混凝土用聚合物指南（548.1R—09）"中，对在水泥基制品中使用的聚合物有明确描述，认为应使用丙烯酸聚合物，因为这种聚合物具有建筑产品所要求的优良的抗紫外线能力和抗渗透能力。在配料中加入适量丙烯酸聚合物乳液，在养护初期的几个小时内，可在基体内形成聚合物膜，这种聚合物膜能够减少水分渗出，确保水泥有足够的水分完全水化。丙烯酸聚合物乳液的性能要求列于表 3-1-11。

表 3-1-11　丙烯酸聚合物乳液的性能要求

性能	要求
最低成膜温度（℃）	7～12
固含量（%）	45～55
外观	乳白色，无结块
耐紫外线能力	良好
耐碱能力	良好

4 主要性能试验(选择介绍)

4.1 国际上现行的与 GRC 材料有关的标准

为更好地控制 GRC 产品的质量,有些国家制定了 GRC 材料的试验方法包括对未硬化 GRC 材料和硬化 GRC 材料的试验方法,我国早在 1994 年就制定了《玻璃纤维增强水泥性能试验方法》的国家标准,并在 2008 年对该标准进行了整合修订。国际上现行的与 GRC 材料有关的标准列于表 3-1-12。

表 3-1-12 国际上现行的与 GRC 材料有关的标准

标准归属	标准号	标准名称
中国标准	GB/T 15231—2008	玻璃纤维增强水泥性能试验方法
欧洲标准	BS EN 1169:1999	预制混凝土产品:GRC 产品工厂生产控制的通用规则
	BS EN 1170:1998	预制混凝土产品:GRC 的试验方法
	BS EN 14649:2005	预制混凝土产品:玻璃纤维在水泥或混凝土中强度保留率的试验方法(SIC 试验)
	BS EN 1522:2008	预制混凝土产品:用于砂浆或混凝土的玻璃纤维的技术规范
美国标准	ASTM C947	薄截面 GRC 弯曲性能试验方法
	ASTM C948	薄截面 GRC 湿密度、吸水率和表观孔隙率的标准试验方法
	ASTM C1228	制备 GRC 抗弯试件和纤维洗出试件的标准规范
	ASTM C1229	GRC 中纤维含量测定的标准试验方法(洗出法)
	ASTM C1230	GRC 粘结盘抗拉试验的标准试验方法
	ASTM C1560	GRC 热水加速老化的标准试验方法
国际 GRC 协会	GRCA:部分 1	未硬化 GRC 材料中玻璃纤维含量的测试方法
	GRCA:部分 2	GRC 材料干密度、湿密度、吸水率和表观孔隙率的测试方法
	GRCA:部分 3	GRC 材料弯曲性能的测试方法
	GRCA:部分 4	GRC 喷射设备的校准方法
	GRCA:部分 5	料浆流动性测试:扩展度法

4.2 弯曲性能试验

(1)试件制备

从 GRC 产品上切割试件通常是不现实的,但是当有特殊需求时,应保证在切割过程中不对试件造成任何损害,试件的两个表面均应平整且相互平行,根据制品在实际应用时的受力情况确定切割试件的长度方向。国际上通用的做法是在生产过程中同时制作试验板,然后在试验板上切割试件,试件的公称尺寸为 250mm×50mm×10mm,每组试件的数量为 6 个。试验板的制作工艺包括配料、成型、养护等一系列过程应与其所代表产品的制作工艺完全相同。

(2)试验步骤

·将切割后的试件置于通风良好的室内保持 3d,然后对试件进行编号标记;对于用喷射工艺（短切纤维）制作的试件，3个试件的模板面经受拉应力，另外3个试件的模板面经受压应力；对于含有连续纤维或纤维网布的试件，以连续纤维或纤维网布所在主平面经受拉应力。

· 将试件放置在图3-1-11所示的钢质支座上，两个支座的中心距离 l 为210mm，两个加载辊的中心距离为70mm；在加载辊中部、试件下方固定可测量挠度的百分表或者挠度计。

· 以2～5mm/min的速度匀速加载，从加载开始，以尽可能快的速度成对读取并记录荷载值以及与之对应的挠度值，直至试件出现第一条裂纹。

· 继续加载，直至试件破坏，记录最大破坏荷载 P_m。避开破坏断面，在靠近破坏的部位测量试件的实际宽度 b 和实际厚度 h。

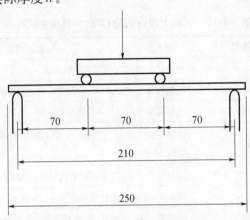

图 3-1-11　抗弯试验装置与加载方式

（3）结果处理

· 用试验过程中记录的荷载值与挠度值绘制荷载-挠度曲线，在该曲线上确定比例极限荷载 P_1（即：荷载与挠度呈线性关系的最高点的荷载）。

· 按照公式3-1-1和公式3-1-2分别计算试件的抗弯比例极限强度和抗弯破坏强度（又称：断裂模量）。以6个试件的算术平均值作为试验结果。

$$\sigma_{LOP} = \frac{P_1 l}{bh_2} \tag{3-1-1}$$

$$\sigma_{MOR} = \frac{P_m l}{bh_2} \tag{3-1-2}$$

4.3　GRC 粘结盘拉伸试验

（1）仪器设备

· 试验机：经过校准的试验机，试验机的加载系统能够以恒定速度运行，测力系统的误差不应超过预期最大拉力的±1%。试验机上装备有变形测量装置和记录装置，试验机的刚度应能保持在试验过程中系统的总弹性变形不超过试样总弹性变形的1.0%，或者应能够进行适宜的修正。

· 装载夹具：为了施加拉伸荷载，应将试样固定在一个装载夹具内，装载夹具如图3-1-12所示，它由厚度为13mm的钢板底座与四条厚度为10mm的钢板条组成。固定装载夹具的两种合适机械装置如图3-1-13所示，装载夹具和宽度均能够将试样牢牢固定在钢底座上。特别是在锚固件被拉出的过程中不允许毗邻柔性锚固件的试样截面产生弯曲,以避免偏心荷载。

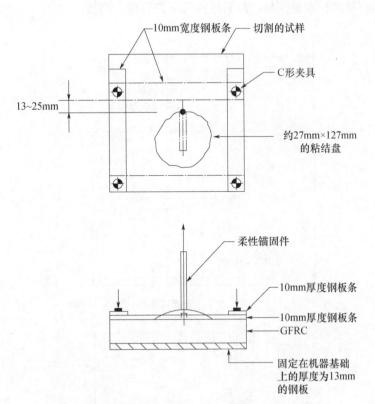

图 3-1-12　装载夹具示意图

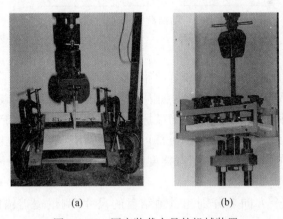

(a)　　　　　　　　　　　(b)

图 3-1-13　固定装载夹具的机械装置

· 夹持装置:夹持钢锚固件的合适机械夹持装置或齿板。在夹持装置和试验机联杆器之间使用万向节,可保证在整个试验过程中持续施加拉伸荷载。

(2)样品准备

· 在制作产品的过程中,采用与产品制作完全相同的方式,同时制作一块试验样品板。

· 从试验样品板上切割试样,试样的公称尺寸为 300mm×300mm,锚固件根部应位于试样中心,试样边缘距离粘结盘应有足够距离,便于在加载过程中的持续支撑,试样尺寸如图 3-1-14。

· 试验之前,将试样放置在与产品同样条件下进行状态调整。

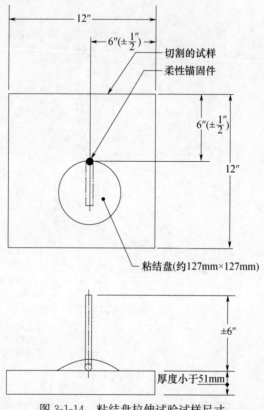

图 3-1-14 粘结盘拉伸试验试样尺寸

(3)试验步骤

· 将试样放置在底座的中心,并将试样牢牢固定在钢板底座上。

· 夹紧锚固件,以 5mm/min 的速度对锚固件施加拉伸荷载,直到破坏。最大荷载或者当GRC 粘结盘有可见损坏时的荷载被定义为破坏荷载。对于直径不大于 5mm 的锚固件,或者对于某些几何形状的粘结盘,在锚固件的趾部可观察到 GRC 的局部破坏,即使此时锚固件仍然能够承受额外荷载,在这些情况下,荷载挠度曲线图上的荷载有明显下降。记录在粘结盘破坏之前的最大拉力及相应变形值。

· 在相互垂直的两个方向上分别测量粘结盘的尺寸,测量覆盖锚固件的粘结盘的平均厚度。

(4)结果处理

试验报告应包括:试样标识号、试样龄期(如果试样经受过人工老化,还应包括老化时间、老化温度的描述)、试样尺寸、锚固件尺寸、粘结盘尺寸包括覆盖在锚固件顶部的厚度、最大拉伸力、最大力时的位移以及试样破坏模式。

5　安装施工要点

5.1　准备工作

在安装开始之前,确认将 GRC 框架结构板连接到建筑结构上所需要的五金件、搬运设备和起吊设备等。因为 GRC 框架结构板的尺寸和外形是按照建筑物立面设计效果进行划分和生产的,所以每块板都具有唯一性,除非立面效果为简洁的平面设计。安装前,应绘制板的安装顺序图,并将板按顺序编号。条件允许时,最好将 GRC 框架结构板直接从运输车上移送到安装位置,使可能造成的损害和搬运费用降到最低。如果必须在施工现场存放,应制定并遵守适当的存放规则。

5.2　板的排布

由于美观性需求,应优先考虑板的外表面是否符合设计理念并对板进行排布,但是,这可能会导致板框架不在真正的同一平面内。安装人员应调整由于板重量引起的小的挠曲和由于支撑结构偏转而引起的排布偏差。

对于面积较大的 GRC 框架结构板和异形板,在运输和安装过程中还应特别注意防止板遭到损坏。

5.3　板与主体结构的连接

使用焊接法连接的部位,应由有资格的焊接人员按照规定了焊接类型、尺寸、顺序和位置的安装图进行焊接。在焊接之前,应考虑焊接温度以及被焊接的材料,对需焊接位置进行清理;焊接完成后,应对焊接损伤的防腐层进行修补。

使用螺栓法连接时,如果板受到约束,例如螺母和螺栓的过度紧固、截面厚度的大变化和突变、相邻部品(例如窗框)的依附、温度和湿度变化受限,引起板的变形,那么随着使用期的延续,任何应变都可能超过老化 GRC 的应变能力,导致板材开裂。低摩擦垫圈有可能保证螺栓的移动能力。

连接件应在三个方向都能提供足够的宽容度,以适应徐变、温度和湿度变化引起的板的变形与建筑结构框架的尺寸偏差。在连接件上开槽或者开大尺寸孔或者使用特殊紧固装置,都是实现足够宽容度常常采用的措施。

5.4　接缝密封

GRC 板之间的接缝设计是墙体设计的组成部分,确定接缝宽度时,不应只考虑外观,而是必须考虑板的尺寸、结构容差、预期变形、楼层位移、密封材料与接缝两侧部品的表面状况。

GRC 板在接缝处最小折返边的高度推荐为 50mm,这是在板材设计时就应该考虑到的事情。通常在外表面附近使用弹性密封材料。应对接缝位置和接缝宽度进行设计,影响接缝设计的因素有:板的尺寸、当地的气候条件、板的制造公差、相邻部品之间的过渡与门窗洞口的位置。GRC 板之间接缝宽度必须适应预期的墙体变形,接缝太窄时,有可能导致密封材料的拉伸破坏,或者接缝两侧的板可能遭受未预期荷载、扭曲、开裂和局部碎裂。

图 3-1-15 为 GRC 板接缝处折返边高度和接缝密封示意图。

接缝设计应优先考虑以下因素:①极端温度:考虑季节极端温度与密封材料使用时当地温度之间的差异。接缝变形受板面温度的控制,而不是受周围环境温度的控制,所以应考虑墙面的方位与太阳的关系,朝向南面的墙体通常有非常高的温度。②密封材料的变形能力:接缝宽度设计必须考虑 GRC 板的预期总变形与密封材料的变形能力。

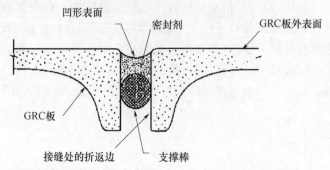

图 3-1-15　GRC 板接缝处折返边高度和接缝密封示意图

5.5　框架结构板复合墙体

通常情况下,GRC 框架结构板主要是作为装饰性板材使用,即建筑物本身拥有其他材料建造的墙体,墙体的结构、保温、隔声等功能通过这些材料来实现。

也可将 GRC 框架结构板与绝热材料和内层墙板(或墙体)在现场组装成为复合外墙,现场组装复合外墙的方法为:将作为复合墙体外层的 GRC 框架结构板固定在建筑物的主体结构上,复合墙体的内层可用 GRC 平板、石膏板或其他材料的平板,同时固定在建筑物的主体结构上,内外层板之间的空腔内可填充岩棉板、膨胀珍珠岩板或聚苯乙烯泡沫塑料板;或者是在主体墙面上固定绝热保温板材,然后将 GRC 框架结构板固定在主体结构上。

第 2 节　GRC 复合外墙板

1　引言

GRC 复合外墙板是根据其结构层材料而定义的,GRC 材料具有良好的物理力学性能和模型塑造性能,选用耐碱性能好的玻璃纤维和浆体液相碱度较低的水泥可使 GRC 材料获得可靠的长期耐久性。GRC 复合外墙板是以玻璃纤维增强水泥砂浆为外叶结构层和内叶结构层的组成材料,芯部填充绝热材料,以加强肋或者拉结件连接内外叶结构层,经一系列工艺过程一次成型的多功能复合墙板。绝热材料可采用有机绝热板材(例如:聚苯乙烯泡沫塑料板或者聚氨酯泡沫塑料板),也可采用现场配制的轻质保温混合料(例如:水泥膨胀珍珠岩混合料、泡沫混凝土或者水泥聚苯乙烯泡沫颗粒混合料)。

20 世纪 80 年代中期,中国建筑材料科学研究总院与北新建材集团等单位合作,研制成功 GRC 复合外墙板并将其用于实际工程,其中包括单开间外墙板和双开间外墙板(见图 3-2-1 和

图 3-2-2)，具体规格尺寸列于表 3-2-1。

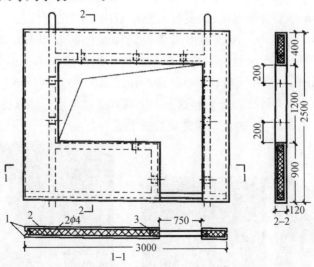

图 3-2-1　单开间 GRC 复合外墙板构造图

1—10mm 厚度 GRC 面层；2—100mm 厚度水泥膨胀珍珠岩绝热层；3—现浇细石混凝土肋

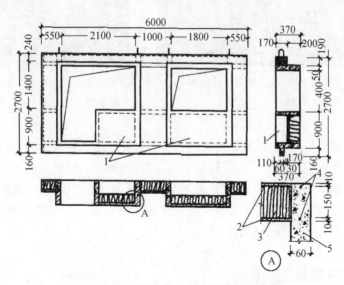

图 3-2-2　双开间 GRC 复合外墙板构造图

1—暖气片预留位置；2—GRC 面层；3—水泥膨胀珍珠岩绝热层；

4—有吊钩处 2ϕ10(无吊钩处 2ϕ5)；5—细石混凝土肋

表 3-2-1　GRC 复合外墙板整间板的规格尺寸

	高度(mm)	宽度(mm)	厚度(mm)
单开间板	2500	3000	120
双开间板	2700	6000	370

　　土耳其 Fibrobeton 公司从 1995 年开始研发 Fibrofombeton 复合隔热墙板系列并将其作为建筑物的外挂墙板。2001 年，该公司生产的 GRC 复合外墙板首次用于伊斯坦布尔的

Movenpick饭店,这座 20 层的大楼为钢筋混凝土框架建筑,其外墙共使用了 11000m²(共计 1850 块)Fibrofombeton 复合隔热墙板,复合隔热墙板内部填充密度为 400kg/m³ 的泡沫混凝土,填充层厚度为 16～18cm。接缝使用与墙板同样颜色的双组分聚硫密封膏进行密封。图 3-2-3 为使用 Fibrofombeton 复合隔热外墙板的伊斯坦布尔 Movenpick 饭店。2009—2010 年,该公司生产的 GRC 复合外墙板在土耳其最高预制墙板建筑、两座高达 210m 的 55 层住宅项目中使用了 75000m²(共计 13000 块),这是在土耳其通过环境评估认证的第一个住宅项目,坐落在伊斯坦布尔,图 3-2-4 为该住宅楼建成后的实景。

图 3-2-3　使用 GRC 复合外墙板建造的
伊斯坦布尔 Movenpick 饭店

图 3-2-4　使用 75000m² GRC 复合
外墙板的住宅建筑(坐落在伊斯坦布尔)

GRC 复合外墙板与 GRC 框架结构板的根本区别在于前者可作为独立的多功能墙板进行使用。GRC 复合外墙板融合了其面层材料 GRC 的优良物理力学性能和芯部材料的优良绝热性能,使得此种墙板具有高强度、高韧性、高耐候性和良好的保温性能。此种墙板还具有自重轻、外表面装饰丰富等优点,适于作为框架结构建筑尤其是高层框架结构建筑的外墙,可有效承受风荷载及温、湿度变化所引起的应力。

2　质量要求与性能特点

按照 GRC 复合外墙板的外形和尺寸,将其分为整间板体系和条形板体系。条形板体系又可分为竖向条板体系和横向条板体系,条板的长度和宽度可按照建筑外立面的划分进行设计和生产。竖向条板体系中包括竖向条板与窗下板;横向条板体系包括横向条板与窗间板。在整间板体系中,内外叶结构层之间通常依靠钢筋增强细石混凝土肋进行连接;在条形板体系中,内外叶结构层之间通常依靠 GRC 腹板或拉结件(钢筋拉结件或塑料拉结件)进行连接;若采用刚度较大的绝热材料,则亦可依靠机械啮合方式使内外 GRC 层与绝热层形成共同受力体。

GRC 复合外墙板在框架结构建筑中主要承受自重和风荷载,除此之外,还应为建筑物的室内环境提供保温与隔声保证。GRC 复合外墙板的装饰性得益于 GRC 材料的物理力学性能和工艺表现性，而结构性能与功能性则得益于组成材料各自的性能与它们之间的协同作用。GRC 复合外墙板应满足墙体的所有性能要求，包括结构稳定性、强度、抗冲击性、抗风压能力、防水性能、抗温度变化性能、隔声性能等。这些性能取决于复合外墙板的面层厚度、芯材种类和厚度、加强肋状况、拉结件种类和数量等因素。

GRC 复合外墙板的结构性能：夹芯式复合墙板内外结构层之间的力依靠芯部材料传递，因此，芯部材料的性能和固定至关重要。各层粘结良好的夹芯式复合墙板的承载能力取决于各层的厚度、板的长度和芯部材料的抗剪切强度。夹芯式复合墙板各层之间粘结剪切强度应大于所承受的剪切应力，否则该结构无法起到传递剪切应力的作用。采用 GRC 腹板连接两个面层时，腹板承受的剪切应力应小于设计剪切应力。表 3-2-2 列出几种常用芯部材料的剪切模量和剪切强度。

表 3-2-2　芯部材料的剪切模量和剪切强度

项目	密度(kg/m^3)	剪切模量(MPa)	剪切强度(MPa)
聚苯乙烯颗粒混凝土	400	230	0.34
高密度聚苯乙烯板	25	11	0.26
发泡聚氨酯板	40	2.3	0.32

GRC 复合外墙板的耐火性能：用水泥、砂、玻璃纤维和水制作的 GRC 材料是一种不燃材料，将 GRC 用作复合墙板的面层材料时，火焰传播指数为零。复合墙板的耐火等级主要取决于芯部绝热材料的耐火等级。按照《建筑构件耐火试验方法　第 1 部分：通用要求》GB/T 9978.1—2008 的判定准则，试验样品应满足的耐火性能包括承重构件的稳定性和建筑分隔构件的完整性和隔热性。稳定性是指在在耐火试验期间能够持续保持承载能力的时间，判定试件承载能力的参数是变形量和变形速率；完整性是指在标准耐火试验条件下，当建筑构件的某一面受火时，在一定时间内阻止火焰和热气穿透或在背火面出现火焰的能力；隔热性是指在标准耐火试验条件下，当建筑构件的某一面受火时，在一定时间内背火面温度不超过规定极限值的能力。澳大利亚预制混凝土协会相关资料中给出三种构造 GRC 复合板的耐火试验结果，摘录其中的数据列于表 3-2-3。

表 3-2-3　不同构造 GRC 复合板的耐火试验结果

GRC 复合板的构造	耐火极限(h)		
	稳定性	完整性	隔热性
10mmGRC＋50mm 玻璃棉或矿棉＋10mmGRC	1	1	—
10mmGRC＋50mm 聚苯颗粒混凝土＋10mmGRC	2	2	2
10mmGRC＋100mm 聚苯颗粒混凝土＋10mmGRC	4	4	4

GRC 复合外墙板的保温性能：保温性能是指冬季采暖房屋围护结构保持室内热量、减少热损失、使室温保持稳定或在适当范围内波动的能力。当采用厚重材料作围护结构时，因其热稳定性好，在连续供暖情况下，散热器放热波动不大，通常按稳定传热考虑，习惯上仅用热阻值表示其保温性能。当采用轻质材料作围护结构时，特别是在间歇供暖的情况下，仅用热阻值就不能全面反映其保温性能。因为热阻值虽然与重质围护结构的热阻值相当，但因其热稳定性较差，难以保持室内比较稳定的温度，因此，要全面反映围护结构的保温性能，必须同时考虑热

阻值和热稳定性。GRC 板的导热性能取决于其密度和含水率的大小,密度为 1900～2100kg/m³ 的 GRC 板,随其含水率的不同,导热系数在 0.5～1.0W/(m·K)范围内。GRC 复合墙板的保温性能主要取决于 GRC 复合墙板芯部材料的热工性能以及拉结件的热工性能和数量,GRC 面层板对复合墙板保温性能的贡献很小。

GRC 复合外墙板的隔声性能:对于由单层匀质材料构成的墙体,其隔声性能与入射声波的频率有关,其频率特性取决于材料本身的单位面积质量、刚度、材料的内阻尼以及墙的边界条件等因素,如果把墙体看成是无刚度无阻尼的柔顺质量,且忽略墙体的边界条件,则在声波垂直入射时,计算墙体隔声量的理论公式为 $R_0=20\lg m+20\lg f-43$,如果声波为无规入射,则墙体的隔声量大致比垂直入射时的隔声量低 5dB,即: $R=20\lg m+20\lg f-48$,式中 m 为墙体的单位面积质量(kg/m^2),f 为入射声波的频率(Hz)。GRC 板的声学性能符合质量定律,来自 Cem-Fil GRC 的技术数据显示,密度为 2100kg/m³、厚度为 10mm 的 GRC 板的隔声指数为 29dB,如果将 GRC 板的厚度增加到 20mm,则隔声指数可提高到 35dB。GRC 复合外墙板的隔声性能主要取决于 GRC 板的隔声性能,如果芯部填充具有吸音功能的绝热材料例如玻璃棉或岩棉,则 GRC 复合外墙板的隔声性能可进一步提高。

2003 年,在巴西圣保罗的一座 20 层住宅楼中使用了 GRC 复合墙板,复合墙板的总厚度为 120mm,面密度约为 70kg/m²,芯部填充玻璃棉,GRC 面层通过塑料拉结件固定。在这座住宅楼中共使用了 400 块 GRC 复合墙板,最大面积墙板的宽度为 4900mm、高度为 2880mm。通过对复合墙板的构造设计,使其具有一定的通风作用,有助于在遭受火灾的情况下,使复合板内外表面由于受热不平衡而造成的应力得以释放。芯部的玻璃棉还可提高复合板的防火性能,按照巴西标准(NBR 10636—ABNT,1989),此种复合板在耐火 2h 后仍能保持较好的稳定性和完整性。经理论计算,此种复合板的传热系数为 0.35W/(m²·K)。

3 生产工艺及控制要素

3.1 生产工艺

整开间复合墙板通常用固定台座法生产,生产过程复杂、生产周期长,两表面层厚度难以准确控制,大幅面墙板的灵活性和互换性差,模板重复利用率低。GRC 复合外墙板采用固定台座法反打成型工艺。所谓反打成型工艺就是先成型复合墙板的外表面,后成型复合墙板的内表面。反打成型工艺中模板面即为墙板的外表面,其优点是墙板的外表面可实现设计师的美学构想,并且容易控制。GRC 复合外墙板的表层制作采用直接喷射法。直接喷射法是将适当水灰比的水泥砂浆通过砂浆挤压泵输送至喷射枪,将连续玻璃纤维无捻粗纱通过切割器切断,再经过压缩空气将砂浆和短切玻纤同时喷射到模板上的一种操作方法。图 3-2-5 为 GRC 复合外墙整间板的反打成型工艺流程。

3.2 生产控制要素

(1)保证 GRC 耐久性的技术措施

GRC 得以在世界范围内广泛应用,除了这种复合材料具有良好的物理力学性能和工艺模造性能以外,通过各种途径较好地解决了耐久性问题也是重要的原因。通常认为玻璃纤维在水泥基体中的蜕变机理有三种：①化学侵蚀：水泥水化产物中的 OH^- 与玻璃网络 $Si-O-Si$ 作用，对玻璃纤维侵蚀，导致纤维抗拉强度和变形能力下降。②应力侵蚀：水泥水化产物 $Ca(OH)_2$ 在纤维表面缺陷中集结，加剧表面缺陷的扩展。③微结构变化：$Ca(OH)_2$ 在纤维原丝的空隙中沉积与结晶，纤维原丝空隙中的水泥微结构越来越密实，使纤维失去原有的柔韧性，在 GRC 受拉或受弯过程中发生脆断。

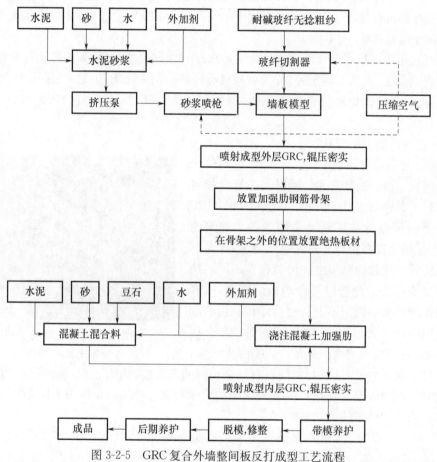

图 3-2-5 GRC 复合外墙整间板反打成型工艺流程

为了大幅度提高 GRC 的耐久性，国内外的研究者进行了多种途径的研究探索，主要是通过对水泥基体的改性和对玻璃纤维的改性提高 GRC 的长期耐久性能。使基体中的水泥在水化过程中尽可能少地产生 $Ca(OH)_2$，可通过对硅酸盐水泥进行改性如在水泥中掺加矿渣、硅灰或偏高岭土，或者使用非硅酸盐水泥系列的水泥如铝酸盐系列水泥或硫铝酸盐系列水泥来实现。玻璃纤维的改性除了在化学成分中增加耐碱的氧化锆以外，还对纤维浸润剂进行了改进，或者对纤维进行被覆处理以改善纤维单丝界面之间的水化反应产物沉积。在我国采用的是耐碱玻璃纤维与低碱度硫铝酸盐水泥相匹配的"双保险"技术路线，不论是在湿热环境中还是经过长期大气暴露，证明都显著优于耐碱玻璃纤维与硅酸盐水泥匹配制成的 GRC。国外采用的技术路线是高耐碱玻璃纤维（氧化锆含量大于 16%，纤维表面涂覆耐碱层）与改性硅酸盐水泥匹配，证明也有良好的耐久性。

（2）芯部材料选择

GRC复合外墙板由于温度变化和湿度变化而引起的变形量取决于两侧GRC板的渗透性、芯部材料的初始含水率以及复合板在实际工程中所处的方位。芯部材料可以选择轻质的有机材料，例如膨胀聚苯乙烯泡沫塑料板[密度18~20kg/m³，导热系数0.039~0.042W/(m·K)]或者聚氨酯泡沫板[密度35~40kg/m³，导热系数0.018~0.024W/(m·K)]，此类材料具有非常好的绝热性能，但是耐热性能和耐火性能较差。因此选择芯部材料种类时应考虑其温度稳定性，选用聚苯乙烯泡沫塑料板时，复合板在使用环境下的最高表面温度不应超过60℃；选用聚氨酯板时，复合板可用于温度较高一些的环境。

芯部材料也可以选择密度范围在400~500kg/m³之间轻质材料，如聚苯乙烯颗粒混凝土、膨胀珍珠岩混凝土、泡沫混凝土等，此类材料具有较好的耐火性能，但是，当采用现浇方法成型芯部时，芯部材料的水化放热会加速GRC材料层的凝结速度，并对复合板的变形具有约束作用。

（3）夹芯复合墙板的形状

在GRC夹芯复合墙板中，由于GRC材料位于最大应力区（受拉区和受压区），所以夹芯复合板可有效发挥材料的承载能力和刚度。迄今为止，GRC夹芯复合墙板还没有被广泛地应用于各类建筑物上，而常常仅用于具有特殊要求的建筑物上，这是因为夹芯板的外叶层和内叶层之间可能存在不同的热变形和干湿变形并由此造成复合墙板的弯曲，或者由于板的形状和安装固定不允许复合墙板自由移动而引起高应力。成型过程中，应尽可能保持复合墙板两叶GRC材料层密实度的一致性。实际生产中，

图 3-2-6　GRC夹芯复合墙板
作为外挂墙板（西班牙）

常常无法完全保证内外GRC材料层具有相同的密实度，因而它们的强度也会有差异，并将影响到它们在遭受温度变化和湿度变化时的力学行为。图3-2-6是用不同形状GRC夹芯复合墙板作为外挂墙板的成功案例。

在图3-2-6展示的建筑物中虽然使用了一些曲面板，但还是建议仅制作平坦形状的夹芯板，以避免由于板内温度梯度、湿度变化和收缩应力引发的问题。图3-2-7给出不应采用的GRC夹芯复合板的形状。

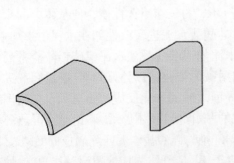
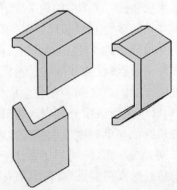

图 3-2-7　不应采用的GRC夹芯复合板的形状

（4）内外叶层的连接方式

要使复合墙板保持持久的承载能力，必须重视两叶层之间的连接方式，良好的连接方式既可降低由于收缩和温差引起的约束应力，又可起到传递外力的作用。金属或非金属材料拉结件均应具有规定的承载力、变形和耐久性能，并应经过试验验证；应选用热桥效应尽可能小的拉结件。热桥是指在外围护结构中传热能力强、热流密集的部位。复合墙板中的混凝土肋、安装后形成的水平接缝和垂直接缝等部位的传热能力比主体部位的传热能力大很多，成为热流容易通过的桥梁。冬季通过热桥损失的热量较多，热桥内侧表面温度较低，容易结露，因此设计复合墙板时应尽力消除或弱化热桥效应。

（5）GRC 复合墙板的加速硬化措施和养护措施

GRC 复合墙板在成型后，水泥硬化过程继续进行，内部结构逐渐形成。为保持水泥水化过程良好进行，获得所需要的物理力学性能和耐久性能，需要建立合理的养护制度。对于 GRC 材料层相对较薄的复合墙板来说，建立合理的养护制度显得尤其重要。对于 GRC 复合墙板，如果工厂中有足够的封闭空间而且有充足的时间完成产品供货，采用自然养护制度无疑是最好的选择。作为预制产品，加速养护有利于提高模型和台座的周转率，并有利于降低产品成本，但是，从玻璃纤维在水泥基材中的强度损失机理考虑，又不希望 GRC 复合墙板在高温高湿环境中进行养护。因此，在 GRC 材料层中增加能够促进早期硬化过程和维持后期养护所需水分的材料组分是非常必要的。在 GRC 配料中常用的外加剂为超塑化剂和早强剂，当 GRC 材料中含有钢质预埋件时，禁止使用含氯离子的早强剂。外加剂掺量应严格按照供应商推荐的掺量，GRC 产品制造商必须保证外加剂的使用不会对产品产生不利影响。在 GRC 配料中还常常加入丙烯酸聚合物乳液，主要目的是简化养护过程，国际 GRC 行业将此种简化的养护过程称为"干养护"，其基本概念为：无需将 GRC 产品放置在潮湿环境中，也可防止早期水分损失并允许后期养护的一种养护方法。这是因为在 GRC 配料中加入适量丙烯酸聚合物乳液，在最初的几个小时内，丙烯酸乳液可在水泥基体内形成聚合物膜，这种聚合物膜可大大降低材料的渗透性，因此能够减少由于蒸发而造成的水分损失，确保水泥有足够的水分完全水化。加入丙烯酸聚合物乳液还有助于提高产品的性能，特别是能够减少产品的表面裂纹。常用丙烯酸聚合物乳液的性能要求列于表 3-2-4。

表 3-2-4　丙烯酸聚合物乳液的性能要求

最低成膜温度（℃）	7～12
固体含量（%）	45～55
外观	乳白色，无结块
抗紫外线能力	良好
耐碱能力	良好

4　主要性能试验（选择介绍）

4.1　抗弯极限承载力

参照《建筑结构保温复合板》JG/T 432—2014 中规定的"抗弯极限承载力"方法对 GRC 复

合墙板进行试验,该标准适用于建筑非承重围护结构用保温复合墙板。

(1)试验准备

GRC复合外墙板的抗弯极限承载力应满足正常使用极限状态下的挠度和面板开裂要求。抽取3张可代表所检批次GRC复合外墙板的试验板。

(2)试验步骤

• 将试验板简支支承在2个平行支座上,一端为固定铰支座,另一端为滚动铰支座,2个支点距离墙板端部的距离均为100mm。在试验板的中间部位和支座位置安装精度为0.01mm的百分表。

• 将加载物分堆码放,沿单向受力板跨度方向的堆积长度宜为1m左右,且不应大于试件跨度的1/6~1/4。堆与堆之间宜预留不小于50mm的间隙,避免试验板变形后形成拱作用。

• 每级加载0.1kN/m²,加载后静置10min,记录板的挠度值,加载至0.5kN/m²,记录此时的挠度值。

• 加载值超过0.5kN/m²后,每级加载0.05kN/m²,直到板的挠度值达到板跨度的1/150或板破坏(不能继续承载或表面应力超过强度值),记录此时的加载值,即为抗弯承载力。

(3)试验结果

以3张试验板试验结果的算术平均值作为试验结果。

4.2 燃烧性能

燃烧性能是指建筑材料燃烧或遇火时所发生的一切物理和化学变化,该性能由材料表面的着火性和火焰传播性、发热、发烟、炭化、失重以及毒性生成物的产生等特性来衡量。

(1)采用标准

按照《复合夹芯板建筑体燃烧性能试验 第1部分:小室法》GB/T 25206.1—2014进行试验,该标准适用于具有自支撑结构或框架支撑结构的复合夹芯墙板建筑体。其原理是:用绝热复合墙板组装成一个小型试验房间,试验过程中将火焰直接作用于房间内部的墙角,以此模拟室内火灾,评价绝热复合夹芯板建筑体表面或内部的火焰传播特性。

(2)试验准备

试样应包含试验所需数量的复合夹芯板,试样的结构和材质应能代表实际使用情况,所有的结构细节如连接、固定等,应根据实际使用情况在试样中予以体现。如果试验的复合夹芯板在实际应用中需要与内部或外部框架结构共同使用,则对这种结构也应一并进行试验。

试验房间的内部基本尺寸为:长度(3.6±0.05)m、宽度(2.4±0.05)m、高度(2.4±0.05)m。在其中一面尺寸为2.4m×2.4m的墙面中央设置一个开口,开口的宽度为(0.8±0.01)m、高度为(2.0±0.01)m。试验房间应安装在室内,试验过程中,室内温度应控制在(10~30)℃。绝热复合夹芯板之间、墙壁与吊顶板之间的连接方式应能代表试验制品的实际情况。

(3)试验结果

试验结果应包含以下内容:①夹芯板芯材内部的温度随时间延续的变化曲线;②最高温度值;③火灾损毁情况(图片)和描述;④试验过程中和试验结束后观察到的现象;⑤排气管道的体积流量与时间的关系;⑥总的热释放率与时间的关系,以及燃烧器的热释放率与时间的关系;⑦在规定温度和压力下,CO产量与时间的关系;⑧在规定温度和压力下,CO_2产量与时间的关系;⑨在实际管道气流温度下,烟浓度与时间的关系。

4.3 总热阻和平均传热系数

(1)计算方法

按照《建筑构件和建筑单元热阻和传热系数计算方法》GB/T 20311—2006/ISO 6946：1996 计算 GRC 复合外墙板的总热阻和传热系数。GRC 复合外墙板大多含有一个或多个非热均质层，其总热阻按照公式 3-2-1 进行计算。

$$R_T = \frac{R'_T + R''_T}{2} \tag{3-2-1}$$

式中：R'_T 为总热阻上限；R''_T 为总热阻下限。

(2)基本参数确定

计算总热阻和传热系数之前，应确定 GRC 复合外墙板所包含各种材料的导热系数值。以特征导热系数值或实测导热系数值为计算基础。

(3)计算步骤

① 非热均质构件分割

将构件分割成若干段和若干层，如图 3-2-8(a)所示，用这种方法，将构件分割成 mj 个热均质部分，分割后的段组成和层组成如图 3-2-8(b)和 3-2-8(c)所示。段 $m(m=a,b,c,\cdots,q)$ 垂直于构件表面，面积分数用 f_m 表示；层 $j(j=1,2,3,\cdots,n)$ 平行于构件表面，厚度为 d_j。

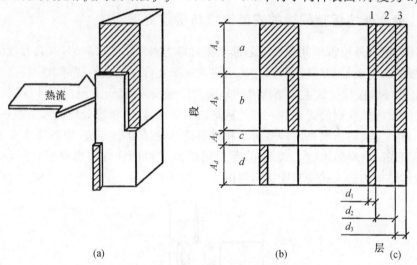

图 3-2-8 非热匀质构件热阻计算的段、层划分

② 总热阻上限 R'_T 计算

总热阻上限由假定垂直于构件表面的一维热流来确定，按公式 3-2-2 计算。

$$\frac{1}{R'_T} = \frac{f_a}{R_{Ta}} + \frac{f_b}{R_{Tb}} + \cdots + \frac{f_q}{R_{Tq}} \tag{3-2-2}$$

R_{Ta}、R_{Tb}、$\cdots$、R_{Tq} 为每段从室外环境到室内环境的总热阻，按照公式 3-2-3 计算。

$$R_T = R_{si} + R_1 + R_2 + \cdots + R_n + R_{se} \tag{3-2-3}$$

式中：R_{si} 为内表面换热阻；R_{se} 为外表面换热阻；$R_1,R_2,\cdots,R_n$ 为各层的热阻。

按照墙体所经受的热流方向，通常取 $R_{si}=0.13\text{m}^2 \cdot \text{K/W}$，$R_{se}=0.04\text{m}^2 \cdot \text{K/W}$。各层的

热阻值可通过公式 3-2-4 计算得出。

$$R = \frac{d}{\lambda} \tag{3-2-4}$$

式中：λ 为材料的导热系数[W/(m·K)]；d 为材料层的厚度(m)。

③ 总热阻下限 R''_T 的计算

总热阻下限值由假定所有平行于构件表面的平面都是等温表面来确定。总热阻下限 R''_T 为各层的热阻值与内表面换热组和外表面换热组之和，按公式 3-2-5 计算。

$$R''_T = R_{si} + R_1 + R_2 + \cdots + R_n \tag{3-2-5}$$

每个非热均质层的等效热阻 R_j 按照公式 3-2-6 计算。

$$\frac{1}{R_j} = \frac{f_a}{R_{aj}} + \frac{f_b}{R_{bj}} + \cdots + \frac{f_q}{R_{qj}} \tag{3-2-6}$$

式中：R_{aj}、R_{bj}、$\cdots$、R_{qj} 为层 j 中每段的热阻。

④ 传热系数计算

传热系数 U 为总热阻 R_T 的倒数。

5 安装施工要点

5.1 GRC 复合外墙板整间板的安装连接与接缝处理

上述 GRC 复合外墙板整间板中的芯部绝热材料为水泥膨胀珍珠岩，并含有现浇细石混凝土加强肋，板的自身重量相对较大，因此采用嵌入式安装，即：墙板的底部由结构梁支承。

GRC 复合外墙板与建筑主体结构之间采用柔性连接，在墙板上预留钢件（或利用吊钩）与梁或叠合梁的预埋件或钢筋焊接在一起。从绝热和防水考虑，板缝处理应采用绝热缝，在板缝处填塞绝热材料。板缝防水采用构造防水和材料防水相结合的方法，构造防水安装精度要求高，防水效果较好，材料防水施工较简单，但是需要高质量的弹性嵌缝材料。图 3-2-9 为整间外墙板与主体结构的嵌入式安装连接示意图。

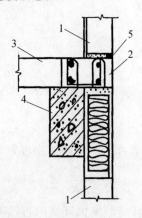

图 3-2-9 整间外墙板与主体结构的嵌入式安装连接示意图
1—GRC 外墙板；2—叠合梁；3—楼板；4—框架梁；5—水平缝材料防水

5.2 无加强肋 GRC 复合外墙板的安装连接与接缝处理

无加强肋 GRC 复合外墙板的应用实例来自巴西圣保罗大学土木建筑工程系公开发表的文章,此类复合墙板的两面层依靠塑料拉结件传递应力,芯部材料为玻璃棉,墙板面密度约为 $70kg/m^2$,因此采用悬挂式安装,即:墙板的重量由连接件承担。图 3-2-10 为此种复合墙板的横截面示意图,图 3-2-11 表明 GRC 复合外墙板与钢筋混凝土框架的外挂式安装连接方法,采用电镀连接件将墙板和混凝土框架结构连接在一起,墙板上部的两个连接点采取承压连接,墙板下部两连接点采取具有一定变形程度的柔性连接。图 3-2-12 为接缝处理示意图,接缝材料为有机硅树脂密封胶,具有较好的耐紫外线能力,延伸率为 25％,使用温度为 $-30℃\sim80℃$ 之间。

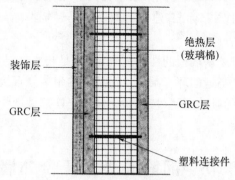

图 3-2-10 GRC 复合外墙板的横截面示意图

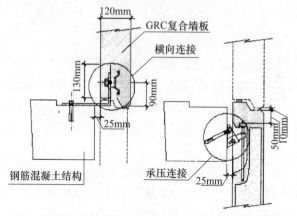

图 3-2-11 GRC 复合外墙板与钢筋混凝土框架的外挂式连接方法

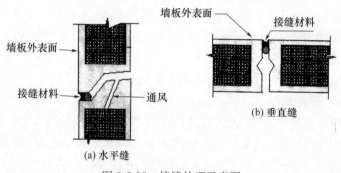

图 3-2-12 接缝处理示意图

161

5.3 接缝的密封材料

· 密封胶应与混凝土具有相容性,以及规定的抗剪切和拉缩变形能力;密封胶还应具有防霉、防水、防火、耐候等性能。

· 硅酮、聚氨酯、聚硫建筑密封胶应分别符合国家现行标准《硅酮建筑密封胶》GB/T 14683、《聚氨酯建筑密封胶》JC/T 482 和《聚硫建筑密封胶》JC/T 483 的规定。

· 夹芯外墙板接缝处填充用保温材料的燃烧性能应满足国家标准《建筑材料及制品燃烧性能分级》GB 8624—2012 中 A 级的要求。

· 夹芯外墙板中的保温材料,其导热系数不宜大于 0.040W/(m·K),体积吸水率不宜大于 0.3%,燃烧性能不应低于国家标准《建筑材料及制品燃烧性能分级》GB 8624—2012 中 B_2 的要求。

墙体的性能不能仅通过单块墙板的性能来确定,而是与整体结构有关,包括建筑设计、材料、安装连接、接缝处理以及当地的环境条件。连接件的耐久性直接受到连接件耐腐蚀性能的影响,所以必须考虑连接件的维护问题,特别是如何防止连接件遭受腐蚀。还应考虑接缝材料的耐久性问题。

第3节　钢筋混凝土复合外墙板

1　引言

外叶层与内叶层均为钢筋混凝土或钢筋轻骨料混凝土、芯层填充绝热材料,经一系列工艺过程预制而成的用于建筑外围护结构的复合墙板,称为钢筋混凝土复合外墙板。《装配式混凝土结构技术规程》JGJ 1—2014 将预制外挂墙板定义为:安装在主体结构上,起围护、装饰作用的非承重预制混凝土外墙板,简称外挂墙板。将夹芯外墙板定义为中间夹有保温层的预制混凝土外墙板。

1958 年北京建成了第一栋使用预制混凝土墙板的住宅;20 世纪 80 年代,苏州混凝土水泥制品研究院研制出"薄壁混凝土岩棉复合外墙板",北京市榆树庄构件厂研制出带饰面的预制钢筋混凝土聚苯复合幕墙板。20 世纪七八十年代的北京曾出现过住宅产业化推广的辉煌时期,在前门、劲松等很多地方都能看到大板楼。原建设部在 1991 年发布了行业标准《装配式大板建筑设计和施工规程》JGJ 1—91,该标准适用于抗震设防烈度为 8 度或 8 度以下的承重墙间距不大于 3.9m 的大板居住建筑;当采用底层大空间方案及相应的结构措施后,也适用于办公楼、商店等公共建筑。

为推动我国建筑产业的现代化进程,提高工业化水平,近年来发布了一些与建筑墙板相关的规程与规范,例如:住房和城乡建设部在 2014 年发布了行业标准《装配式混凝土结构技术规程》JGJ 1—2014,该规程是对《装配式大板建筑设计和施工规程》JGJ 1—91 的修订与补充,该规程适用于民用建筑非抗震设计及抗震设防烈度为 6 度至 8 度的装配式混凝土结构的设计、施工及验收。图 3-3-1 为使用预制外墙板建造的住宅楼。

图 3-3-1 使用预制外墙板建造的住宅楼

2 质量要求与性能特点

钢筋混凝土复合外墙板的外观质量不应有严重缺陷,且不宜有一般缺陷,对出现的一般缺陷,应进行技术处理。严重缺陷是指对墙板的受力性能、耐久性能或安装、使用功能有决定性影响的缺陷;一般缺陷是指对墙板的受力性能、耐久性能或安装、使用功能无决定性影响的缺陷。外墙板的尺寸允许偏差限值列于表 3-3-1。外墙板的结构性能应满足设计要求,《轻型钢结构住宅技术规程》JGJ 209—2010 规定:预制轻质外墙板应按等效荷载设计值进行承载力检验,受弯承载力检验系数不应小于 1.35,连接承载力检验系数不应小于 1.50,在荷载效应的标准组合下,墙板受弯挠度最大值不应超过板跨度的 1/200,且不应出现裂缝。

表 3-3-1 钢筋混凝土复合外墙板的尺寸允许偏差限值

项目		允许偏差(mm)
长度		±5
高度,厚度		±3
表面平整度	内表面	5
	外表面	3
侧向弯曲		$L/1000$ 且≤20
翘曲		$L/1000$
对角线差		5
门窗口	中心线位置	5
	宽度,高度	±3
预埋锚板	中心线位置	5
	与混凝土面平面高差	0,−5
预埋螺栓	中心线位置	2
	外露长度	+10,−5

续表

项目	允许偏差(mm)	
预埋套筒、螺母	中心线位置	2
	与混凝土面平面高差	0，－5
线管、电盒等	中心线位置	20
	与混凝土面平面高差	0，－10

图 3-3-2 为带有门和窗的钢筋混凝土复合外墙板，图 3-3-3 为带有双窗或单窗的钢筋混凝土复合外墙板。

图 3-3-2 带有门和窗的复合外墙板

图 3-3-3 带有双窗或单窗的复合外墙板

外挂墙板的基本要求：①外挂墙板的高度不宜大于一个层高，厚度不宜小于 100mm。②外挂墙板宜采用双层、双向配筋，竖向和水平钢筋的配筋率均不应小于 0.15%，且钢筋直径不宜小于 5mm、间距不应大于 200mm。③门窗洞口周边、角部应配置加强钢筋。④外挂墙板最外层钢筋的混凝土保护层厚度除有专门要求外，还应符合以下规定：对石材或面砖饰面，不应小于 15mm；对清水混凝土，不应小于 20mm；对露骨料装饰面，应从最凹处混凝土表面算起，且不应小于 20mm。⑤当墙板中钢筋的混凝土保护层厚度大于 50mm 时，宜对钢筋的混凝土保护层采取有效的构造措施。用于固定连接件的预埋件与预埋吊件、临时支撑用预埋件不宜兼用，当兼用时，应同时满足各种设计工况要求；预埋件的验算应符合现行国家标准《混凝土结构设计规范》GB 50010、《钢结构设计规范》GB50017、《混凝土结构工程施工规范》GB50666 等有关规定。⑥外挂墙板与主体结构采用点支承连接时，连接件的滑动孔尺寸应根据穿孔螺栓的直径、层间位移值和施工误差等因素确定。⑦外墙板之间的接缝构造应满足防水、防火、隔声等建筑功能要求，接缝宽度应满足结构的层间位移、密封材料的变形能力、施工误差、温差引起的变形等要求，且不应小于 15mm。

《装配式混凝土结构技术规程》JGJ 1—2014 对预制夹芯外墙板的的设计要求为：①外叶层厚度不应小于 50mm，且外叶层应与内叶层可靠连接；金属和非金属材料拉结件应具有规定的承载力、变形和耐久性能，拉结件应满足夹芯外墙板的节能设计要求。②夹芯层厚度不宜大于 120mm。③当作为承重墙时，内叶层应按剪力墙进行设计。

钢筋混凝土复合外墙板可采用多种构造型式。其一：门窗洞口处无混凝土肋，墙板接缝防水采用单腔带斜槽的构造防水；其二：门窗洞口带有 40mm 宽度的混凝土肋，在墙板边肋上附贴 20mm 厚度的绝热材料；其三：墙板边缘无混凝土肋，绝热材料向外延伸至墙板边界并凸出 15mm，接缝采取材料防水。

3 生产工艺及控制要素

3.1 生产工艺

　　钢筋混凝土复合外墙板的生产可采用平模工艺,也可采用立模工艺。采用平模工艺时,应先浇注外叶墙板混凝土层,再布置保温材料和拉结件,最后浇注内叶墙板混凝土层;采用立模工艺时,应同步浇注内外叶墙板混凝土层,并应采取可保证保温材料和拉结件位置准确的措施。建议采用平模工艺。

　　承重钢筋混凝土复合外墙板采用正打一次复合成型工艺或反打一次复合成型工艺。正打成型是先浇注承重层结构混凝土(内叶层),后浇注饰面层混凝土(外叶层),主要生产过程为:组装模板→涂刷隔离剂→放置钢筋骨架并联接预埋件→浇注承重层混凝土→放置保温隔热材料→放置面层钢筋网并与钢筋骨架联接→浇注面层混凝土→养护→脱模。反打成型是先浇注饰面层混凝土(外叶层),后浇注承重层混凝土(内叶层)。图 3-3-4 为钢筋混凝土复合外墙板反打成型工艺流程,生产组织方法为台座法,其特点是墙板成型和养护的全部工序都集中在一个固定的台座上进行,模型组装、成型、养护、拆模等一切工序所需要的材料和设备都向该固定台座供应。

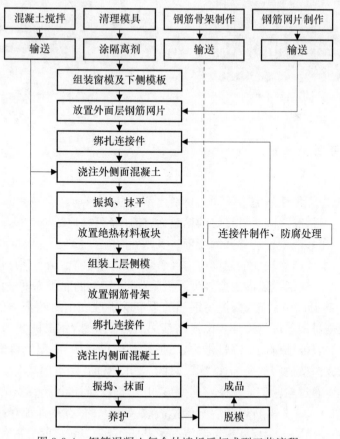

图 3-3-4 钢筋混凝土复合外墙板反打成型工艺流程

图 3-3-5 为山东天意机械股份有限公司设计制造的钢筋混凝土复合外墙板生产线,图 3-3-6 为振动刮平机,图 3-3-7 为脱模系统。

图 3-3-5　钢筋混凝土复合外墙板生产线

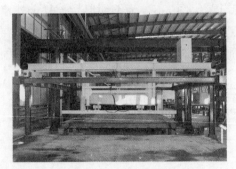

图 3-3-6　振动刮平机

图 3-3-7　脱模系统

3.2　生产控制要素

(1)原料要求

钢筋和混凝土这两种性质完全不同的材料之所以能有效地结合在一起并协同工作,主要是由于硬化混凝土与钢筋之间具有良好的粘结力,使二者可靠地结合在一起,从而保证在外荷载的作用下钢筋与相邻混凝土能够共同变形。其次,钢筋与混凝土的温度线膨胀系数非常接近,当温度变化时,不致产生较大的温度应力而破坏二者之间的粘结。钢筋混凝土结构对钢筋性能的要求:①强度。包括钢筋的屈服强度及极限强度,钢筋的屈服强度是设计计算时的主要依据,采用高强钢筋可以节约钢材,提高钢筋的强度除了改变钢材的化学成分生产新的钢种外,另一种方法就是对钢筋进行冷加工以提高其屈服点。显然,钢筋的屈强比(屈服强度与极限强度的比值)能够表征结构的可靠性潜力,屈强比小则可靠性高,但此值太小时钢材强度的利用率太低,因此应保持适宜的屈强比。②塑性。要求钢筋在断裂前具有足够的变形,还要保证钢筋冷弯的要求,通过检验钢筋承受弯曲变形的能力可以间接评价钢筋的塑性。③可焊性。在一定的工艺条件下,要求钢筋焊接后不产生裂纹及过大的变形,保证焊接后的接头性能良好。④与混凝土的粘结力。为保证钢筋与混凝土共同工作,二者之间必须有足够的粘结力,钢筋表面的形状对粘结力有显著影响。

用于钢筋混凝土复合外墙板生产的混凝土与钢筋的力学性能指标和耐久性应符合现行国家标准《混凝土结构设计规范》GB 50010 的规定。根据工程设计要求，应采用普通混凝土或者轻集料混凝土，混凝土强度等级不宜低于 C25 或 LC25。钢筋宜采用 HPB235、HRB335、HRB400 级钢筋，主筋直径不宜小于 8mm，面网钢筋宜采用冷轧带肋钢筋或冷拔低碳钢丝焊接网片，钢筋焊接网应符合现行行业标准《钢筋焊接网混凝土结构技术规程》JGJ 114 的规定。当板厚 h 大于 150mm 时，受力钢筋的间距不宜大于 1.5h，且不宜大于 250mm；当板厚不大于 150mm 时，受力钢筋的间距不宜大于 200mm。

绝热材料可采用表观密度大于 18kg/m³ 的阻燃型模塑聚苯乙烯泡沫塑料板，或者采用压缩强度为 150～250kPa 的挤聚苯乙烯泡沫塑料板，也可采用符合标准要求的岩棉、玻璃棉、硬质聚氨酯等绝热材料。绝热材料的燃烧性能不应低于国家标准《建筑材料及制品燃烧性能分级》GB 8624—2012 中的 B₂ 级。

内外叶混凝土层可采用独立拉结件连接或者采用钢筋网架连接。钢筋拉结件应采用不锈钢材料或者经过防腐处理的材料，独立拉结件的形状有三角形和 L 形（见图 3-3-8），连接件应在板面内均匀分布，大约每 0.4m² 布置一个拉结件。

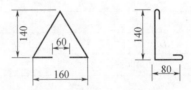

图 3-3-8　钢筋拉结件形状

（2）墙板模型设计

模型是制作混凝土产品的重要装备之一，坚固耐用、形状尺寸准确、合缝严密的模型结构是影响混凝土产品质量的重要因素，而模型拆装的难易程度直接影响到生产效率和劳动强度。混凝土产品的模型应满足：①具有足够的刚度。在荷载作用下，模型各部件的变形不应超过制品的允许公差。模型承受的荷载分为垂直荷载和水平荷载。垂直荷载包括所浇注的混凝土质量、配置的钢筋质量、模型自重、振动作用力以及其他附加质量。水平荷载是指混凝土拌和料对边摸的侧向压力，以混凝土拌和料容重与浇注高度的乘积表示。混凝土浇注入模时以及模型满载吊运时产生的附加动荷载通过动载系数修正，取值为 1.3。模型自重的超载系数取 1.1，垂直荷载与水平荷载的超载系数均取 1.2。②构造简单，合缝严密。对于拆装式模型，其部件应便于拆装和紧密连接，应确保锁紧装置可锁紧模型，并消除由于零件磨损而产生的薄弱环节和模型缝隙。③内表面规整。焊缝最好不与混凝土直接接触，否则应将焊缝仔细磨平。④由于温度变化和湿度变化而引起的变形不超过允许范围。⑤模型叠放的支点和起吊点的选定，应使带构件的钢模在起吊时所生产的挠曲为最小，在外力确定之后，可用悬臂处挠度等于跨中挠度求取起吊点的位置，此外还应在相应部位对侧模刚度进行加强。⑥周转次数多。制作模型的材料关系到墙板的生产成本，一般来说，钢模用于批量较大的定型产品，木模用于小批量产品、零星产品或异形产品。⑦模型的板面脱模倾角、各面连接的曲面半径要求等。边高在 120～200mm 时，脱模坡度不小于 1/10；边高大于 200mm 时，脱模坡度不小于 1/8。图 3-3-9 和图 3-3-10 分别为天意机械股份有限公司制造的墙板模型和窗框模型。模型尺寸的允许偏差限值应符合表 3-3-2 中的规定。

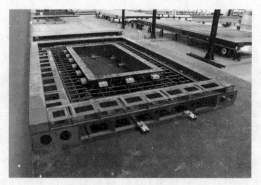

图 3-3-9　墙板模型

图 3-3-10　窗框模型

表 3-3-2　模型尺寸的允许偏差限值

检验项目	允许偏差限值(mm)	
长度,宽度,厚度	1,-2	
对角线差	3	
侧向弯曲	$L/1500$ 且≤5	L 为模具的长度
翘曲	$L/1500$	
底模表面平整度	2	
组装缝隙	1	
端模与侧模高低差	1	

(3)墙板生产前的准备工作

浇注混凝土前应对模型及预埋件的关键尺寸进行核对检查,固定在模型中的预埋件、预留孔不得遗漏,而且应采取可靠的固定措施。还应对钢筋配置、钢丝网配置、混凝土保护层厚度进行核对。

为保证所生产的墙板具有设计所要求的表面质量、减轻模型损耗、提高劳动生产率,除了采用合理的模型结构之外,采用合适的隔离剂也尤为重要。隔离剂(也称:脱模剂)是生产混凝土构件不可缺少的材料,隔离剂的主要作用是减小混凝土与模型的粘结力,能使混凝土产品与模型顺利脱离,保持产品形状完整并保持模型不被损坏。隔离剂不应对混凝土表面及性能产生有害影响,应具有良好的稳定性,在较长时间内不变质,并有较宽泛的温度适应范围;隔离剂不应玷污产品表面或引起色差,不应影响其后的装饰工程施工;隔离剂应无毒不刺激,操作简便,易运输;脱模剂不得与模型发生化学反应。隔离剂分为物理隔离剂、化学隔离剂和长效隔离剂。物理隔离剂是利用物理作用产生隔离效果,使模型表面形成疏水性或强度很低的隔离层,或者形成与制品粘结力极小、与模板粘结力极大的光滑薄膜;常用物理隔离剂主要采用油性、石蜡物质、粉状物质与皂类物质配制而成。化学隔离剂可与水泥进行水化反应而产生隔离效果。长效隔离剂涂覆一次,模型可重复使用多次,甲基硅树脂无毒、不易老化、成膜固化后的薄膜透明坚硬、耐磨、耐热、耐水,涂覆于钢模表面既能起隔离作用又可提高钢模防锈及抗冲击性能。隔离剂(纯油类脱模剂除外)的使用性应符合表 3-3-3 的规定。

表 3-3-3　隔离剂的使用性

项目	指标
干燥成膜时间	10～15min
脱模性能	能顺利脱模,保持制品棱角完整无损,表面光滑,混凝土粘附量不大于 5g/m²
对钢模的锈蚀作用	对钢模无锈蚀危害
耐水性能	将施加脱模剂并干燥的钢板试件浸入 20℃±3℃的水中 30min,不出现溶解、粘手现象

对采用饰面材料的墙板,应进行的准备工作包括:①采用面砖时,在模具中铺设面砖前,应根据排砖图的要求进行配砖和加工;饰面砖应采用背面带有燕尾槽或粘结性能可靠的产品。②采用石材时,在模具中铺设石材之前,应根据排板图的要求进行配板和加工;应按设计要求在石材背面钻孔、安装不锈钢卡钩、涂覆隔离层。③应采用具有抗裂性和柔韧性、收缩小且不污染饰面的材料嵌填面砖或石材之间的接缝,并应采取防止面砖或石材在安装钢筋、浇灌混凝土等生产操作过程中发生位移的措施。

生产之前,应绘制内外叶墙板拉结件的布置图及保温板的排布图。

(4)养护

在混凝土制品生产过程中,加快混凝土的硬化速度有利于缩短生产周期、提高模型周转率、提高主要工艺设备的利用率,并有利于降低产品成本。在确保产品质量和减少能耗的条件下,应满足生产过程中不同阶段对强度的要求,如脱模强度、出厂强度等,以避免过度耗费水泥或盲目提高混凝土强度等级等不合理措施。加速硬化的方法分为热养护法、化学促硬法和机械作用法。热养护是利用外部热源加热混凝土,以加速水泥的水化反应,热养护又分为干热养护和湿热养护。干热养护时,制品或者不与热介质直接接触,或者采用低湿介质加热升温,升温过程中以蒸发为主。湿热养护是以相对湿度 90%以上的热介质加热混凝土,升温过程中仅发生冷凝过程而不发生蒸发;随介质压力不同,湿热养护又分为常压湿热养护、高压湿热养护等。钢筋混凝土复合墙板可采用常压湿热养护,混凝土产品常压湿热养护过程由预养期、升温期(一次升温或分段升温)、恒温期和降温期组成,如图 3-3-11 所示。混凝土在湿热养护过程中受到有利于结构形成和造成结构破坏两类因素的影响,这对矛盾发展的结果是,占优势的那类因素将最终决定湿热养护的效果和混凝土制品的性能。为了增强混凝土对升温期结构破坏作用的抵抗能力,在产品成型后应放置在室温下进行预养护,即在适当的工位静停,预养护的实质在于提高水泥在蒸汽养护之前的水化程度,一方面,使水泥浆体中形成的一定量的高分散水化产物填充在毛细孔内并吸附水分,从而减少加热过程中危害较大的游离水;另一方面,使混凝土具备一定的初始结构强度,增强抵抗湿热养护对结构破坏作用的能力。升温期是造成混凝土结构破坏的主要阶段,引起结构破坏的因素包括各组分的热膨胀、热质传输过程、混凝土减缩与干缩等,体积变形就是由这些因素引起的体积变化的综合表现,因此升温期是混凝土结构的定型阶段,而升温速度是升温期的主要工艺参数,它决定着混凝土残余变形的大小及脱模强度,可以采用限制升温速度、变速升温及分段升温、改善养护条件等措施来减轻升温期混凝土的结构破坏程度。恒温期是混凝土强度的主要增长期,恒温温度和恒温时间是决定混凝土强度与物理力学性能的两个工艺参数,恒温温度主要与水泥品种和混凝土的硬化速度有关,而影响恒温时间的因素有水泥品种及其强度等级、预养时间、升温速度与恒温温度,恒温时间过长可能导致强度波动。在降温期,混凝土制品内的温度、湿度及压力梯度均由外部指向内部,这引起内部水分的急剧汽化,以及制品体积的收缩和拉应力,这些变化将导致定向孔、表面龟裂及酥松等结构损伤现象;过快降温将引起强度损失,甚至造成质量事故,同时,失水过多还将影响水泥的后期水化。因此,应针对混凝土产品的外形尺寸、原料性能、混凝土配合比及其他工艺条件,制定合理的养护制度,对静停时间、升温速度、恒温时间、降温速度进行控制,宜在常温下预养 2~6h,升温速度和降温速度不应超过 20℃/h,最高养护温度不宜高于 70℃,产品出养护池时的表面温度与环境温度的差值不宜大于 15℃。湿热养护结束后,还应对混凝土产品进行后期养护,混凝土孔内有较多的残留水分,使周围介质保持足够的湿度,将有利于水泥水化过程的继续进行和混凝土后期强度的增长。

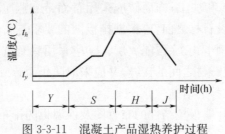

图 3-3-11   混凝土产品湿热养护过程

Y—预养期;S—升温期;H—恒温期;J—降温期;t_y—预养温度;t_h—恒温温度

4   复合外墙板设计

4.1   一般规定

(1)外墙设计应满足建筑外立面多样化和经济美观的要求,应遵循少规格、多组合的原则,饰面宜采用耐久、不易污染的材料;预制外墙板的接缝处及门窗洞口处等防水薄弱部位宜采用材料防水和构造防水相结合的做法,墙板水平接缝宜采用高低缝或企口缝构造,墙板竖缝可采用平口或槽口构造。

(2)外挂墙板应采用合理的连接节点,并与主体结构可靠连接,有抗震设防要求时,应对外挂墙板及其与主体结构的连接节点进行抗震设计。对外挂墙板和连接节点进行承载力验算时,其结构重要性系数 γ_0 的取值不应小于 1.0,连接节点承载力抗震调整系数 γ_{RE} 应取 1.0。

(3)外挂墙板与主体结构宜采用柔性连接,连接节点应具有足够的承载力和适应主体结构变形的能力,并应采取可靠的防腐、防锈和防火措施。

(4)外挂墙板结构分析可采用线弹性方法,其计算简图应符合实际受力状态。

4.2   作用及作用组合

计算外挂墙板及连接节点的承载力时,荷载组合的效应设计值应符合:

(1)在持久设计状况下,当风荷载效应起控制作用时,荷载基本组合的效应设计值 S 按照公式 3-3-1 计算;当永久荷载效应起控制作用时,荷载基本组合的效应设计值 S 按照公式 3-3-2 计算。

$$S = \gamma_G S_{Gk} + \gamma_w S_{wk} \tag{3-3-1}$$

$$S = \gamma_G S_{Gk} + \varphi_w \gamma_w S_{wk} \tag{3-3-2}$$

(2)在地震设计状况下,水平地震作用组合的效应设计值 S_{Eh} 按照 3-3-3 计算,竖向地震作用组合的效应设计值 S_{Ev} 按照 3-3-4 计算。

$$S_{Eh} = \gamma_G S_{Gk} + \gamma_{Eh} S_{Ehk} + \varphi_w \gamma_w S_{wk} \tag{3-3-3}$$

$$S_{Ev} = \gamma_G S_{Gk} + \gamma_{Ev} S_{Evk} \tag{3-3-4}$$

上述公式中,S_{Gk} 为永久荷载的效应标准值;S_{wk} 为风荷载的效应标准值;S_{Ehk} 为水平地震作用的效应标准值;S_{Evk} 为竖向地震作用的效应标准值;γ_G 为永久荷载分项系数,取值规定列于表 3-3-4;γ_w 为风荷载分项系数,取 1.4;γ_{Eh} 为水平地震作用分项系数,取 1.3;γ_{Ev} 为竖向地震作用分项系数,取 1.3;φ_w 为风荷载组合系数,在持久设计状况下取 0.6,在地震设计状况下取 0.2。

表 3-3-4　γ_G 的取值

设计条件		γ_G 的取值
进行外挂墙板平面外承载力设计时		0
进行进行外挂墙板平面内承载力设计时		1.2
进行连接节点承载力设计时	持久设计状况下	风荷载效应起控制作用时,取 1.2
		永久荷载效应起控制作用时,取 1.35
	地震设计状况下	1.2
		永久荷载效应对连接节点承载力有利时,取 1.0

风荷载标准值 S_{wk} 按现行国家标准《建筑结构荷载规范》GB 50009 有关围护结构的规定确定。计算围护结构时,垂直于建筑物表面上的风荷载标准值 w_k(kN/m^2)按公式 3-3-5 计算,β_{gz} 为高度 z 处的阵风系数;μ_{sl} 为风荷载局部体型系数;μ_z 为风压高度变化系数;w_0 为基本风压(kN/m^2)。

$$w_k = \beta_{gz} \mu_{sl} \mu_z w_0 \tag{3-3-5}$$

4.3　w_0、β_{gz}、μ_{sl}、μ_z 的取值

(1)基本风压 w_0

基本风压应采用按 GB50009 规定的方法确定的 50 年重现期的风压,但不得小于 $0.3kN/m^2$;对于高层建筑、高耸结构以及对风荷载比较敏感的其他结构,基本风压取值应适当提高,并应符合有关结构设计规范的规定。

(2)风压高度变化系数 μ_z

对于平坦或稍有起伏的地形,风压高度变化系数 μ_z 应根据地面粗糙度类别按 GB 50009 中的列表数据取用。地面粗糙度分 A、B、C、D 四类:A 类指近海海面和海岛、海岸、湖岸及沙漠地区;B 类指田野、乡村、丛林、丘陵以及房屋比较稀疏的乡镇;C 类指有密集建筑群的城市市区;D 类指有密集建筑群且房屋较高的城市市区。

对于山区的建筑物,风压高度变化系数 μ_z 还应考虑地形条件的修正,具体情况及修正系数按照 GB 50009 中的规定采用。对于远海海面及海岛的建筑物或构筑物,风压高度变化系数 μ_z 还应根据建筑物或构筑物距离海岸的距离的修正,修正系数按照 GB 50009 中的规定采用。

(3)阵风系数 β_{gz}

计算围护结构(包括门窗)风荷载时的阵风系数 β_{gz} 按 GB 50009 中的列表数据取用。

（4）局部体型系数 μ_{sl}

计算围护构件及其连接的风荷载时，局部体型系数 μ_{sl} 按照 GB 50009 中的规定采用。计算非直接承受风荷载的围护构件风荷载时，局部体型系数 μ_{sl} 按照 GB 50009 中的规定采用。计算围护构件风荷载时，建筑物内部压力的局部体型系数 μ_{sl} 按照 GB 50009 的规定采用。

4.4 永久荷载

外墙板的永久荷载即为其自重，自重的标准值可按墙板的设计尺寸与材料的体积密度计算确定。

4.5 地震作用标准值

施加于外挂墙板重心处的水平地震作用标准值 F_{Ehk} 按公式 3-3-6 计算。式中，β_E 为动力放大系数，可取 5.0；α_{max} 为水平地震影响系数最大值，抗震设防烈度为 6 度时取 0.04，抗震设防烈度为 7 度时取 0.08(0.12)，抗震设防烈度为 8 度时取 0.16(0.24)，抗震设防烈度为 7 度、8 度时，括号内的数值分别用于设计基本地震加速度为 0.15g 和 0.30g 的地区。G_k 为外挂墙板的重力荷载标准值。

$$F_{Ehk} = \beta_E \alpha_{max} G_k \tag{3-3-6}$$

竖向地震作用标准值可取水平地震作用标准值的 0.65 倍。

5 主要性能试验（选择介绍—结构性能）

钢筋混凝土外墙板的结构性能试验执行《混凝土结构试验方法标准》GB/T 50152，该标准规定：墙板可采用水平位按受弯构件进行加载试验，进行间接结构性能检验，当采用间接结构检验时，应根据墙板的截面形状、尺寸、材料强度等，计算其在受弯条件下的效应，并给出相应的试验加载方案及挠度、裂缝控制、承载力等结构性能检验允许值。

（1）加载方式与支承方式

·加载方式：采用重物加载时，加载物重量应均匀一致，形状规则，并应满足加载分级的要求，单块加载物的重量不宜大于 250N；加载物应分堆码放，沿墙板跨度方向的堆积长度宜为 1m 左右，且不应大于墙板跨度的 1/6～1/4；堆与堆之间宜预留不小于 50mm 的间隙，避免试件变形后形成拱作用。

·支承方式：一端采用铰支承，另一端采用滚动支承。铰支承可采用角钢、半圆形钢或焊在钢板上的圆钢，滚动支承可采用圆钢。

（2）试验方法

·进行预加载，以检查试验装置的工作是否正常，但应防止墙板因预压而开裂。

·应分级加载，墙板自重应作为第一次加载的一部分。

·当荷载小于标准荷载时，每级荷载不应大于标准荷载值的 20%；当荷载大于标准荷载时，每级荷载不应大于标准荷载值的 10%；当荷载接近抗裂检验荷载值时，每级荷载不应大于标准荷载值的 5%；当荷载接近承载力检验荷载值时，每级荷载不应大于标准荷载值的 5%。

· 每级荷载加载完成后,应持续 10～15min;在标准荷载作用下,应持续 30min。在持续时间内,应观察裂缝的出现和开展,以及钢筋有无滑移等;在持续时间结束时,应观察并记录各项读数。

· 进行受弯承载力检验时,应加载至承载力极限状态的检验标志之一后结束试验,承载力极限状态的检验标志包括:受拉主筋处的最大裂缝宽度达到 1.5mm 或挠度达到跨度的 1/50;受压区混凝土破坏;受拉主筋拉断。当在规定的荷载持续时间内出现上述检验标志之一时,应取本级荷载值与前一级荷载值的平均值作为承载力检验荷载实测值;当在规定的荷载持续时间结束后出现上述检验标志之一时,应取本级荷载值作为承载力检验荷载实测值。

6　安装施工要点

6.1　准备工作

· 选择墙板的吊装方法、吊装机械、吊装机械行驶路线及墙板的堆放位置;准备好安装用机具例如起重设备、运输车、电焊机、搅拌机、吊具、安全网等和辅助材料例如防水砂浆、防水油膏、灌缝混凝土等。

· 检查外墙板的规格型号、数量及墙板质量。

· 首层现浇通长整体混凝土挡水台,外侧作排水坡,在基础或地下室圈梁中预留插铁,配纵向钢筋,支模后浇灌豆石混凝土,待混凝土强度大于 5MPa 时再安装外墙板。

6.2　施工要点

· 墙板起吊前应检查墙板型号,整理预埋铁件,清除铁件表面杂物;检查墙板面层是否有裂缝或局部破损,如有应修补牢固;缺棱掉角损坏严重的墙板,不得吊装。

· 起吊应平稳垂直,在提升、转臂运行过程中,应避免碰撞或冲击,风力大于 5 级时,应停止吊装。

· 吊装前将每块板的位置准确抄平放线,保证外墙板就位准确,尽量做到一次吊装就位。如果就位误差较大,应将墙板吊起调整,严禁撬动面层。外墙板就位时,必须与内墙大模板或框架连接,同时进行必要的临时支撑,以防外墙板在风荷载等外力作用下失稳。

· 外墙板安装应以边线为准,做到外墙面顺平、墙身垂直、缝隙均匀一致、企口缝不得错位。外墙板标高正确,板底找平层灰浆密实,应特别重视首层墙板的安装质量。

· 墙板就位后,用间距尺杆测量墙板顶部的开间距离,用靠尺测量墙板板面和立缝的垂直度,检查相邻两块板的接缝是否平整,如有误差则进行少许调整;如两块墙板间的板缝宽度误差过大,在浇灌混凝土前应填塞聚苯板条。

· 外挂墙板的连接节点及接缝构造应符合设计要求,墙板安装完成后,应及时移除临时支承物、墙板接缝内的传力垫块。

· 外挂墙板与主体结构采用点支承连接时,连接件的滑动孔尺寸,应根据穿孔螺栓的直径、层间位移值和施工误差等因素确定;

· 外挂墙板之间的接缝构造应满足防水、防火、隔声等建筑功能要求;接缝宽度应满足主体结构的层间位移、密封材料的变形能力、施工误差、温差引起的变形等要求,且不应小于 15mm。板缝采用材料防水时,嵌填水油膏前必须将板缝清理干净,板缝应干燥,板边角有破损应提前修补,按设计要求填塞背衬材料;密封材料嵌填应饱满、密实、均匀、顺直、表面平滑,其厚度应符合设计要求。防水油膏应嵌填密实,粘结牢固,封闭严密,避免鼓泡、翘边、脱层等。

• 外墙板接缝处的密封材料应符合:①密封胶应与混凝土相容,还应具有规定的抗剪切和伸缩变形能力,另外还应具有防霉、防水、防火、耐候等性能,硅酮、聚氨酯、聚硫建筑密封胶应分别符合现行行业标准《硅酮建筑密封胶》GB/T 14683、《聚氨酯建筑密封胶》JC/T 482 和《聚硫建筑密封胶》JC/T 483 的规定;②夹芯外墙板接缝处填充用保温材料的燃烧性能应满足国家标准《建筑材料及制品燃烧性能分级》GB 8624—2012 中的 A 级要求。

6.3　安装节点构造图

钢筋混凝土复合外墙板的安装构造节点可依照国家建筑标准设计图集《钢结构住宅(二)》05J910—2 或者《预制混凝土外墙挂板》08SJ110—2/08SG333。《钢结构住宅(二)》05J910—2 图集适用于 6 层至 12 层钢结构住宅,该图集所提供的钢结构住宅结构体系、配套产品、部品及其构造,在建筑高度、抗震构造措施、热工等方面均有相应的适用范围。《预制混凝土外墙挂板》08SJ110—2 图集适用于抗震设防烈度不大于 8 度地区、房屋高度 100m 以下的民用及工业建筑,二 a 类环境类别的外墙工程。图 3-3-12 为摘自图集《钢结构住宅(二)》05J910—2 的钢筋混凝土外墙板与钢梁的连接节点和 T 形连接件。图 3-3-13 和图 3-3-14 分别为摘自图集《预制混凝土外墙挂板》08SJ110—2 的复合外墙挂板与混凝土梁的连接构造示意图和接缝构造详图。

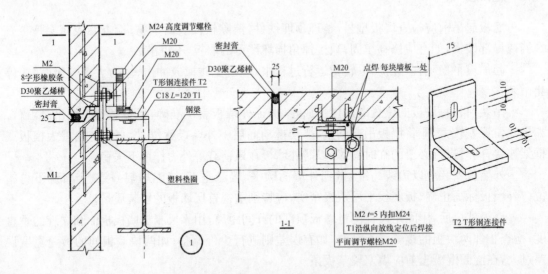

图 3-3-12　钢筋混凝土外墙板与钢梁的连接节点与 T 形连接件

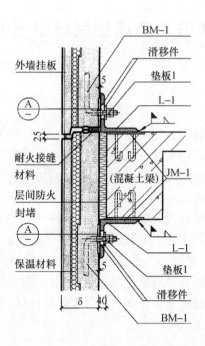

图 3-3-13 钢筋混凝土复合外墙板与混凝土梁连接构造示意图

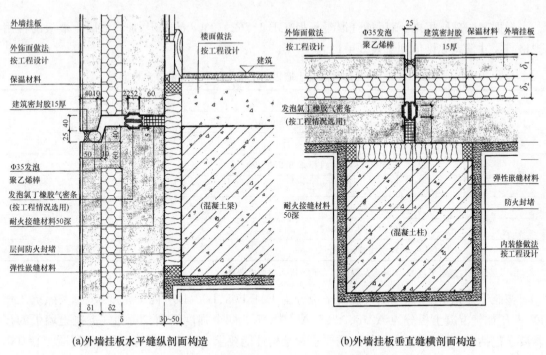

(a)外墙挂板水平缝纵剖面构造　　　　(b)外墙挂板垂直缝横剖面构造

图 3-3-14 钢筋混凝土复合外墙板接缝构造详图

第4节 蒸压加气混凝土墙板

1 引言

蒸压加气混凝土板是以钙质材料(水泥、石灰、高炉矿渣等)和硅质材料(砂、粉煤灰、尾矿粉等)为主要原料,以铝粉为发气剂,加入适量水,经搅拌,浇注于预先放置了经防腐处理的钢筋网架的模箱内,经反应发气、预养、蒸压养护、切割而成的含有微细封闭孔的硅酸盐混凝土板。

按照所用原材料不同,蒸压加气混凝土可分为"石灰-砂加气混凝土""水泥-石灰-砂加气混凝土""水泥-石灰-粉煤灰加气混凝土""水泥-矿渣-砂加气混凝土"等种类。

蒸压加气混凝土板含有大量微小的非连通的气孔,孔隙率达70%～80%,因而具有自重轻、绝热性好、吸音减噪等特性,还具有较好的耐火性与一定的承载能力。蒸压加气混凝土板在生产规模、产品材性与质量稳定性等方面具有很大优势,可用作建筑物的内墙板、外墙板、屋面板与楼板。

2 质量要求与性能特点

根据我国现行标准《蒸压加气混凝土板》GB 15762—2008 的规定,加气混凝土墙板的常用规格与尺寸偏差允许值列于表 3-4-1。

表 3-4-1　蒸压加气混凝土墙板的规格尺寸与尺寸偏差允许值

项目		尺寸偏差允许值
长度(mm)	1800～6000(300 模数进位)	±4
宽度(mm)	600	0,−4
厚度(mm)	75、100、125、150、175、200、250、300	±2
	120、180、240	
侧向弯曲(mm)		$\leqslant L/1000$(L 为墙板长度)
表面平整度(mm)		$\leqslant 3$
对角线差(mm)		$\leqslant L/600$(L 为墙板长度)

注:产品规格仅规定了范围,实际产品规格可在此范围内按要求选择。

按照干体积密度,蒸压加气混凝土板分为 B04、B05、B06、B07 四个密度级别;按照抗压强度,蒸压加气混凝土板分为 A2.5、A3.5、A5.0、A7.5 四个强度级别。对加气混凝土墙板的技术要求包括基本性能要求、钢筋防锈要求和结构性能要求。国家标准《蒸压加气混凝土板》GB 15762—2008 规定的基本性能要求列于表 3-4-2,钢筋要求列于表 3-5-3,外墙板结构性能要求列于表 3-4-4,隔墙板结构性能要求列于表 3-4-5。外墙板的强度级别应达到 A3.5、A5.0 或 A7.5。

表 3-4-2　蒸压加气混凝土的基本性能

强度级别		A2.5	A3.5	A5.0	A7.5
干密度级别		B04	B05	B06	B07
干密度(kg/m³)		≤425	≤525	≤625	≤725
抗压强度(MPa)	平均值	≥2.5	≥3.5	≥5.0	≥7.5
	单组最小值	≥2.0	≥2.8	≥4.0	≥6.0
干缩率(mm/m)	标准法	≤0.50			
	快速法	≤0.80			
抗冻性	质量损失(%)	≤5.0			
	冻后强度(MPa)	≥2.0	≥2.8	≥4.0	≥6.0
导热系数(干态)[W/(m·K)]		≤0.12	≤0.14	≤0.16	≤0.18

表 3-4-3　钢筋的要求

防锈要求		纵筋保护层要求		
		内容	外墙板	隔墙板
防锈能力	试验后的锈蚀面积≤5%	距离大面的保护层厚度(mm)	20±5	20^{+5}_{-10}
粘着力	≥1.0MPa	距离端部的保护层厚度(mm)	10^{+5}_{-10}	

表 3-4-4　蒸压加气混凝土外墙板的结构性能

检验项目	要求	公式中各符号的意义(荷载的单位为 N/m²,挠度的单位为 mm)
承载能力	$W_{l}^{0}≥W_R$ 且 $W_{b}^{0}≥\dfrac{\gamma_0[\gamma_u]}{\gamma_R}W_R$	W_l^0 为外墙板初裂荷载实测值;W_R 为单项工程荷载设计值;W_b^0 为达到破坏标志之一时的荷载实测值,$[\gamma_u]$ 为承载力检验系数允许值;γ_0 为重要性系数,结构安全等级为一级时取 1.1,结构安全等级为二级时取 1.0,结构安全等级为三级时取 0.9;γ_R 为抗力分项系数,取 0.75
短期挠度	$a^s≤a_k$	a^s 为短期挠度实验值;a_k 为短期挠度计算值,$a_k=\dfrac{W_H}{W_k}×\dfrac{L_0}{200}×1000$。$W_H=W_k-\rho·D$,$W_H$ 为检验荷载特征值,W_k 为工程的荷载标准值,L_0 为跨距,ρ 干密度取值,D 为板厚度

表 3-4-5　蒸压加气混凝土隔墙板的结构性能

检验项目	要求	公式中各符号的意义(荷载的单位为 N/m²,挠度的单位为 mm)
承载能力	$W_{g}^{0}≥W_g$	$W_g=\gamma_g·\rho·D=0.3\rho·D$。$W_g^0$ 为初裂荷载实测值;W_g 检验荷载特征值(N/m²);ρ 干密度取值(N/m³);D 为板的厚度(m)。

表 3-4-6　承载力检验破坏标志及 $[\gamma_u]$ 取值

设计受力情况	检验破坏标志	$[\gamma_u]$
受弯	受拉主筋处的最大裂缝宽度达到 1.5mm,或者挠度达到跨度的 1/50	1.20
	受压处加气混凝土破坏	1.25
	受拉主筋拉断	1.50
受弯构件的受剪	腹部斜裂缝达到 1.5mm,或者斜裂缝末端受压区混凝土剪切破坏	1.35
	沿斜截面加气混凝土斜压破坏,或者受拉主筋端部滑脱,或者其他锚固破坏	1.50

表 3-4-7 加气混凝土结构性能试验时的干密度取值（N/m³）

干密度级别	B04	B05	B06	B07
ρ 干密度取值	5500	6850	8250	9600

干密度是加气混凝土的基本性能指标，随着干密度的变化，加气混凝土的其他性能也随之变化。加气混凝土的干密度取决于它的总孔隙率，总孔隙率增加，则干密度降低。在实际生产中，通过增加或减少发气剂用量来调节加气混凝土的干密度。

加气混凝土的抗压强度取决于干密度、孔壁强度、气孔结构均匀性及含水率。必须指出，加气混凝土由于发气膨胀的原因，气孔沿发气方向稍呈椭圆形。平行于发气方向和垂直于发气方向受力所表现的强度有所不同，平行于发气方向的抗压强度约为垂直于发气方向抗压强度的 80%。

影响加气混凝土收缩值的因素包括湿热处理方式和制度、原材料品种及配合比、颗粒级配、气孔结构等因素。在较长时间蒸压处理的加气混凝土中，高结晶度的托贝莫来石含量较多，其收缩值相对较小；以砂为含硅材料的加气混凝土的收缩值小于以粉煤灰为含硅材料的加气混凝土的收缩值；以石灰-水泥为混合钙质材料的加气混凝土的收缩值小于以纯石灰为钙质材料的加气混凝土的收缩值；在加气混凝土中，随着主导气孔半径变小和小孔径（75Å～625Å）气孔数量的增多，加气混凝土的收缩值增大。

抗冻性是体现加气混凝土耐久性的主要指标，在寒冷地区尤其重要。混凝土的抗冻性取决于孔结构特征和原始强度，由于加气混凝土板内部含有许多独立的封闭气孔，不仅可切断部分毛细管通道，而且可缓冲水在结冰过程中产生的膨胀压力。具有均匀封闭优良气孔结构的加气混凝土，水分不易进入，且冻结产生的压力分布比较均匀，因此抗冻性提高；加气混凝土的原始强度越高，抵抗冻结所产生压力的能力越强，因此可提高抗冻性。

加气混凝土的突出特点是其良好的热工性能，包括保温性能与隔热性能。评价轻型结构的保温性能时，应同时考虑其热阻值和热稳定性。热阻是材料层抵抗热流通过的能力，热阻越大，在同样温差条件下，通过材料层的热量越少。加气混凝土的导热系数为 0.12～0.18 W/(m·K)，因而建造一定厚度的墙体时，可获得较大热阻。蓄热系数是材料层表面对不稳定热作用敏感程度的特征指标，材料的蓄热系数越大，表面温度波动越小。干密度为 700kg/m³ 的加气混凝土的蓄热系数 $S_{24} = 3.59W/(m^2 \cdot K)$，因此加气混凝土的热稳定性相对较差。

评价围护结构的隔热性能，要看它在设计条件下内表面温度的高低。虽然加气混凝土蓄热系数（S）值较小，对内表面温度带来不利影响，但因其导热系数较低，采用较小厚度即可获得较大的热阻（R）值，当 R 值与 S 值的乘积较大时，仍可获得较好的隔热性能。

3 生产工艺及控制要素

3.1 生产工艺

蒸压加气混凝土板一般需经过原料加工、配料搅拌、钢筋网片制备及防腐处理、浇注发气、预养护、坯体切割、蒸压养护及铣磨加工等工序。不同种类加气混凝土板的主要差别在于采用了不同的加气混凝土混合料，各类加气混凝土混合料的制备工艺大致相同，都需要经过原料加

工和配料搅拌两个基本工序。以石灰-水泥-砂加气混凝土的制备工艺为例,其主要特点是:
①胶凝材料由石灰、水泥与部分干砂(约占砂总用量的20%)混合干磨而成;②砂浆由砂子、石灰(约占砂用量的20%)与水混合湿磨而成。石灰-水泥-砂加气混凝土墙板的生产工艺流程见图3-4-1。

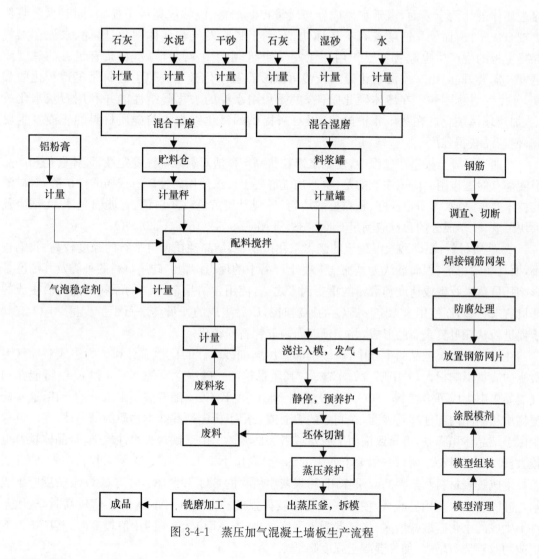

图3-4-1 蒸压加气混凝土墙板生产流程

3.2 生产控制要素

(1)基本组成材料选用

按照原材料在加气混凝土中的作用,可将生产加气混凝土板的原材料分为基本组成材料、发气剂、气泡稳定剂、调节剂、钢筋、钢筋防腐剂。基本组成材料是加气混凝土板在湿热条件下获得强度的主要来源,它包含两类材料:一类是主要含氧化钙的材料,称为钙质材料,如石灰、水泥、高炉矿渣等;另一类是主要含二氧化硅的材料,称为硅质材料,如砂、粉煤灰、煤渣、煤矸石、尾矿粉等。

① 钙质材料:钙质材料的主要作用是提供有效 CaO 与硅质材料中的 SiO_2、Al_2O_3 进行

水热反应,生成水化硅酸盐和水化铝硅酸盐,使产品获得强度;生石灰具有水化凝结性能,可促进料浆的稠化凝结过程,生石灰还可提高料浆碱度,促进铝粉发气。通常情况下,生石灰的水化放热往往过快,加之石灰质量的波动,使得以石灰为钙质材料的加气混凝土工艺变得困难,因而常常采用石灰-水泥混合钙质材料。水泥的作用主要表现在保证浇注稳定和促进坯体硬化两个方面,由于水泥成分与质量控制严格、浇注成型易于控制,同时水泥浆稠化较石灰浆慢,而硬化速度较石灰坯体快,有利于料浆发气和坯体硬化,因此,水泥在加气混凝土板的生产中也起着重要作用。在发气初期,由于生石灰消解,料浆有足够的碱度满足发气需要,同时由于水泥水化凝结较慢可减缓石灰水化激烈放热引起料浆迅速稠化的程度,使发气过程顺畅。在坯体硬化阶段,主要利用水泥的水化凝结性能并利用石灰水化放热,加速坯体硬化。在蒸压养护阶段,以石灰提供的氧化钙为主与硅质材料的表面发生反应,使产品获得强度。

在加气混凝土板生产过程中,使用水淬粒状高炉矿渣对料浆浇注稳定性、坯体硬化和产品强度都有促进作用。应该注意的是,生产加气混凝土要求使用碱性矿渣或弱酸性矿渣,对矿渣的技术要求是:水淬质量良好、颗粒松散均匀、外观呈淡黄色或灰白色、有玻璃光泽、无铁渣及大块硬渣,化学成分的含量应满足 $CaO>38\%$、$Al_2O_3\ 9\%\sim16\%$、$CaO/SiO_2>1$。

② 硅质材料:在硅酸盐混凝土的诸多水化产物中,结晶性托贝莫来石的强度较高、收缩较小,而且非常稳定,因而被认为是加气混凝土产品中的理想矿物。硅质材料的种类及其细度是影响托贝莫来石生成速度和数量的重要因素之一,使用含结晶态 SiO_2 的原料时蒸压后生成的托贝莫来石多,而使用含无定形 SiO_2 的原料时蒸压后生成的托贝莫来石少。少量 Al_2O_3 有利于促进板状托贝莫来石的形成,并能延迟向硬硅钙石的转化。

在加气混凝土制品的生产中,一般全部采用磨细砂。砂的化学成分和矿物组成对加气混凝土的质量影响很大,砂中所含石英越多,其质量越好。砂中含有的 Na_2O 和 K_2O 可能在加气混凝土中生成可溶性 Na_2SO_4、K_2SO_4 或者 Na_2CO_3、K_2CO_3,随着制品中水分的迁移,这些盐类物质从制品内部迁移到表面,在制品的表面或表层下析出这些盐类物质的结晶体,在此过程中由于结晶体积膨胀,可导致饰面层脱落或者表面剥离。由于钠盐吸水性较强,结晶体颗粒也较大,破坏作用较大,所以一般要求砂中的 Na_2O 含量小于 1.5%、K_2O 含量小于 3%。粉煤灰兼具生成胶凝材料和集料的双重作用,粉煤灰中所含的 SiO_2 和 Al_2O_3 可与 CaO 水热反应生成水化硅酸盐和水化铝硅酸盐,使加气混凝土获得强度。当 SiO_2/Al_2O_3 的比值较高时,蒸压条件下生成的水化硅酸盐增多,加气混凝土强度提高;当 Al_2O_3/SiO_2 的比值较高时,蒸压条件下生成的水石榴石增多,加气混凝土强度降低。

混合胶凝材料一般由胶凝材料和部分细集料按比例混合干磨而得,磨细后的胶凝材料输送至贮料斗,以供配料使用。不同种类加气混凝土混合料工艺对胶凝材料和集料最佳细度的要求列于表3-4-8。

表 3-4-8　不同种类加气混凝土对胶凝材料和集料最佳细度的要求(cm^2/g)

原料	加气混凝土种类		
	水泥—矿渣—砂	水泥—石灰—粉煤灰	石灰—水泥—砂
胶凝材料	>3000	4000~6000	4000~6000
集料	2500~2800	≥2500	1700~2200

（2）发气剂

铝粉为世界上应用最广泛的加气混凝土的发气剂，铝粉的主要性质有发气量、发气开始时间和发气速度。铝粉的发气量取决于铝粉中金属铝的含量，特别是在料浆中参与发气反应的活性铝的含量。铝粉开始发气的时间和发气速度很大程度上取决于铝粉的颗粒细度和粒级组成，铝粉颗粒越细，发气开始时间越早，发气速度越快；铝粉颗粒最好由单一的粒级组成（颗粒尺寸为 $20 \sim 40 \mu m$），比表面积约为 $5500 cm^2/g$。铝粉发气速度还随着料浆碱度和温度的提高而增大。

在铝粉磨细过程中通常都加入一定量的硬脂酸，硬脂酸在铝粉颗粒表面形成薄膜，可防止铝粉在磨细、运输和贮存过程中被氧化，避免发生燃烧和爆炸。硬脂酸薄膜为憎水性物质，将会阻碍铝粉在碱性料浆中的反应，因此，铝粉在使用前必须进行脱脂处理。推荐采用化学脱脂方法，即：采用表面活性剂将硬脂酸乳化成为很小的颗粒，使之脱离铝粉表面，从而达到脱脂的目的。具体操作方法是将表面活性剂溶解在温度为 50℃ 的定量水中，然后加入一定量的铝粉进行充分搅拌，直至铝粉全部沉入溶液中为止，由此制成铝粉膏待用。另外一种铝粉磨细方法是采用水、特种表面活性剂与铝粉共同湿磨，直接制成铝粉膏，这种铝粉膏可在水中分散，无需进行脱脂处理，使用更加安全方便。我国建材行业标准《加气混凝土用铝粉膏》JC/T 407—2008 将铝粉膏按介质分为油剂型和水剂型两种，并对铝粉膏的技术要求进行了规定，见表 3-4-9。

表 3-4-9 加气混凝土用铝粉膏的技术要求

类别	代号	固体含量（%）	固体中活性铝含量（%）	0.075mm筛筛余	发气率（%）			水分散性
					4min	16min	30min	
油剂型	GLY-75	≥75	≥90	≤3.0%	50～80	≥80	≥99	无团粒
	GLY-65	≥65						
水剂型	GLS-70	≥70	85	—	40～60	—	—	
	GLS-75	≥65						

（3）气泡稳定剂

加气混凝土料浆为固-液-气三相体系，种种因素的共同作用导致这种体系的极度不稳定，致使不能形成多孔均匀分散体系。因此，气泡稳定剂也是加气混凝土必不可少的组成材料。气泡稳定剂为表面活性物质，在加气混凝土料浆中加入气泡稳定剂之后，其极性基一端指向水，非极性基一端指向气体，表面活性物质吸附在液-气界面上，降低液-气界面的表面张力，使气泡稳定；同时表面活性剂的极性基一端朝向固体颗粒，非极性基一端朝向气体，使固体颗粒由亲水性变为疏水性，固体颗粒向气泡附着，避免固体颗粒沉降，因而形成多孔均匀分散体系。比较普遍使用的气泡稳定剂是由花生油酸和三乙醇胺配制而成的皂类表面活性物质，可按花生油酸、三乙醇胺和水 1：3：36 的比例进行配制。

（4）调节剂

调节剂在加气混凝土制品生产过程中具有以下几种作用：①推迟铝粉开始发气的时间；②加快铝粉发气速度；③延缓料浆稠化；④促进坯体硬化；⑤增大加气混凝土在蒸压过程中的膨胀值。由于钢筋的线膨胀系数（$1.2 \times 10^{-5}/℃$）大于加气混凝土的线膨胀系数（$0.8 \times 10^{-5}/℃$），因此在加气混凝土配筋板材的蒸压过程中钢筋的线膨胀值大于加气混凝土的线膨胀值,如不加以调节,板材将会在蒸压养护的升温阶段因二者的热膨胀值不同而产生垂直裂缝。煅烧温度在 1000℃~1100℃的菱苦土能够满足水泥-矿渣-砂加气混凝土板的要求,作为生产加气混凝土板材使用的菱苦土,要求其氧化镁含量大于 80%,菱苦土遇水消解生成氢氧化镁,其体积膨胀约 20%,因此可用于调节加气混凝土坯体在蒸压过程中的膨胀值。需要指出的是,对于以生石灰为主要胶结料的加气混凝土,由于其本身在蒸压过程中具有一定的膨胀作用,因此可少用或不用菱苦土。

(5)料浆稳定膨胀的基本条件与影响因素

料浆浇注入模后,铝粉与碱性水溶液反应放出氢气,使料浆膨胀;同时水泥、石灰水化凝结使料浆稠化。如果发气快、稠化慢,或者发气慢、稠化快,都将造成冒泡、坍塌、龟裂等现象,无法形成良好的多孔结构。只有发气速度与稠化速度相适应,才能形成良好的加气混凝土多孔结构。在大量发气阶段,料浆稠化速度应缓慢,具有良好流动性的料浆,才能使发气顺畅,同时要求料浆具有好的保气能力,保持气泡悬浮于其间而不升浮逸出。整个发气过程应在料浆流动性丧失前结束,一旦发气结束,料浆应迅速稠化,使已形成的气孔结构得以稳定。

凡是影响料浆流动度、温度、碱度的工艺因素包括用水量、浇注温度、石灰用量、原料品种及配合比等等,都将影响料浆膨胀的稳定性。

(6)钢筋网片与防腐要求

按照结构和构造要求,板内应配置不同数量的钢筋网片,钢筋材质应符合I级钢,直径一般为 $\phi6\sim\phi10$,钢筋网片经焊接而成;钢筋网片必须经过防腐处理,随着对建筑构件防火级别要求的提高,防腐层要相应加厚。具体要求:①钢筋:宜采用 HPB235 级钢,盘圆钢筋必须经过调直、切断、点焊成网片,上下网片焊接成网架,经防腐处理,装入模框,需要高质量的焊接设备,保证网片的平整,保证焊点强度大于钢筋本身的强度;②钢筋必须经过防腐处理,由于在生产过程中高温(约200℃)碱性环境中,加气混凝土中的钢筋比普通混凝土中的钢筋更易遭受二氧化碳的腐蚀;③防腐剂的基本要求:在高温下,以及升降温过程中,钢筋与混凝土粘结良好。

钢筋腐蚀的原因是由于环境中的水分和氧气通过混凝土保护层扩散渗透到钢筋表面形成微电池现象和氧化作用引起的,钢筋的腐蚀只有在其表面同时存在水分和氧气的条件下才可能发生。混凝土中的碱度对钢筋的腐蚀过程有很大影响,混凝土的碱性可以使钢筋表面的氧化层具有稳定性,使表面钝化,混凝土中碱度降低可导致钢筋腐蚀过程加快。由于加气混凝土为多孔结构,渗透性高,水分和氧气容易透过,而且加气混凝土液相碱度较低,所以加气混凝土中的钢筋更易发生电化学腐蚀,因此必须对钢筋进行防腐处理。钢筋防腐剂应满足以下要求:与钢筋和加气混凝土均有良好的粘结力,能有效防止氧气和有害气体的扩散渗透,不含有害物质。加气混凝土中常用的钢筋防腐剂有:①有机溶剂型聚苯乙烯-沥青类防腐剂,此类防腐剂能经受高温作用,与加气混凝土的粘结力高,贮存期长,干燥时间短;②水泥-沥青-酚醛树脂防腐剂,此类防腐剂可在钢筋表面形成坚实的涂层,涂层具有良好的强度和粘结力;③沥青-硅酸盐防腐剂,此类防腐剂可避免沥青在蒸压过程中流淌,保持涂层良好的粘结力;④乳胶漆防腐剂,此类防腐剂不仅具有良好的耐水和抗碱性能,而且在高温下能产生部分交联的高聚物,形成一种类似橡胶的大分子结构,使其具有一定的弹性和耐热性。

(7)配合比设计

配合比设计必须满足以下要求:产品达到规定的强度、热工性能、收缩值及耐久性;料浆具有良好的浇注稳定性,坯体压蒸时不开裂;原料来源广泛。配合比设计应从钙硅比、水料比、发气剂用量、调节剂用量等方面着手，下面以石灰-砂加气混凝土和石灰-水泥-砂加气混凝土为例，叙述配合比的设计原理与过程。

① 钙硅比选择与基本组成材料用量计算

选择合理的硅质材料与钙质材料比例是为了保证能生成性能优良的托贝莫来石和硬硅钙石等，托贝莫来石的 CaO/SiO_2 克分子比为 0.83，硬硅钙石的 CaO/SiO_2 克分子比为 1，因为与 CaO 发生反应的仅是砂粒表面的小部分 SiO_2，所以在配合比设计过程中原料的 CaO/SiO_2 克分子比要低很多，具体比例取决于砂的细度，当砂的细度为 $3000\sim5000cm^2/g$ 时，CaO/SiO_2 的克分子比为 $0.24\sim0.50$，考虑到料浆温升速度不能太快，常选用的 CaO/SiO_2 的克分子比为 $0.24\sim0.34$，换算成重量比，则 CaO/SiO_2 的重量比为 $0.22\sim0.32$。假设石灰中的活性氧化钙含量为 70%，则石灰与砂的重量比 K 可在 $0.32\sim0.46$；对于低密度加气混凝土，要求提高磨细砂的细度，K 可取较低值；当钙质材料由石灰和水泥共同组成时，K 可取较高值。考虑到加气混凝土硬化后所增加的结合水质量，石灰质量 $W_{石灰}$（当钙质材料为石灰和水泥时，则将钙质材料的质量符号相应变为 $W_{石灰+水泥}$）和砂质量 $W_{砂}$ 与加气混凝土绝干密度 $\gamma_{干}$ 的关系如公式 3-4-1。

$$\alpha\gamma_{干}=W_{石灰}+W_{砂}=W_{砂}\left(1+\frac{W_{石灰}}{W_{砂}}\right)=W_{砂}(1+K) \tag{3-4-1}$$

式中：α 为考虑结合水的系数。对干密度为 $(400\sim600)kg/m^3$ 的加气混凝土，$\alpha=0.85$；对对干密度为 $(700\sim900)kg/m^3$ 的加气混凝土，$\alpha=0.90$。

按照公式 3-4-2 和公式 3-4-3 计算 $1m^3$ 加气混凝土中的石灰（或者：石灰＋水泥）用量和砂用量。

$$W_{石灰}=\frac{\alpha\gamma_{干}}{1+K}\times K \tag{3-4-2}$$

$$W_{砂}=\frac{\alpha\gamma_{干}}{1+K} \tag{3-4-3}$$

② 水料比选择与用水量计算

水料比是指 $1m^3$ 加气混凝土中水用量与基本组成材料用量的比例。加气混凝土的密度越小，对料浆膨胀能力的要求越高，未发气料浆的流动度应越大。以未发气料浆的流动度为初始流动度，通过试验寻找满足初始流动度的水料比，然后以该水料比 (β) 配制料浆进行发气试验，在发气膨胀结束后 1h 测定料浆密度 $\lambda_{料浆}$，将所测密度按公式 3-4-4 换算成加气混凝土的绝干密度 $\gamma_{干}$，按照公式 3-4-5 计算 $1m^3$ 加气混凝土中的用水量。

$$\gamma_{干}=\frac{\lambda_{料浆}}{\alpha(1+\beta)} \tag{3-4-4}$$

$$W_{水}=\beta(W_{石灰}+W_{砂}) \tag{3-4-5}$$

不同密度石灰-砂加气混凝土的初始流动度要求列于表 3-4-10。

表 3-4-10　不同密度石灰-砂加气混凝土的初始流动度要求

加气混凝土密度 （kg/m^3）	初始流动度要求 （cm）	加气混凝土密度 （kg/m^3）	初始流动度要求 （cm）
300	22～25	700	18～20
400	21～23	800	17～19
500	20～22	900	16～18
600	19～21	1000	15～17

③ 发气剂用量计算

铝粉用量取决于加气混凝土的密度。在加气混凝土料浆中,铝粉在碱性介质中置换出水中的氢气使料浆膨胀,实质上是铝与水反应释放出氢气,碱的存在只是起到溶解氧化铝薄膜和氢氧化铝的作用,由此加快铝与水的反应。化学反应式为:

$$2Al + 6H_2O \Longrightarrow 2Al(OH)_3 + 3H_2 \uparrow$$

将铝粉与水反应所释放的氢气体积视为等于加气混凝土中的空隙体积,$1m^3$加气混凝土需要的铝粉用量$W_{铝粉}$按照公式3-4-6计算。

$$W_{铝粉} = \frac{1000 - \left(\dfrac{W_{石灰}}{\gamma_{石灰}} + \dfrac{W_{砂}}{\gamma_{砂}} + W_{水} \right)}{z \cdot V_{tp}} \tag{3-4-6}$$

式中:z为铝粉的活性系数,一般取0.9;V_{tp}为1g铝粉在38℃～40℃时的发气量,按照化学反应方程式中的关系计算,1g纯金属铝可产生1.44L氢气;$\gamma_{石灰}$、$\gamma_{砂}$分别为石灰和砂的比重。

④ 废料浆用量

废料是加气混凝土坯体在切割过程中产生的,其组成与加气混凝土料浆相同,但是经过了长时间水化,其中还含有大量水化硅酸盐凝胶且有较高碱度,对浇注料浆有较好的稳定作用,能有效改善料浆的浇注稳定性。废料加水搅拌成为废料浆,在配料中加入废料浆可抑制发气膨胀过程中产生的沸腾塌陷、坯体下沉等现象。因此,废料浆是一种有效的、不可缺少的调节剂。

为保证料浆中总用水量和总用砂量不变,当需要加入废料浆时,应在总用水量和总用砂量中扣除废料浆中的水含量和固体料含量。

设废料浆的比重为$\gamma_{废浆}$,质量为$G_{废浆}$(kg/L),废料浆中含水量为$G_{水}$(kg/L),固体料含量为$G_{固}$(kg/L),干废料的比重为$\gamma_{废料}$,每升废浆中的固体料含量和含水量可按照公式3-4-7和3-4-8进行计算。

$$G_{固} = \frac{\gamma_{废料}(\gamma_{废料} - 1)}{\gamma_{废料} - 1} \tag{3-4-7}$$

$$G_{水} G_{废料} - G_{固} = \frac{\gamma_{废料} - \gamma_{废浆}}{\gamma_{废料} -} \tag{3-4-8}$$

⑤ 配合比验证试验

用通过上述方法计算得到的配合比,按照加气混凝土的工艺过程制备试件,测定其干密度和抗压强度,若强度偏低,则应增加钙质材料的用量,重复进行试验,直到加气混凝土的密度和强度都满足要求。

(8)模型要求与料浆浇注

加气混凝土制品的浇注成型是在金属模型中进行,由于切割工艺的广泛应用,可采用同一尺寸的模型,这样既可简化模型种类,又可提高压蒸釜的填充系数并降低成本。为提高模型各部件的互换性,减小制品的公差,模型应有精确的尺寸。此外,模型还应具有足够的刚度,避免坯体在运输过程中变形开裂。同时,严禁将重物倚靠在侧模上,避免破坏模型合缝的严密性以及由此引起漏浆、塌模和制品尺寸偏差过大。

加气混凝土料浆浇注的组织方法分为定点浇注和移动浇注。定点浇注是指浇注机及辅助设备设置在固定工位上,模型以一定的流水节拍移动,并依次在相应的工位上完成各项工序;

因为模型预热、发气和预养过程可在预热窑中进行，所以定点浇注对车间的保温要求较低，但浇注完毕后的模型在移动过程中常因不可避免的抖动而引起漏浆，严重时会引起塌模。流动浇注是指模型在料浆浇注后的发气和预养过程中静置不动，因而不易漏浆，且有利于料浆气孔结构的稳定，但对厂房有较高的保温要求。

加气混凝土料浆每次的拌和量，应足够浇注一台模型所需要的用量。其浇注高度可由发气膨胀结束时，料浆完全充满模型换算得到。料浆浇注高度与加气混凝土的密度有关，生产低密度加气混凝土时，需浇注到模型中的料浆高度较低，反之则较高。料浆浇注高度 h 可按公式 3-4-9 确定。

$$h = 1.2h_0 \frac{\gamma_j}{\gamma_p} \tag{3-4-9}$$

式中：h_0 为模型高度(m)；γ_j 为加气混凝土料浆的密度(kg/m^3)；γ_p 为未发气料浆的密度(kg/m^3)。

模型高度还受到料浆自身支承能力的影响，靠近模型底部的料浆所承受的压力为 $P = \gamma_j \cdot h_0$，为保证料浆不发生结构破坏，料浆的塑性强度应大于底层料浆所承受的压力，即：$\tau_p \geqslant \alpha \cdot \gamma_j \cdot h_0$，由此可以看出，随着模型高度的增加，底层料浆所承受的压力逐渐增大，为获得足够支承力所要求的塑性强度越高。

(9)蒸压养护

蒸压加气混凝土的结构形成包括两个过程，第一个过程是由于铝粉与碱性水溶液之间反应产生气体使料浆膨胀，以及水泥和石灰的水化凝结而形成多孔结构的物理化学过程；第二个过程是在蒸压条件下钙质材料与硅质材料发生水热反应使强度增长的物理化学过程。

料浆从搅拌、浇注开始，其主要固体组成材料基本上被水所隔离，此时，水为料浆内的连续相，固体微粒在水中呈不连续的分散相。随着水化反应的进行，气孔壁结构不断紧密，固相水化产物越来越多，液相则越来越少，当达到能够抵抗相当外力作用的结构强度时，便完全凝结。料浆凝结以后，整个体系基本稳定，成为坯体。由于温度低、时间短，坯体中的水化产物少，结晶度差，因此，必须采用蒸压养护使反应过程充分而快速地进行，以获得高强度的加气混凝土板。

蒸压"石灰-砂加气混凝土"的水热合成反应主要是 $CaO—SiO—H_2O$ 三元系反应，其生成物是以托贝莫来石为主体的水化硅酸盐，蒸压"水泥－石灰－砂及加气混凝土""水泥-石灰-粉煤灰加气混凝土"属于 $CaO—Al_2O_3—SiO—H_2O$ 四元系反应或 $CaO—Al_2O_3—SiO—CaSO_4—H_2O$ 五元系反应，其生成物属于水化硅酸盐-水石榴石型。此时，无论钙质材料是生石灰还是水泥还是两者合用，无论硅质材料是结晶态材料还是无定形材料，主要生成物都是托贝莫来石，次要生成物都是水石榴石。影响生成托贝莫来石的速度及含量的因素除了硅质材料的种类及其细度、生石灰的水化特性及其细度、原材料的配合比等，蒸压制度也是重要因素。

蒸压制度是指在蒸压养护过程中升温速度、恒温温度和恒温时间、以及降温速度。需控制升温速度和降温速度，避免在制品中产生较大的温度应力；恒温温度和恒温时间是制品硬化的主要阶段，钙质材料与硅质材料只有在一定的温度下才能生成托贝莫来石，然而，在加气混凝土水热反应过程中，很难使所有的反应都停留在生成托贝莫来石的阶段，只要

还有未反应的 SiO_2,反应就会继续进行,使托贝莫来石转化为低钙水化物(硬硅钙石、白钙沸石),反应温度越高,这种转化越快,尽管硬硅钙石的收缩小、耐火性能好,但其抗压强度低于托贝莫来石,所以加气混凝土制品在蒸压过程中的恒温温度控制在 175℃～203℃。在满足温度的条件下延长恒温时间,不但可增多托贝莫来石的数量,而且可大大改善水化产物的结晶度,但是过度延长恒温时间,也会使托贝莫来石转化为其他类型的水化产物,恒温时间一般在 6h～10h。

蒸压过程中的最高温度与恒温时间密切相关,对应于每一个最高温度,均有其最佳恒温时间。对于用不同原料生产的加气混凝土,因其反应能力不同,所以恒温温度与恒温时间也不相同。

(10)产品表面处理

在干湿交替的外界条件下,加气混凝土中含水分布不均匀,表层收缩值大,内部收缩值小,因而造成变形梯度,产生收缩应力。当收缩应力超过加气混凝土抗拉极限强度时,加气混凝土开始出现裂缝,为改善抗裂性,可对加气混凝土表面进行饰面及憎水处理,以降低含水梯度,在加气混凝土压蒸处理之后立即进行烘干处理,也可消除部分收缩。饰面和憎水处理还有利于防止加气混凝土表面的盐析。

4 主要性能试验(选择介绍)

4.1 干燥收缩值(标准法)

(1)仪器设备

①立式收缩仪:精度为 0.01mm;②电热鼓风干燥箱:最高温度 200℃;③调温调湿箱:最高工作温度 150℃,最高相对湿度(95±3)%;④恒温水槽:水温(20±2)℃;⑤天平:称量 500g,感量 0.1g;⑥黄铜或不锈钢收缩头、干燥器、干湿球温度计。

(2)试件制备

试件尺寸为 40mm×40mm×160mm,尺寸允许偏差为(-1,0)mm,一组 3 块;从当天出釜的制品中锯切试件,试件长度方向平行于制品的发气方向,锯切部位如图 3-4-2。锯切后的试件要立即密封,防止碳化。

测量两个收缩头的长度,并计算其总长度 s;在试件的两个端面中心,各钻一个直径为 6～10mm、深度为 13mm 的孔洞;在孔洞内灌入水玻璃水泥砂浆或其他粘结剂,然后埋置收缩头,收缩头中心线应与试件中心线重合,试件端面必须平整,2h 后检查收缩头安装是否牢固,否则重装。

(3)试验步骤

①制备好的试件放置 1d 后,浸入水温为(20±2)℃的恒温水槽中,水面应高出试件 30mm,保持 72h;②将试

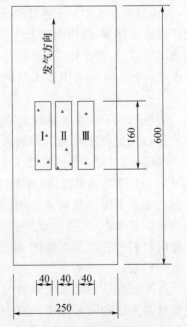

图 3-4-2 干燥收缩值试验用试件的锯切位置

件从水中取出,用湿布抹去表面水分,并将收缩头擦净,立即称量试件的质量 m_0,精确到 0.1g;③用长度为 s_0 的标准杆调整百分表的原点 y_0(一般为 5.00mm),然后按标明的测试方向立即测量试件的初始长度 l_0(百分表读数)并进行记录,精确到 0.01mm;④将试件放入温度为(20±2)℃、相对湿度为(43±2)%的调温调湿箱中;⑤前 5d 每天在温度为(20±2)℃的房间内测量一次试件的长度 l_i(百分表读数)并称其质量 m_i,以后每隔 4d 在同样温度条件的房间内测量一次长度 l_i(百分表读数)并称其质量 m_i,直至试件的质量变化小于 0.1% 为止;将最后一次测量的长度记录为 l。(百分表读数);⑥将试件放入电热鼓风干燥箱内,在(60±5)℃温度下保持 24h,随后在(80±5)℃温度下保持 24h,再在(105±5)℃温度下烘干至恒重 m。

(4)结果处理

按公式 3-4-10 计算最终干燥收缩值 Δ,以三块试件计算值的算术平均值作为试验结果。如果需要绘制蒸压加气混凝土在不同含水状态下的干燥收缩特性曲线,则应对测量过程中各次测量的含水率与收缩值进行计算,按公式 3-4-11 计算每个试件的含水率 p_i(%);按公式 3-4-12 计算每个试件的收缩值 Δ_i(mm/m);以三个试件 Δ_i 的平均值为纵坐标,以三个试件 p_i 的平均值为横坐标。

$$\Delta = \frac{l_0 - l}{s_0 - (y_0 - l_0) - s} \tag{3-4-10}$$

$$p_i = \frac{m_i - m}{m} \tag{3-4-11}$$

$$\Delta_i = \frac{l_i - l}{s_0 - (y_0 - l_i) - s} \tag{3-4-12}$$

4.2 结构性能(均布荷载法)

(1)仪器设备

砝码:精度 10N;百分表:精度 0.01mm;直尺,精度 1mm;刻度放大镜:精度 0.05mm;墙板为简支支承:一端为铰支承,另一端为滚动支承,具体尺寸要求见图 3-4-3。

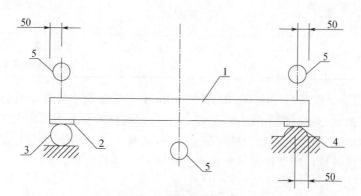

图 3-4-3　墙板试验支承示意图

1—试验墙板;2—钢垫板(宽度为 100mm,长度应大于试验墙板的宽度,厚度为 6mm~15mm 的钢板);3—铰支承;4—滚动支承;5—百分表

（2）试验准备

·获取加气混凝土外墙板在单项工程中的荷载标准值 W_k 和荷载设计值 W_R。

·将试验板冷却至室温，然后测量并记录板的外观尺寸和钢筋保护层厚度，将板按照图 3-4-3 的要求放置在支承座上，受力面向上。

·在板中部下方安装百分表，需要时可在板两端上部各自安装百分表，将百分表调整到零位。也可采用自动位移记录仪。

（3）试验步骤

·采用均布荷载分级加载。每级荷载加载时，间隔 5min。用砝码均匀地从板的两端向中部逐渐加载。

·按公式 3-4-13 计算得到检验荷载特征值 W_H，按公式 3-4-14 计算得到短期挠度检验时的应加荷载计算值 F_1。

$$W_H = W_k - \rho \times D \tag{3-4-13}$$

$$F_1 = W_H \times B \times L_0 \tag{3-4-14}$$

式中，F_1 为短期挠度检验时应加荷载计算值（N）；W_H 为检验荷载特征值（N/m²）；B 为试验板宽度（m）；L_0 为试验板两支点间的距离（m）；W_k 为单项工程的荷载标准值（N/m²）；ρ 为加气混凝土干密度计算值，按表 3-4-11 取用；D 为试验板厚度（m）。

表 3-4-11　加气混凝土干密度计算值

干密度级别	B04	B05	B06	B07
干密度计算值（N/m³）	5500	6850	8250	9600

·按照表 3-4-12 中计算得到各阶段每级荷载的加载量（N）。

表 3-4-12　外墙板均布加载试验加载量计算

阶段	每级加载量（N）	过程记录
短期荷载挠度测试前	$F_1 \times \dfrac{1}{5}$	五级荷载后，记录短期挠度测量值 a_s
短期荷载挠度测试至荷载允许值测试之间	$(W_R - W_k) \times B \times L_0 \times \dfrac{1}{3}$	再加三级荷载后，记录板材是否开裂
大于荷载允许值后	$F_1 \times \dfrac{1}{10}$	板材破坏是时，记录前一级荷载为破坏荷载 p_2

·五级加载后，达到荷载标准 W_k 时，静停 10min，记录板跨中挠度（不包括支座位移），即为短期荷载挠度值 a_s；继续加三级荷载，静停 10min，观察试验板是否出现裂缝并记录。

·再继续加载，直到达到承载力破坏标志之一（见表 3-4-6），记录荷载总量（N）。

·均布加载法外墙板短期挠度计算值按公式 3-4-15 进行计算。

$$a_k = \frac{W_H}{W_k} \times \frac{L_0}{200} \times 1000 \tag{3-4-15}$$

a_k 为在单项工程荷载标准值 W_k 时的板材短期挠度计算值（mm）。

5　安装施工要点

5.1　一般要求

安装前应进行排板设计,减少墙板现场切割的数量和墙板的规格尺寸。墙板堆放场地应坚实、平整、干燥。按规格、等级分类存放,墙板宜侧立堆放,堆放高度不宜超过三层,底部垫起,顶部加遮盖。搬运、装卸与安装时,应使用专用工具,避免碰撞,防止绳索损伤板材。加气混凝土墙板可与龙骨、石膏板、保温棉等组成复合墙体,或作为钢结构的防火保护、内外墙的装饰板等。

安装墙板的部位宜平整,不平整处安装前先用水泥砂浆找平。在做饰面前,应使用专用修补材料对缺棱掉角部位进行修补,也可使用水泥:石灰膏:加气混凝土粉末=1:1:3 的配料并加入适量建筑胶水作修补材料。有防水要求的墙体,应做好防水,避免墙面遭受干湿交替或局部冻融破坏。加气混凝土板外墙墙面水平方向的凹凸部位(如:线脚、雨罩、出檐、窗台等)应做泛水和滴水,以避免积水。墙体大面批嵌或粉刷前,板缝、板与其他材质部件的连接处都应加贴耐碱玻璃纤维网布。

加气混凝土板与其他部品(热水器、卫生设备等)的连接应牢固可靠,采用符合加气混凝土板特性的螺栓及连接件。金属部件与安装用型钢应进行防锈处理。

5.2　蒸压加气混凝土外墙板安装

《蒸压加气混凝土建筑应用技术规范》JGJ 17—2008,适用于在抗震设防烈为 6 度～8 度的地震区以及非地震区使用的强度等级为 A3.5 级以上的蒸压加气混凝土配筋板材的设计、施工和验收。加气混凝土墙板作非承重的围护结构时,其与主体结构应有可靠的连接。当采用竖墙板和拼装大板时,应分层承托;横墙应按一定高度由主体结构承托。在地震地区采用外墙板时,应符合抗震构造要求。对于外墙拼装大板,洞口两边和上部过梁板最小尺寸应符合表3-4-13 的规定。

表 3-4-13　外墙拼装大板洞口两边和上部过梁板最小尺寸限值

洞口尺寸(宽×高,mm)	洞口两边板宽(mm)	过梁板板宽(mm)
900×1200 以下	300	300
1800×1500 以下	450	300
2400×1800 以下	600	400

外墙板分为水平安装与垂直安装,在排板设计时,墙板宽度宜符合 600mm 模数要求,尽量减少墙板的切割,外墙拼板的宽度不应小于 300mm。

安装前,将基础顶面用 1:3 水泥砂浆或细石混凝土找平。横板或竖板调平校直后,根据设计选用的节点进行安装,并与主体结构牢靠连接。每 5 块横板应设 10mm 厚度的角钢支承,角钢的一肢与混凝土结构中的预埋件或钢柱的面焊接,另一肢用 $4\phi9×100$ 的空心钉打入横板固定。竖板应搁置在 10mm 厚度的支承角钢上,角钢应与结构焊接。每层墙板或整个房屋外墙板最上一皮宜用同质加气混凝土砌块镶砌。横板与基础间的接缝、板与板之间的接缝应用密封胶封闭,端头接缝宽度应为 10～15mm,缝内填充玻璃棉或岩棉,嵌入 PE 棒后用密封胶封闭。

蒸压加气混凝土外墙板的安装构造节点可依照国家建筑标准设计图集《蒸压轻质加气混凝土板(NALC)》03SG715－1,该图集适用于非抗震设计及抗震设防烈度为 6 度至 8 度地区、基板风压不大于 0.9kN/m² 地区的新建、改建或扩建的钢结构、混凝土结构工业与民用建筑。该图集所采用的蒸压加气混凝土板可用作非承重外墙板、隔墙板、屋面板、钢梁钢柱外包防火板。

5.3 加气混凝土隔墙板安装

隔墙板一般为竖向安装(过梁板除外),板与主体结构顶部构造宜采用柔性连接。

安装前,确认板材长度与室内净高。板材长度小于室内净空高度 20～40mm。隔墙板支承面宜用 1:3 水泥砂浆预先找平,并弹出安装位置线。隔墙板的安装顺序宜从门洞向两侧依次进行,洞口处应安装整块板,无门洞内隔墙的安装应从一端向另一端顺序安装,拼板宽度不得小于 200mm。隔墙板与柱、墙的连接宜采用隔墙板侧面中间钉上 15～25mm 厚的玻璃棉或岩棉,其宽度比板的厚度小 30～40mm。安装完毕后,隔墙板与柱、墙的连接处用 PU 发泡剂封闭,也可采用粘结剂粘结,接缝处的粘结剂应均匀饱满。

图 3-4-4 和图 3-4-5 为摘自《蒸压轻质加气混凝土板(NALC)》03SG715-1 的隔墙板与主体结构连接构造。

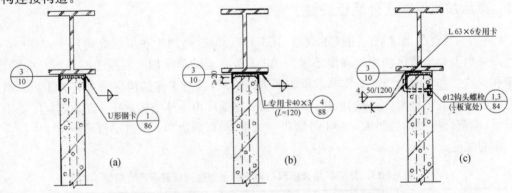

图 3-4-4　隔墙板顶部与主体结构的三种不同连接构造

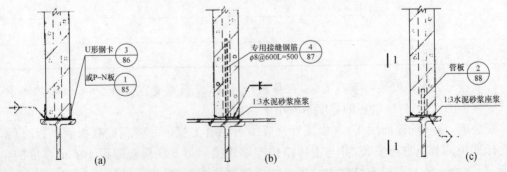

图 3-4-5　隔墙板底部与主体结构的三种不同连接构造

第 5 节　金属面绝热夹芯板

1　引言

金属面绝热夹芯板是由双金属面和粘结于两金属面之间的绝热芯材组成的自支撑复合板材,按照所用芯材的种类,可分为金属面聚苯乙烯夹芯板、金属面硬质聚氨酯夹芯板、金属面岩棉或矿棉夹芯板、金属面玻璃棉夹芯板。

金属面绝热夹芯板的特性:①自重轻。金属面材虽然为钢板,但是其厚度仅有 $0.5\sim0.6mm$,芯层材料均为轻质材料,其中岩棉的密度约为 $100kg/m^3$、聚苯乙烯泡沫塑料板的密度在 $20\sim30kg/m^3$;②保温性能好。起保温作用的材料为轻质高效保温材料,夹芯板的总热阻取决于保温材料的导热系数与厚度;③力学性能好,面层钢板可承受弯曲荷载与冲击荷载;④安装施工简便。自带插接式企口,同时还配备有各种连接件;⑤具备装饰性能。由多种颜色可供设计者和用户选用。

与金属面绝热夹芯板相关的标准有《建筑金属面绝热夹芯板》GB/T 23932—2009 和《建筑结构保温复合板》JG/T 432—2014。前者适用于工业化生产的工业与民用建筑外墙、隔墙、屋面、天花板的夹芯板,后者适用于建筑非承重围护结构用保温复合墙板。

2　质量要求与性能特点

表 3-5-1 列出《建筑金属面绝热夹芯板》GB/T 23932—2009 对金属面绝热夹芯板的规格尺寸与允许尺寸偏差的规定,表 3-5-2 列出外观质量要求,表 3-5-3 列出物理力学性能。

表 3-5-1　金属面绝热夹芯板的规格尺寸与允许尺寸偏差(mm)

项目		规格尺寸	允许尺寸偏差
长度		≤12000	≤3000 时,±5 >3000 时,±10
宽度		900~1200	±2
厚度	聚苯乙烯夹芯板(EPS)	50,75,100,150,200	≤100 时,±2 >100 时,±2%
	聚苯乙烯夹芯板(XPS)	50,75,100	
	硬质聚氨酯夹芯板(EPS)	50,75,100	
	岩棉、矿棉夹芯板(EPS)	50,80,100,120,150	
	玻璃棉夹芯板(EPS)	50,80,100,120,150	
对角线差		板长度≤3000 时,≤4;板长度>3000 时,≤6	

表 3-5-2　金属面绝热夹芯板的外观质量

项目	要求
板面	板面平整;无明显凹凸、翘曲、变形;表面清洁、色泽均匀;无胶痕、油污;无明显划痕、磕碰、伤痕等

项目	要求
切口	切口平直、切面整齐、无毛刺、面材与芯材之间粘结牢固、芯材密实
芯板	芯板切面应整齐，无大块剥落，块与块之间接缝无明显间隙

表 3-5-3　金属面绝热夹芯板的物理力学性能

项目		要求
粘结性能	剥离性能	粘结在金属面上的芯材应均匀分布，每个剥离面的粘结面积不小于 85％
	粘结强度（MPa）	·聚苯乙烯夹芯板、硬质聚氨酯夹芯板：≥0.10 ·岩棉、矿渣棉夹芯板：≥0.06 ·玻璃棉夹芯板：≥0.03
抗弯承载力		·用作屋面板时：挠度为 $L_0/200$ 时，均布荷载应不小于 0.5kN/m² (L_0 不大于 3500mm) ·用作墙板时：挠度为 $L_0/150$ 时，均布荷载应不小于 0.5kN/m² (L_0 不大于 3500mm) ·L_0 大于 3500mm 时，或者屋面板坡度小于 1/20 时，或者作为承重构件时，应符合相关设计规范的规定
耐火极限（岩棉、矿渣棉夹芯板）		·厚度≤80mm 时，耐火极限≥30min ·厚度＞80mm 时，耐火极限≥60min

3　生产工艺及控制要素

3.1　工艺流程

　　金属面绝热夹芯板的生产工艺随着芯材种类和加入方式的不同而有所变化。芯材加入方式分为预制板块和现场成型，《建筑金属面绝热夹芯板》GB/T 23932—2009 标准中所涉及的芯材都可采用预制板块，但是硬质聚氨酯泡沫更加适合现场成型。图 3-5-1 为金属面岩棉夹芯板的生产工艺流程，自动化连续生产过程包括钢板压型系统、棉条翻转和自动布棉输送系统、粘结剂系统、复合固化系统。图 3-5-2 为金属面硬质聚氨酯夹芯板的生产工艺流程，金属面硬质聚氨酯夹芯板的生产工艺为自动连续式，包括金属板压型系统、高压发泡系统、热压固化系统、切断与堆垛系统。金属板压型系统：钢板开卷后送入贴膜装置粘贴不干胶塑料薄膜，之后送入压型机组轧制成为压型板，然后将上压型板和下压型板通过预热室送入双履带压力成型机入口。高压发泡系统：由高压发泡机将构成聚氨酯的组分通过喷射头混合制备成聚氨酯发泡液并注入上下压型板之间进行发泡。热压固化系统：通过双履带压力机进行，完成发泡的复合板在此系统中热压固化。切断与堆垛系统：经热压固化的夹芯板首先在冷却辊道上释放部分化学热，由此提高聚氨酯泡沫的强度，然后经过带锯高速切断，经检验后堆垛。

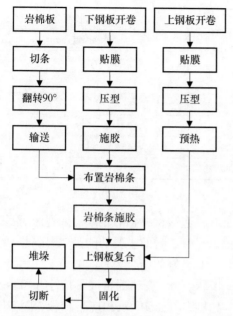

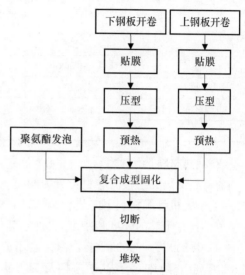

图 3-5-1 金属面岩棉夹芯板生产工艺流程　　　　图 3-5-2 金属面聚氨酯夹芯板生产工艺流程

3.2 生产控制要素

（1）彩色涂层钢板选用

彩色涂层钢板是以冷轧钢板、电镀锌钢板、热镀锌钢板以及镀铝锌钢板等为基材，经过表面脱脂、磷化、络酸盐等处理后，涂覆有机涂料，经烘烤固化而制成，简称彩涂板。压型钢板是将涂层板或镀层板经辊压冷弯，沿板宽方向形成波形截面的成型钢板。彩色涂层钢板应符合《彩色涂层钢板及钢带》GB/T 12754 的要求，压型钢板应符合《建筑用压型钢板》GB/T 12755 的要求。

彩涂板的选择主要是指力学性能、基板类型和镀层重量、正面涂层性能和反面涂层性能的选择。用途、使用环境的腐蚀性、使用寿命、耐久性、加工方式和变形程度等是选材时考虑的重要因素。力学性能主要依据用途、加工方式和变形程度等因素进行选择。当强度要求不高，变形不复杂时，可采用 TDC51D、TDC52D 系列的彩涂板。当对成型性有较高要求时，应选择TDC53D、TDC54D 系列的彩涂板。对有承重要求的构件，应根据设计要求选择合适的结构钢，如 TS280GD、TS350GD 系列的彩钢板。基板类型和镀层重量主要依据用途、使用环境的腐蚀性、使用寿命和耐久性等因素进行选择。防腐是彩涂板的主要功能之一，基板类型和镀层重量是影响彩涂板耐腐蚀性的主要因素，建筑用彩涂板通常选用热镀锌基板和热镀铝锌合金基板，因为这两种基板的耐腐蚀性较好。

《建筑用压型钢板》GB/T 12755—2008 指出墙面用压型钢板板型设计应满足防水、承载、抗风及整体连接等功能要求。热镀锌基板、热镀铝锌合金基板的力学性能应符合表 3-5-4 中的要求。

表 3-5-4　热镀锌基板、热镀铝锌合金基板的力学性能

结构钢强度级别（MPa）	上屈服强度（MPa）	抗拉强度（MPa）	断后伸长率（%）	
			公称厚度（mm）	
			≤0.70	＞0.70
250	≥250	≥330	≥17	≥19
280	≥280	≥360	≥16	≥18
320	≥320	≥390	≥15	≥17
350	≥350	≥420	≥14	≥16
550	≥550	≥560	—	—

（2）绝热材料选用

金属面绝热夹芯板的芯材可分为两类：一类是有机泡沫材料，如：聚苯乙烯泡沫、聚氨酯泡沫；一类是无机纤维材料，如：岩棉、矿渣棉、玻璃棉。尽管芯材的主要功能是保温隔热，但是也需要芯材具有足够的强度和刚度，另外还应与金属板有良好的结合力。

GB/T 23932—2009 要求岩棉密度不应小于 $100kg/m^3$、玻璃棉密度不应小于 $60kg/m^3$。表 3-5-5 列出《绝热用岩棉、矿渣棉及其制品》GB/T 11835—2007 对相应岩棉板、矿渣棉板物理性能的要求；表 3-5-6 列出《绝热用玻璃棉及其制品》GB/T 13350—2008 对相应玻璃棉的物理性能要求；表 3-5-7 列出硬质聚氨酯泡沫塑料物理力学性能。

表 3-5-5　岩棉板的物理性能要求

密度（kg/m^3）	密度允许偏差（kg/m^3）		导热系数 [$W/(m \cdot K)$]	有机物含量（%）	燃烧性
	平均值	单值			
101～160	±15	±15	≤0.043	≤4.0	不燃
161～300	±15	±15	≤0.044		不燃

表 3-5-6　玻璃棉的物理性能要求

密度（kg/m^3）	密度允许偏差（kg/m^3）	导热系数 [$W/(m \cdot K)$]	燃烧性
64	±5	≤0.042	不燃
80	±7		
96	+9，−8		
120	±7		

表 3-5-7　硬质聚氨酯泡沫塑料物理力学性能

项目	性能指标		
	Ⅰ类	Ⅱ类	Ⅲ类
芯密度（kg/m^3）	≥25	≥30	≥35
压缩强度或形变10%压缩应力（kPa）	≥80	≥120	≥180
初期导热系数（平均温度23℃、28d）[$W/(m \cdot K)$]	≤0.026	≤0.024	≤0.024
高温尺寸稳定性（70℃、48h）（%）	≤3.0	≤3.0	≤2.0

续表

项目	性能指标		
	Ⅰ类	Ⅱ类	Ⅲ类
低温尺寸稳定性(−30℃、48h)(％)	≤2.5	≤1.5	≤1.5
压缩蠕变(80℃、20kPa、48h)(％)	—	≤5	—
压缩蠕变(70℃、40kPa、7d)(％)	—	—	≤5
水蒸气透过系数(23℃,相对湿度梯度 0~50％)(ng/Pa•m•S)	≤6.5	≤6.5	≤6.5
吸水率(％)	≤4	≤4	≤4

硬质聚氨酯泡沫塑料的密度不应小于 38kg/m³ 且应符合《建筑绝热用硬质聚氨酯泡沫塑料》GB/T 21588—2008 中的规定、模塑聚苯乙烯泡沫板的不应小于 18kg/m³ 且应符合《绝热用模塑聚苯乙烯泡沫塑料》GB/T 10801.1 中阻燃型的规定、挤塑聚苯乙烯泡沫板应符合《绝热用挤塑聚苯乙烯泡沫塑料》GB/T 10801.2 的规定。

(3)岩棉布置

纤维类芯材包括岩棉、矿渣棉和玻璃棉在与金属面板复合之前,需首先将其切割成条状,然后翻转布置在下钢板上。岩棉条的布置方式分为纵向立铺和横向立铺。纵向立铺用于结构板材,是将岩棉条翻转90°,并使岩棉的长度方向与夹芯板的长度方向保持一致,棉条排列的排头应错开,棉条与棉条之间紧靠无缝隙,以保证夹芯板的强度和刚度。钢板凹处和边部楔形处的棉条需打磨修整,保证与钢板造型契合。纵向立铺金属面岩棉夹芯板除了具有良好的保温功能外,更重要的是可作为承重板材,其强度可承受动荷载、静荷载等。横向立铺用于保温构件,是将岩棉条翻转90°,并使岩棉的长度方向与夹芯板的长度方向相互垂直,此种夹芯板一般仅用作墙板、吊顶板等,使用时一般横向安装。

(4)粘结剂应用与加压

粘结剂的质量和应用方法都是保证夹芯板质量的关键。在自动化连续生产线中常采用双组分聚氨酯粘结剂,将多元醇和异氰酸酯按照 1:1 的比例,通过专用发泡设备制备出聚氨酯泡沫胶,并将其喷射在金属压型板上,使其与棉条粘结复合。应根据生产需要,调整粘结剂的乳化时间、胶化时间和发泡时间,使其与夹芯板的生产速度匹配。

尽管棉条经过90°翻转,纤维为垂直受力,但相对来说岩棉条仍为软质材料,因此复合固化时仅需施加接触压力,防止压力过大使棉条变形、上下钢板错位,造成夹芯板不规整。

4　主要性能试验(选择介绍)

4.1　粘结强度

(1)仪器设备

试验机:量程 10kN,测量精度 1 级;游标卡尺。

(2)试验步骤

•在板的对角线上,距离板端 100mm 处及中间等距离切取 200mm×200mm 的试件三块;当压型板波谷宽度小于 200mm 时,按实际宽度取样。用游标卡尺量取试件的实际长度 L 和宽度 B(mm)。

·将平钢板粘结到试件两面的面材上,并使试件中心轴和固定金属块的中心轴重合。把试验装置(图 3-5-3)放置在试验机上。

·以(1.0 ± 0.5)mm/min 的速度拉伸,直至试件破坏,记录最大荷载 F(N)。当破坏位置位于芯材时,应注明芯材破坏。

(3)结果计算

按照公式 3-5-1 计算每块试件的粘结强度 σ,以三块试件试验结果的算术平均值作为最终结果,精确至 0.01MPa。

$$\sigma = \frac{F}{L \times B} \tag{3-5-1}$$

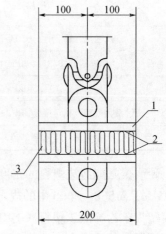

图 3-5-3　粘结强度试验装置
1—平钢板;2—粘结剂结合处;
3—试件

4.2　剥离性能

(1)仪器设备

钢直尺;专用试验装置。

(2)试验步骤

·沿板材长度方向切取试件,试件尺寸为:200mm×原板宽度×原板厚度。以 200mm×原板宽度计算试件面积,即:剥离面积 A(mm^2)。

·试件应在切取 1h 后进行试验。分别将试件上、下表面的面材与芯材用力撕开或者用专用试验装置撕开。

·用钢直尺测量所有未粘结部分的面积,直径小于 5mm 的面积不测量。分别记录各未粘结部分的直径或者长度和宽度(mm)。

·分别计算各未粘结部分的面积 A_i(mm^2);然后计算所有未粘结部分的面积和 $\sum\limits_{i=1}^{n} A_i$(mm^2)。

(3)结果计算

以试件上粘结面积与剥离面积的比值 S 作为剥离性能的表征值,按公式 3-5-2 计算。以三个试件试验结果的算术平均值作为最终结果。

$$S = \frac{A - \sum\limits_{i=1}^{n} A_i}{A} \times 100 \tag{3-5-2}$$

5　安装施工要点

5.1　排板原则

墙面排版设计应注意尽可能多地使用相同规格的板,墙板与门窗洞口配合适当,墙面美观。并应注意以下几点：①合理布置排板起始线：排板起始线实际就是第一块板的安装位置标志线。一般情况下起始线设在墙面总长的中心位置，以利于两面对称排板并尽快展开施工面。②排板标志尺寸确定：横向排板时的标志尺寸为板的有效宽度，板长的标志尺寸是取构造柱横断面中心线间距加搭接长度和端部的构造长度。③窗口的设置应与板的排列相协调，最好采用带形窗和独立竖向窗。

5.2　施工准备

- 夹芯板安装前应明确施工范围，相关工作面应符合施工图和夹芯板安装的要求。
- 施工机具和工具应完备，测量工具应经检定合格。
- 施工现场码放夹芯板的高度不宜超过 1.5m，可采用高度为 150mm 的垫木将夹芯板垫好。垫木之间的间距不宜超过 2m，且夹芯板两端部不宜悬空。现场的存放的夹芯板应有防火、防风、防水措施，并远离热源、火源。芯材为岩棉、玻璃棉、矿渣面的夹芯板必须采取防雨措施。

5.3　安装要点

- 夹芯板墙体与基础或地面连接时，应按设计要求标出基准线。
- 夹芯板与主体结构的固定应使用紧固件（拉铆钉、自攻螺丝、螺栓及配套垫圈的总称）。辅件（包角板、扣槽、泛水板、滴水板、堵头等）与基础、主体结构、夹芯板的连接应满足设计要求。
- 墙板的拼接或插接应平整，板缝应均匀、严密。如需在墙体的垂直方向搭接，则搭接长度不应小于 30mm，且外搭接缝应向下压接，内搭接缝可向上压接，搭接处应做密封处理。连接宜采用拉铆钉，铆钉竖向间距不应大于 150mm。夹芯板连接后应检查墙面的平整度，未达到要求应立即调整。
- 按设计图纸要求预留门窗洞口。夹芯板墙面不宜开设孔洞，如工程要求安装相应设备必须开设时，则应根据孔洞的大小和部位，采取相应的加强措施。
- 转角处不得出现明显凹陷，内外包角边连接后不得出现波浪形翘曲。
- 夹芯板墙体上安装吊挂件时，应与主体结构相连并应满足相应结构设计要求。墙体上穿孔安装吊挂件时，宜采用套管螺栓及垫圈。
- 线槽、接线盒宜采用不燃材料，并应明装，应与夹芯板的面板连接牢固，并与电气工程配合施工。
- 进行切割、焊接作业时，应采取措施防止切割、焊接火花损伤夹芯板。施工过程中若划伤钢板涂层，应进行涂层修补。

5.4　节点构造

金属面绝热夹芯板的安装构造节点可依照国家建筑标准设计图集《压型钢板、夹芯板屋面及墙体建筑构造》01J925-1。

第6节 欧洲标准:预制混凝土墙板
［EN 14992:2007(E)］

1 范围

本欧洲标准适用于采用密实普通混凝土或轻质混凝土制作的预制墙板。这些墙板可能具有外墙的功能(见条款 3-11)或者不具有外墙的功能,具有饰面功能(见条款 3-12)或不具有饰面功能,或者具有这些这些功能的组合。

外墙的功能可以是:

· 隔热功能(见条款 3-11-1);

· 隔声功能(见条款 3-11-2);

· 吸湿控制功能(见条款 3-11-3);

· 或者这些功能的组合。

墙板可以用素混凝土、钢筋混凝土或预应力混凝土制作。墙板可以是承重的或非承重的。

墙板类型包括:

· 实心墙板

· 复合墙板

· 夹芯墙板

· 轻质墙板

· 包覆板

这些墙板还可起到柱或梁的作用。

2 引用文件

以下引用文件是本标准不可缺少的。凡是注明日期的引用文件,只能引用该文件。对于未注明日期的引用文件,应引用该文件(包括任何修改)的最新版本。

EN 1992-1-1:2004,欧洲规范 2:混凝土结构设计-第 1-1 部分:建筑通则和规则

EN 13369:2004,预制混凝土产品通则

EN ISO 12572,建筑材料与制品的湿热性能-水蒸汽传输性能的测定(ISO 12572:2001)

3 术语和定义

EN 13369:2004 中的术语和定义以及下列术语和定义适用于本标准。

通常情况下,术语"产品"是指大批量生产的构件。通用术语见 EN 13369:2004 第 3 章。

注:仿宋字体部分为欧洲标准的内容。

3.1 墙板

垂直的或倾斜的,平面或曲面二维构件。

3.2 承重墙板

传递外部荷载或对人员安全有重要作用的结构墙板。

例如:包括小型包覆板在内的面板和护墙板。

3.3 非承重墙板

仅传递自重且对建筑物稳定性不是必要组成的墙板,或者是对人员安全没有重要作用的墙板。

3.4 实心墙板

包括钢筋和固定件在内的以实体构件生产的任何形状的预制墙板。见图1。

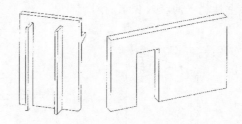

图 1　实心墙板举例

3.5 复合墙板

复合墙板由两层预制混凝土面板与将二者连接在一起的格构系统组成。见图2。

提示:在现场,用混凝土填充两层面板之间的间隔。复合墙也可在建造过程中由含格构的壳体与另一侧的已有墙体或者模板组成。

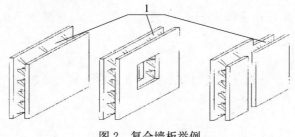

图 2　复合墙板举例

1—现浇混凝土

3.6 夹芯墙板

由基板、隔热层、可能的空气层和面板组成。见图3。

提示:相邻层之间可以刚性连接或者允许两层之间有相对平面位移。

3.6.1　面板

夹芯墙板的最外层。

3.6.2　基板

夹芯墙板的结构层。

提示：基板把自身的恒荷载与来自面板的荷载传递到结构。基板还可以传递来自其他构件的荷载。

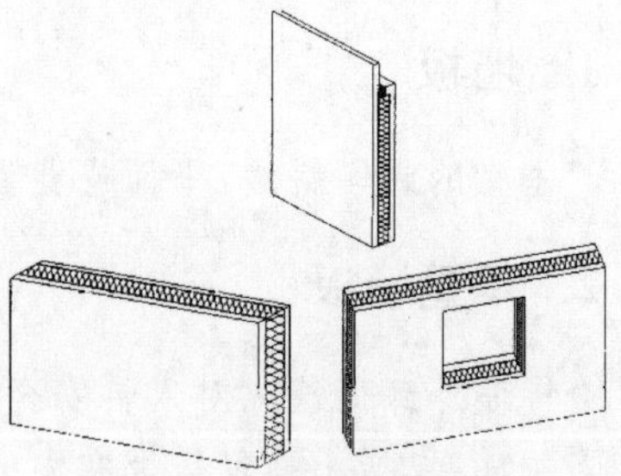

3.7　轻质墙板

在预制厂以整体构件形式生产的墙板。见图4。

提示：轻质墙板可由两个外侧混凝土层和内部轻质材料（例如：聚苯乙烯泡沫、聚氨酯泡沫）块或空腔组成。

3.8　包覆板

通过连接系统固定在结构上的非承重板。见图5。

提示：可在包覆板和承重结构之间插入保温材料。

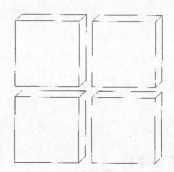

图3　夹芯墙板举例

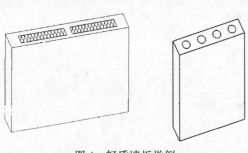

图4　轻质墙板举例

图5　包覆板举例

3.9　小型包覆板

包覆板中没有钢筋，最大面积$2.25m^2$。最大长度$1.5m$，厚度小于$80mm$。

3.10　素混凝土构件

钢筋含量少于相关设计规范规定的最小钢筋含量的混凝土结构件。

例如：EN 1992-1-1:2004 条款9.6

3.11　外墙的功能

3.11.1　隔热功能

限制热流传递的能力。

3.11.2　隔声功能

减少声音传递的能力。

3.11.3　吸湿控制功能

避免在墙体结构特别是在频繁吸湿的隔热材料中形成冷凝水的能力。

3.12 饰面功能

满足特定尺寸、表面美观要求、形状美观要求或其组合要求的能力。

4 要求

4.1 材料要求

应符合 EN 13369:2004 条款 4.1 的规定。

此外,应符合 EN 1992-1-1:2004 条款 10.9.4.1 的规定

4.2 生产要求

应符合 EN 13369:2004 条款 4.2 的规定。

4.3 产品要求

4.3.1 几何尺寸

4.3.1.1 生产公差

除了应符合 EN 13369:2004 条款 4.3.1.1 的规定之外,还应符合表 1 和表 2 中的公差(比较 EN 13369:2004 中的图 J.1~图 J.6)规定。

如果没有另外说明,B 级公差适用于所有构件。

表 1 洞口位置与埋件的公差

等级	允许偏差(mm)
A	±10
B	±15

为了设计的埋件与混凝土层公差匹配,可在技术文件中规定不同的位置公差值。

长度、高度、厚度、对角线的尺寸公差列于表 2。

表 2 尺寸公差

等级	允许偏差				
	参照尺寸				
	0~0.5m	0.5~3m	>3~6m	>6~10m	>10m
A	±3mm[a]	±5mm[a]	±6mm	±8mm	±10mm
B	±8mm	±14mm	±16mm	±18mm	±20mm

注:[a] 小型包覆板允许公差为±2mm。

更严格的公差要求可在技术文件中说明。

4.3.1.2 最小设计(公称)尺寸

应符合 EN 13369:2004 条款 4.3.1.2 的规定。

4.3.2 表面特性

除了应符合 EN 13369:2004 条款 4.3.2 的规定,还应符合下列规定:

如果没有另外说明,表面平整度(比较 EN 13369:2004 图 J.4 和图 J.5)应符合表 3 中的规定。

表 3　表面平整度公差

等级	测量仪与测量点之间的距离,最大到	
	2m	3m
A	2mm	5mm
B	4mm	10mm

如果没有另外说明,A 级公差通常适用于模型面,B 级公差适用于其他表面。

4.3.3　力学抗力

4.3.3.1　承载设计

除了应符合 EN 13369:2004 条款 4.3.3 的规定,还应按照附录 A 进行设计。

4.3.3.2　钢筋细部构造

本条款适用于除小型包覆板之外的所有墙板。

对钢筋布置的建议:

- 对厚度不大于 120mm 的墙板:在墙板截面的中间布置一层钢筋。
- 对于厚度大于 120mm 的墙板:在墙板的两个面层之间布置两层钢筋。

第二项要求不适用于素混凝土墙板。

更多建议可在附录 A 中找到。

4.3.4　耐火性能和火反应性

4.3.4.1　耐火性能

耐火性能以承载能力 R、整体性 E 和隔热性 I 表达,用密实普通混凝土或轻质混凝土制作的预制墙板应符合 EN13369:2004. 条款 4.3.4.1、条款 4.3.4.2 和条款 4.3.4.3 的规定。

4.3.4.2　火反应性

火反应性应符合 EN 13369:2004 条款 4.3.4.4 的规定。

在墙板中包含可燃材料的情况下,例如:夹芯板中的隔热材料,必须按照产品使用地的国家规章对可燃材料进行防火保护。

应公布所使用的隔热材料并应符合相关欧洲产品标准的要求。

4.3.5　声学性能

应符合 EN 13369:2004 条款 4.3.5 的规定。

4.3.6　热工性能

应符合 EN 13369:2004 条款 4.3.6 的规定。

4.3.7　耐久性

应符合 EN 13369:2004 条款 4.3.7 的规定。

4.3.8　其他要求

4.3.8.1　装卸安全性

应符合 EN 13369:2004 条款 4.3.8.1 的规定。

4.3.8.2　使用安全性

应符合 EN 13369:2004 条款 4.3.8.2 的规定。

4.3.8.3　水蒸气渗透性

当与水蒸气渗透性相关时,应按照条款 5.2 用水蒸气持久性表达。

4.3.8.4　不透水性

当墙板的外侧面层与不透水性相关时,应按照条款 5.3 用吸水率表达。

4.3.8.5　包覆板的固定

包覆板固定装置的强度应按照 13369:2004 条款 4.3.3 进行验证。

提示:有与产品安装相关的现行规范。

5　试验方法

5.1　一般要求

应符合 EN 13369:2004 第 5 章的规定。

5.2　水蒸气渗透性

水蒸气渗透性用水蒸气持久性表达,水蒸气持久性应按照 ISO 12572 通过试验确定。

5.3　不透水性

墙板外面层的不透水性应按照 EN 13369:2004 条款 4.3.7.5 通过吸水率确定。

6　符合性评价

6.1　一般要求

应符合 EN 13369:2004 条款 6.1 的规定。

6.2　型式检验

应符合 EN 13369:2004 条款 6.2 的规定。

6.3　工厂生产控制

应符合 EN 13369:2004 条款 6.3 的规定。

此外,应符合本标准附录 C 的规定。

7　标志

应符合 EN 13369:2004 第 7 章的规定。

8　技术文件

应符合 EN 13369:2004 第 8 章的规定。

附录A(资料性):附加设计规则

A.1 复合墙体

A.1.1 承载设计

复合墙体应像实体墙那样进行设计。没有特别的计算方法,应考虑预制构件的最小强度和现浇混凝土的最小强度。

设计的钢筋可布置在预制构件内和(或)现浇混凝土中,施加在墙体上作用与深梁一样。

应考虑复合墙体连接处钢筋的设计,这对确定有效深度是特别重要的(见图 A-1 和图 A-2)。

钢筋搭接的设计已由 EN1992-1-1:2004 条款 8.7 规定。

按照 EN1992-1-1:2004 条款 8.7.4.1(3),如果钢筋之间的搭接需要横向钢筋,则可单独使用或组合使用连接筋、U 形筋和格构筋(图 A-1)。如果用格构筋作为横向钢筋,那么搭接钢筋的最大直径应为 16mm。为限制最大截面尺寸,建议钢筋最大搭接为 1200mm²/m。

A.1.2 界面剪切

现浇混凝土与预制件的连接处应满足 EN1992-1-1:2004 条款 6.2.5 的要求。

A.1.3 承载墙中的承载压缩缝

可使用 EN1992-1-1:2004 条款 10.9.2。

EN1992-1-1:2004 条款 10.9.2(2)要求的配筋也可通过格构筋满足。

在复合墙体中,假若接缝完全用现浇混凝土填充并且宽度至少为 30mm,则可认为是全截面承载。如果没有上述假定,则认为只有现浇混凝土截面承载(见图 A-2)。

有效深度是混凝土面层中心与钢筋之间的距离。

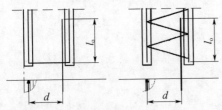

图 A-1 有效深度 d 和搭接长度 l_0

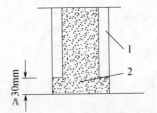

图 A-2 复合墙体的接缝
1—预制构件;2—现浇混凝土

A.2 配筋细节

A.2.1 肋

应至少用两根通过横向钢筋连系在一起的纵向钢筋(一根在混凝土层,一根在肋中)对肋进行加强(见图 A-3)。

A.2.2 夹芯墙板的配筋

应符合下列规定:

a)基板

应作为实体墙进行配筋。

b)面板

面板中应含有垂直钢筋和水平钢筋,应对钢筋进行设计,以支承由于连接件、该层重量、热效应和长期使用效应而产生的作用。

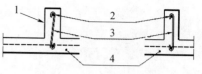

图 A-3　肋部配筋举例
1—肋;2—纵向钢筋;
3—横向钢筋;4—混凝土保护层

两根钢筋之间的最大距离不应超过 200mm。

c)钢筋拉结件

应对拉结件进行设计,以连接基板与面板,并把作用在面板上的荷载传递到基板。

A.2.3　轻质墙板的配筋

下列建议可能适用。

肋与混凝土连接的特性:

· 按照条款 A.2.1 对肋的配筋规定。

· 两个混凝土肋之间的最大间隔:对于横向肋,最大间隔为面板厚度的 40 倍;对于纵向肋,最大间隔为面板厚度的 50 倍。

· 肋的最小厚度或混凝土拉结件的直径为 50mm。

· 混凝土肋和拉结件可以用适当设计的不锈钢部件代替,或者用其他连接系统代替。

附录 B(资料性):复合墙体的现浇混凝土

除非有特殊规定,在浇注混凝土过程中,复合墙体中预制混凝土构件的温度不应低于 5℃。浇注完混凝土之后至少 3 天,温度不应低于 10℃;或者在新浇注混凝土的温度降低到低于 0℃之前,混凝土的最小抗压强度应达到 5MPa。

最大模板压力可从图 B-1 取用。

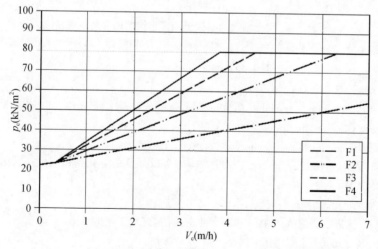

图 B-1　被视为基本要求的模板压力(混凝土对模板产生的)
p_c 模板压力;V_c 浇注速度;F1～F4 为混凝土稠度等级(EN 206-1:2000,表6)

图 B-2 给出每米格构上建议的浇注荷载 L_c:

· 建议的浇注荷载 $L_c=15.6$kN/m:内侧混凝土保护层≥15mm;

· 建议的浇注荷载 L_c＝18.4kN/m；内侧混凝土保护层≥17mm。

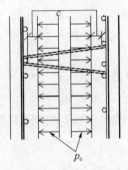

图 B-2　每米格构上建议的浇注荷载
c—内侧混凝土保护层；P_C—混凝土压力

对于给定的混凝土稠度 F3（EN206-1；2000，表 7），浇注混凝土的最大建议速度可按照图 B-3 采用。在这种情况下，建议在每层中横穿格构的最小配筋为 $131\text{mm}^2/\text{m}$。

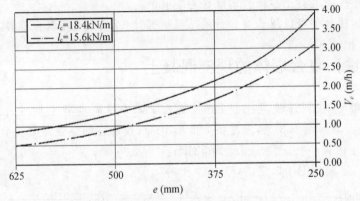

图 B-3　对于给定的混凝土稠度建议的最大浇注速度
V_c—浇注速度；e—格构之间的距离；l_c—每米格构上的允许浇注荷载

参考文献

[1]Recommended Practice for Glass Fiber Reinforced Concrete Panels（Fourth Editon）. MNL-128-01. Precast/Prestressed Concrete Institute.

[2]Practical Design Guide for Glass Reinforced Concrete. GRCA.

[3]Standard Test Method for Performing Tension Tests on Glass-FiberReinforced Concrete（GFRC）Bonding Pads. ASTM C1230—96（2015）.

[4]GB 50009—2012. 建筑结构荷载规范[S].

[5]陈福广，沈荣熹，徐洛屹. 墙体材料手册[M]. 北京：中国建材工业出版社.

[6]JGJ 1—2014. 装配式混凝土结构技术规程[S].

[7]CECS 304；2011. 建筑金属面绝热夹芯板安装及验收规程[S].

[8]CECS 411；2015. 金属面绝热夹芯板技术规程[S].

[9]GB/T 50152—2012. 混凝土结构试验方法标准[S].

第4章 条型板材

第1节 GRC轻质条板

1 引言

20世纪90年代中期,墙体材料革新政策推动了建筑内墙用新型材料的快速发展,用各种新型材料制作的轻质条板在一些大中城市被广泛应用,GRC轻质条板正是在这样的背景下应运而生,并且风靡一时。GRC是玻璃纤维增强水泥英文名称为Glassfiber Reinforced Cement或Glassfiber Reinforced Concretet的首字缩写,早期定义的GRC是指用喷射法制作的短切纤维沿制品厚度层均匀分布的玻璃纤维增强水泥复合材料。几十年来,随着对GRC原材料的研究、对各种工艺条件下不同材料匹配的研究、对GRC产品种类的开发以及对GRC产品生产装备的开发,也对GRC材料的定义和范畴进行了拓展,用于制造隔墙条板的轻质GRC就是获得成功并具有代表性的例子。

GRC轻质条板分为GRC轻质多孔条板、GRC夹芯条板和GRC夹芯多孔条板三个类别。GRC轻质多孔条板是以硫铝酸盐水泥轻质砂浆为基体材料、以耐碱玻璃纤维网布为增强材料制成的横截面上具有若干孔洞的条形板材。GRC夹芯条板是以GRC材料为两侧外层,轻质混凝土材料为芯材制成的条形板材。GRC夹芯多孔条板是以GRC材料为两侧外层,轻质混凝土材料为芯材并在芯材横截面上具有若干孔洞的条形板材。GRC轻质条板主要用于建筑物的内墙建造,其主体板型为标准尺寸的普通板,配套板型包括门框板、窗框板和过梁板。图4-1-1为GRC轻质多孔隔墙条板。

图4-1-1 GRC轻质多孔隔墙条板

2 质量要求与性能特点

我国国家标准《玻璃纤维增强水泥轻质多孔隔墙条板》GB/T 19631—2005适用于以耐碱玻璃纤维与硫铝酸盐水泥为主要原材料的预制非承重轻质多孔内隔墙板。该标准对耐碱玻璃纤维、硫铝酸盐水泥、砂、膨胀珍珠岩的技术要求都有明确规定。该标准规定的GRC轻质多孔条板的物理力学性能列于表4-1-1。

表 4-1-1　GRC 轻质多孔隔墙条板物理力学性能

项　目		一等品	合格品
含水率（％）	采暖地区	≤10	
	非采暖地区	≤15	
气干面密度（kg/m²）	90 型	≤75	
	120 型	≤95	
抗折破坏荷载（N）	90 型	≥2200	≥2000
	120 型	≥3000	≥2800
干燥收缩值(mm/m)		≤0.6	
抗冲击性(30kg,0.5m 落差)		冲击 5 次,板面无裂缝	
吊挂力(N)		≥1000	
空气声计权隔声量（dB）	90 型	≥35	
	120 型	≥40	
抗折破坏荷载保留率(耐久性)(％)		≥80	≥70
放射性比活度	I_{Ra}	≤1.0	
	I_γ	≤1.0	
耐火极限(h)		≥1	
燃烧性能		不燃	

　　玻璃纤维增强水泥的力学强度会随着时间的流逝而逐渐降低,特别是当产品长期处于湿热环境中时,可能加快力学强度的降低速度,这就是所谓的强度保留率问题或者耐久性问题。鉴于 GRC 轻质条板组成材料的特殊性,《玻璃纤维增强水泥轻质多孔隔墙条板》GB/T19631—2005 标准规定了中对墙板抗折破坏荷载保留率的要求,相应地,墙板承受弯曲破坏荷载的试验方法也与其他材质墙板或者其他标准的规定有所差别。

　　与其他材质隔墙条板不同的是,玻璃纤维增强水泥轻质条板承受弯曲破坏荷载的表征值不是板自重的倍数,而是具体的荷载值。表征值为:宽度为 600mm 的墙板在跨度为 1200mm 时跨中位置所承受的线荷载。

3　生产工艺及控制要素

3.1　生产工艺

　　立模浇注工艺可用于生产多种材料组成的内隔墙板,利用成组立模的模腔双面成型,消除了内隔墙板手工抹面的随意性,墙板平整度好、尺寸准确度高;采用机动开模、合模,生产过程中无需拆卸模板;模腔长度可在设计范围内(一般为 2500～3200mm)随意调整;连续张拉式布网,玻璃纤维网格布定位准确,保护层厚度均匀;独特的料浆搅拌工艺及成型工艺,可降低轻骨料混凝土的水灰比,提高墙板强度,降低墙板收缩值;导向抽拔芯管装置,可避免生产过程中造成塌孔和裂纹;可充分利用胶凝材料的水化热进行自身养护,提高胶凝材料的水化反应速度,缩短墙板在模内的养护时间;生产方式灵活,可连续生产也可间断生产。

　　喷射真空脱水工艺属于平模流水传送工艺,其特点是可通过分工位布料生产轻质夹芯条板或轻质夹芯多孔条板,使各种组成材料的性能得到合理利用,生产过程机械化水平较高。缺点是生产线布局较为复杂,产品的上表面平整度需要后续处理。

　　图 4-1-2 为山东天意机械股份有限公司制造的成组立模机,该设备可用于生产各种材料匹配的条形墙板,一机多用,模腔长度、厚度均可调节,成型模腔结构刚度大,成型精度高,立模机设有定位系统,生产出的墙板厚度准确、平整度好,立模机配套整体穿(抽)管机,自动清洗芯管,振动浇注成型,安装报警系统,终凝后自动抽管;生产线采用液压动力控制系统及电气控制系统组成,机械化程度高。根据用户需要,生产线可由多台立模机组成,年生产能力可达 30 万～100 万 m^2。图 4-1-3 为 GRC 轻质多孔条板的立模浇注工艺流程。

图 4-1-2　由成组立模机组成的条型墙板生产线

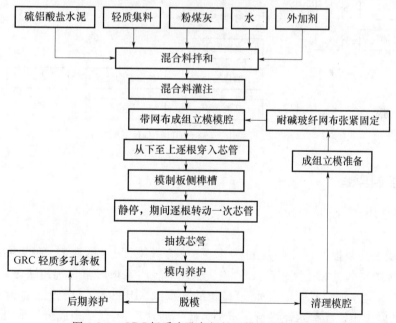

图 4-1-3　GRC 轻质多孔条板的立模浇注工艺流程

　　图 4-1-4 为北京雷诺轻板有限责任公司制造安装的喷射真空脱水 GRC 夹芯多孔条板生产线,图 4-1-5 为 GRC 轻质夹芯多孔条板的喷射真空脱水工艺流程。

图 4-1-4　喷射真空脱水 GRC 夹芯多孔条板生产线

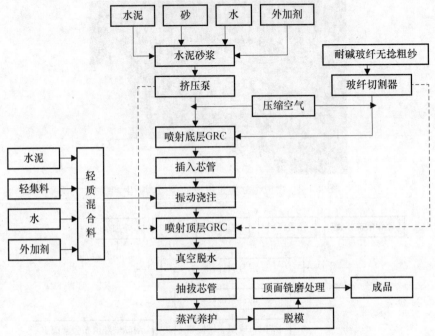

图 4-1-5　GRC 轻质多孔夹芯条板的喷射真空脱水工艺流程

3.2　生产控制要素

（1）原料选用

① 水泥

GRC 轻质多孔条板所用主体原料为水泥、玻璃纤维、膨胀珍珠岩、粉煤灰、水。为保证 GRC 轻质条板的耐久性和提高生产效率，生产 GRC 轻质条板时常常选用快硬硫铝酸盐水泥和低碱度硫铝酸盐水泥。我国国家标准《硫铝酸盐水泥》GB 20472 对硫铝酸盐水泥、快硬硫铝酸盐水泥和低碱度硫铝酸盐水泥进行了定义。硫铝酸盐水泥：以适当成分的生料，经煅烧所得以无水硫铝酸钙和硅酸二钙为主要矿物成分的水泥熟料掺加不同量的石灰石、适量石膏共同磨细制成，具有水硬性的胶凝材料。快硬硫铝酸盐水泥：由适当量的硫铝酸盐水泥熟料和掺加量不大于水泥质量 15％的石灰石、适量石膏共同磨细制成，具有高早期强度的水硬性胶凝材料。低碱度硫铝酸盐水泥：由适当量的硫铝酸盐水泥熟料和掺加量不小于水泥质量 15％且不大于水泥质量 35% 的石灰石、适量石膏共同磨细制成,具有低碱度的水硬性胶凝材料。表 4-1-2 列出两种硫铝酸盐水泥的物理性能,表 4-1-3 和表 4-1-4 分别列出两种硫铝酸盐水泥的力学性能。

表 4-1-2　硫铝酸盐水泥的物理性能

类别	比表面积 (m^2/kg)	凝结时间(min)		pH 值	28d 自由膨胀率 (%)
		初凝	终凝		
快硬硫铝酸盐水泥	≥350	≤25	≥180	—	—
低碱度硫铝酸盐水泥	≥400			≤10.5	0~0.15

表 4-1-3　快硬硫铝酸盐水泥的强度等级与强度指标

强度等级	抗压强度(MPa)			抗折强度(MPa)		
	1d	3d	28d	1d	3d	28d
42.5	≥30.0	≥42.5	≥45.0	≥6.0	≥6.5	≥7.0
52.5	≥40.0	≥52.5	≥55.0	≥6.5	≥7.0	≥7.5
62.5	≥50.0	≥62.5	≥65.0	≥7.0	≥7.5	≥8.0
72.5	≥55.0	≥72.5	≥75.0	≥7.5	≥8.0	≥8.5

表 4-1-4　低碱度铝酸盐水泥的强度等级与强度指标

强度等级	抗压强度(MPa)		抗折强度(MPa)	
	1d	7d	1d	7d
32.5	25.0	32.5	3.5	5.0
42.5	30.0	42.5	4.0	5.5
52.5	40.0	52.5	4.5	6.0

硫铝酸盐水泥熟料主要矿物的水化反应式为:

$$C_4A_3\bar{S}+2C\bar{S} \cdot 2H_2O(CaSO_4 \cdot 2H_2O)+34H_2O \longrightarrow C_3A \cdot 3CaSO_4 \cdot 32H_2O+2Al_2O_3 \cdot 3H_2Ogel$$

$$C_4A_3\bar{S}+2C\bar{S}(CaSO_4)+38H_2O \longrightarrow C_3A \cdot 3CaSO_4 \cdot 32H_2O+2Al_2O_3 \cdot 3H_2Ogel$$

$$C_2S+nH_2O \longrightarrow Ca(OH)_2+CSHgel$$

硫铝酸盐水泥熟料与水反应后生成的 $Ca(OH)_2$ 可与铝胶及石膏进行二次反应生成钙矾石,使水泥浆体中的 $Ca(OH)_2$ 最终形成量进一步降低,从而大幅度地降低水泥水化物液相碱度。

$$3Ca(OH)_2+Al_2O_3 \cdot H_2O+3CaSO_4 \cdot 2H_2O+20H_2O \longrightarrow C_3A \cdot 3CaSO_4 \cdot 32H_2O$$

② 玻璃纤维

对 GRC 材料来说,配入少量玻璃纤维就可大幅度提高其抗弯强度、抗拉强度和抗冲击能力,玻璃纤维耐碱性能的好坏直接影响到 GRC 制品的长期性能和使用寿命,因此使用具有优良耐碱性能的玻璃纤维是非常必要的。采用立模生产工艺时,GRC 轻质条板中的玻璃纤维是以二维定向的网布方式配入,可充分发挥玻璃纤维的双向增强作用,采取先浇灌料浆后插入芯管的操作步骤,可降低对料浆流动性的要求,从而提高条板强度,降低干燥收缩值。采用平模喷射脱水工艺时,玻璃纤维以二维乱向方式配入,此种配入方式有利于提高板面的抗冲击性能和抗裂性能,真空脱水后条板的强度提高,干燥收缩值减小。

为提高玻璃纤维在水泥基体中的长期耐久性,采取的技术措施有对玻璃纤维的表面进行耐碱涂覆处理或者在传统玻璃成分中引入耐碱组分。耐碱涂覆处理是将耐碱涂层包覆在纤维的表层,适用于玻璃纤维网格布,目的是通过玻璃纤维表面的涂覆层阻隔纤维与水泥液相的直接接触,从而保持玻璃纤维原有的特性;在传统玻璃成分中引入耐碱组分能从根本上提高玻璃纤维的耐碱腐蚀能力,耐碱玻璃纤维中特殊成分 ZrO_2 和 TiO_2 的含量直接影响玻璃纤维的耐碱性能。我国建材行业标准《耐碱玻璃纤维无捻粗纱》JC/T 572—2002 中对耐碱玻璃纤维无捻粗纱的技术要求列于表 4-1-5,《耐碱玻璃纤维网格布》JC/T 841—2007 中对不同规格耐碱玻璃纤维网格布的主要技术性能要求列于表 4-1-6。

表 4-1-5　耐碱玻璃纤维无捻粗纱的技术要求(JC/T 572—2002)

项　目	技术要求
主要化学成分	L 类:ZrO_2含量 14.5%±0.8%,TiO_2含量 6.0%±0.5%
	H 类:ZrO_2含量≥16.0%
外　观	不得有影响使用的污渍,颜色应均匀,纱筒应紧密、规则地绕成圆筒状
单纤维直径	实际直径不超过公称直径的±15%,变异系数不大于 14%
线密度	平均值相对于公称值的允许偏差为±10%,其测定值的变异系数不大于 6%
断裂强度	不小于 0.25N/tex
含水率	C 类(硬质纱):不大于 0.2%
	W 类(软质纱):由供需双方商定
可燃物含量	为公称值的±0.2 或±20%,取较大者
硬挺度	C 类(硬质纱):不小于 120mm
悬垂度	W 类(软质纱):不大于 50mm

表 4-1-6　不同规格耐碱玻璃纤维网格布的主要技术性能(JC/T 841—2007)

标称单位面积质量 (g/m^2)	拉伸断裂强力(N/50mm)		标称单位面积质量 (g/m^2)	拉伸断裂强力(N/50mm)	
	经向,≥	纬向,≥		经向,≥	纬向,≥
≤100	700	700	191~210	1500	1500
101~120	800	800	211~230	1600	1600
121~130	900	900	231~250	1700	1700
131~140	1000	1000	251~270	1800	1800
141~150	1100	1100	271~290	1900	1900
151~160	1200	1200	291~310	2000	2000
161~170	1300	1300	311~330	2100	2100
171~190	1400	1400	>331	2200	2200

③ 膨胀珍珠岩

膨胀珍珠岩是用珍珠岩等酸性玻璃质火山岩烧胀而成的白色粒状多孔材料,颗粒内部呈蜂窝结构,具有质轻、绝热、吸声、不燃、耐腐蚀等特点,除直接作为绝热、吸声材料外,还可制作轻质混凝土制品。在隔墙条板中掺入膨胀珍珠岩是为了降低条板的自重,当根据堆积密度选用膨胀珍珠岩时,应注意珍珠岩的粒度分布和珍珠岩的颗粒强度,粉状物含量大和轻轻施压就破碎的膨胀珍珠岩会大大增加混合料的需水量,最终导致墙板的抗压强度降低和干燥收缩值增大。生产 GRC 轻质条板应选用堆积密度大于 $100kg/m^3$ 的膨胀珍珠岩,现行膨胀珍珠岩的产品标准为《膨胀珍珠岩》JC/T 209—2012,该标准对膨胀珍珠岩的技术要求列于表 4-1-7。含有膨胀珍珠岩的轻质墙板,由于混合料用水量大而使墙板表面和墙板内部存在较多孔隙,造成墙板极易遭受外界不良因素的侵蚀,水分与有害介质侵入墙板内部并在此形成使墙板性能劣化的氛围,从而导致墙板的耐久性问题;另外,过量使用珍珠岩将会增大墙板的干燥收缩值,对墙板的使用性能造成不利影响。因此,必须严格控制膨胀珍珠岩的用量。

表 4-1-7 膨胀珍珠岩的技术要求

密度分类	堆积密度(kg/m³)	堆积密度均匀性(%)	质量含湿率(%)	粒度		导热系数[W/(m·K)]	
				4.75mm 筛孔筛余量(%)	0.15mm 筛孔通过量(%)	优等品	合格品
70 号	≤70	优等品:≤10 合格品:≤15	≤2.0	≤2.0	优等品:≤2.0 合格品:≤5.0	≤0.047	≤0.049
100 号	>70～100					≤0.052	≤0.054
150 号	>100～150					≤0.058	≤0.060
200 号	>150～200					≤0.064	≤0.066
250 号	>200～250					≤0.070	≤0.072

④ 减水剂

无论采用哪种生产工艺,都应严格使用原材料并按照设计配合比进行配料,特别是对于水灰比更应严格控制。因为在 GRC 条板的配料中经常使用膨胀珍珠岩,而膨胀珍珠岩的吸水量可能达到其本身质量的 2～9 倍,堆积密度越低,吸水量越大,所以膨胀珍珠岩用量及其堆积密度的较小变化都将严重影响混合料的流动性能,甚至使墙板的生产过程难以继续。在这种情况下,一些生产人员自然而然地会加入更多的水来调整混合料的流动性,由此造成的后果可想而知。正确的做法是:通过选择合适的减水剂来调节混合料的流动性。通常减水剂生产商对其产品的添加量都有推荐的用量范围,在 GRC 隔墙条板的配合比设计过程中,应首先使用推荐用量的较低值,以便为后续混合料的流动性调整留出余地。

应选用钠离子、钾离子含量低的减水剂。研究表明,墙板中引入过量钠离子、钾离子、将导致某些质量问题例如表面泛霜。

另外,还应根据环境温度的变化选用减水剂的种类。环境温度较低时,可选用速凝型减水剂;环境温度较高时,可选用缓凝型减水剂。这是因为水泥的水化速度与温度有着密切关系,硫铝酸盐水泥标准中给出的初凝时间不超过 25min,这个时间值是在标准试验温度(20±3)℃下得出的,当环境温度超过 30℃时,硫铝酸盐水泥的初凝时间可能缩短至 10～15min,同时早期强度提高;当环境温度低于 10℃时,其初凝时间可能延长至 40～50min,早期强度也将大幅度降低。初凝时间对 GRC 墙板的质量有很大影响,初凝过快,则操作时间变短,造成密实成型困难,同时由于水化速度过快,引起制品表面局部发热而造成干缩裂纹或热应力裂缝。初凝时间过长,将会延长墙板脱模时间,并导致表面失水,造成表面起粉,严重时可导致水化反应无法进行。

⑤ 粉煤灰

粉煤灰也是在 GRC 轻质条板生产过程中经常使用的原材料,粉煤灰的比重为 $1.9\sim2.4$,堆积密度为 $550\sim700kg/m^3$,粉煤灰与水泥混合后具有一定的凝结硬化能力,因此粉煤灰既可作为替代部分水泥的胶凝材料,又可作为填充材料。用于混凝土和砂浆中的粉煤灰的技术要求列于表 4-1-8。在轻质条板配料中应使用Ⅰ级或Ⅱ级粉煤灰,这主要是考虑到烧失量问题,烧失量过大,说明粉煤灰中的未燃炭含量高,未燃炭为惰性物质,具有强烈的饱水能力,可导致混合料的需水量增大并使制品的强度和耐久性降低。

表 4-1-8   粉煤灰的技术要求

项目	技术要求		
	Ⅰ级	Ⅱ级	Ⅲ级
细度(45μm 方孔筛筛余,%)	≤12.0	≤25.0	≤45.0
需水量(%)	≤95	≤105	≤115
烧失量(%)	≤5.0	≤8.0	≤15.0
含水率(%)	≤1.0		
三氧化硫(%)	≤3.0		
游离氧化钙(%)	F 类:≤1.0;C 类:≤4.0		
安定性(雷氏夹煮沸后增加距离)	C 类:≤5mm		

(2) 配合比设计

GRC 轻质多孔条板可能出现的主要问题是强度(包括:抗压强度、抗弯强度和表面强度)偏低和收缩过大。水泥、膨胀珍珠岩质量差和材料配比不合理是抗压强度低、表面强度低和收缩增大的内因,玻璃纤维抗拉强度低及基体对玻璃纤维的握裹力小是抗弯强度低的内因,而生产工艺控制是否严格是产生上述问题的外因。

在 GRC 轻质多孔条板的配合比设计中,应首先考虑所需混合料的工艺性能,因为不同生产工艺及生产设备对混合料工艺性能的要求也不相同;然后根据物理力学性能要求合理地选择原材料并使这些原材料合理地匹配。不论是采用重量计量还是采用体积计量,都应严格控制计量偏差,应特别注意控制用水量,因为用水量是影响产品性能的关键因素。生产工艺不同,所采用玻璃纤维的形状也不相同。立模浇注法采用的是玻璃纤维网布,必须将网布对称地布置在墙板的两侧,将网布布置在距离模板约 5mm 的位置并对其进行固定。合理的位置才能最大程度地发挥玻璃纤维网布对基体材料的增强作用和阻裂作用,必要时可在墙板两侧分别布置两层网布。喷射真空脱水工艺采用的是玻璃纤维无捻粗纱,应控制玻璃纤维无捻粗纱在混合料中的含量为 4% 左右,并使玻璃纤维与基体材料紧密结合。

(3) GRC 轻质条板的养护

GRC 轻质条板经密实成型后,硬化过程继续进行,内部结构逐渐形成。硫铝酸盐水泥加水拌和后迅速发生水化反应,生成的水化产物主要为钙矾石、水化氧化铝凝胶和水化硅酸钙凝胶。良好的养护制度是水泥制品获得所需物理力学性能及耐久性的重要步骤。水泥制品早期快速失水会使制品表面产生干缩裂纹并可能延伸到制品内部,甚至导致水泥水化过程停止,从而导致各项物理力学性能的降低。对于含有膨胀珍珠岩的轻质多孔条板,由于材料的体积密度较低、孔洞壁厚和孔间壁厚度仅为 20～25mm,使得条板在干燥条件下更加容易失去水分,造成水泥无法完全水化,从而降低基体材料的强度以及基体材料与与玻璃纤维的粘结强度。因此在条板脱模后,应保持墙板处于潮湿状态,直到完成养护过程。快硬硫铝酸盐水泥 3d 可达到等级强度,低碱度硫铝酸盐水泥 7d 可达到等级强度,因此应根据所使用的水泥类型,确定保湿养护的时间。

4　主要性能试验(选择介绍)

4.1　抗折荷载

(1)试验设备

抗折试验机:量程 6000N,加载杆平行于支座,加载杆施加在墙板上的力与墙板面相互垂直,加载杆的长度不小于墙板的宽度,抗折机应有调速装置。典型抗折试验机如图 4-1-6。

图 4-1-6　抗折试验机

(2)试验步骤

- 分别在 3 块条板上切取长度为 1400mm 的试验板,共取得 3 块试验板;
- 调整试验机支座,将支座间的距离固定为 1200mm(跨距);
- 将试验板平放在两个相互平行的支座上,使板的中心线与加载杆的中心线重合;
- 均匀加载,使试验板在 15～45s 时间之内断裂,可得到试验板的抗折破坏荷载(N)。

(3)结果处理

以三块试验板抗折破坏荷载的算术平均值作为试验结果。

4.2　抗折荷载保留率(耐久性)

(1)仪器设备

- 试验机:可采用 4.1 中规定的抗折试验机,也可采用其他能够满足试验要求的试验机。
- 恒温恒湿箱:最高温度可控制到 100℃。
- 烘干箱:最高温度可控制到 100℃。
- 钢直尺:量程 0～1000mm,精度 1mm。

（2）试验步骤

·选取条板的任意一面作为试验时的受拉面并进行标记,对随后切取的试件进行同样的标记;在同一块条板上,沿着条板的长度方向截取 10 个宽度为 150mm 的试件,试件的长度实际上是条板的宽度(即:600mm),试件的宽度则为 150mm,每个试件的宽度偏差不得超出±2mm。

·随机取 5 个试件作为对比组试件(简称:对比组),另外 5 个试件作为进行加速老化试验的试件,即:作为耐久性试验的试件(简称:加速老化组);将加速老化组的试件置于温度控制在(80±2)℃ 的热水中浸泡 14d;在第 13d 时将对比组试件置于室温水中浸泡 24h。

·加速老化试验结束后,将两组样品同时从各自的浸泡环境中取出,擦干试样表面水分,随之同时放入温度控制在(50±2)℃ 的烘干箱中烘 24h,取出试件,放置在干燥的室内进行冷却。

·调整试验机支座间的距离,使其固定为 400mm;按照事先的标记,使试件的受拉面向下,均匀加载,控制试件在 15～45s 时间之内断裂,记录每个试件的破坏荷载(N)。

（3）结果处理

·以对比组 5 个试件破坏荷载的算术平均值 $F_{对比}$ 作为对比组的试验结果(N);以加速老化组 5 个试件破坏荷载的算术平均值 $F_{加速}$ 作为加速老化组的试验结果(N)。

·按照公式 4-1-1 计算条板的抗折荷载保留率 F_P。

$$F_P = \frac{F_{加速}}{F_{对比}} \times 100\% \qquad (4\text{-}1\text{-}1)$$

5 安装施工要点

5.1 构造措施

·隔声措施:条板墙体的厚度应满足建筑隔声功能的要求,分户墙的空气声计权隔声量不应小于 45dB,当单排条板的隔声性能不能满足分户墙的隔声要求时,应作双排板隔墙的构造设计,两排板的间隔距离为 10～50mm,可作为空气隔声层或填入玻璃棉、岩棉等吸声材料。

·防火措施:应采用双排板隔墙构造。

·抗震措施:在非抗震地区,条板隔墙与主体结构、顶板和地面的连接可采用刚性连接方法;在抗震设防烈度 8 度和 8 度以下地区应采用刚性连接与柔性连接相结合的方法。条板与顶板、结构梁、主体墙、柱连接时,应采用镀锌钢板卡件或经过防腐处理的钢板卡件固定。条板与顶板、结构梁之间宜增设柔性材料。

·防水防潮措施:在潮湿环境中使用的条板,应采取防水防潮措施。沿墙体安装水池、水箱、面盆等设备时,墙面应涂刷防水材料,墙体下部还应做 C20 细石混凝土基础。

5.2 特定部位条板的安装

·当一面墙的长度超过 6m 时,宜增加构造钢柱或采用其他加强措施。

·门框板、窗框板和过梁板中应设置预埋件,以便于门、窗固定。预埋件所在位置应为不小于 150mm 的实心板体。预埋件可在板的生产过程中埋设,也可在安装现场埋设,但是必须经过充分养护。

·门窗洞口与门窗的结合部位应采取密封、隔声、防渗等措施。

　　GRC 轻质条板的安装构造节点依照国建建筑标准设计图集《内隔墙——轻质条板(一)》10J114-1,该图集适用于抗震设防烈度为 8 度和 8 度以下地区及非抗震设防地区新建、改建和扩建的居住建筑、公共建筑和一般工业建筑工程的非承重轻质条板内隔墙。轻质条板内隔墙按使用部位的不同可分为分户隔墙、房间内隔墙、走廊隔墙、楼梯间隔墙等;按使用功能要求可分为普通隔墙、防火隔墙、隔声隔墙等。图 4-1-7、图 4-1-8、图 4-1-9 为摘自该图集的双层条板隔声墙的平面图及连接构造图。

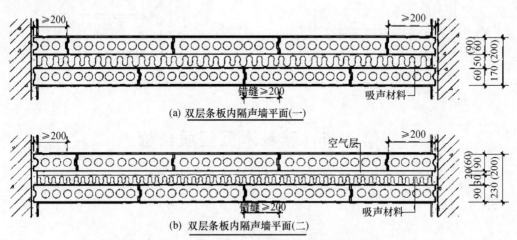

(a) 双层条板内隔声墙平面(一)

(b) 双层条板内隔声墙平面(二)

图 4-1-7　双层条板隔声墙平面图

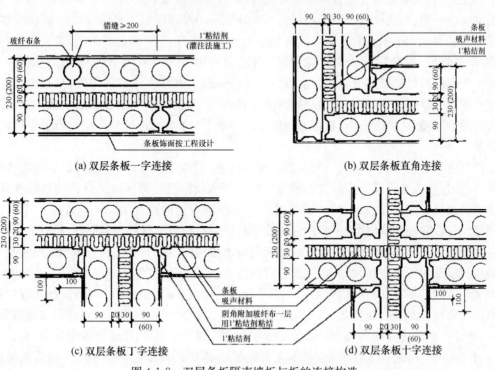

(a) 双层条板一字连接

(b) 双层条板直角连接

(c) 双层条板丁字连接

(d) 双层条板十字连接

图 4-1-8　双层条板隔声墙板与板的连接构造

217

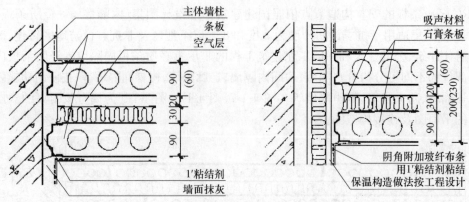

图 4-1-9 双层条板隔声墙板与墙体的连接构造

第 2 节 秸秆水泥轻质条板

1 引言

秸秆是粮食作物和经济作物生产的副产物,是一种可供开发与综合利用的资源。我国是一个农业大国,近年来随着粮食产量剧增,秸秆产量也迅速增加。2016 年 8 月 11 日,农业部、国家发展改革委、财政部、住房和城乡建设部、环境保护部和科学技术部共同发布《关于推进农业废弃物资源化利用试点的方案》,该方案指出我国每年生产秸秆近 9 亿吨,未利用的约 2 亿吨,应围绕收集、利用等关键环节,促进多元化综合利用,其中一种有效的利用途径就是专业化企业生产秸秆板材和墙体材料。目前国内对这些秸秆的开发利用率还很低,只有少部分秸秆在秸秆能源、秸秆饲料和秸秆肥料领域得到成功应用,大量的秸秆都在田间焚烧,造成了严重的大气污染,破坏了生态环境,直接威胁机场和高速公路的交通安全,而且浪费了宝贵的可再生资源。

秸秆作为工业原料在国内的开发利用起步较晚,但由于秸秆来源丰富、价格低廉,经济效益显著,已逐步成为极具潜力的发展领域。二十年前我国就已开始研究农作物秸秆在建筑材料中的资源化利用问题,其中的主要建材产品是压制成型的厚度为 10mm 左右的平板,农作物秸秆经过粉碎处理或辗磨处理,用无机胶结材料或有机胶结材料与其混合,经过加压成型制成各种板材。我国地域广阔,各地区农作物品种不尽相同,水稻、麦子和玉米当属产量最大、分布最广的三种农作物产品,所产生的农作物秸秆也最多,不同农作物秸秆的利用方法和利用效果也完全不同。本文介绍的秸秆水泥轻质条板以利用麦秸秆和稻秸秆为出发点,经过对秸秆的选用与处理,与水泥、粉煤灰、砂、水、聚合物溶液等配合,经一系列工艺过程制成建筑隔墙用条板,秸秆水泥轻质条板的质量应符合我国国家标准《建筑用秸秆植物板材》GB/T 27796—2011 中的要求,其施工应用可完全按照现有施工规范和安装图集《内隔墙——轻质条板(一)》10J113—1 进行。

2　质量要求与性能特点

《建筑用秸秆植物板材》GB/T 27796—2011 适用于以硫铝酸盐水泥、改性镁质胶凝材料、通用硅酸盐水泥为胶凝材料,以中低碱玻璃纤维或耐碱玻璃纤维为增强材料,加入粉碎农作物秸秆、稻壳或木屑(植物纤维质量分数应不小于 10%)为填料生产的工业与民用建筑的非承重墙板。秸秆植物板材分为空心板和实心板两种类别。该标准对建筑用秸秆植物板材的物理力学性能要求列于表 4-2-1。

表 4-2-1　秸秆水泥轻质条板的物理力学性能要求

项目	指标		
	100mm 厚度条板	120mm 厚度条板	180mm 厚度条板
抗冲击性能	经 5 次冲击试验后,板面无裂纹		
抗弯破坏荷载,板自重的倍数	≥1.5		
面密度(kg/m²)	≤90	≤110	≤130
含水率(%)	≤10		
干燥收缩值(mm/m)	≤0.6		
吊挂力	荷载 1000N 静置 24h,板面无宽度超过 0.5mm 的裂缝		
抗冻性	不得出现可见的裂纹且表面无变化		
空气声隔声量(dB)	≥35	≥40	≥45
耐火极限(h)	≥1		
导热系数[W/(m·K)]	实心墙板:≤0.35		
放射性核素限量	符合《建筑材料放射性核素限量》GB 6566 中的规定		

注:① 夏热冬暖地区不检测抗冻性。

　　② 《建筑用秸秆植物板材》GB/T 27796—2011 规定胶凝材料为改性镁质胶凝材料时,还需检测软化系数、抗返卤性能和氯离子含量。

秸秆水泥轻质条板的性能特点或许就在于秸秆的燃烧与霉变问题,而这种性能特点在现有相关国家标准或行业标准中均未涉及。秸秆一直以来都是我国农村的生活燃料,将其用于生产建材制品必将引起人们对其燃烧性能的担忧,另外秸秆的霉变也是显而易见的问题。作者曾经在所承担的国家科研项目中对麦秸秆在水泥基材中的燃烧与霉变问题进行过专门研究,希望能够找到解决这两个问题的方法,并与国内从事木材防腐阻燃的专业公司进行合作,按照作者所提出的具体要求配置了用于水泥基复合材料的防腐阻燃剂,但是经过试验发现,此种防腐阻燃剂对水泥的水化过程具有极大的负面影响,严重时可导致水泥无法凝结硬化,后来通过选择其他外掺料并通过控制秸秆用量解决了这两个问题。第三方检测结果证明,秸秆水泥轻质条板中秸秆掺量为 7.2% 时仍为 A 级不燃材料。关于秸秆的霉变,在控制秸秆掺量范围内由于水泥基体材料完全将秸秆包覆,自然条件下没有看到秸秆的霉变现象;甚至将秸秆水泥轻质条板放置在相对湿度大于 90% 的密闭箱体中 60 天,也未看到墙板表面有秸秆发生的霉变现象。用当秸秆掺量超过 12%,并且秸秆的尺寸较大时,由于水泥基材不足以完全包覆秸秆,因此在潮湿状态下有少量秸秆霉变,干燥后霉变现象减缓甚至消失。尽管如此,仍然建议在长期潮湿的场所谨慎使用秸秆水泥轻质条板。

采用处理后的秸秆与不同材料配比的水泥基材,经搅拌形成匀质秸秆水泥复合材料,通过立模浇注技术制造多孔条板或实心条板。外形尺寸为 2900mm×600mm×90mm 的两种条板的性能实测结果列于表 4-2-2。

表 4-2-2　秸秆水泥条板性能实测结果

项目	多孔条板	实心条板
隔声量(dB)	42.0	42.5
抗弯破坏荷载	板自重的 2.1 倍	板自重的 2.3 倍
干燥收缩值(mm/m)	0.54	0.57
单点吊挂力	1000N 吊挂 24h,吊挂区周围板面无裂缝	
燃烧性能	不燃 A 级	
放射性比活度	内照射指数 I_{Ra} 为 0.23	
	外照射指数 I_r 为 0.53	

3　生产工艺及控制要素

3.1　生产工艺

推荐采用成组立模技术生产秸秆水泥轻质条板,实践证明,与模板接触的条板表面上看不到秸秆,而在抹平面上却可清楚地看到秸秆。作为内隔墙板,希望植物秸秆水泥轻质条板的两个表面同样平整洁净。迄今为止,只有成组立模技术可以使条板的两个表面均为模板面。图4-2-1 为使用成组立模生产的植物秸秆水泥条板及其抹平面和模板面的状况。

图 4-2-1　使用成组立模生产的植物秸秆水泥条板及其抹平面和模板面的状况

采用成组立模技术生产秸秆水泥条板还有以下优点:①成型精度高:相邻模板之间的空腔即为成型板材的模腔,板材的两个表面均为模板面,控制好模板的刚度和成组立模的制造精度即可保证板的尺寸精度,板材尺寸准确性受人为因素的影响小。②工艺稳定性好:对混合料的适应性强,在满足板材性能要求的前提下,料浆的流动度可在一定范围内调整。③一模多用:通过更换端部堵板即可生产多孔条板或实心条板。④相对生产效率高:多块板材集中浇灌,便于生产操作和混合料输送的机械化;成型后的板材处在近于封闭的条件下,可充分利用胶凝材料的水化热进行自身养护;可方便地使用养护罩,大大减少热量散失,加快模型周转,提高生产效率。⑤生产线占用土地少：同样生产规模时，成组立模占用土地面积小。⑥生产过程受外界气候的影响很小：只要在浇注料浆时不直接遭受雨淋，在任何气候条件下，都可用成组立模进行生产。需要时可在模腔隔板中增设加热装置，在环境温度较低时对模板进行预热。图 4-2-2 为天意机械股份有限公司制造的轻质墙板成组立模生产线。图 4-2-3 为秸秆水泥轻质多孔条板的立模法生产工艺流程。

图 4-2-2　轻质墙板成组立模生产线

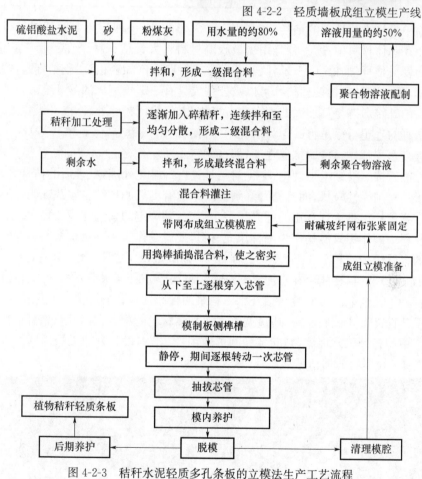

图 4-2-3　秸秆水泥轻质多孔条板的立模法生产工艺流程

3.2　生产控制要素

（1）秸秆选用及加工处理

农作物秸秆是由大量的纤维素类物质、可溶性糖类、少量的无机盐及水所构成，纤维素类物质包括纤维素、半纤维素和木质素等。

农作物秸秆遇水后浸出糖类和木质素，而糖类和木质素为亲水性表面活性物质，当与水泥混合后，聚戊糖、木质素分子会吸附于水泥颗粒表面，影响水泥的水化凝结过程。因此，在使用农作物秸秆时，需要首先解决的问题是减少或抑制糖类物质和木质素浸出。表 4-2-3 列出几种常见农作物秸秆的物质组成。

表 4-2-3　几种常见农作物秸秆的物质组成（%）

秸秆种类	纤维素	木质素、聚戊糖	脂肪、蛋白质	灰分	水分
稻秆	28.0	42.9	3.3	12.4	13.4
麦秆	32.6	43.9	8.0	9.1	10.0
玉米秆	33.4	42.7	4.3	8.4	11.2
棉秆	41.4	36.6	5.6	3.8	12.6

经过简单机械方法处理的秸秆，其利用方法无非两种，一种是与大量基体材料混合，使秸秆均匀分布在基体材料中；另一种是用少量胶凝材料将大量秸秆粘结在一起。从感知上我们将秸秆分为硬质秸秆（如棉秆、玉米秆、麻秆）和柔韧性秸秆（如麦秸秆、稻秸秆），认为硬质秸秆可以被处理成颗粒形态，柔韧性秸秆可以被处理成具有一定长宽比的准纤维形态或薄片形态，秸秆处理后的外貌形态与其加工处理方法直接相关，可采用粉碎处理、准纤维化处理或切断处理。利用秸秆的理想目标是将其作为水泥基体材料的增强组分，但是秸秆本身的性能决定了它不可能提高水泥基体材料的抗压强度，那么就寄希望于用经过处理的秸秆提高基体材料的其他力学性能。按照纤维增强理论，必须对秸秆进行纤维化处理，处理后的秸秆纤维的弹性模量必须大于基材的弹性模量，而且秸秆纤维要与基材有良好的粘结。实践证明，经过一般机械处理的农作物秸秆很难达到真正的纤维状态，只能达到一定的长宽比或长径比，农作物秸秆在水泥基体材料中的作用只能是作为一种填充材料，或者是作为一种架构材料。通常情况下，经加工处理的自然级配碎秸秆的堆积密度为 $100\sim120\text{kg/m}^3$，秸秆长度以不大于 12mm 为宜。经过机械加工处理的秸秆能否在水泥基材中应用取决于秸秆与水泥基材的融合性以及秸秆水泥料浆的各种工艺性能。因此应对秸秆水泥料浆的拌和性、流动性、流动性保持时间、均匀性、稳定性等工艺性能进行试验研究，通过调整水泥基体材料的配合比以及与秸秆的配合比例，观察试验过程中的各种工艺现象，判断秸秆的可使用性。图 4-2-3 为加工处理后的麦秸秆形态，图 4-2-4 为加工处理后的稻秸秆形态。

<table>
<tr><td align="center">图 4-2-3　加工处理后的麦秸秆形态</td><td align="center">图 4-2-4　加工处理后的稻秸秆形态</td></tr>
</table>

（2）配料设计

秸秆遇水后的抽出物对水泥凝结硬化过程有延缓作用,使混合料的凝结时间大大延长,而且当秸秆掺量达到一定限度时甚至可能完全抑制水泥的水化过程;秸秆中的抽出物随着时间延续不断增多,对未完全凝结和硬化的水泥结构有非常不利的影响。鉴于此种原因,选用凝结迅速、强度发展较快的硫铝酸盐系列水泥包括快硬硫铝酸盐水泥和低碱度硫铝酸盐水泥作为胶凝材料,其快速凝结（硫铝酸盐水泥的初凝时间大多在 25～30min,终凝时间不迟于 180min)使得混合料中的自由水分迅速减少,可在一定程度上阻止秸秆抽出物的增多,抵消或抑制秸秆抽出物所造成的不利影响。尽管如此,秸秆水泥复合材料的脱模时间仍然比硫铝酸盐水泥砂浆的正常脱模时间(2～3h)要延迟 4～5h,这归因于秸秆抽出物对水泥基材凝结和强度发展的延缓作用以及加入秸秆后混合料需水量的增大。

另外,配料中还需要粉煤灰、砂和聚合物溶液。可选用Ⅱ级或Ⅰ级粉煤灰,粉煤灰的堆积密度一般约为水泥堆积密度的 60%,为了改善混合料的和易性,在配料中加入一定比例的粉煤灰,既有利于包覆植物秸秆又有利于防止砂子的沉降,提高混合料的稳定性。选用最大粒径不超过 3mm 的自然级配中砂,利用砂子的重力下沉作用,带动悬浮状态的秸秆水泥基体混合料浆自由下落,只需微小的连续振动或间歇振动即可使秸秆水泥料浆顺利充满模型。聚合物溶液用以改善混合料和易性与流动性,提高碎麦秸与水泥基体材料的粘结性能,进一步抵抗混合料的离析趋势;混合料中加入聚合物溶液还可提高混合料的保水性,简化后期养护措施。无论秸秆是短切状态还是粉碎状态,秸秆在混合料中都只是作为一种填充材料,因此墙板抵抗弯曲荷载的能力必需借助于配筋材料如玻璃纤维网格布,墙板的其他性能如面密度、干燥收缩值、吊挂力、抗冲击性、隔声性能等可通过调整基材配比与秸秆用量来实现。

秸秆水泥混合料的配合比范围:水泥占固体料总量的 45%～58%,砂子占固体料总量的 10%～23%,粉煤灰占固体料总量的 18%～30%,碎麦秸占固体料总量的 3%～11%;聚合物与固体料之比为 0.20%～0.60%;水固比 0.45～0.70。本文作者对秸秆水泥混合材料的试验研究结果表明:①聚合物用量相同时,随着秸秆掺量的提高,达到同样流动要求时用水量增加;②同样秸秆掺量时,聚合物用量提高时达到同样流动要求所需的用水量减少;③随着秸秆用量逐渐增大,复合材料的密度逐渐降低,抗折强度与抗压强度也逐渐降低。同样秸秆用量情况下,当用水量少而聚合物用量大时,复合材料的密度和抗压强度都相对较低,说明聚合物掺量对复合材料性能的负面影响较加水量更为强烈。

（3）混合料搅拌

搅拌过程是混凝土内部结构形成的正式开端,因此,在搅拌工艺中采用一些有利于结构形成的措施是非常必要的。由于秸秆的强大吸水作用,导致秸秆水泥料浆的拌和性能完全不同于其他水泥基混合料的拌和性能,在原料及配合比不变的情况下,影响秸秆水泥料浆搅拌质量的因素主要有搅拌机类型、搅拌时间、投料顺序等。推荐使用卧式强制搅拌机并采用合理的投料顺序进行搅拌,如此可减少秸秆的绝对吸水量,得到可满足流动浇注、均匀稳定不离析的混合料。具体投料搅拌顺序:(水泥＋砂＋粉煤灰＋80%水＋ 50%聚合物溶液)投入搅拌机,搅拌均匀 → 逐渐加入碎秸秆,连续搅拌至秸秆均匀分散 →加入剩余水和聚合物溶液,搅拌均匀 →流动性适合、均匀稳定的料浆,如图 4-2-5。加入聚合物后可提高混合料的保水性,并可简化后期养护措施。通过对材料配比进行调整并改变某些工艺参数可获得密度有所变化的混合料,最终获得不同性能指标的墙板。

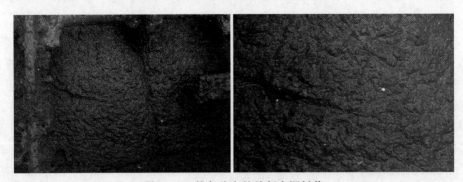

图 4-2-5　均匀稳定的秸秆水泥料浆

（4）浇注密实成型

按照设定配比搅拌得到的具有一定流动性的秸秆水泥料浆，通过深口料斗运送至成组立模上方，将料斗出料口插入模腔，从模腔中部开始浇注，依靠料浆的流动性和自重逐步向两侧扩充，由于模腔的长度和深度远远大于宽度（浇注长度 2920mm、深度 600mm、宽度 90mm），无法依靠混合料的自身重力和流动能力完全充满模腔并达到一定的密实程度，因此需要在成组立模技术中增加振动措施，仅需稍加振动即可使混合料迅速充满模腔并达到密实。实心条板浇注成型相对简单，只需将物料注入模腔，用插入式振捣器或手工振捣即可使物料密实、顺利成型。多孔条板成型相对复杂一些，板外壁厚度 26mm，孔间壁厚度 40mm，模腔深度 600mm，由于部分秸秆的长度超过 10mm，所以直接向穿入芯管的模腔中浇注混合料具有较大的浇注阻力并且可能引起混合料的离析，因此采取浇注 → 振动密实 → 穿入芯管 → 再振动密实的成型过程，为减小芯管抽拔力，保证在抽拔芯管过程中不对孔洞表面造成损害，应在成型过程完成后和混合料终凝之前的时间段之内小心转动芯管，减小混合料对芯管的粘附力。

4　主要性能试验（选择介绍—软化系数）

（1）仪器设备

压力试验机；水槽；烘干箱；钢直尺。

（2）试验步骤

· 试件准备：取一块试验条板，沿着板长方向截取试件。试件的厚度为条板厚度、高度（沿条板长度方形截取）为 100mm、长度（沿条板宽度方形截取）为 100mm 试件，共截取 6 个试件，随机分成两组。空心条板试件的长度应包括一个完整孔及两条完整孔间肋。

· 以条板的横截面为承压面，用水泥砂浆对上承压面与下承压面进行抹平处理并用水平尺调至水平，使二者相互平行并垂直于试件孔洞的轴线。

· 试件表面经调平处理后，置于温度不低于 10℃ 的不通风室内养护 72h，用钢直尺测量受压面的长度 L 和宽度 B，各测两次，取其平均值，测量结果修约至 1mm。

· 将两组试件都放置在烘干箱中烘至恒重，然后将其中的一组试件浸入（20±2）℃ 的水中，48h 后取出，用拧干的湿毛巾擦干表面。

· 分别对两组试件进行抗压试验，并计算各自的抗压强度算术平均值（MPa），精确到 0.01MPa。浸水试件的抗压强度平均值记为 R_1，未浸水试件的抗压强度平均值记为 R_0。

（3）结果处理

以 $\dfrac{R_1}{R_0}$，计算出软化系数，精确到 0.01。

5 安装施工要点

5.1 秸秆水泥轻质条板应用注意事项

如前所述，在控制秸秆掺量范围内由于水泥基体材料可完全将秸秆包覆，自然条件下秸秆没有发生霉变；甚至将秸秆水泥轻质条板放置在相对湿度大于 90％ 的密闭箱体中 60d，也未看到墙板表面有秸秆发生的霉变现象。当秸秆掺量超过 12％，并且秸秆的尺寸较大时，由于水泥基材不足以完全包覆秸秆，因此少在潮湿状态下有少量秸秆霉变，干燥后霉变现象减缓甚至消失。尽管如此，仍然建议在长期潮湿的场所谨慎使用秸秆水泥轻质条板。

5.2 安装构造

秸秆水泥轻质条板安装构造节点依照国建建筑标准设计图集《内隔墙——轻质条板（一）》10J113－1，图 4-2-6 至图 4-2-8 为摘自该图集的连接构造图。

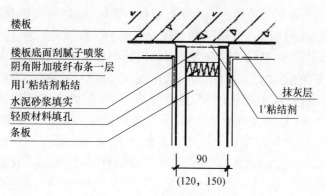

图 4-2-6　条板与楼板地面连接

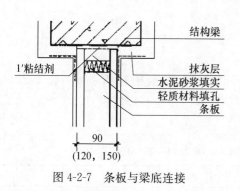

图 4-2-7　条板与梁底连接

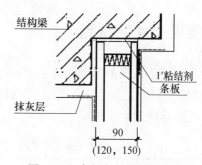

图 4-2-8　条板与结构梁侧连接

5.3 双层隔声墙

双层隔声墙是指由实心隔墙板或空心隔墙板按照构造要求现场组合而成的，双层板之间可以是空气层间层也可以填充岩棉或玻璃棉进一步提高复合墙体的隔声量。

将同样质量的单层墙分开做成双层墙,中间留有空气层,则墙体的总质量不变,而隔声量却比单层墙有所提高。双层墙可以提高隔声能力的主要原因是空气间层的作用,空气间层可以被看作是与两层墙板相连的"弹簧",声波入射到第一层墙板时,使墙板发生振动,此振动通过空气间层传至第二层墙板,再由第二层墙板向邻室辐射声能,由于空气间层的弹性变形具有减振作用,传递给第二层墙体的振动大为减弱,从而提高了墙体的隔声量。双层墙的隔声量可以用单位面积质量等于双层墙两侧墙体单位面积之和的单层墙的隔声量加上一个空气间层附加隔声量来表示,空气间层附加隔声量与空气间层的厚度有关。两层墙之间的刚性连接部位能较多地传递声音能量,使附加隔声量降低,刚性连接过多,将使空气间层完全失去作用。在空气间层中填充多孔材料(如岩棉、玻璃棉等),可使共振时隔声量的降低幅度减小,又可在全频带上提高隔声量。

第 3 节　陶粒混凝土轻质条板

1　引言

与陶粒混凝土轻质条板相关的产品标准有建材行业标准《钢筋陶粒混凝土轻质墙板》JC/T 2214—2014 和建筑工业行业标准《混凝土轻质条板》JG/T 350—2011。JC/T 2214—2014 标准适用于民用建筑与工业建筑非承重内墙用的钢筋陶粒混凝土轻质墙板。该标准对"钢筋陶粒混凝土轻质墙板"的定义为:以通用硅酸盐水泥、砂、硅砂粉、陶粒、陶砂、外加剂和水等配制的轻骨料混凝土为基料,内置钢网架,经浇注成型、养护而制成的轻质条型墙板。JG/T 350—2011 标准适用于工业灰渣混凝土条板、天然陶粒混凝土条板、人造陶粒混凝土条板,这些条板适用于一般民用建筑与工业建筑的非承重隔墙,可用于低层建筑的非承重外围护墙。该标准对"混凝土轻质条板"的定义为:采用水泥为胶结材料,以钢筋、钢筋网或其他材料为增强材料,以粉煤灰、煤矸石、炉渣、再生骨料等工业灰渣以及天然陶粒、人造陶粒为集料,按建筑模数采用机械化方式生产的预制混凝土条板,条板长宽比不小于 2.5。

2　质量要求及性能特点

陶粒混凝土轻质条板的质量控制标准可采用《钢筋陶粒混凝土轻质墙板》JC/T 2214—2014 或者《混凝土轻质条板》JG/T 350—2011。《钢筋陶粒混凝土轻质墙板》JC/T 2214—2014 对墙板的性能要求列于表 4-3-1。

表 4-3-1　墙板物理力学性能要求 (JC/T 2214—2014)

项目	指标						
	空心板				实心板		
	板厚度(mm)				板厚度(mm)		
	90	100	120	150	90	100	120
抗冲击性能(次)	≥10						

续表

项目	指标						
	空心板				实心板		
	板厚度(mm)				板厚度(mm)		
	90	100	120	150	90	100	120
抗弯承载(板自重的倍数)	≥1.8						
抗压强度(MPa)	≥7.5						
软化系数	≥0.85						
面密度(kg/m²)	≤90	≤110	≤125	≤140	≤120	≤140	≤170
含水率(%)	≤6						
干燥收缩值(mm/m)	≤0.4						
吊挂力(N)	单点吊挂:荷载≥1500,24h,板面无宽度超过 0.3mm 的裂缝						
	多点吊挂:荷载≥1500～4000,24h,锚固件物松动,板面无裂缝						
抗冻性(15 次冻融循环)	不得出现可见裂纹且表面无变化						
空气声隔声量(dB)	≥35	≥40	≥45	≥35	≥40	≥45	≥45
耐火极限(h)	≥1	≥1.5	≥2	≥2	≥2		
传热系数[W/(m²·K)]	—	—	≤2.0	≤2.0	—	—	≤2.0

陶粒混凝土属于轻混凝土范畴,干密度不大于 1950kg/m³。与普通混凝土相比,掺入陶粒可导致混凝土强度降低,陶粒含量越多,强度降低越多。陶粒混凝土的另一个重要特点在于只能够配制成具有一定强度的混凝土,若无限制地提高水泥砂浆的强度,也不可能使混凝土的强度有明显提高。陶粒对混凝土性能的影响取决于其综合性能、构造特性和混凝土的配合比等等,陶粒具有相对密实和高强度的外壳,这可改善其自身的性能及其在混凝土中的有效性。不仅是总孔隙率,而且陶粒中的孔隙特性对混凝土的性能也有非常大的影响,使用微孔陶粒可制成强度较高和水泥用量较少的轻质混凝土。

陶粒混凝土的耐久性主要取决于水泥石的耐久性,由于陶粒的"微泵"吸水和供水作用,水泥浆初期的有效水灰比较低,随后水泥的水化却更加充分,因此可提高水泥石的强度和密实度;此外,还可减少水泥石内的毛细管通道,特别是陶粒与水泥石界面处的毛细管通道。因此,陶粒混凝土具有较好的抗渗性,侵蚀性介质不易渗入内部。与同等强度的普通混凝土相比,陶粒混凝土的抗冻性更好,对钢筋的保护性也不减弱。

3　生产工艺及控制要素

3.1　生产工艺

推荐采用平模机组流水工艺生产陶粒混凝土轻质条板,图 4-3-1 为陶粒混凝土轻质条板的生产工艺流程。

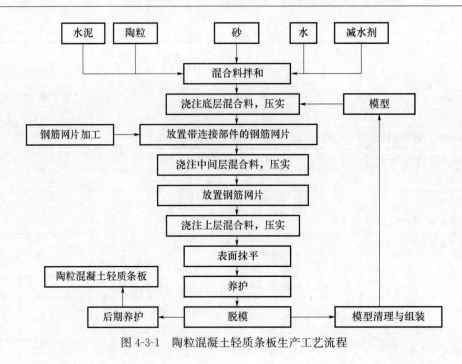

图 4-3-1　陶粒混凝土轻质条板生产工艺流程

3.2　生产控制要素

（1）陶粒的选用

陶粒为人造轻质集料，采用页岩、煤矸石等黏土质材料，先破碎成一定粒度，或用黏土、粉煤灰加黏土等预先制成球或短圆柱，然后在高温下焙烧而成。陶粒表面粗糙而坚硬，内部多孔。陶粒的最大粒径不宜大于 19mm，粒径小于 5mm 时称为陶砂。

我国国家标准《轻集料及其试验方法　第 1 部分：轻集料》GB/T 17431.1—2010 中将陶粒归类为人造轻粗集料，将陶砂归类为人造轻细集料。对人造轻粗集料的技术要求包括颗粒级配、密度等级、筒压强度与强度标号、吸水率与软化系数、粒型系数和有害物质含量；对人造轻细集料的技术要求包括细度模数、密度等级和有害物质含量。这些性能直接影响陶粒混凝土拌和物的工作性与墙板的强度、干密度和保温性能。陶粒的密度等级越高，其筒压强度和强度标号也越高，1h 吸水率则越低。表 4-3-2 列出陶粒的密度等级、筒压强度和 1h 吸水率。

表 4-3-2　陶粒的密度等级、筒压强度和 1h 吸水率

密度等级	堆积密度 D 的范围（kg/m³）	筒压强度（MPa）	1h 吸水率（%）
200	100<D≤200	≥0.2	≤30
300	200<D≤300	≥0.5	≤25
400	300<D≤400	≥1.0	≤20
500	400<D≤500	≥1.5	≤15
600	5100<D≤600	≥2.0	≤10
700	600<D≤700	≥3.0	≤10
800	700<D≤800	≥4.0	≤10
900	800<D≤900	≥5.0	≤10

陶粒的筒压强度对混凝土强度有很大影响,配制高强度陶粒混凝土应选用筒压强度高的陶粒。当配制相同强度等级的混凝土时,如果水灰比、水泥品种及强度等级以及其他条件都相同,则陶粒的强度越高,所配制混凝土的水泥用量越少、混凝土的干密度也越低,就更能充分发挥陶粒混凝土的优越性能。采用相同强度的陶粒配制混凝土时,混凝土强度在一定范围内随着水泥用量的增加而快速增长,当混凝土强度达到某一数值时,若继续增加水泥用量,强度的增长幅度则极其微小,这表明已达到陶粒的强度峰值。强度峰值主要受轻粗集料最大粒径的影响,减小轻粗集料的最大粒径可显著提高强度峰值。

通常,陶粒都具有较高的吸水率,最初 1h 的吸水率可达到 24h 吸水率的 60% 以上。在混凝土拌和物制备后的最初 1h 内,陶粒会吸取拌和物中的部分水,导致混凝土拌和物流动度的损失。陶粒在混凝土拌和物中的吸水量取决于混凝土的水灰比,在高水灰比的流动性混凝土或塑性混凝土中吸水量较大,而在低水灰比的干硬性混凝土中吸水量较小。吸水率大的陶粒,将导致陶粒混凝土轻质条板生产的困难,也对条板的热工性能有不利影响。因此,应选择表面孔隙少的陶粒,尽可能少用破碎型的陶粒。

采用高孔隙率的陶粒时,如果用憎水剂对其表面进行处理或者是在其表面包覆一层低渗透性薄膜,则可大大降低陶粒的吸水率,从而减少陶粒混凝土拌和料的需水量,提高陶粒混凝土的强度并改善它的其他性能。但是,采用这些措施无疑会增大成本,其合理性应通过技术经济核算来确定。

另外,在选用陶粒时,还必须考虑配筋条件所允许的最大颗粒尺寸。

(2)配合比设计

用于隔墙条板生产的陶粒混凝土的配合比应通过计算和试配确定,配合比设计主要应满足抗压强度、密度和稠度要求。根据陶粒混凝土轻质条板的计算体积密度、强度等级、配筋情况、生产工艺等进行配合比设计。陶粒混凝土的配合比与普通混凝土的配合比一样,都需要通过计算及试验确定。与普通混凝土的差别在于,确定陶粒混凝土的配合比时,除了要考虑混凝土的强度及其拌和物的工作性之外,还应保证混凝土的密度符合要求。由于陶粒混凝土的密度与陶粒的用量和性能有关,因此粗细集料的用量应根据混凝土的设计密度确定。陶粒混凝土包括砂轻混凝土和全轻混凝土。在轻砂混凝土中,仅使用轻粗集料,细集料使用普通砂;在全轻混凝土中,需要使用轻粗集料和轻细集料。

陶粒混凝土的试配强度按公式 4-3-1 确定,式中:$f_{cu,o}$ 为陶粒混凝土的试配强度(MPa),$f_{cu,k}$ 为陶粒混凝土的立方体抗压强度标准值,即:强度等级(MPa);σ 为陶粒混凝土的强度标准差。

$$f_{cu,o} \geqslant f_{cu,k} + 1.645\sigma \tag{4-3-1}$$

立方体抗压强度标准值可通过条板的抗压强度要求及其试验方法计算得到。当强度等级低于 LC20 时,强度标准差 σ 取 4.0;当强度等级在 LC20～LC35 之间时,强度标准差 σ 取 5.0。

① 参数选择:进行陶粒混凝土配合比设计时,需要选择的参数包括:水泥用量、最大水灰比和最小水泥用量、用水量、粗细集料总体积。

• 水泥用量:不同试配强度陶粒混凝土的水泥用量按照表 4-3-3 选用。

表 4-3-3 陶粒混凝土的水泥用量

陶粒混凝土试配强度（MPa）	陶粒的密度等级（kg/m³）				
	500	600	700	800	900
7.5～10	280～370	260～350	240～320		
10～15		280～350	260～340	240～330	
15～20		300～400	280～380	270～370	260～360
20～25			330～400	320～390	310～30

注：细集料采用砂时（砂轻混凝土）优先选用下限值，细集料采用陶砂时（全轻混凝土）优先选用上限值。

- 水灰比与最小水泥用量：水灰比影响陶粒混凝土的强度，因为水灰比大小决定着可将所有组成材料粘结成为统一整体的水泥石的性能。但是，由于陶粒本身构造的特性，其强度有一定限度，通常低于水泥砂浆的强度。每立方米混凝土的总用水量减去干燥轻集料 1h 吸水量后的净用水量称为有效用水量，有效用水量根据混合料的和易性要求确定。每立方米混凝土中有效用水量与水泥用量之比称为有效水灰比，有效水灰比应根据轻集料混凝土的设计强度和应用环境进行选择。砂轻陶粒混凝土配合比中的水灰比以净水灰比表示，全轻陶粒混凝土配合比中的水灰比以总水灰比表示。因为陶粒混凝土轻质条板所处环境不受风雪影响，所以对最大水灰比不作规定，但是应对最小水泥用量进行规定，配筋陶粒混凝土的最小水泥用量为 270kg/m³，不配筋陶粒混凝土的最小水泥用量为 250kg/m³。

- 净用水量：根据拌和物坍落度和生产工艺要求确定净用水量，不同生产工艺所需要的陶粒混凝土拌和物的坍落度也不相同。当坍落度要求在 30～80mm 时，净用水量为 165～215kg/m³；当坍落度要求在 50～100mm 时，净用水量为 180～225kg/m³。掺加减水剂时，可按减水剂的减水效果适当减少用水量。

- 砂率：细集料为普通砂时，砂率取 30%～40%；细集料为轻砂时，砂率取 35%～50%。

- 采用松散体积法设计配合比时，粗细集料在松散状态的总体积按表 4-3-4 选用。

表 4-3-4 粗细集料总体积

陶粒的粒型	细集料种类	粗细集料总体积（m³）
圆球型	轻砂	1.25～1.50
	普通砂	1.10～1.40
普通型	轻砂	1.30～1.60
	普通砂	1.10～1.50

② 配合比计算

砂轻混凝土和全轻混凝土均可采用松散体积法进行配合比计算，松散体积法是假定 1m³ 陶粒混凝土中所用粗细集料的体积之和为粗细集料的总体积。配合比计算中粗细集料的用量均以干燥状态为基准。

- 根据设计要求的陶粒混凝土的强度等级、条板的截面形状和配筋情况，确定粗细集料的种类和陶粒的最大粒径。

- 测定陶粒的堆积密度 γ_{dt}（kg/m³）和 1h 吸水率 ω_t、同时测定细集料的堆积密度 γ_{ds}（kg/m³），如果细集料为轻砂，则还需测定轻砂的 1h 吸水率 ω_s。

③ 计算生产条板所需陶粒混凝土的试配强度,选择水泥品种、水泥强度等级和水泥用量 m_c。按照条板的生产工艺以及对混凝土拌和物坍落度的要求,选择净用水量 m_{wn}。按照所用细集料种类,选择砂率 $S_P(\%)$。根据所用粗细集料的类型,选择粗细集料总体积 $V_z(\text{m}^3)$。

④ 照公式 4-3.2 和 4-3.3 计算每立方陶粒混凝土中的细集料的用量 $m_s(\text{kg})$ 与陶粒的用量 $m_t(\text{kg})$。

$$m_s = (V_z \times S_P) \times \gamma_{ds} \tag{4-3-2}$$

$$m_t = [V_z - (V_z \times S_p)] \times \gamma_{dt} \tag{4-3-3}$$

⑤ 陶粒的预湿处理方法和细集料的种类,按照表 4-3-5 中给出的公式计算附加用水量 m_{wa}。按照公式 4-3-4 计算总用水量。

表 4-3-5 附加用水量计算

陶粒的预湿处理方法和细集料的种类	附加用水量
陶粒预湿,细集料为普通砂	$m_{wa} = 0$
陶粒不预湿,细集料为普通砂	$m_{wa} = m_t \times \omega_t$
陶粒预湿,细集料为轻砂	$m_{wa} = m_s \times \omega_s$
陶粒不预湿,细集料为轻砂	$m_{wa} = m_t \times \omega_t + m_s \times \omega_s$

$$m_w = m_{wn} + m_{wa} \tag{4-3-4}$$

⑥ 按照公式 4-3-5 计算陶粒混凝土的干密度,并与设计要求的干密度进行对比,如其误差大于 2%,在应重新调整配合比。

$$\rho_{cd} = 1.15m_c + m_t + m_s \tag{4-3-5}$$

⑦ 如需调整配合比,则应按下列步骤进行。

· 以计算的陶粒混凝土配合比为基础,再选取与之相差±10% 的两个相邻水泥用量,用水量不变,适当增减砂率;按调整后的三个配合比制备陶粒混凝土拌和物,测定拌和物的坍落度,通过调整用水量使其达到要求的坍落度。

· 按调整好的三个配合比重新制备陶粒混凝土拌和物,测定拌和物的坍落度和振实湿密度,成型标准抗压试件,每个配合比至少成型一组试件。

· 在标准养护条件下养护 28d,测定试件的抗压强度和干密度。以同时满足陶粒混凝土配制强度和干密度的配合比作为选定的配合比。

③ 配合比调整

按照选定的配合比拌制陶粒混凝土拌和物,并测定密实后拌和物的湿密度 $\rho_{实测}$,按照公式 4-3-6 计算陶粒混凝土的湿密度 $\rho_{计算}$,通过校正系数 $\eta = \dfrac{\rho_{实测}}{\rho_{计算}}$ 对选定的配合比进行质量校正。用选定配合比中各种原材料的用量乘以 η,即可得到陶粒混凝土的最终配合比。

$$\rho_{计算} = m_c + m_t + m_s + m_w \tag{4-3-6}$$

(3)陶粒混凝土拌和物的制备

陶粒混凝土拌和物制备过程的显著特点是陶粒吸水。陶粒可吸取水泥砂浆中的水分,吸水过程在拌和物制备后的最初 10~15min 最为强烈,而且陶粒的吸水量取决于该拌和物的配合比,在高水灰比的流动性或塑性混凝土中吸水量较大,而在低水灰比的干硬性混凝土中吸水量则较少。由于水泥浆的保水作用,陶粒在混凝土拌和物中的吸水率比在水中的吸水率低

30%～50%。陶粒可以全干燥、预吸水、水饱和三种不同状态参与搅拌。实践证明,采用全干燥陶粒制备拌和物时,陶粒的最终吸水少,混凝土的强度和抗冻性等物理力学性能好,但拌和物在输送和浇灌过程中,极易因陶粒吸水而导致拌和物坍落度的损失,造成后续操作困难。采用水饱和陶粒制备混合料时,浇灌过程变得容易,但是拌和物易于分层离析,混凝土的强度和抗冻性等物理力学性能均有明显降低。采用预吸水陶粒制备拌和物时,可兼具上述两种情况的优点,即:不但可获得操作性好的混合料,而且可获得物理力学性能较好的混凝土。预吸水的持续时间随陶粒的表面状况而变化,一般为 0.5～1h。经预吸水处理后的陶粒应存放在封闭的容器内,避免含水率随环境气候的变化而造成陶粒含水率的变化。

陶粒混凝土拌和物的另一个特点是需要相对较长的搅拌时间,这是由于陶粒轻、水泥用量多、料浆稠度大所致。推荐采用强制式搅拌机制备陶粒混凝土拌和物。当采用干燥陶粒制备拌和物时,投料顺序为:① 将干陶粒、细集料、掺合料与总用水量的一半,搅拌 1min;②加入水泥、外加剂与剩余水,搅拌 2min 以上。制备好的陶粒混凝土拌和物应立即浇灌入模。

(4)钢丝网片或钢筋网片加工

为保证钢丝网片或钢筋网片的定位和保护层厚度,可按照条板厚度设定两层网片之间的距离 H,将连接两层网片的钢筋加工成高度为 H 的三角形部件,预先将三角形部件焊接在下层网片上,浇灌混合料至三角形部件的顶点,用细铁丝将上层钢筋网片与三角形部件绑扎在一起,然后再浇灌混合料。

(5)浇注成型

制备好的拌和物在输送过程中应采取可减少坍落度损失和防止离析的措施。当浇注成型前拌和物的坍落度损失或者离析较严重时,应进行二次搅拌,必要时可加入适量减水剂,绝对不能二次加水。

陶粒混凝土拌和物的自由倾落高度不应大于 1.5m,当倾落高度大于 1.5m 时,应使用斜槽或溜管等辅助装置。采用平模工艺生产陶粒混凝土条板时,宜采用表面振动密实,振动时间以拌和物密实而且陶粒不上浮为原则。

(6)轻集料混凝土的结构特性和性能特点

由于多孔集料与水泥浆的湿交换特性比普通集料混凝土更加明显,因此对其结构形成有很大影响。在轻集料混凝土中存在着两种微孔微管系统:水泥石中的微孔微管系统和轻集料中的微孔微管系统。这种结构特点赋予轻集料混凝土诸多优越性能,在初始阶段,多孔集料吸水,与水泥石的接触层更加密实,强度更高。在第二阶段,当水泥持续水化需要水分时,多孔集料会释放出所吸收的水分,为水泥水化的持续进行创造良好条件,并可减少水泥石的收缩。轻集料的这种吸水和释放作用导致其表面的低水灰比,可增大轻集料表面附近水泥石的密实性,同时减少或避免轻集料下部由于内分层所形成的水囊,从而可提高轻集料与砂浆的界面粘结力,轻集料表面的多孔性和粗糙度也可提高界面粘结力。

混凝土的抗冻性与其抗渗性密切相关。在轻集料混凝土中,由于轻集料处在密实性较高的水泥石包围之中,水分不易渗入集料内部的孔隙中,含水量不易达到引起冻结破坏的临界含水量,因此轻集料混凝土的抗冻性一般都高于相同强度等级普通混凝土的抗冻性。正是由于轻集料混凝土中水泥石的较高密实度和较高的抗渗性,轻集料混凝土对钢筋的保护性并不减弱。

表 4-3-6 列出不同密度陶粒可能配制的陶粒混凝土的性能。

表 4-3-6　不同密度陶粒可能配制的陶粒混凝土的性能

陶粒		细集料		混凝土可能达到的指标	
品种	密度 （kg/m³）	品种	密度 （kg/m³）	密度 （kg/m³）	抗压强度 （MPa）
页岩陶粒	450	陶砂	＜900	1000～1200	10.0
	450	普通砂	1450	1400～1600	10.0～15.0
	750	陶砂	＜900	1400～1600	10.0～20.0
	750	普通砂	1450	1600～1800	20.0～30.0
黏土陶粒	550	陶砂	＜900	1200～1400	10.0～15.0
	550	普通砂	1450	1400～1600	15.0～20.0
	850	陶砂	＜900	1400～1600	10.0～25.0
	850	普通砂	1450	1600～1900	20.0～50.0
粉煤灰陶粒	650	陶砂	＜900	1400～1600	10.0～25.0
	650	普通砂	1450	1600～1800	20.0～30.0
	800	陶砂	＜900	1400～1800	15.0～30.0
	800	普通砂	1450	1600～1900	25.0～50.0

4　主要性能试验（选择介绍—多点吊挂力）

当吊挂力大于 1500N 直到 4000N 时，按照《钢筋陶粒混凝土轻质墙板》JC/T 2214—2014 附录 A 规定的试验方法进行试验。

（1）仪器设备

· 试验托架（图 4-3-2），托架两侧的直腿上各钻两个孔，在托架横梁中部钻一个直径为 10mm 的孔（加载点），用于悬挂所施加的荷载。

· 钢垫片加力装置、钢垫片与衬垫片（图 4-3-3～图 4-3-4）。

· 变形测量仪，精度为 0.1mm。

· 加载砂袋。

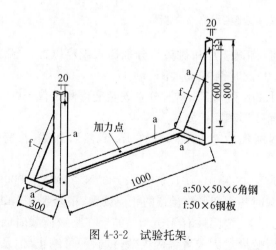

图 4-3-2　试验托架.　　　　　　图 4-3-3　钢垫片加力装置

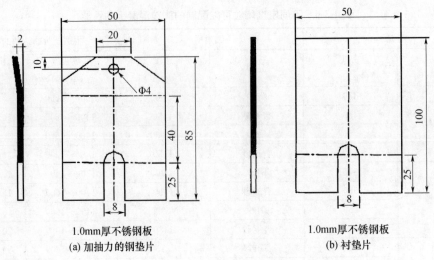

1.0mm厚不锈钢板
(a) 加抽力的钢垫片

1.0mm厚不锈钢板
(b) 衬垫片

图 4-3-4　钢垫片与衬垫片

（2）试验步骤

· 按照图 4-3-5,将托架安装在墙板上,托架横梁距地面 1500mm±10mm,托架距离墙体端部和门框的距离相等。

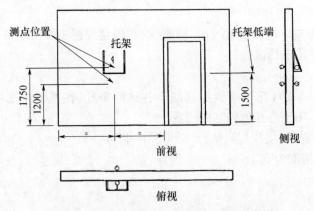

图 4-3-5　托架位置与变形测点位置示意图

· 按照图 4-3-3 安装垫片,在拧紧螺栓前,将钢垫片和衬垫片分别插入规定位置,之后拧紧螺帽;然后对钢垫片施加 20N 向上抽出的力,此时钢垫片应不松动。

· 在托架两端三角架的中心,距离地面 1.2m 和 1.75m 处,分别安装变形测定仪,共 4 个变形测量点,观测并记录试验前所发现的任何变形和墙板变化。

· 预加载,在托架横梁中部加载点处逐渐加载至 200N,静置 1min,然后卸载,再静置 1min。记录每个变形测量点的初始读数 ε_0。

· 每隔 5min 增加一次荷载,逐级增加至 500N、1000N、1500N、2000N、2500N、3000N、3500N、4000N。加载过程中,应记录每级荷载时各个变形测量点的相应读数,精确到 0.1mm;同时记录每级荷载时墙板板面或接缝处有无开裂,锚固件有无松动。如果在某级荷载时墙面出现裂缝或者任何一片钢垫片松动,表明墙板变形过大或者锚固失效,试验即可停止,记录此时的破坏荷载与各测点的变形读数 ε_f。

· 当荷载达到 4000N 时,记录各测点的变形读数;静置 24h,再记录一次各测点的最终变形读数 ε_f;卸去全部荷载,5min 后再记录一次各测点的卸载后的变形读数 ε_x。

（3）结果处理

· 以未发生破坏的最大一级荷载为多点吊挂的吊挂力。

· 当对最大变形 f_{max} 和残余变形 f_{cy} 有控制要求时,按公式 4-3-6 和公式 4-3-7 进行计算;当对最大变形和残余变形无控制要求时,可不进行变形测量。

$$f_{max} = \varepsilon_f - \varepsilon_0 \tag{4-3-6}$$

$$f_{cy} = \varepsilon_x - \varepsilon_0 \tag{4-3-7}$$

5　安装施工要点

5.1　施工准备

（1）条板隔墙施工作业前,施工现场杂物应清理干净,场地应平整,并应具备安装隔墙的施工作业条件。

（2）条板隔墙施工前的准备工作应符合下列规定:

· 条板和配套材料进场时,应进行验收,并应提供产品合格证和有效检验报告;条板和配套材料的进场验收记录和检验报告应归入工程档案;不合格的条板和配套材料不得进入施工现场。

· 条板和配套材料应按不同种类、规格分别在相应的安装区域堆放,条板下部应放置垫木,并宜侧立堆放。且堆放高度不宜超过两层;条板露天堆放时,应做好的防雨雪、防暴晒措施。

· 现场配制的嵌缝材料、粘结材料,以及开洞后填实补强的专用砂浆应具有使用说明书,并应提供检测报告;粘结材料应按设计要求和说明书配制和使用。

· 钢卡、铆钉等安装辅助材料进场时,应提供产品合格证,配套安装工具、机具应能正常使用;安装使用的材料、工具应分类管理,并应根据需要的数量备好。

（3）条板隔墙施工前,应先清理基层,对需要处理的光滑地面进行凿毛处理;然后按安装排布图放线,标出每块条板安装位置、门窗洞口位置,放线应清晰,位置应准确,并应检查无误后再进行下道工序施工。

（4）对于有防水、防潮要求的条板隔墙,应先做好细石混凝土墙垫。

（5）条板隔墙安装前,宜对预埋件、吊挂件、连接件的数量、位置、固定方法,以及双层条板隔墙间芯层材料的铺装进行核查,并应满足条板隔墙分项工程设计技术文件的要求。

5.2　安装节点构造

陶粒混凝土轻质条板的安装构造节点依照国建建筑标准设计图集《内隔墙－轻质条板（一）》10J113－1,该图集适用于抗震设防烈度为 8 度和 8 度以下地区及非抗震设防地区新建、改建和扩建的居住建筑、公共建筑和一般工业建筑工程的非承重轻质条板内隔墙。轻质条板内隔墙按使用部位的不同可分为分户隔墙、房间内隔墙、走廊隔墙、楼梯间隔墙等;按使用功能要求可分为普通隔墙、防火隔墙、隔声隔墙等。图 4-3-6 为 C 型企口陶粒混凝土轻质条板的加固节点构造,图 4-3-7 为条板与钢结构连接节点构造。

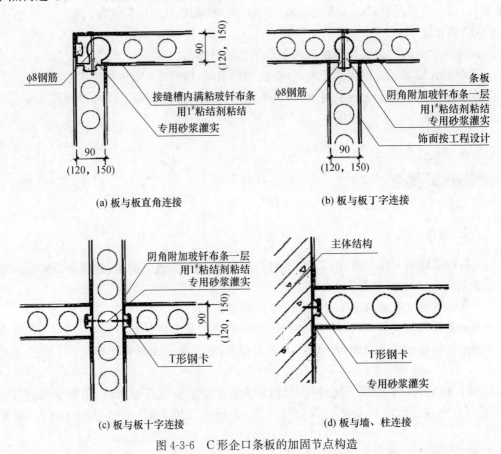

(a) 板与板直角连接

(b) 板与板丁字连接

(c) 板与板十字连接

(d) 板与墙、柱连接

图 4-3-6　C 形企口条板的加固节点构造

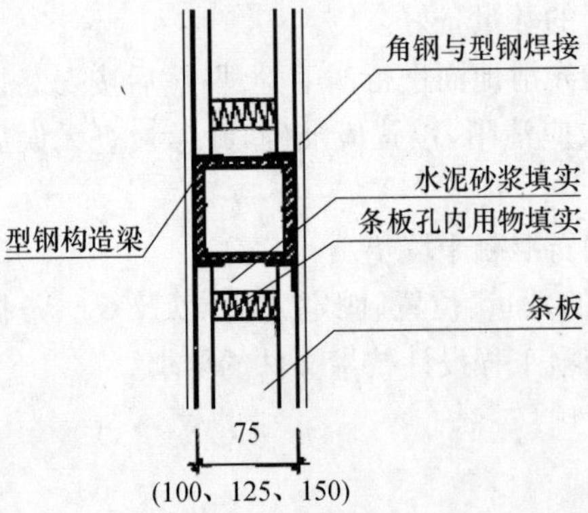

(a) 条板与钢梁连接

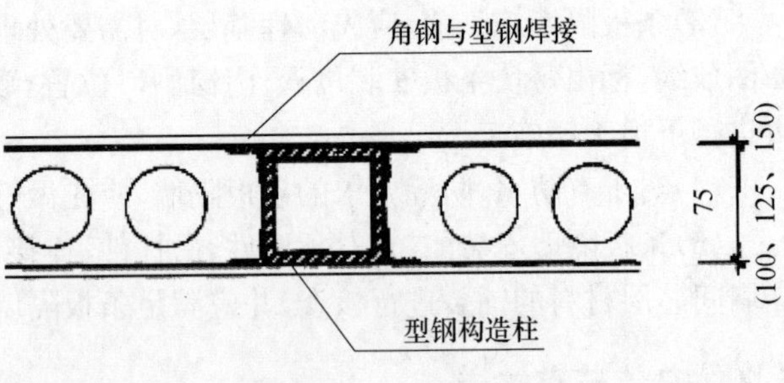

(b) 条板与钢柱连接

图 4-3-7　条板与钢结构连接节点构造

第 4 节 细石混凝土轻型条板

1 引言

制造"轻质条板"所用的材料通常为轻混凝土,包括轻骨料混凝土和多孔混凝土,目前所生产的几种内隔墙条板除了石膏空心条板外均分别采用了其中的一种作法或两种作法兼之。本章所介绍的细石混凝土轻型条板称之为"轻型条板"而不是"轻质条板",这是因为此种条板在生产过程中既不掺加轻骨料也不引入微小气孔,而是采用细石水泥混凝土,通过改变条板横截面上的孔洞形状,提高截面空心率,达到降低整体板面密度的目的,为了体现此种条板与轻质条板在概念上的区别,将采用这种技术措施制造的建筑条板称为轻型条板。细石混凝土轻型条板横截面上的孔洞形状为矩形孔,条板空心率达到 50% 以上,可保证在达到同样面密度要求的同时,提高条板的抗压强度和表面强度并降低条板的干燥收缩率,而且有利于发挥配筋材料的增强作用,提高条板的抗冲击性能和抗弯性能;矩形孔洞便于填充绝热材料或吸音材料,提高条板的保温性能或隔音性能。

图 4-4-1 为细石混凝土轻型条板与填充绝热材料后的细石混凝土轻型复合条板。

图 4-4-1 细石混凝土轻型条板与细石混凝土轻型复合条板

2 质量要求与性能特点

细石混凝土轻型条板的规格尺寸和质量控制可采用我国国家标准《建筑用轻质隔墙条板》GB/T 23451—2009。该标准规定的轻质隔墙条板的性能要求列于表 4-4-1。

表 4-4-1 轻质隔墙条板性能要求(GB/T 23451—2009)

项目	指标	
	90mm 厚度板	120mm 厚度板
抗冲击性能	经 5 次冲击试验后,板面无裂纹	
抗弯破坏荷载(板自重的倍数)	≥1.5	
抗压强度(MPa)	≥3.5	
软化系数	≥0.80	
面密度(kg/m²)	≤90	≤110
含水率(%)	≤12	

续表

项目		指标	
		90mm 厚度板	120mm 厚度板
干燥收缩值（mm/m）		≤0.6	
吊挂力		荷载 1000N 静置 24h，板面无宽度超过 0.5mm 的裂缝	
空气声隔声量（dB）		≥35	≥40
耐火极限（h）		≥1	
放射性比活度	内照射指数 I_{Ra}	实心板：≤1.0；空心板（空心率大于 25％）：≤1.0	
	外照射指数 I_r	实心板：≤1.0；空心板（空心率大于 25％）：≤1.3	

细石混凝土轻型条板的优势与特点：①强度高。与轻质混凝土材料相比，细石混凝土材料抗压强度高、材料密实，与配筋材料粘结性好，可充分发挥水泥基复合材料的优势性能。②干缩值较小。混凝土收缩是由水泥石收缩引起的，水泥石的收缩主要是由于含水量的减少引起的，细石混凝土的体积改变主要取决于水泥石中平衡含水量的变化，而轻集料混凝土的体积改变除了受水泥石中平衡含水量变化的影响外，受轻集料本身性质的影响也很大，如集料的吸排水能力、含水量及变形特性等都会对轻集料混凝土的收缩产生影响；集料对水泥石收缩起阻止作用，阻止的程度取决于集料的刚性大小，轻集料的刚性较砂子和石子小，故轻集料混凝土的收缩率一般大于细石混凝土的收缩率。可见采用细石混凝土作为轻板的制造材料，可排除许多不利因素，从根本上降低轻板的干燥收缩值，减少裂缝的形成。③材质耐久可靠。以细石混凝土为基体材料，大大降低轻板吸水率，显著减弱由于气候变化所引起轻板的频繁湿胀干缩，保证轻板质量的稳定性和耐久性。④材料成本降低。90mm 厚度板截面空心率为 55％，与圆形孔（空心率 34％）截面相比，可节省材料用量，降低墙板材料成本。⑤二次功能复合。根据需要在孔洞中填充吸音材料或绝热材料，进一步提高轻板的隔声性能或保温性能，90mm 厚度轻板填充吸音材料后隔声量达到 42.5dB。⑥墙板用途广泛。由于采用含有减水剂的流动性混合料浇注成型，墙板密实性、抗渗性、护筋性好，且可采用钢丝网、钢筋网、钢筋网架等多种配筋方式，所生产的轻型条板也可用于低层建筑的外墙。

细石混凝土轻型条板性能的实测结果列于表 4-4-2。

表 4-4-2　90mm 厚度细石混凝土轻型条板性能实测结果

性能	标准指标（GB/T 23451—2009）	实测结果
面密度（kg/m²）	≤90	78.1
抗弯破坏荷载	≥1.5 倍板自重	3.1 倍
抗冲击性	冲击 5 次，不开裂	冲击 16 次，不开裂
吊挂力	荷载 1000N 静置 24h，板面无宽度超过 0.5mm 的裂缝	荷载 2500N 静置 24h，板面无宽度超过 0.5mm 的裂缝
干缩值（mm/m）	≤0.6	0.3
隔声指数（dB）	≥35	40.3

3 生产工艺及控制要素

3.1 生产工艺

对于条型墙板来说,在同样尺寸的截面上,当设置具有同样厚度孔间壁和同样厚度外壁的孔洞时,矩形孔的空心率最大,圆形孔的空心率最小。在条板截面上形成矩形孔必须采用机械动力抽拔芯管。推荐采用立模浇注法生产细石混凝土轻型条板,主要生产设备为成组立模与抽芯机,根据细石混凝土拌和料的凝结时间,生产线可由一台抽芯机和多台成组立模机组成。细石混凝土轻型条板的基本生产工艺包括以下几个阶段:(1)原材料准备阶段,包括砂石的筛洗和钢丝网成型;(2)混合料搅拌阶段;(3)板材成型和密实阶段;(4)板材养护阶段;(5)功能性材料复合阶段。生产工艺流程如图 4-4-2。

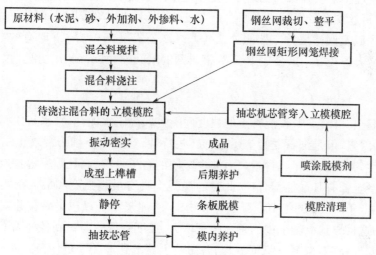

图 4-4-2　细石混凝土轻型条板立模法生产工艺流程

3.2 生产控制要素

(1)原料要求

水泥:采用符合相关标准的强度等级为 42.5R 的普通硅酸盐水泥或 42.5 快硬硫铝酸盐水泥,为满足生产工艺操作和提高生产效率,应特别关注水泥的凝结时间和早期强度发展。

集料:细石混凝土中的集料以砂为主,还可使用小颗粒碎石或卵石,石子的最大粒径需根据条板的截面构造确定,当孔间壁厚度与面层壁厚为 15mm 时,所使用的石子的最大粒径不应超过 5mm;当孔间壁厚度与面层壁厚大于 25mm 时可采用粒径稍大一些的石子,但石子的最大粒径不应超过壁厚的三分之一。砂的选用应符合《建设用砂》GB/T14684 的规定。制造细石混凝土轻型条板应使用在粗砂或中砂。

配筋材料:增强用配筋材料为钢丝网或钢筋网架,配筋量和配筋形式要根据轻板的受力情况进行计算,当轻板用作分室隔墙或分户隔墙时,采用密布钢丝网,钢丝网的网格间距为 50mm×50mm,钢丝直径 2.0mm;当轻板用作外围护墙板时,增强筋采用钢筋网架,钢筋网架

用 $\phi4mm$ 或 $\phi6mm$ 钢筋焊接而成,主筋设置在外壁和孔间壁的交汇处,分布筋间距300mm,两面层中的钢筋网通过孔间壁中的配筋连接成为一个钢筋网架;如果需要,用短切化学纤维作辅助配筋材料,可改善墙板的抗冲击性能和表面抗裂性。

外掺料:为改善混合料和易性,降低墙板材料成本,可用粉煤灰代替部分水泥,粉煤灰替代量根据轻板的性能要求、粉煤灰的品质和水泥的品质确定,应选用Ⅱ级或Ⅰ级粉煤灰。

外加剂:在轻板生产过程中,加入少量外加剂以提高混合料的流动性和调整混合料凝结时间及早期强度的发展速度。轻板的外壁厚度不同意味着浇注混合料的空腔宽度不同,轻板壁厚为15mm时混合料浇注难度较大,轻板壁厚为25mm时混合料浇注相对容易。在满足板强度要求和干燥收缩值要求的前提下,可通过调整水灰比调整混合料流动性;对于强度和干燥收缩值有特殊要求的轻板,可通过使用高效减水剂,降低水灰比,调整混合料流动性。混合料凝结时间和早期强度发展速度调整可采用缓凝剂、促凝剂、早强剂或与其他材料匹配。

(2)细石混凝土配合比设计

细石混凝土轻型条板的材料构成中包含钢丝网,在确定钢丝网混凝土结构的混凝土配合比时,必须考虑钢丝网混凝土的可成型性。对成型性影响最大的因素是配筋网络,包括钢丝网的层数及其间距以及网格尺寸。按照公式4-4-2(该公式仅在 $0<l<h$ 时有效)计算配筋条件所允许的砂的最大粒径 d_{max}。公式中:h 为钢丝网的层间间距(mm);l 为网孔尺寸(mm)。

$$d_{max}=\sqrt{h^2+\frac{l^2}{4}}-0.3 \tag{4-4-2}$$

与普通混凝土一样,细颗粒混凝土的强度性能也取决于水泥性质、水灰比、集料性质、集灰比、养护制度等因素,但是细石混凝土还具有某些特性,这是由于细石混凝土结构中具有大量微小颗粒及高度匀质性、水泥石含量高而缺少坚硬的石子骨架、高孔隙率等特点所决定的。

每一类混凝土都有其最佳配合比,此时的混凝土具有最高强度和最大密实度。在水泥用量较低(灰砂比低于1∶3)的细石混凝土拌和物中,水泥浆不足以包裹砂粒并充分填充砂粒之间的所有空隙,这将导致混凝土中的总孔隙率增大、强度降低。考虑到各种因素对细石混凝土强度影响的特殊性,细石混凝土强度 R_σ 与各影响因素的普遍关系可用公式 4-4-3 表示。该公式中:R_c 为水泥强度(MPa);m_w 代表用水量(kg/m³);m_c 代表水泥用量(kg/m³);V_{air} 代表吸入的空气体积(L);A 为经验系数,对高质量材料 A 取 0.8,对中等质量材料 A 取 0.75,对低质量材料 A 取 0.65。可采用直接试验的方法确定 A 值,因为材料的质量包括砂的质量对 A 值的大小有显著影响,如果在细石混凝土中采用具有高比表面积和空隙率的细砂,则为了保持拌和物的设定流动度,就必须提高用水量,这将导致混凝土强度的显著降低。对细石混凝土来说,最好采用洁净的粗砂或掺有较粗碎石屑及细砾石的细砂。

$$R_\sigma=AR_c\times\left(\frac{m_c}{m_w+V_{air}}-0.8\right) \tag{4-4-3}$$

为获得同样流动度的拌和物和同样强度的混凝土,细石混凝土的用水量比普通混凝土约增加 $20\%\sim40\%$,为减少水泥用量,必须采用化学外加剂、并采用合理级配的粗砂,使拌和物有效密实。

为了节约水泥,有时需在细石混凝土中掺入微填料例如粉煤灰。在这种情况下,将水泥与粉煤灰都当作胶结材料。胶结材料的活性及其对拌和物需水量的影响取决于粉煤灰的含量及其性能,可预先通过试验确定这种影响。

如果已知粉煤灰的需水量比,即可估算出粉煤灰对拌和物需水量的影响,需要增加或减少的用水量 W(kg)可按公式 4-4-4 计算,其中 W_{tian} 为每立方混凝土中的粉煤灰含量(kg)。

$$W＝(粉煤灰的需水量比－水泥标准稠度)×W_{tian} \tag{4-4-4}$$

如果不知道粉煤灰的需水量比,可按照《用于水泥和混凝土中的粉煤灰》GB/T 1596—2005 附录 B"需水量比试验方法"进行测定,该试验方法的原理是按照《水泥胶砂流动度试验方法》GB/T 2419 测定试验胶砂和对比胶砂的流动度,以二者流动度均达到 130~140mm 时的加水量之比确定粉煤灰的需水量比。试验用材料为:《强度检验用水泥标准样品》GSB 14—1510 规定的水泥,《水泥胶砂强度检验方法(ISO 法)》GB/T 17671—1999 规定的 0.5~1.0mm 的中级砂,洁净饮用水。粉煤灰需水量比试验用胶砂配合比列于表 4-4-3。

表 4-4-3　粉煤灰需水量比试验用胶砂配合比

胶砂种类	水泥用量(g)	粉煤灰用量(g)	标准砂用量(g)	加水量(mL)
对比胶砂	250	—	750	125
试验胶砂	175	75	750	按流动度达到 130~140mm 调整

按照公式 4-4-5 计算粉煤灰的需水量比,其中 X 代表需水量比(%);L_1 代表试验胶砂流动度达到 130~140mm 时的加水量(mL);125 为对比胶砂的加水量(mL)。

$$X＝\left(\frac{L_1}{125}\right)×100 \tag{4-4-5}$$

(3)条板浇注成型

细石混凝土拌和物在浇注过程中与在振实过程中,经常会吸入一定数量的空气,这些空气以微泡形式分布在已成型的硬化混凝土之中。吸入的空气可能达到 3%~6%,这将导致混凝土的孔隙率提高、强度降低。因此,当需要制造密实而又高强的细石混凝土时,必须采用可使空气吸入量减到最少的密实方法。以 90mm 厚细石混凝土轻型条板为例,其壁厚为 15mm、长度一般为 2600mm、宽度为 600mm,也就是说,要顺畅地向 2600mm 长度、600mm 深度、15mm 宽度的狭窄缝中浇注细石混凝土混合料并使其密实,除了从材料配方着手提高混合料流动性能,还需从设备方面采取措施,通过采用芯管振动模式,配之以合理的振动参数,可使混合料顺利通过狭窄缝隙充填到模腔的各个部位,为提高轻板强度和降低轻板干燥收缩提供技术保证。

(4)芯管的抽拔时机

方形芯管无法像圆形芯管那样转动抽拔,况且细石混凝土料浆对钢质芯管的粘结力较大,因此,确定方形芯管抽拔的最佳时机是非常重要的。混合料被振动密实之初,混合料与芯管之间的结合力仅为混合料对芯管的附着力,随着水泥的凝结硬化,混合料对芯管的附着力逐渐转变为粘力,当水泥完全硬化后,混凝土与芯管之间的粘结力达到最大。混合料与芯管的粘结力越大,抽出芯管所需要的力就越大,大的抽拔力必然对混凝土造成不良影响,甚至可导致混凝土破坏。芯管的合理抽拔时机应在水泥浆还未完全由凝聚结构转变为结晶结构之前,不同水泥浆体从凝聚结构向结晶结构转变的延续时间是不同的,但是有确定的极限剪应力和塑性黏度,而达到这个转变点所需的时间与水灰比、水化温度等一系列因素有关。对于抽拔芯管时混凝土混合料所处状态的确定,需要考虑的因素是:①当芯管被拔出时混合料应具有足够的强度以支承自身的重量,防止塌孔;②芯管在拔出过程中,尤其是在开始拔出的瞬间,不可避免地会对混合料已形成的结构产生破坏作用,在混合料中形成微小裂纹,当芯管被拔出后所形成的微小裂纹应具有自愈合的能力；③尽可能早地将芯管拔出，让微小裂纹有更长的愈合时间，此时芯管被拔出时需要克服的阻力最小。

4 主要性能试验(选择介绍)

4.1 抗弯承载

(1)仪器装置

磅秤；直尺；试验装置，如图 4-4-3，两个支座的长度均应大于板的宽度，其中一个支座为固定铰支座，另外一个支座为滚动铰支座，两个支座应始终保持相互平行。

图 4-4-3 抗弯荷载试验装置

1—加载砝码；2—承压钢板，宽度 100mm，厚度 6～15mm；3—滚动铰支座，ϕ60mm 钢柱；4—固定铰支座

(2)试验步骤

·称量板的自重 G(kg)，根据《建筑用轻质隔墙条板》GB/T 23451—2009 标准规定的抗弯承载不小于 1.5G 的要求，按照不少于五级加载以及五区段加载方式，计算每级加载以及每个区段加载的数量；并保持每级荷载不大于板自重的 30%。

·根据受检条板的长度 L(mm)，调整两个支座的间距，使该间距等于(L−100)mm，并保持两个支座相互平行；用粉笔在板的上表面划出加载区段，保持各加载区段长度相等，并保持加载区段之间间隙的相等。

·将受检条板放置在试验装置上，静置 2min。

·用均布加载方式，从板的两端向中间均匀加载，加载块应放置在加载区段内，并尽可能占满加载区段。

·对于前四级加载，每级加载完成后均需静置 2min；第五级加载至板自重的 1.5 倍后，静置 5min。如果需要继续试验，则按此分级分区段加载方法继续加载至条板断裂破坏。

·记取第一级荷载至第五级荷载(或断裂破坏前一级荷载)的总和，作为试验结果(注：本试验结果仅适用于所检条板长度尺寸以内的条板)。

4.2 抗冲击性能

(1)仪器设备

抗冲击性能试验装置，如图 4-4-4；砂袋，如图 4-4-5；台秤；直尺。

(2)试验步骤

·取三块条板作为一组试验样品，条板长度不应小于 2m，按照图 4-4-5 安装条板并固定，上部钢管与下部钢管的中心间距为板长减去 100mm，即(L−100)mm。用与板材材质相符的专用砂浆粘结接缝,板与板之间挤紧,接缝处用玻璃纤维网布搭接,并用砂浆压实、刮平。

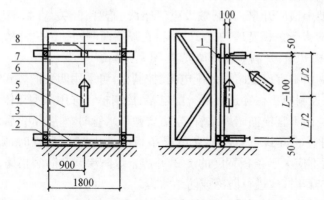

图 4-4-4 抗冲击试验装置

1—钢管(ϕ50mm);2—横梁紧固装置;3—固定横梁(10♯热轧等边角钢);4—固定架;
5—条板拼装的隔墙;6—标准砂袋;7—吊绳(直径约 10mm);8—吊环

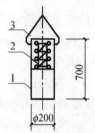

图 4-4-5 标准砂袋

1—帆布;2—注砂口;

3—吊带(厚度 6mm、

宽度 40mm、长度 70mm)

• 静置 24h,用直径约为 10mm 的绳子,将装有粒径 2mm 以下细砂的 30kg 标准砂袋固定在钢质吊环上,砂袋中心距离板面约 100mm,使砂袋在垂悬状态时的重心位于 $L/2$ 高度处。

• 以绳子的长度为半径,以吊环为圆心,将砂袋拉开,使砂袋的重心提高 500mm;放开砂袋,使砂袋自由摆动回落,冲击条板的设定位置,反复冲击 5 次。

• 目测试验板两面有无贯通裂缝,记录试验结果。该试验结果仅适用于所测条板长度尺寸以内的条板。

5 安装施工要点

5.1 构造措施

• 当单层条板隔墙采取接板安装且在限高以内时,竖向接板不应超过一次,且相邻条板接头位置应至少错开 300mm。条板对接部位应设置连接件或定位钢卡,做好定位、加固和防裂处理。双层条板隔墙宜按单层条板隔墙的施工工法进行设计。

• 当抗震设防地区的条板隔墙安装长度超过 6m 时,应设置构造柱,并应采取加固措施。当非抗震设防地区的条板隔墙安装长度超过 6m 时,应根据其材质、构造、部位,采用下列加强防裂措施:①沿隔墙长度方向,可在板与板之间间断设置伸缩缝,且接缝处应使用柔性粘结材料处理;②可采用加设拉结筋加固措施;③可采用全墙面粘贴纤维网格布、无纺布或挂钢丝网抹灰处理。

• 条板应竖向排列,排板应采用标准板。当隔墙端部尺寸不足一块标准板时,可采用补板,且补板宽度不应小于 200mm。

• 条板隔墙下端与楼地面接合处宜预留安装空隙,且预留空隙在 40mm 及以下的宜填入

1∶3水泥砂浆,40mm以上的宜填入干硬性细石混凝土,撤出木楔后的遗留空隙应采用相同强度等级的砂浆或细石混凝土填塞、捣实。

- 当在条板隔墙上横向开槽、开洞敷设电气暗线、暗管、开关盒时,隔墙的厚度不宜小于90mm,开槽长度不应大于条板宽度的1/2。不得在隔墙两侧同一部位开槽、开洞,其间距应至少错开150mm。板面开槽、开洞应在隔墙安装7d后进行。

- 单层条板隔墙内不宜设置暗埋的配电箱、控制柜,可采用明装的方式或局部设置双层条板的方式。配电箱、控制柜不得穿透隔墙。配电箱、控制柜宜选用薄型箱体。

- 单层条板隔墙内不宜横向暗埋水管,当需要敷设水管时,宜局部设置附墙或采用双层条板隔墙,也可采用明装的方式。当需要在单层条板隔墙内暗埋水管时,隔墙厚度不应小于120mm,且开槽长度不应大于条板宽度的1/2,并应采取防渗漏和防裂措施。当低温环境下水管可能产生冰冻或结露时,应进行防冻或防结露设计。

- 条板隔墙的板与板之间可采用榫接、平接、双凹槽对接方式,并应根据不同材质、不同构造、不同部位的隔墙采取下列防裂措施:①应在板与板之间的对接缝隙内填满、灌实粘结材料,企口接缝处应采取抗裂措施;②条板隔墙阴阳角处以及条板与建筑主体结构结合处应作专门防裂处理。

- 确定条板隔墙上预留门、窗洞口位置时,应选用与隔墙厚度相适应的门、窗框。当采用空心条板作门、窗框板时,距板边120~150mm范围内不得有空心孔洞,可将空心条板的第一孔用细石混凝土灌实。

- 工厂预制的门、窗框板靠门、窗框一侧应设置固定门窗的预埋件。施工现场切割制作的门、窗框板可采用胀管螺丝或其他加固件与门、窗框固定,并应根据门窗洞口大小确定固定位置和数量,且每侧的固定点不应少于3处。

- 当门、窗框板上部墙体高度大于600mm或门窗洞口宽度超过1.5m时,应采用配有钢筋的过梁板或采取其他加固措施,过梁板两端搭接处不应小于100mm。门框板、窗框板与门、窗框的接缝处应采取密封、隔声、防裂等措施。

5.2 安装节点

细石混凝土轻型条板安装参照华北地区建筑构造通用图集《(88J2-X7)(2000版)墙身——轻质条板隔墙》,该图集不仅适用于华北、西北地区,其他地区均可因地制宜选用。本文摘录其中一些安装构造列于图4-4-6~图4-4-13。

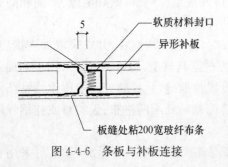

图4-4-6 条板与补板连接

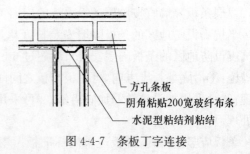

图4-4-7 条板丁字连接

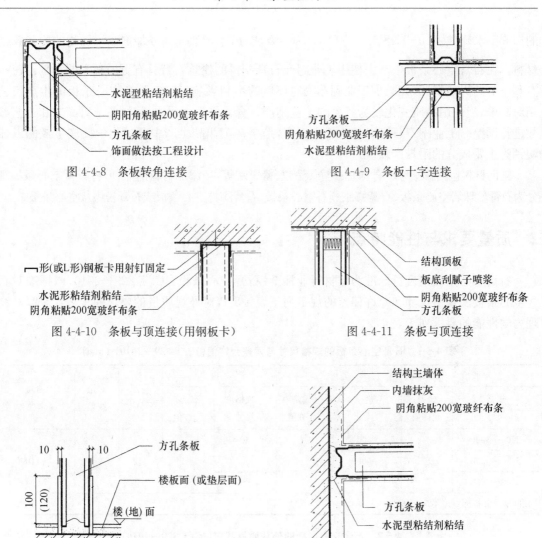

图 4-4-8　条板转角连接　　　　　　　　　图 4-4-9　条板十字连接

图 4-4-10　条板与顶连接(用钢板卡)　　　　图 4-4-11　条板与顶连接

图 4-4-12　条板与地面连接　　　　　　　　图 4-4-13　条板与主体墙连接

第 5 节　石膏空心条板

1　引言

天然石膏或化学石膏经破碎、粉磨、煅烧制成建筑石膏粉。以建筑石膏粉为主要原料,掺加适量水,并掺加一定量的粉煤灰或水泥以及少量短切纤维(或配置玻璃纤维网布),需要时加入适量轻集料,经搅拌成为具有一定流动度的混合料,浇注入模,再经凝固、抽芯、干燥等工序而制成的空心条板。石膏空心条板用于建筑物的非承重内隔墙。

GB/T9776-2008标准对建筑石膏的定义为:天然石膏或工业副产石膏经脱水处理制得

的以 β 半水硫酸钙（$\beta-CaSO_4 \cdot \frac{1}{2}H_2O$）为主要成分，不预加任何外加剂或添加物的粉状胶凝材料。在石膏空心条板生产中使用工业副产石膏制得的建筑石膏具有更加现实的意义：其一，有利于节约天然资源，并减少工业副产物对环境的不利影响；其二，石膏空心条板的生产工艺相对简单，当采用品质变化较为频繁的工业副产石膏粉作为主要原料时，便于对配方和工艺参数进行调整。工业副产石膏又称为化学石膏，是指在工业品生产中通过化学反应生成的以硫酸钙为主要成分的附带产物。

辅助材料包括膨胀珍珠岩、膨胀蛭石、陶粒、粉煤灰等，按添加材料的品种，将石膏空心条板细分为石膏珍珠岩空心条板、石膏膨胀蛭石空心条板、石膏陶粒空心条板或石膏粉煤灰空心条板。

2 质量要求与性能特点

石膏空心条板的现行标准为建材行业标准《石膏空心条板》JC/T 829—2010，该标准对石膏空心条板的规格尺寸和允许偏差的规定列于表 4-5-1，对外观质量的要求列于表 4-5-2，对物理力学性能的要求列于表 4-5-3。

表 4-5-1　石膏空心条板的规格尺寸与偏差允许值（JC/T 829—2010）（mm）

长度		宽度		厚度		板面平整度	对角线差	侧向弯曲
规格尺寸	偏差允许值	规格尺寸	偏差允许值	规格尺寸	偏差允许值			
2100～3000		600		60		≤2	≤6	≤L/1000
2100～3000	±5	600	±2	90	±1			
2100～3600		600		120				

孔间壁厚和板面壁厚不应小于 12mm。

表 4-5-2　石膏空心条板的外观质量要求（JC/T 829—2010）

项　　　目	指标要求
缺棱掉角，宽度×长度×深度（25mm×10mm×5mm）～（30mm×20mm×10mm）	不多于 2 处
板面裂纹，长度小于 30mm，宽度小于 1mm	不多于 2 处
气孔，大于 5mm，小于 10mm	不多于 2 处
外露纤维、贯穿裂缝、飞边毛刺	不允许

表 4-5-3　石膏空心条板物理力学性能要求（JC/T 829—2010）

项目	指标		
	板厚度（mm）		
	60	90	120
抗冲击性能（次）	30kg 砂袋，冲击 5 次，板面无裂纹		
抗弯承载（板自重的倍数）	≥1.5		
面密度（kg/m²）	≤45	≤60	≤75
单点吊挂力（N）	荷载≥1000，24h，板面无宽度超过 0.5mm 的裂缝		

石膏空心板重量轻,硬化石膏的体积密度约为 1000kg/m³。厚度为 60mm、空心率为 27% 的空心石膏板的重量约为 43.8kg。

石膏空心板具有良好的防火性能,因为在石膏板中的水化物为含水的二水石膏。含有相当于总重量约 21% 的结晶水,在常温下,结晶水是稳定的,当加热到 100℃ 以上时,结晶水开始分解,并在面向火源的表面上产生一层水蒸气幕,因此在结晶水全部分解以前,温度上升十分缓慢。

石膏空心板具有一定的湿度调节作用,由于石膏制品孔隙率大(40%～60%),并且孔结构分布适当,所以具有较高的水蒸气透过性能。当室内湿度较高时,石膏板可以吸湿;而当室内空气干燥时,石膏板可以释放出一部分水,所以用石膏板作内隔墙时,能起到一定的湿度调节作用。

3　生产工艺及控制要素

3.1　生产工艺

建议采用立模法生产石膏空心条板。图 4-5-1 为石膏空心条板的立模浇注工艺流程。图 4-5-2 为山东天意机械股份有限公司制造的石膏条板生产设备,该设备是高科技专利产品,一次成型四块或四块以上的产品,原材料自动化计量,芯管自动旋转,具有微振作用,大大提高了墙板的质量。一机多用,液压开合模,转管、穿管同步完成,自动清洗芯管;模具车自动行走,安装警报系统,终凝后自动抽管。

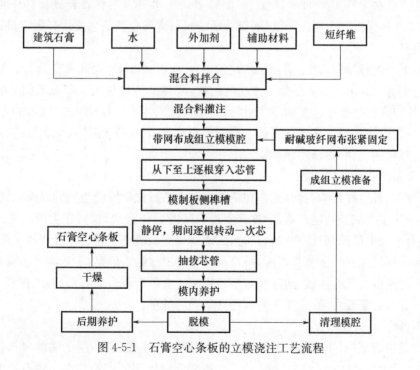

图 4-5-1　石膏空心条板的立模浇注工艺流程

图 4-5-2　石膏条板生产设备

3.2　生产控制要素

（1）石膏胶凝材料

石膏胶凝材料的制备过程是将二水石膏加热脱水成为半水石膏或其他类型的脱水石膏的过程。而石膏制品的制造过程则是将石膏胶凝材料与适当的水溶液拌和成为石膏浆，经过水化硬化过程再次生成二水石膏，并形成具有一定形状和强度的过程。

半水石膏通常称之为建筑石膏。根据石膏胶凝材料在制备过程中的加热条件不同，所制备的建筑石膏分可为高强建筑石膏和普通建筑石膏。二者的性质有较大差别，高强建筑石膏的标准稠度需水量一般为 $35\%\sim45\%$，普通建筑石膏的标准稠度需水量一般为 $60\%\sim80\%$，而建筑石膏完全水化所需要的水只有 18.6%，多余的水蒸发后在石膏硬化体中形成大量孔隙，导致密实度和强度的大幅度降低，所以普通建筑石膏硬化体的强度比高强建筑石膏硬化体的强度低很多。

在常温下，普通建筑石膏达到完全水化的时间为 $7\sim12min$，而高强建筑石膏达到完全水化的时间 $17\sim20min$。建筑石膏水化速度越快，浆体凝结也越快。在石膏制品的生产过程中，可加入外加剂调整水化速度和凝结时间，如果石膏浆体水化和凝结过快，可加入缓凝剂，例如：硼砂、草酸、柠檬酸等。在冬季或者工艺需要而希望加快石膏浆体水化和凝结时，可加入促凝剂，例如：氯化钠、硫酸钠、硅氟酸钠等。

（2）工业副产石膏的使用

工业副产石膏也称化学石膏，是指在工业生产中通过化学反应生成的以硫酸钙（含有零至两个结晶水）为主要成分的副产物，例如在生产磷酸时可得到磷石膏、在生产氢氟酸时可得到氟石膏，还有燃煤电厂的烟气经石灰石粉末脱硫后得到的脱硫石膏。综合利用工业副产石膏，既有利于保护环境又有利于节约资源，符合可持续发展战略。但是，工业副产石膏在生成过程中不可避免地夹带有某些杂质，而这些杂质将影响工业副产石膏的利用，因此在利用工业副产石膏生产石膏空心条板之前，应注重对其所含杂质的处理。

1）磷石膏

磷石膏是用磷矿石（主要成分是氟磷酸钙）和硫酸作主要原料，生产磷酸时所排出的一种工业副产品，是由氟磷酸钙 $[Ca_5F(PO_4)_3]$ 和硫酸反应得到的产物之一。磷石膏的主要成分为二水石膏（$CaSO_2\cdot2H_2O$），约占磷石膏总量的 90%，另外还有磷、氟、有机物以及二氧化硅等有害杂质。磷石膏中的杂质分为可溶性杂质与不溶性杂质两类,可溶性杂质及其不良影响:①游离磷酸,磷酸的存在将导致石膏对结构材料的腐蚀和(或)对石膏制品模型和生产设备的腐蚀;②磷酸一钙、磷酸二钙与氟硅酸盐,这些物质可减慢石膏的凝固速度;③钾盐、钠盐,它们可使干燥的石膏制品表面出现结晶物。不溶性杂质的来源及其不良影响:① 在磷矿石中原始存在的、而且在磷矿石酸解时也未改变的硅砂、未反应矿物和有机质,硅砂和未反应矿物对磷石膏的处理设备有磨损作用,有机质可减慢石膏的凝固速度并降低制品强度;②磷矿石酸解时与硫酸钙共同结晶形成的磷酸二钙和其他不溶性磷酸盐、不溶性氟化物,共晶磷酸盐的不利影响也是减慢石膏的凝固速度并降低制品强度。因此,在利用磷石膏制备建筑石膏时,应首先对磷石膏进行净化处理,然后再进行脱水处理。磷石膏的净化处理方法主要有水洗法、分级法和石灰中和法。水洗处理法可除去磷石膏中的细小的可溶性杂质,如游离磷酸、水溶性磷酸盐等;分级处理法可可除去磷石膏中的细小的不溶性杂质,如硅砂、有机物等;石灰中和处理法可简便有效地去除磷石膏中的残留酸,不但可消除磷石膏的酸性,而且可使残余的水溶性磷和氟转变为不溶性物质如磷酸三钙、氟化钙等,从而进一步消除这些杂质的不良影响。

由于石膏空心条板是用于建筑物内部,所以应对磷石膏中可能对生活环境造成危害的杂质含量进行控制。我国环保部门提出对磷石膏水洗处理的主要目的是降低可溶性氟化物的含量,处理后磷石膏中氟浓度的控制指标暂定为浸出液的氟离子浓度小于 5mg/L。

德国 Giulini Chemie 公司对用于制作隔墙砌块和石膏板的磷石膏中杂质限量列于表 4-5-4。

表 4-5-4　用磷石膏制得的 α 一半水石膏中的杂质限量(质量%)

化学成分	用于制作隔墙砌块时的限制值	用于制作石膏板时的限制值
SiO_2	0.35	0.25
F	0.40	0.10
P_2O_5	0.40	0.08
Na_2O	0.08	0.04
Al_2O_3	0.06	0.05
Fe_2O_3	0.01	0.005
C	0.10	0.03

我国国家标准《磷石膏》GB/T 23456—2009 中对磷石膏的基本要求列于表 4-5-5。

表 4-5-5　磷石膏的基本要求

项目	指标		
	一级	二级	三级
附着水质量分数(%)	≤25		
二水硫酸钙质量分数(%)	≥85	≥75	≥65
水溶性五氧化二磷质量分数(%)	≤0.80		
水溶性氟质量分数(%)	≤0.50		
放射性核素限量	符合 GB 6566 的要求		

2)脱硫石膏

脱硫石膏又称烟气脱硫石膏或者硫石膏,脱硫石膏是火力发电厂、钢铁厂、冶炼厂以及化工厂等,用煤或重油作燃料时,所排放的废气中所含有的 SO_2 用石灰石或石灰进行湿法脱硫处理后所得到的一种工业副产物。烟气脱硫石膏的主要成分为二水石膏 $CaSO_2 \cdot 2H_2O$,与天然石膏相同,采用先进的湿法脱硫技术时可制得纯度 85%~95%、自由含水率小于 10% 的脱硫石膏。脱硫石膏经煅烧后得到的熟石膏粉和天然石膏在水化动力学、凝结特性、物理性能上均无显著差别,但是作为工业副产石膏,仍然与天然石膏有某些差异,主要表现为原始状态、力学性能和杂质成分,这些差异影响着脱硫石膏的脱水特征和易磨性,并影响着用脱硫石膏熟石膏粉制造石膏产品时拌和料的流变性能及产品的力学性能。

脱硫石膏中的可燃有机物是影响其使用效果的重要因素之一,可燃有机物主要是未完全燃烧的煤粉,欧洲脱硫石膏工业对可燃有机物含量的要求是不大于 0.1%。因为煤粉的高电导率,致使难以将其从电收尘器中分离出来,随后被带入脱硫过程,最终仍然存在于脱硫石膏内,煤粉颗粒在脱硫石膏中有些呈现出较大的黑点,有些则是肉眼无法辨别的微细颗粒。煤粉颗粒的存在直接影响到脱硫石膏的应用范围,当将脱硫熟石膏用于制造纸面石膏板时,在铺浆过程中,由于密度差异,煤粉颗粒将会集中在石膏浆与护面纸的界面处,削弱石膏与护面纸的粘结强度,煤粉还会影响发泡剂的发泡作用,从而增大纸面石膏板的密度。当脱硫石膏用于粉刷石膏时,煤粉将会集中在抹灰层的表面,由于煤粉的疏水性,将影响到涂料的粉刷效果或墙纸的粘贴效果。当脱硫石膏用于制造石膏条板时,煤粉颗粒产生的上述某些不良影响仍然存在,但是由于石膏条板的生产工艺相对简单,这些不良影响或许可以减弱。

德国蓝色天使环境标志对利用化学石膏(烟气脱硫石膏和其他工业品生产过程中产生的副产石膏)所制造产品的放射性控制限值为:$\dfrac{C_{Ra}}{270} + \dfrac{C_{Th}}{189} + \dfrac{C_K}{3510} \leqslant 1$。我国建材行业标准《烟气脱硫石膏》JC/T 2074—2011 对烟气脱硫石膏的技术要求列于表 4-5-6。

表 4-5-6　烟气脱硫石膏的技术要求

项目	指标		
	一级	二级	三级
气味	无异味		
附着水含量(湿基,%)	≤10.0		≤12.0
二水硫酸钙(干基,%)	≥95.0	≥90.0	≥85.0
半水硫酸钙(干基,%)	≤0.50		
水溶性氧化镁(干基,%)	≤0.10		≤0.20
水溶性氧化钠(干基,%)	≤0.06		≤0.08
pH 值(干基)	5~9		
氯离子(干基,mg/kg)	≤100	≤200	≤400

用脱硫石膏制造的建材产品"表面起碱"和"收缩率大"是两个突出问题,各自发生的原因和解决方法为:① 制品"表面起碱"的主要原因是石膏中含有镁盐等可溶于水的物质,石膏制品在干燥过程中,这些盐类物质随同自由水迁移到制品表面并形成絮状物,这种现象更容易出现在自然干燥的石膏制品中或者受潮后二次干燥的石膏制品中,干燥周期越长,絮状物越多。这些絮状物可导致产品表面粉化,最大的危害在于产品安装完成后的受潮起碱,可造成严重的质量事故。解决方法包括对石膏制品的快速烘干与在配料中添加能够与可溶性镁盐发生化学

反应的材料。②制品"收缩率大"源自脱硫石膏相与杂质成分的不稳定以及半水石膏含量较少,当石膏粉中的二水石膏相和可溶性无水石膏相不稳定时,可导致拌和料的需水量增大,最终造成石膏产品的含水率偏大并由此造成收缩率偏大。此问题的解决方法应从脱硫石膏粉的使用程序入手,应使用经过陈化处理的石膏粉,通过陈化改善脱硫石膏粉的物理性能和品质,在陈化过程中,熟石膏内发生物相变化,可溶性无水石膏吸收水分转变成半水石膏,部分剩余二水石膏继续脱水转变成半水石膏,经过陈化尤其是经过动态陈化后,熟石膏的物相趋于稳定,半水石膏含量增多,拌和料需水量趋于正常。

3)氟石膏

氟石膏是采用萤石粉和硫酸制造氟化氢是所产生的副产物,萤石粉(Ca_2F)和浓硫酸(H_2SO_4)反应产生的残渣即为氟石膏,为白色粉末。从反应炉排出的氟石膏中经常伴有未反应的 Ca_2F 和 H_2SO_4,有时 H_2SO_4 含量较高,使氟石膏呈强酸性。对此可采取两种处理方法并得到两种氟石膏:一种方法是在刚排出的氟石膏中加入石灰,石灰与硫酸反应进一步生成硫酸钙,由此得到的氟石膏称之为石灰-氟石膏;另一种方法是加入铝土,铝土与硫酸反应生成硫酸铝,再加入石灰并与硫酸铝发生反应,继续生成硫酸钙,由此得到的氟石膏称之为铝土-氟石膏。有研究证实,经过处理的氟石膏可直接用于建筑材料的生产。表 4-5-7 列出两种氟石膏的化学成分波动范围。

表 4-5-7　石灰-氟石膏与铝土-氟石膏的化学成分波动范围（%）

化学成分	CaO	SO_3	SiO_2	Al_2O_3	Fe_2O_3	MgO	F	结晶水
石灰-氟石膏	33.0~35.0	40.0~45.0	1.1~1.2	0.2~0.6	0.1~3.0	0.1~0.5	1.0~4.0	16.0~20.0
铝土-氟石膏	27.0~35.0	35.0~41.0	1.4~9.0	1.0~4.0	0.1~0.4	0.1~0.5	1.0~4.0	15.0~19.0

磷石膏和脱硫石膏的主要组分为二水石膏,而氟石膏的主要组分为无水石膏。氟石膏形成时,物料温度在 $180℃\sim230℃$,氟化氢在常温下极易挥发,在此温度条件下几乎不可能残存,氟石膏中的氟元素是以难溶于水的 CaF_2 存在,其含量一般低于 2%,因此氟石膏中的有毒氟化物含量极低,不会危害人体健康。

(3)辅助材料的使用

在配料中添加膨胀珍珠岩可改善板材的脆性,并减轻石膏空心条板的面密度,掺入量约为 2%。对膨胀珍珠岩的技术要求为:粒径<0.15mm 的颗粒含量不超过 5%,粒径>2.5mm 的颗粒含量不超过 5%,含水率<2%。在配料中添加短切纤维或者在条板两侧布置纤维网布,可提高石膏空心条板的抗弯强度和抗冲击能力。

石膏空心条板的参考配方(质量百分比):石膏粉 80%,普通硅酸盐水泥 20%,外掺 2%膨胀珍珠岩,自来水适量。

(4)石膏空心条板耐水性改进措施

石膏制品的最大弱点是耐水性差,其原因为:①石膏溶解度大。石膏制品遇水或者受潮后,由于石膏的溶解,其晶体之间的结合力减弱,致使强度降低;特别是当水通过或沿着石膏制品表面流动时,可使石膏溶解并分离,造成不可恢复的强度降低。②石膏对水的吸附作用,石膏制品中微裂的内表面吸湿,水膜产生楔入作用,导致结晶体网络结构的破坏;石膏制品的高孔隙率也会加重吸湿引起的不利影响。提高石膏耐水性可采用的技术路线有:①降低硫酸钙在水中的溶解度;②提高石膏制品的密实度;③在制品外表面涂覆封闭层,防止水分渗入制品内部。

在石膏配料中掺加一定量生石灰粉、水泥、水淬矿渣粉、粉煤灰,都有可能改善石膏制品的耐水性,这些材料与熟石膏一起,在水化硬化过程中形成具有水硬性的水化硅酸钙或水化硫铝酸钙,水化硅酸钙和水化硫铝酸钙的强度与稳定性均比二水石膏的结晶结构网大很多,因此能大大改善石膏制品的耐水性。但是,这些材料的掺加量都有一定的范围,掺加量过少,可能得不到期望的效果,掺加量过大,可能会起到反面作用,因此,当使用这些材料提高石膏制品的耐水性时,应同时考虑该材料对石膏制品其他性能的影响,并应针对实际情况进行试验。

(5)条板干燥

石膏为气硬性胶凝材料,硬化成型后应尽早使其干燥。在北方干旱地区,可采取自然干燥,干燥时间夏季约需 1～3 周,冬季约需 3～6 周。自然干燥是将凝固成型后的石膏空心条板运送至晾晒场地,通过空气温度和风力作用将板内的水分降至 5% 左右,方可包装入库。自然干燥需要占用很大面积的场地,为少占场地,可将条板放置在特制的钢架上进行晾晒。自然干燥的时间与当地的气候条件有密切关系,自然干燥适用于阳光充足、平均气温较高、平均湿度较低、风力较大的地区。

加速干燥是采用人为控制方式通过隧道窑对条板进行干燥,按照条板的输送方式分为窑车式和辊道式,按照隧道窑中的热气流运行方向分为纵向对流和横向对流,供热方式分为直接热风式和间接换热式。纵向对流是指热气流运动方向与板的运动方向平行,干燥窑中设置若干个干燥段,每个干燥段都有独立的供热和换热系统,循环热风将板内的游离水分蒸发出来,一部分含湿的热空气由烟囱排出,另一部分则沿着风道与吸入的新鲜空气加热后重新进入干燥窑内,如此形成的热气流在干燥窑和风道内不断流动,将湿气排出,同时将热量不断带入窑内,促使板内游离水的蒸发,完成板的干燥过程。横向对流是指各段的热气流运动方向与板的运动方向垂直,每个区段都设有供热和控制装置,这种形式干燥的热效率较高,但是所需要的热工和机械设备较多,控制要求更加严格。

隧道窑的供热方式分为直接热风式和间接换热式。直接热风式必须使用清洁能源,例如天然气或轻柴油,热发生装置安装在隧道窑附近,产生的高温热气体通过调配后直接通入隧道窑内,这种方式换热效率高,不需要热交换器,开停机方便,供热控制稳定。间接换热式可以煤或重油为燃料,所产生的热烟气不可直接通入隧道窑内,这就需要换热装置,通常是将高温热烟气通入导热油或蒸汽,通过管道输送到隧道窑的换热器中,将隧道窑风道中的空气加热,然后将热空气通入隧道窑内。与直接热风式的效率相比,这种方式的热效率相对较低,但是对于不便使用气体燃料和液体燃料的地区,间接换热式是非常好的选择,特别是以导热油做热介质时的供热控制稳定、操作方便、运行可靠。

4 主要性能试验(选择介绍—单点吊挂力)

(1)仪器装置

吊挂力试验装置,如图 4-5-3 所示;钢板吊挂件,如图 4-5-4 所示;切割器,粘结剂。

(2)试验步骤

•在受检条板高度 1.6m 处的中部,用切割器切出 50mm 深×40mm 高×90mm 宽的孔洞,清除残渣,然后用水泥水玻璃浆(或其他粘结剂)将钢板吊挂件粘结在孔洞中,吊挂件上的吊挂孔与板面之间的距离为 100mm；24h 后检查吊挂件安装是否牢固，否则重新安装。

· 将受检条板固定在试验装置上，上下钢管之间的距离为(板长度 $L-100$)mm，见图 4-5-3。

· 通过钢板点挂件上的圆孔，分二级施加荷载，第一级加载 500N，静置 5min；第二级再加载 500N，静置 24h。

· 观察吊挂区周围有无宽度超过 0.5mm 以上的裂缝，记录试验结果。

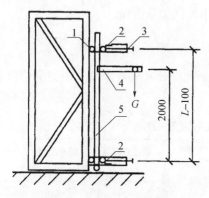

图 4-5-3　吊挂力试验装置
1—钢管，$\varphi50$mm；2—固定横梁；3—紧固螺栓；
4—钢板吊挂件；5—受检条板

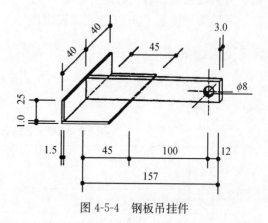

图 4-5-4　钢板吊挂件

5　安装施工要点

5.1　隔墙设计

· 隔声要求：墙体厚度应满足建筑隔声功能要求。分户墙的空气声计权隔声量不应小于 45dB，宜做双层板构造设计，两层板之间的间距一般为 10～50mm，条板的厚度不宜小于 60mm，以空气层作为隔声层，或者填充玻璃棉、岩棉等吸声材料；采用单层条板作分户隔墙时，条板厚度不应小于 120mm。分室隔墙的空气声计权隔声量不应小于 35dB，用作分室隔墙的条板厚度不宜小于 90mm。

· 防火要求：应采用双层板构造，选用防火性能经过检验认可的条板。

· 抗震措施：在非抗震区，条板隔墙与主体结构、顶板和地面的连接采用刚性连接方法；在抗震设防烈度 8 度和 8 度以下地区应采用刚性与柔性结合的方法连接固定。条板与顶板、结构梁、主体墙、柱的连接采用镀锌钢板卡件(L 形卡件或 U 形卡件)固定。条板与顶板、结构梁之间宜增设柔性材料。如使用非镀锌钢板卡件，应进行防锈处理。

· 防潮防水：在潮湿环境下安装条板隔墙，墙体设计应有防潮防水措施；沿隔墙安装水池、水箱、面盆等设备时，墙面应采取涂刷防水涂料等防水处理。厨房、卫生间的隔墙不宜采用普通石膏条板等耐水性差的产品，可采用防水型石膏条板，除了采用防水措施，隔墙下部还应做 C20 细石混凝土条基。

· 电气设计：电气线路可做明线设计，布置于墙面；也可做暗线设计，利用条板的孔洞敷设线路；开关与插座可做相应的明装设计或暗装设计。使用实心条板时，可开槽敷设管线，槽深、槽宽不得超过 30mm,严禁在条板两面同时开槽。

· 吊挂:需要吊挂重物时,应根据使用要求设计埋件,吊挂点的间距不应小于 300mm,单点吊挂物的质量不应大于 102kg。

· 门窗框板安装:位于门框、窗框两侧和顶部的门框板、窗框板和过梁板应设置预埋件,以便固定门窗,预埋件设置部位应为尺寸不小于 150mm 的实心部位。门窗洞口与门窗的结合部位应采取密封、隔声、防渗等措施。

· 墙体长度超过 6m 时,宜设置钢柱加强或采用其他加强措施。

5.2 构造要求

· 石膏空心条板隔墙按功能可分为一般隔墙、防火隔墙和隔声隔墙三个类别,其构造和性能列于表 4-5-8。

表 4-5-8 不同功能隔墙的构造和性能

隔墙类别	构造	墙体总厚度 (mm)	隔声指数 (dB)	耐火极限 (h)
一般隔墙	单层墙板	60	30	1.3
防火隔墙	双层墙板,双层板错缝间距≥200mm	140	41	3.0
隔声隔墙	双层墙板,双层板错缝间距≥200mm	160	41	3.0
隔声隔墙	双层墙板,双层板错缝间距≥200mm,两层板中间填充岩棉、矿棉、玻璃棉等吸声材料	160	45	3.25

· 60mm 厚度板作隔墙的限制高度为 3000mm,当石膏空心条板的抗折性能较好时,在特殊条件下可增高至 3300mm,但要从构造上进行上下交错接板处理。

· 隔声墙上应避免设置电器开关、插座、暖气片、穿墙管等装置;如必须设置时,其位置应错开;设置暗线时,只准沿一侧墙敷设。

· 防火隔墙中设置水平支管、电器开关、插座等装置时,应进行密封处理。

· 防潮隔墙的饰面必须用防潮涂料或防水材料,沿隔墙设置水池水箱等附件时,墙面应涂刷防水涂料或贴瓷砖饰面。

· 用于卫生间隔墙时,应采用耐水石膏板,其构造及饰面应考虑防水要求。

· 若墙体端部不足一块板宽,应按要求尺寸补板,补板的宽度应大于 200mm。

5.3 安装节点

石膏空心条板的安装构造节点依照国家建筑标准设计图集《内隔墙——轻质条板(一)》10J113-1。图 4-5-5 为摘自该图集的双层条板隔声墙抗震构造节点,图 4-5-6 为双层条板隔声墙与楼地面的连接构造。

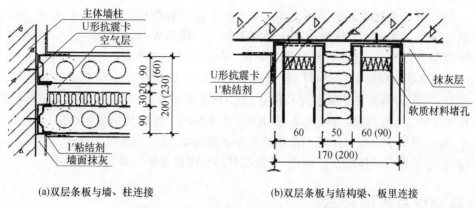

(a)双层条板与墙、柱连接   (b)双层条板与结构梁、板里连接

图 4-5-5 双层条板隔声墙抗震构造节点

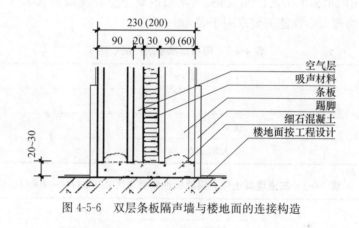

图 4-5-6 双层条板隔声墙与楼地面的连接构造

第 6 节 灰渣混凝土轻质条板

1 引言

　　灰渣混凝土轻质条板作为利废环保型建材制品,可遵循的产品标准有国家标准《灰渣混凝土空心隔墙板》GB/T 23449—2009 和建筑工业行业标准《混凝土轻质条板》JG/T 350—2011。

　　GB/T 23449—2009 中对"灰渣混凝土空心隔墙板"的定义为:以水泥为胶凝材料,以灰渣为集料,以纤维或钢筋为增强材料,其构造断面为多孔空心式,长宽比不小于 2.5,且灰渣总掺量(质量)在 40% 以上,用于工业与民用建筑的非承重内隔墙;该标准还列出了制造灰渣混凝土空心隔墙板可以使用的材料包括粉煤灰、经煅烧或自燃的煤矸石、炉渣、矿渣,以及房屋建筑工程、道路工程、市政工程施工废弃物等废渣;另外还说明以粉煤灰陶粒和陶砂、页岩陶粒和陶砂、天然浮石等为集料制成的混凝土空心隔墙板可参照执行本标准。

　　JG/T 350—2011 中对"混凝土轻质条板"的定义为:以水泥为胶结料,以钢筋、钢丝网或其他材料为增强材料,以粉煤灰、煤矸石、炉渣、再生集料等工业灰渣以及天然轻集料、人造轻集料制成,按建筑模数采用机械化方式生产的预制混凝土条板,条板长宽比不小于2.5;适用于一般民用与工业建筑的非承重隔墙,可用于低层建筑的非承重外围护墙。《混凝土轻质条板》JG/T 350—2011 标准适用于预制混凝土轻质条板,包括工业灰渣混凝土条板、天然轻集料混凝土条板、人造轻集料混凝土条板,条板断面构造分为空心式和实心式两种。

从这两项标准所提供的信息可以看到它们的不同之处,《灰渣混凝土空心隔墙板》GB/T 23449—2009 规定的墙板构造断面为多孔空心式,用于非承重内隔墙,并明确规定灰渣总掺量(质量)在40%以上;而《混凝土轻质条板》JG/T 350—2011 规定的墙板构造断面包括空心式和实心式,除了适用于一般民用与工业建筑的非承重隔墙,还可用于低层建筑的非承重外围护墙,对灰渣总掺量没有具体规定。因此,可根据具体情况选择采用最适合的标准。

2 质量要求与性能特点

表 4-6-1 列出两项标准中的产品规格。《灰渣混凝土空心隔墙板》GB/T 23449—2009 标准对空心隔墙板物理力学性能的要求列于表 4-6-2。

表 4-6-1 两项标准中的产品规格

项目	GB/T 23449—2009	JG/T 350—2011
长度(mm)	≤3300	≤3000
宽度(mm)	主规格 600	主规格 600
厚度(mm)	90,120, 150	90,120, 150,180

表 4-6-2 灰渣混凝土空心隔墙板性能要求(GB/T 23449—2009)

项目	指标		
	90mm 厚度板	120mm 厚度板	150mm 厚度板
面密度（kg/m²）	≤120	≤140	≤160
空气隔声量(dB)	≥40	≥45	≥50
抗冲击性能	经 5 次冲击试验后,板面无裂纹		
抗弯承载(板自重的倍数)	≥1.0		
含水率(%)	≤12		
干缩值(mm/m)	≤0.6		
吊挂力	荷载 1000N 静置 24h,板面无宽度超过 0.5mm 的裂缝		
耐火极限(h)	≥1.0		
软化系数	≥0.8		
抗冻性	经 15 次冻融循环,不应出现可见裂纹或表面无变化(夏热冬暖地区不检此项)		
放射性核素限量	对于空心率大于 25% 的空心板,满足内照射指数 $I_{Ra}≤1.0$ 和外照射指数 $I_r≤1.3$		

3　生产工艺及控制要素

3.1　生产工艺

灰渣混凝土空心隔墙板采用振动挤压成型,生产工艺分为移动式挤压成型工艺和固定式挤压成型工艺。

移动式挤压成型工艺采用长线台座振动挤压工艺,振动挤压机主要由传动系统、螺旋绞刀、振动器、混合料料斗、滑行边模及瓦楞底板等部分组成,其工作原理是在螺旋绞刀的旋转挤压作用和振动作用下使混凝土密实成型,而挤压机则在混凝土反作用力的推动下向前行走。瓦楞底板起着使混合料均匀分布的导料作用和防止钢筋窜位的导向作用,并可保证底部钢筋的保护层厚度。生产过程:台座清理、涂脱模剂→布置钢筋或钢丝并张紧→挤压机起吊至台座端部并校正位置→放好瓦楞底板→将干硬性混合料装入挤压机料斗→启动螺旋铰刀送料→随后启动振动器→端部板材振实→挤压机向前滑行,成型墙板。图 4-6-1 为灰渣混凝土空心隔墙板振动挤压长线台座生产工艺流程,图 4-6-2 为山东天意机械股份有限公司制造的 TYJ 型移动式墙板挤压机,图 4-6-3 为墙板长线台座生产线。

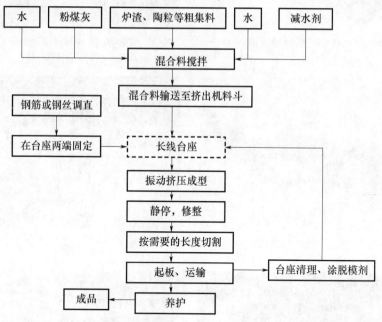

图 4-6-1　灰渣混凝土空心隔墙板振动挤压长线台座生产工艺流程

固定式挤压成型工艺是挤压机的位置固定,而挤出成型的墙板板坯随着传送带向下一工位输送。图 4-6-4 为山东天意机械股份有限公司制造的固定式墙板挤压机及生产线,该生产线结构紧凑,自动化程度高,墙板成型时物料受挤压和振动同时作用,连续自动挤压振捣成型,保证墙板具有良好的密实性和外形尺寸。①自动混合供料系统采用行星式搅拌机,可在最短时间内将物料搅拌均匀,可实现自动供料、自动配料、自动加水,搅拌系统与其他设备分置,可减轻车间噪声,避免粉尘污染。②成型机系统采用多维变频振动和矢量控制挤压成型技术,每个螺旋推进器均可变频调速,振动装置的激振力、振动频率等参数均可根据需要进行调整,保证板坯各个部位均匀密实,适应不同物料的成型要求,同时板坯面密度还可根据实际需要进行调整。③切割机系统:采用国际上先进的无杆气缸往复推动技术,将电动和气动完美结合,切割机在自控中枢的控制下将板坯切割成预设长度,动作精确到位,运行平稳可靠。④ 采用低水灰比的干硬性混合料挤压成型,可得到强度和密实度较高的空心墙板。⑤ 生产线主要技术指标:平均功率≤45kW,最大出板速度 2.3m/min,单班生产工人 6～9 名,小时产量 60m²,设计产能 50 万 m²,条板宽度 600mm,板厚度 90mm、120mm,条板长度 2400～3300mm。图 4-6-5 为采用挤压法生产的灰渣混凝土轻质条板。

图 4-6-2　移动式墙板挤压机

图 4-6-3　墙板长线台座生产线

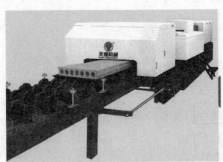

图 4-6-4　固定式墙板挤压机及生产线

图 4-6-5　采用挤压法生产的灰渣混凝土轻质条板

3.2　生产控制要素

（1）工业废渣

工业废渣是工业生产中各种燃料、矿石、熔剂在燃烧、冶炼过程中由于物理化学作用而形成的废料，主要有粉煤灰、炉渣（又称：煤渣）、自燃煤矸石、高炉矿渣、钢渣等，原则上各种废渣均可用于建筑材料的制造，但各种废渣的成分不同并且性质变化大，使用前应进行试验研究。

1）粉煤灰

粉煤灰是具有活性的物质。所谓活性，是指粉煤灰与水泥（或石灰）混合后具有凝结硬化的能力，粉煤灰的活性取决于它的细度、化学成分、燃烧温度以及矿物组成等因素。粉煤灰的活性不但与其化学组成有关，还与其物相组成有关，粉煤灰中的玻璃体占 70%～80%，这是粉煤灰的活性部分；另外，粉煤灰的活性还与玻璃体中的硅铝比（SiO_2/Al_2O_3）及养护条件有关，玻璃体中硅铝比小的粉煤灰在常压养护与常温养护条件下有较高的活性，玻璃体中硅铝比大的粉煤灰在蒸压养护条件下有较高的活性。此外，干排粉煤灰比湿排粉煤灰有更高的活性。

使用粉煤灰时，不仅要关注其活性，而且更要关注其烧失量。烧失量主要为未燃炭的含量，以粉煤灰在 900℃～1000℃ 的温度下灼烧 30min 后的重量损失百分数表示。烧失量过大，可导致新拌混凝土需水量增大并可降低硬化混凝土的强度和耐久性。粉煤灰的化学成分主要是 SiO_2 和 Al_2O_3，其他成分还有 Fe_2O_3、CaO、MgO、Na_2O、K_2O、SO_3 等，其中 SiO_2、Al_2O_3 和 Fe_2O_3 含量约占 80%，SiO_2 和 Al_2O_3 是具有活性的成分，而 Fe_2O_3 属于非活性物质，因此 Fe_2O_3 的含量不宜大于 15%。按照原煤种类将粉煤灰分为 F 类和 C 类，将由无烟煤或烟煤煅烧后收集的粉煤灰划归为 F 类，将由褐煤或次烟煤煅烧收集的粉煤灰划归为 C 类，C 类粉煤灰中的 CaO 含量一般大于 10%。用于拌制混凝土和砂浆的粉煤灰应符合表 4-6-3 中的技术要求。

表 4-6-3　拌制混凝土和砂浆用粉煤灰的技术要求

项目		技术要求		
		Ⅰ级	Ⅱ级	Ⅲ级
细度（45μm 方孔筛筛余，%）	F 类，C 类	≤12.0	25.0	45.0
需水量比（%）	F 类，C 类	≤95	105	115
烧失量（%）	F 类，C 类	≤5.0	8.0	15.0
含水量（%）	F 类，C 类	≤1.0		
三氧化硫（%）	F 类，C 类	≤3.0		
游离氧化钙（%）	F 类	≤1.0		
	C 类	≤4.0		
安定性（雷氏夹煮沸后增加距离，mm）	C 类	≤5.0		

2）灰渣

燃料燃烧后所形成的灰渣一部分从炉床底部排出，称之为炉渣，另一部分从烟道排出，称之为灰。炉渣为多孔状熔融结构，松散密度在 700～900kg/m³ 之间，颗粒密度在 1250～1500kg/m³ 之间，颗粒强度在 0.85～2.2MPa 之间，吸水率在 5.5%～15% 之间。炉渣的化学成分与粉煤灰相似，但是由于炉渣粒度较大，比表面积远远低于粉煤灰，活性较低。将炉渣作为集料使用时，通常不考虑其活性。较大颗粒的炉渣须经破碎处理，破碎所产生的粉状物中往往含有较多量的未燃烧的炭,而且级配不良,因此作为集料使用时,尺寸小于1.2mm的细颗粒炉渣的含量不宜大于25%。

炉渣中常含有过烧石灰块,常温下消化很慢,高温蒸养时急剧消化,可导致制品疏松或开裂;炉渣中的硫化物极易水解并伴有体积膨胀;过烧石灰块和硫化物都对炉渣的体积安定性有直接影响,使用前应进行安定性试验,对不合格炉渣进行泼水陈化,待安定性合格后再使用。炉渣中还可能含有铁块和铁屑,这些铁质物锈蚀时伴随体积膨胀,可能导致墙板损坏,因此使用前应采用磁选方法除去。常用灰渣的密度等级和筒压强度列于表4-6-4。

表4-6-4　灰渣的密度等级和筒压强度

密度等级(kg/m³)	600	700	800	900	1000
筒压强度(MPa)	0.8	1.0	1.2	1.5	1.5

3)自燃煤矸石或经煅烧的煤矸石

煤矸石是在成煤过程中与煤层伴生、共生、含碳量较低、比煤坚硬的黑灰色岩石,是由多种岩石组成的混合物,其矿物组成主要有高岭石、石英、伊利石、蒙脱石、长石、石灰石、硫化铁、硫化铝等,其元素组成以硅、铝为主,还有硫、铁、钙、镁、钠、磷、钛等。煤矸石作为煤炭开采和加工过程中排放的废弃物,可分为三种类型:① 煤层开采生产的煤矸石,由煤层中的夹矸、混入煤中的顶板岩石和底板岩石组成,如:炭质泥岩和黏土岩;② 岩石巷道掘进产生的煤矸石,主要由煤系地层中的岩石组成,如:砂岩、粉砂岩、泥岩、石灰岩、岩浆岩等;③ 煤炭洗选时产生的煤矸石,主要由煤层中的各种夹石组成,如:黏土岩、黄铁矿结核等。

煤矸石的组成和性质对其利用价值和利用方式有很大影响,碳含量高的煤矸石可作为燃料,SiO_2、Al_2O_3含量高的煤矸石可作为水泥的硅铝质原料,而经过煅烧或自燃后的煤矸石可制成轻质集料或者掺和料。煤矸石在墙板制造过程中的利用途径包括:① 对自燃后的煤矸石,经选料后去除含碳量较高的杂质,然后破碎、筛分得到粗颗粒集料;② 先将煤矸石破碎成一定粒径的颗粒,然后进行煅烧,得到一定粒径的轻质集料;③ 破碎磨细后的煤矸石与水混合制成球状物,再经干燥、煅烧得到煤矸石陶粒;④ 自燃煤矸石或者经煅烧的煤矸石中含有偏高岭石与活性较高的无定形Al_2O_3和SiO_2,可作为混凝土的矿物掺合料。

自燃煤矸石是采煤、选煤过程中排出的煤矸石,经堆积、自燃、破碎、筛分而成的一种工业废渣轻集料。自燃煤矸石已被纳入《轻集料及其试验方法 第1部分:轻集料》GB/T 17431.1—2010。表4-6-5为某地区自燃煤矸石的化学成分含量。表4-6-6列出GB/T 17431.1—2010标准对自燃煤矸石密度等级和筒压强度的规定,表4-6-7列出该标准对自燃煤矸石与灰渣中的有害物质限量的规定。

表4-6-5　某地区自燃煤矸石的化学成分含量

成分	Al_2O_3	SiO_2	Fe_2O_3	CaO	MgO	SO_3	TiO_2	烧失量
含量(%)	27.38	52.55	5.78	1.22	0.40	3.13	0.90	6.37

表4-6-6　自燃煤矸石的密度等级和筒压强度

密度等级(kg/m³)	900	1000	1100~1200
筒压强度(MPa)	3.0	3.5	4.0

表 4-6-7 自燃煤矸石与灰渣中的有害物质限量

项目	技术指标
含泥量	≤3.0%；用于结构混凝土时，≤2.0%
泥块含量	≤1.0%；用于结构混凝土时，≤0.5%
煮沸质量损失	≤5.0%
烧失量	≤5.0%；用于无筋混凝土时，灰渣允许≤18%
硫化物和硫酸盐含量（以 SO_3 计）	≤1.0%；用于无筋混凝土时，自燃煤矸石允许≤1.5%
有机物含量	用比色法测定。试样上部的溶液颜色不深于标准色；如深于标准色，则按照 GB/T 17431.2—2010《轻集料及其试验方法 第二部分：轻集料试验方法》中的规定操作，且试验结果不低于 95%
氯化物（以氯离子含量计）	≤0.02%
放射性	符合 GB 6566 的规定

4）矿渣

矿渣是高炉炼铁过程中排放的非金属矿物熔渣，矿渣中含有酸性、碱性、中性三类氧化物，属于酸性氧化物的有 SiO_2、Fe_2O_3、P_2O_5、TiO_2，属于碱性氧化物的有 CaO、MgO、FeO 等，属于中性氧化物的是 Al_2O_3，矿渣中的 SiO_2、CaO、Al_2O_3 含量约占矿渣重量的 90% 以上。通常以碱性系数 $M_0 = \dfrac{\%CaO + \%MgO}{\%SiO_2 + \%Al_2O_3}$ 对矿渣进行分类，$M_0 < 1$ 的矿渣称为碱性矿渣，$M_0 > 1$ 的矿渣称为酸性矿渣，$M_0 = 1$ 的矿渣称为中性矿渣。

高炉熔渣可通过不同的冷却方式进行冷却，所获得矿渣的性能也完全不同。急剧冷却而成的矿渣称为粒状矿渣或水淬矿渣；经空气自燃冷却或经热泼淋水处理后得到的冷矿渣称为高炉重矿渣。

水淬矿渣活性高，冷却越迅速越充分，活性越高，这是因为经过急剧冷却的矿渣，其内部的热量来不及释放、来不及形成结晶体而保持无定形的玻璃体，蓄存了较多的化学能。急剧冷却对提高碱性矿渣的活性尤为重要，因为碱性矿渣的结晶能力和晶型转变能力较强，只有熔融物迅速冷却，急剧增大矿渣的黏度，才会使矿渣失去或减小重新排列的可能性。矿渣的活性还取决于它的化学成分和矿物组成，CaO、Al_2O_3 含量高而 SiO_2 含量低的矿渣活性高。水淬矿渣主要用于生产水泥或作为混凝土的活性掺合料。

高炉重矿渣经破碎、筛分而得到的粒径大于 4.75mm 的重矿渣颗粒称为重矿渣碎石，可用作混凝土的集料，但是重矿渣必须具有良好的稳定性，否则，在混凝土或混凝土制品长期使用过程中，可能由于矿渣集料的分解而导致混凝土结构破坏。用作集料的矿渣，不但要求稳定性好，而且要求强度高，因此，宜选用结构致密的酸性矿渣。重矿渣的结构稳定性是否合格是决定其能否用作混凝土集料的关键，结构稳定性衡量指标有：硅酸盐分解、石灰石分解、铁分解和锰分解。对于稳定性试验不合格的重矿渣，可将其露天存放及浇水处理，经稳定性试验合格后方可使用。《混凝土用高炉重矿渣碎石》YB/T 4178—2008 对重矿渣碎石结构是否稳定的判定规则为：如试验结果无石灰分解和铁分解现象，则认为结构稳定性合格。重矿渣碎石石灰石分解试验方法：① 筛取粒径为 9.5～37.5mm 的有代表性的试样 6kg，称取两份各 2kg 试样，分别装入两个瓷盘中；② 将试样用清水洗净，逐块检查，剔除有裂纹的碎块，平摊在瓷盘内，碎块间不得重叠;把装有试样的瓷盘置于蒸压釜内,在不少于 2h 内逐渐升至 2 个大气压,在此压力下恒压 2h,然后停止加热,自然降至常温常压,取出试样进行检查;③如果试样未粉化、未被石灰颗粒胀裂,则认为无石灰分解;如果发现有 1～2 个碎块可疑,应加倍取样复验,复验时只要发现有碎块胀裂,则认为有石灰石分解。重矿渣碎石铁分解试验方法:① 筛取粒径为 9.5～37.5mm 的有代表性的试样 50 块;②将试样刷洗干净,检查无裂纹后置于盛有蒸馏水的容器中,水面至少保持高出试样 20mm,浸泡 14d 后取出,逐块检查;③如果在浸泡过程中试样未碎裂,则认为无铁分解;如果发现有 1～2 个碎块出现碎裂时,应加倍取样复验,复验时只要发现有碎块碎裂,则认为有铁分解。

配制不同强度等级混凝土所用重矿渣碎石的堆积密度或压碎值指标应符合表 4-6-8 的规定。

表 4-6-8　不同强度等级混凝土所用重矿渣碎石的堆积密度或压碎值要求

混凝土强度等级	堆积密度(kg/m³)	压碎值(%)
C50	≥1330	≤11
C40	≥1280	≤13
C30	≥1200	≤16
C20	不作规定	

5)建筑废弃物

建筑废弃物是指在建设和拆除各类建筑物、管网以及居民装饰装修房屋过程中所产生的弃土、弃料及其他废弃物。

建筑废弃物中的砖、石、混凝土的回收利用方法主要是将其加工成再生骨料。被污染或腐蚀的建筑废弃物不得用于制备再生骨料。再生骨料及其制品的放射性应符合《建筑材料放射性核素限量》GB 6566 的规定。由建筑废弃物中的混凝土、砂浆、石或砖等加工而成的颗粒,称为再生骨料,粒径大于 4.75mm 的颗粒称为再生粗骨料,粒径小于 4.75mm 的颗粒称为再生细骨料。

《混凝土用再生粗骨料》GB/T 25177—2010 规定:按照性能要求将再生粗骨料分为Ⅰ类、Ⅱ类和Ⅲ类。按照粒径尺寸将再生粗骨料分为连续粒级和单粒级,连续粒级分为 5～16mm、5～20mm、5～25mm、5～31.5mm 四种规格,单粒级分为 5～10mm、10～20mm、16～31.5mm 三种规格。再生粗骨料的性能应符合表 4-6-9 中的规定。

表 4-6-9　再生粗骨料的性能要求

项目	Ⅰ类	Ⅱ类	Ⅲ类
微粉含量(按质量计,%)	<1.0	<2.0	<3.0
泥块(按质量计,%)	<0.5	<0.7	<1.0
吸水率(按质量计,%)	<3.0	<5.0	<8.0
坚固性(质量损失,按质量计,%)	<5.0	<10.0	<15.0
压碎指标(%)	<12	<20	<30
表观密度(kg/m³)	>2450	>2350	>2250
空隙率(%)	<47	<50	<53

续表

项目	Ⅰ类	Ⅱ类	Ⅲ类
针片状颗粒含量(按质量计,%)	<10		
有机物	合格		
硫化物及硫酸盐(以 SO₃质量计,%)	<2.0		
氯化物(以氯离子质量计,%)	<0.06		
杂质(按质量计,%)	<1.0		
碱-骨料反应	试件无裂缝、酥裂或胶体外溢等现象,膨胀率应小于 0.10%		

《混凝土和砂浆用再生细骨料》GB/T 25176—2010 规定:按照性能要求将再生细骨料分为Ⅰ类、Ⅱ类和Ⅲ类。按照细度模数将再生细骨料分为粗、中、细三种规格,各自的细度模数分别为 $M_粗=3.7-3.1$,$M_中=3.0-2.3$,$M_细=2.2-1.6$。再生细骨料的性能应符合表 4-6-10 中的规定。

表 4-6-10　再生细骨料的性能要求

项目		Ⅰ类	Ⅱ类	Ⅲ类
微粉含量(按质量计,%)	MB 值<1.40 或合格	<5.0	<7.0	<10.0
	MB 值≥1.40 或不合格	<1.0	<3.0	<5.0
泥块(按质量计,%)		<1.0	<2.0	<3.0
饱和硫酸钠溶液中质量损失(%)		<8.0	<10.0	<12.0
单级最大压碎指标(%)		<20	<25	<30
表观密度(kg/m³)		>2450	>2350	>2250
堆积密度(kg/m³)		>1350	>1300	>1200
空隙率(%)		<46	<48	<52
云母(按质量计,%)		<2.0		
有机物(比色法)		合格		
硫化物及硫酸盐(以 SO₃质量计,%)		<2.0		
氯化物(以氯离子质量计,%)		<0.06		
轻物质(按质量计,%)		<1.0		
碱-骨料反应		试件无裂缝、酥裂或胶体外溢等现象,膨胀率应小于 0.10%		

Ⅰ类再生粗骨料可用于配制各种强度等级的混凝土;Ⅱ类再生粗骨料宜用于配制 C40 及以下强度等级的混凝土;Ⅲ类再生粗骨料可用于配制 C25 及以下强度等级的混凝土,不宜用于配制有抗冻性要求的混凝土。Ⅰ类再生细骨料可用于配制 C40 及以下强度等级的混凝土;Ⅱ类再生细骨料宜用于配制 C25 及以下强度等级的混凝土;Ⅲ类再生粗骨料不宜用于配制结构混凝土;再生骨料不得用于配制预应力混凝土。

(2)成型过程

灰渣混凝土空心隔墙板采用的混合料为干硬性混合料,采用的成型工艺为挤压振动成型,混合料在成型过程中经受挤压和振动两种作用方式,使其达到良好的密实度。此时可采取的振动方法分为外部振动和内部振动两种。采用铰刀芯管内振动时,可延长铰刀寿命但振动机构易损坏,外部平板振动简便易行但刚性连接件易损坏,可改为柔性连接。振动还可加速水泥的水化过程,提高混凝土的早期强度。

外部平板振动是指振动器直接在混合料上表面振动,这要求振动器与所振混合料之间必须有足够的粘着力,只有这样,混合料才能随振动器的振动而密实。粘着力过小或者振动力过大都可破坏振动器与混合料之间的粘结,此时混合料受到的不是振动而是捣击,致使混合料不能很好地液化,导致密实效果显著降低。影响表面振动器有效作用深度的主要参数有:振动器自身的重量、振动板面积、偏心块的离心力、振动频率以及混合料的性质。

4　主要性能试验(选择介绍)

4.1　放射性核素限量

(1)仪器设备

低本底多道 γ 能谱仪;天平。

(2)试验步骤

· 取样:在产品中随机抽取两份样品,每份均不少于 2kg,一份作为检验样品,另一份封存备用。

· 制样:将样品破碎,磨细至颗粒粒径不大于 0.16mm,将制备好的样品放入与标准样品几何形态一致的样品盒中,称其质量,精确至 0.1g。

· 当样品中的天然放射性衰变链基本达到平衡后,在与标准样品测量条件相同的情况下,采用低本底多道 γ 能谱仪测量镭-226、钍-232、钾-40 的比活度。

(3)结果处理

按照公式 4-6-1 计算内照射指数 I_{Ra},按照公式 4-6-2 计算外照射指数 I_r。

$$I_{Ra}=\frac{C_{Ra}}{200} \tag{4-6-1}$$

$$I_r=\frac{C_{Ra}}{370}+\frac{C_{Th}}{260}+\frac{C_k}{4200} \tag{4-6-2}$$

式中: C_{Ra}、C_{Th}、C_k 分别为建筑材料中天然放射性核素镭-226、钍-232、钾-40 的放射性比活度(Bq/kg);200 为在仅考虑内照射情况下,标准规定的建筑材料中放射性核素镭-226 的放射性比活度限量(Bq/kg);370、260、4200 分别为仅考虑外照射情况下,标准规定的建筑材料中放射性核素镭-226、钍-232、钾-40 在各自单独存在时的放射性比活度限量(Bq/kg)。

当样品中镭-226、钍-232、钾-40 的放射性比活度之和大于 37 Bq/kg 时,要求测量不确定度(扩展因子 $k=1$)不大于 20%。

4.2　耐火极限

(1)试件准备

试件的结构材料、结构要求和安装方法应能代表构件的实际使用情况。如有可能,试件的安装应采用建筑中的标准化工艺,独立试件的结构不应被改变。将试件安装在特定的支承和约束框架内,产生的任何变化都不能对试件的性能有较大影响。

对于结构不对称的分隔构件,试件数量的确定应符合:①如果要求构件的每一面都具有耐火性,且无法确定薄弱面,则应选取不少于 2 个相同试件,分别代表构件的不同面进行耐火试验;②如果要求构件的每一面都具有耐火性,且能够确定薄弱面,则应选取 1 个试件,仅对该薄弱面进行耐火试验;③如果要求构件的某一特定面具有耐火性,则应选取 1 个试件,仅对该特定面进行耐火试验。

(2)判定准则

试件的耐火极限是指满足相应耐火性能判定准则的时间。如果试件的"承载能力"已不符合要求,则将自动认为试件的"隔热性"和"完整性"不符合要求;如果试件的"完整性"已不符合要求,则将自动认为试件的"隔热性"不符合要求。承载能力是指承重构件承受规定的试验荷载,其变形的大小和速率均未超过标准规定极限值的能力;隔热性是指在标准耐火试验条件下,建筑构件当某一面受火时,在一定时间内背火面温度不超过规定极限值的能力;完整性是指在标准耐火试验条件下,建筑构件当某一面受火时,在一定时间内阻止火焰和热气穿透或在背火面出现火焰的能力。

5 安装施工要点

5.1 安装施工工艺

· 墙板现场验收合格,准备好所有施工工具及配套材料。

· 对所安装墙板的相关位置进行清理和预处理。

· 划定位线,在地面、天花板或梁的底部划上墙板安装基准线。用可调节长度的钢管顶紧定位板条。

· 竖起第一块墙板,在墙板顶端涂抹粘结剂,以定位板条为基准调整墙板位置,底部先用木楔塞紧,然后用细石混凝土填实。

· 安装第二块墙板时,首先在第一块墙板的侧面涂抹足量的粘结剂,调整好第二块墙板的位置,然后将其与第一块墙板挤紧;以此类推。当隔墙端部剩余宽度不足一块墙板的宽度时,可按尺寸要求切割补板,补板宽度不应小于 200mm。

5.2 构造要求

· 抗震加固。对有抗震要求的内隔墙,采用钢板卡固定墙板,钢板卡应安装在两块板的接缝处;在墙板与天花板、梁的接合位置,钢板卡的间距不应大于 600mm;在墙板与主体墙、柱的接合位置,钢板卡的间距不应大于 1000mm;有接板情况时,上方墙板与天花板、梁的接合位置,每块板不应少于两个钢板卡。墙体长度超过 6m 时,应设置构造柱,并采取加固、防裂措施。

· 墙体高度超出墙板长度并且需要竖向接板时,只限接板一次,并且相邻墙板的接合位置应错开,错开距离为 300～500mm。应在对接处涂抹粘结剂。隔墙高度应遵循安全第一的原则。使用 90mm 厚度的墙板时,墙体最大高度不应大于 3600mm;使用 120mm 厚度的墙板时,墙体最大高度不应大于 4200mm。

灰渣混凝土轻质条板的安装构造以及国家建筑标准图集《内隔墙—轻质条板(一)》10J113－1,本文摘录其中几个安装构造节点列于图 4-6-6 至图 4-6-8。

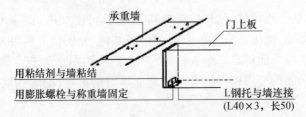

图 4-6-6　门上板与承重墙连接

图 4-6-7　门上板与条板隔墙连接　　　　图 4-6-8　门上板与转角隔墙连接

第 7 节　夹芯式复合条板

1　引言

　　夹芯式复合条板是指具有明显界面的、至少由三层材料复合而成的条板。此种复合板的特点是能够充分利用不同材料的优势性能,实现墙板所需结构性能与保温、隔声功能。夹芯式复合条板可作为建筑物的隔墙与分户墙。按照所用面材与芯材,可将夹芯式复合条板分为芯材浇注式夹芯板、面材浇注式夹芯板和面材芯材粘结式夹芯板。所谓芯材浇注式夹芯板,是以薄型板材作两侧面材、芯部浇注轻质混凝土混合料、经养护而成的夹芯式板材;薄型板材可选择纤维水泥平板、纤维硅酸钙板或玻璃纤维增强水泥平板等遇水后性能值变化小的板材;芯材浇注料可选择轻集料混凝土混合料、泡沫混凝土混合料以及轻集料泡沫混凝土混合料。所谓面材浇注式夹芯板,是选用或者预先生产具有绝热功能和(或)吸音功能的板材作为芯材,将芯材置于立模模腔,然后浇注面层材料;面材浇注料可用纤维增强水泥或纤维增强细石混凝土。所谓面材芯材粘结式夹芯板,则是面材和芯材均为预制板,采用适合的粘结剂将二者粘结在一起。

　　与夹芯式复合条板有关的现行标准包括:①《建筑隔墙用保温条板》GB/T 23450—2009,适用于建筑的非承重用保温隔墙板。建筑隔墙用保温条板是以纤维为增强材料,以水泥(或硅酸钙、石膏)为胶凝材料,两种或两种以上不同功能材料复合而成的具有保温性能的隔墙条板。②《纤维水泥夹芯复合墙板》JC/T 1055—2007,适用于建筑物的非承重用轻质隔墙和内墙保温。纤维水泥夹芯复合墙板是以玻璃纤维为增强材料,硅酸盐水泥(或硅酸钙)等胶凝材料制成的薄板为面层,以水泥(硅酸钙、石膏)聚苯颗粒或膨胀珍珠岩等轻集料混凝土、发泡混凝土、加气混凝土为芯材,两种或两种以上不同功能材料复合而成的实心墙板。③《建筑结构保温复合板》JG/T 432—2014,适用于建筑非承重围护结构用保温复合墙板。建筑结构保温复合板以绝热材料为芯材并两侧粘结结构面材组合而成,在建筑中具有围护作用。

2 质量要求与性能特点

夹芯式复合条板可采用的标准包括《建筑隔墙用保温条板》GB/T 23450—2009、《纤维水泥夹芯复合墙板》JC/T 1055—2007 和《建筑结构保温复合板》JG/T 432—2014。可根据产品的实际情况选择采用。表 4-7-1 列出三项标准中夹芯式复合条板的规格尺寸。

表 4-7-1　三项标准中夹芯式复合条板的规格

项目	GB/T 23450—2009	JC/T 1055—2007	JG/T432—2014	
			金属面	非金属面
长度(mm)	≤3000	建筑层高减去楼板顶部结构件的厚度及技术处理空间尺寸	常用尺寸 3000	
宽度(mm)	600	优化尺寸 600	900～1200	600
厚度(mm)	90,120, 150	优化尺寸 90,120	≥100	

《纤维水泥夹芯复合墙板》JC/T 1055—2007 标准对夹芯式复合墙板的性能要求列于表 4-7-2。

表 4-7-2　夹芯式复合条板性能要求

项目	指标	
	90mm 厚度条板	120mm 厚度条板
抗冲击性能(次)	≥5	≥5
抗弯破坏荷载(板自重的倍数)	≥1.5	≥1.5
抗压强度(MPa)	≥3.5	≥3.5
软化系数	≥0.80	≥0.80
面密度(kg/m²)	≤85	≤110
含水率(%)	≤12/10/8	
干燥收缩值(mm/m)	≤0.6	≤0.6
吊挂力(N)	≥1000	≥1000
空气声计权隔声量(dB)	≥40	≥45
耐火极限(h)	≥1	≥1
导热系数[W/(m·K)]	≤0.35	
放射性	符合 GB6566 的规定	

3 生产工艺及控制要素

3.1 生产工艺

图 4-7-1 为夹芯式复合条板的类别及其优选生产工艺。

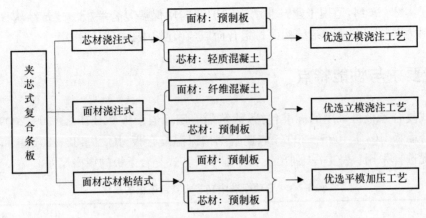

图 4-7-1 夹芯式复合条板的类别及其优选生产工艺

　　图 4-7-2 为芯材浇注泡沫混凝土的夹芯式复合条板的立模生产工艺流程。由于在浇注芯层混合料浆的过程中,面板将遭受料浆施加的侧压力,极易造成面板的变形。防止这种现象发生的有效工艺措施之一就是采用立模技术,这是因为立模的模腔隔板可作为面板的支撑体。为了提高生产效率,通常采用成组立模泵注技术。图 4-7-3 为天意机械股份有限公司制造的移动卧式复合墙板生产线。该生产线主要分为发泡系统、EPS 预发系统、自动配料系统、搅拌系统、料浆泵送系统、墙板成型系统、数控配电系统、液压循环系统和整体出板系统。图 4-7-4 为天意机械股份有限公司制造的立式旋转复合墙板生产线。该生产线主要分为配料搅拌系统、墙板成型系统、液压整体开模系统、液压翻转系统、整体出板翻转码垛系统、成型机自动循环系统、变频摆渡系统、数控配电系统等。该生产线使用密封式泵送系统配备双工位注浆枪,注浆速度快,料将密实度高,液压开合模可解决传统立式复合墙板机人工开合的安全隐患问题,整体出板码垛系统可减少产品破损率,提高生产效率。图 4-7-5 为芯材浇注式夹芯复合条板。

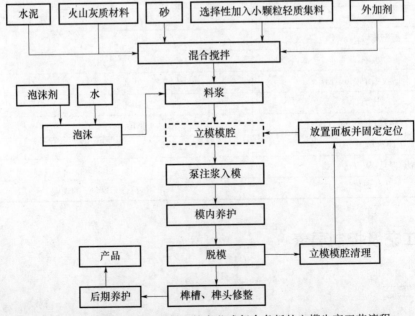

图 4-7-2 芯材浇注泡沫混凝土的夹芯式复合条板的立模生产工艺流程

图 4-7-3　移动卧式复合条板生产线

图 4-7-4　立式旋转复合条板生产线

3.2　生产控制要素

（1）面板选用与要求

图 4-7-5　夹芯式复合条板

纤维水泥板和纤维硅酸钙板都是制造夹芯条板的良好选择，应选择质量合格、湿胀率和干缩率低的薄板，否则面板易发生变形，直接影响到夹芯条板的外观质量。薄板与料浆的接触面最好为粗糙面，以提高面板与芯材的机械啮合力。在由下至上浇注芯料的过程中，首先与芯料接触的下部面板的内侧从芯料中快速吸取水分并由此发生膨胀，而此时下部面板的外侧和上部面板仍处于干燥状态，这在下部面板内侧的近表面形成拉应力，与此同时，料浆逐渐对面板施加侧压力，在短时间内同时遭受两种力的作用，可能导致面板的损伤。因此，选择抗折强度高、含水率适当的面板也非常重要。

纤维水泥板的质量应符合《纤维水泥平板　第 1 部分：无石棉纤维水泥平板》JC/T 412.1—2006 或《纤维水泥平板　第 2 部分：温石棉纤维水泥平板》JC/T 412.2—2006 中的要求；纤维硅酸钙板的质量应对符合《纤维增强硅酸钙板　第 1 部分：无石棉硅酸钙板》JC/T 564.1—2008 或《纤维增强硅酸钙板　第 2 部分：温石棉硅酸钙板》JC/T 564.2—2008 的要求。若采用其他薄板，则所用薄板的质量应符合相应的产品标准要求。

（2）芯层浇注料密度要求

按照《纤维水泥夹芯复合墙板》JC/T 1055－2007 标准对墙板面密度的指标要求（90mm 厚度条板的面密度≤85kg/m², 120mm 厚度条板的面密度≤110kg/m²）以及所选用纤维水泥板（标准规定的最大体积密度为 2000kg/m³）或纤维硅酸钙板（标准规定的最大体积密度为 1500kg/m³）。若选用厚度为 5mm 的纤维水泥板作面板，则 90mm 厚度的复合条板中芯料的最大容许干密度为 812kg/m³；若选用厚度为 5mm 的纤维硅酸钙板作面板，则 90mm 厚度的复合条板中芯料的最大容许干密度为 875kg/m³。同样，采用厚度为 5mm 的纤维水泥板或纤维硅酸钙板作面板时，120mm 厚度的复合条板中芯料的最大容许干密度分别为 818kg/m³ 或 863kg/m³。若选用厚度为 10mm 纤维水泥板或纤维硅酸钙板作面板，则 90mm 厚度的复合条板中芯料的最大容许干密度分别为 643kg/m³ 或 786kg/m³, 120mm 厚度的复合条板中芯料的最大容许干密度分别为 700kg/m³ 或 800kg/m³。在生产中，可按照工程对复合条板性能的实际要求,综合考虑强度、密度、收缩和导热系数之间的平衡关系,并考虑混合料的流动性,以实际确定的芯料密度进行配合比设计。

另外,在满足复合条板性能的情况下,应尽量降低芯层混合料的密度,料浆密度越小,其对面板施加的侧压力就越小。通常,用于夹芯复合条板制作的轻质混合料的密度应控制在400～700kg/m³范围内,以便芯层材料能够兼具保温隔热功能与承载功能。

(3) 泡沫混凝土芯材

① 泡沫剂的选择:能产生泡沫的物质很多,但并非所有能产生泡沫的物质都能用于泡沫混凝土的生产,只有在泡沫和砂浆混合时仍具有足够稳定性,并且对胶凝材料的凝结和硬化不产生有害影响的泡沫剂才能用于泡沫混凝土的生产。泡沫的质量以坚韧性、发泡倍数、泌水量等指标来衡量。泡沫的坚韧性是指泡沫在空气中在规定的时间内不致破坏的特性,常以泡沫柱在单位时间内的沉陷高度来确定;发泡倍数是指泡沫体积大于泡沫剂水溶液体积的倍数;泌水量是指泡沫破坏后所产生泡沫剂水溶液的体积。用于生产泡沫混凝土的泡沫剂应满足:1h后泡沫的沉陷高度不大于10mm,1h的泌水量不大于80mL,发泡倍数不小于20。

② 活性掺合料的选择:配制泡沫混凝土常用的活性掺合料有粉煤灰和磨细矿渣粉。添加活性掺合料的目的是减少水泥用量和改善新拌混合料的性能。但是,这些掺合料会延缓泡沫混凝土的凝结和硬化,破坏气泡在料浆中的稳定性。因此,掺合料的加入比例最好控制为水泥用量的10%～20%,当加入比例大于30%时,需再加入早强剂、促凝剂等可以明显缩短凝结时间和硬化时间的混凝土外加剂。

③ 对于需要较高强度的芯层材料,可加入水泥用量10%～30%的细砂,这将导致混合料浇注性能的改善,同时增大芯层材料的密度。为防止浇注完成后细砂下沉,应在混合料中添加速凝剂或者使用快硬水泥,尽可能早地对砂子进行固结。

④ 对于需要提高保温效果和降低干缩率的芯层材料,可在混合料中加入少量发泡聚苯乙烯颗粒、膨胀珍珠岩、陶粒、陶砂等轻质集料,可选择性地加入其中的一种或几种。实际产品中,经常可看到芯料中含有聚苯乙烯泡沫颗粒。聚苯乙烯泡沫颗粒可选用原状颗粒或再生颗粒。原状颗粒的形状为球形并且颗粒尺寸相对均匀,经简单破碎处理的再生颗粒的形状多为有棱角的不规则形状并且颗粒尺寸差别较大,因此在进行混合料配比设计和搅拌时应分别对待。

⑤ 泡沫混凝土配料计算

泡沫混凝土的干密度取决于混合料在制备过程中所形成的细孔数量。混合料密度与硬化后泡沫混凝土干密度之间的关系可用下式表示:$\gamma_{混合料} = K\gamma_{泡沫混凝土}\left(1 + \dfrac{W}{T}\right) + W_n$,$K$ 为硬化后结合水和吸附水的系数,泡沫混凝土干密度小于 800kg/m³ 时,取 0.9;泡沫混凝土干密度为800～1200kg/m³ 时,取 0.95。$\dfrac{W}{T}$ 为水料比,W_n 为泡沫剂水溶液中的水量。

泡沫混凝土的配合比宜按照设计所需要的干密度进行配置,并按照干密度计算各种材料的用量。公式 4-7-1 和公式 4-7-2 分别用于计算泡沫混凝土的设计干密度和用水量。

$$D_f = S_a(m_c + m_m) \tag{4-7-1}$$

$$m_w = B(m_c + m_m) \tag{4-7-2}$$

式中:D_f 为泡沫混凝土的设计干密度(kg/m³);S_a 为质量系数,采用普通硅酸盐水泥时取

1.2；m_c 为 1m³ 泡沫混凝土中的水泥用量（kg）；m_m 为 1m³ 泡沫混凝土中的掺合料用量（kg）；m_w 为 1m³ 泡沫混凝土中的水用量（kg）；B 为水胶比，一般为 0.5～0.6，可根据实际需求调整。

公式 4-7-3 用于计算水泥、掺合料、骨料和水组成的料浆总体积 V_1，公式 4-7-4 用于计算泡沫体积 V_2。

$$V_1 = \frac{m_c}{D_c} + \frac{m_m}{D_m} + \frac{m_s}{D_s} + \frac{m_w}{D_w} \tag{4-7-3}$$

$$V_2 = K(1 - V_1) \tag{4-7-4}$$

式中：D_c 为水泥密度，取 3100kg/m³；D_m 为掺合料密度，粉煤灰取 2600kg/m³，矿渣粉取 2800kg/m³；D_s 为骨料密度，砂子取 2600kg/m³；D_w 为水的密度，取 1000kg/m³；m_s 为 1m³ 泡沫混凝土中的骨料用量（kg）；K 为泡沫富裕系数，对稳定性好的泡沫剂，取 1.1～1.3。

⑥ 泡沫混凝土料浆的输送与浇注

泡沫混凝土的输送技术是复合板浇注成功的关键，不合理的输送方式会造成泡沫混凝土的不稳定和操作控制难度，由于泡沫混凝土中含有大量气泡，具有一定的可压缩性，在不同流速和压力下可能造成破泡，泡沫混凝土的输送应选择无进出料阀门、单向脉冲输出、无往返运动的设备，最好选择软管泵。

浇注前，应确认放置在立模模腔中的面板处于稳定状态，并且模腔两端的堵板已经固定。浇注时，首先将浇注管插入接近模腔底部的位置，然后从下往上浇注料浆，料浆出口必须向下，最好采用 U 型出料口，防止料浆直接冲击面板，逐渐浇注逐渐提升浇注管，可沿板的长度方向设置两个浇注点，浇注点的设置和浇注速度的确定应避免在浇注过程中裹挟空气。

(4) 聚苯乙烯颗粒泡沫混凝土芯材

聚苯乙烯颗粒泡沫混凝土是在泡沫混凝土中加入聚苯乙烯颗粒而形成的一种复合材料体系，在这样的体系中，可以把泡沫混凝土看作基体材料，把聚苯乙烯颗粒看作分散性集料。聚苯乙烯颗粒为惰性材料，不参与泡沫混凝土的化学反应过程，因此聚苯乙烯颗粒泡沫混凝土的原料选用、配合比计算、混合料拌和等要求均可遵循泡沫混凝土的相应要求。这里仅介绍与可发性聚苯乙烯（Expandable PolyStyrene，缩写为 EPS）相关的内容。可发性聚苯乙烯是在聚苯乙烯珠粒中加入低沸点的液体发泡剂，在加温加热条件下发泡剂和蒸汽渗透到聚苯乙烯珠粒中并使珠粒溶胀，经过预发和熟化后的聚苯乙烯泡沫颗粒方可加入泡沫混凝土中。

① EPS 原料的保存。一般情况下，墙板生产厂是从 EPS 供货商那里批量购进 EPS 原料，并根据使用量保持适当的库存。在高温环境下 EPS 珠粒中的发泡剂损失很快，为避免发泡剂逸散而影响 EPS 的发泡性能，应尽可能将其储存在温度较低的库房中，避免露天存放。料库的温度应保持在 20℃ 以下，14℃～16℃ 最为合适。储存时间对性能的影响取决于储存温度和珠粒尺寸，储存期过长可导致发泡效果变差。发泡剂气体的密度大于空气的密度，并能与空气形成易爆混合物，因此应防止发泡剂气体与空气的混合气体在地面附近滞留。普通可发性聚苯乙烯容易燃烧，在火源消除后仍会在空气中继续燃烧，并释放一氧化碳、二氧化碳和浓密黑烟。虽然阻燃级可发性聚苯乙烯着火比较困难，但是在强烈火源引燃下仍会燃烧，而燃烧时除了释放上述产物外还将释放溴化氢。另外，可发性聚苯乙烯珠粒非常光滑，假若散落地面，可导致安全事故。

② EPS 珠粒的预发。将含有发泡剂的珠粒缓慢加热至 80℃ 以上，珠粒内的发泡剂受热气化产生压力而使珠粒膨胀，并形成互不连通的泡孔，同时蒸汽也渗透到已膨胀的泡孔中，增

大泡孔中的总压力。随着蒸汽不断渗透,压力不断增大,珠粒的体积也不断增大,直至泡孔薄壁破裂。需要指出的是,蒸汽对 EPS 珠粒薄膜的透过速率比发泡剂或空气快好几倍,而影响透过速率的主要因素是温度。加热时,发泡剂会从珠粒中向外渗出,因此应保持蒸汽渗入泡孔的速率大于发泡剂从泡孔中渗出的速率,从而使泡孔中的总压力增大,发泡剂来不及从泡孔中逸出,使聚合物牵伸呈橡胶状态,其强度足以平衡内部压力,从而使 EPS 珠粒产生预膨胀。

③ 预发 EPS 珠粒的熟化。预发后的珠粒中保留一定量的发泡剂和水蒸气,从预发机中出来后,由于吸收空气骤然遇冷,致使蜂窝状泡孔中的发泡剂冷凝后成为液体,气泡中的压力很快降低,泡内呈现负压,所以珠粒在预发后必须放置一段时间,一方面使其干燥,一方面使空气渗入以消除负压,使泡孔的内压力与外压力达到平衡,防止泡孔塌瘪,使珠粒呈现弹性。预发后的 EPS 珠粒所经历的一定时间的干燥、冷却和泡孔压力稳定过程,称为熟化过程。熟化过程中发泡剂同时向外扩散,因此预发珠粒的储存期不宜过长。

④ EPS 泡沫颗粒在加入泡沫混凝土拌和料之前,应预先用泡沫混凝土的发泡液浸泡 1h,然后取出晾干,待用。EPS 泡沫颗粒的用量应根据条板的面密度要求经计算确定。

4　主要性能试验(选择介绍)

4.1　空气声隔声量

(1) 试件准备

按照《声学　建筑和建筑构件隔声测量　第 1 部分:侧向传声受抑制的实验室测试设施要求》GB/T 19889.1—2005 的规定,间壁试件的尺寸由实验室测试设施中测试洞口的尺寸决定,对于墙,这个尺寸约为 10m²,并且短边不小于 2.3m。测试间壁应尽可能模拟实际条件下在边界和节点处的正常连接方式和封装方式。

(2) 测试步骤与要求

• 声源室声场的产生:声源室所产生的声音应是稳态的,并且在所考虑的范围内具有连续频谱。声源室声频谱在相邻 1/3 倍频带之间的声压级差值不应大于 6dB;接收室在所有频带上的声压级都应高出背景噪声 15dB 以上,因此要求所发声音的声功率足够高。

• 平均声压级的测量:可采用单个传声器在不同位置测量,或者采用固定排列的一组传声器测量,或者连续移动单个传声器进行测量,或者采用转动传声器进行测量。对于所有生源位置,在不同测点测得的声压级应按能量算法进行平均。

• 测量频率范围:声压级采用 1/3 倍频程滤波器测量时,应至少包括 100Hz、125Hz、160Hz、200Hz、250Hz、315Hz、400Hz、500Hz、630Hz、800Hz、1000Hz、1250Hz、1600Hz、2000Hz、2500Hz、3150Hz、4000Hz、5000Hz 共 18 个中心频率。

• 混响时间测量与吸声量估算:吸声量 $A=0.16V/T$,其中 A 为吸声量(m²);V 为接收室容积(m³);T 为接收室混响时间(s)。

• 对背景噪声的修正:测量背景噪声,以确保接收室的测试结果未受外来入侵声音的影响。

(3) 结果表述

为了说明试件的空气声隔声性能,应将所有频率的隔声量以表格和曲线形式给出,曲线的纵坐标为隔声量(dB)，横坐标是按对数坐标的频率(Hz)，并以 5mm 尺度表示 1/3 倍频程，20mm 表示 10dB。

由公式 4-7-5 计算得到隔声量 R(dB)：L_1 为声源室内平均声压级(dB)；L_2 为接收室内平均声压级(dB)；S 为试件面积(m^2)，等于测试洞口的面积；A 为接收室内吸声量(m^2)。

$$R = L_1 - L_2 + \lg \frac{S}{A}$$

(4-7-5)

4.2　燃烧性能

夹芯式复合条板的燃烧性能可按照《复合夹芯板建筑体燃烧性能试验 第 1 部分：小室法》GB/T 25206.1—2014 进行试验。该试验方法的原理：用复合夹芯板组装成一个小型试验房间，试验过程中将火焰直接作用于其内部墙角，根据试验结果评价复合夹芯板建筑体的燃烧性能。需要注意的是，在燃烧试验过程中，由于复合夹芯板释放的可燃气体、脱落的碎片或熔滴物等燃烧物的存在，可能出现不同的火焰传播类型，包括火焰在复合夹芯板的芯材内部传播、在表面传播或穿过接缝传播等。

（1）仪器设备

热电偶：热电偶应安装在每块复合夹芯板的外表面及其夹芯内部，并应在背火面安装，便于监控火焰在夹芯内部传播的情况。

热流计：热流计应放置在试验房间地面的中心位置，并应在全量程内得到校准。

附属设备：数据记录器、计时器、热和烟释放测量系统。

（2）试验房间设计和建造

· 试样应包含试验所需数量的复合夹芯板，试样的结构和材质应能代表实际使用情况，所有的结构细节如联结、固定等，应根据实际使用情况在试样中予以体现。如果用于试验的复合夹芯板在实际应用中需要与内部或者外部框架结构共同使用，那么对这种结构也应一并进行试验。

· 试验房间的内部基本尺寸为：长度 3.6 ± 0.05m，宽度 2.4 ± 0.05m，高度 2.4 ± 0.05m。在其中一面尺寸为 2.4×2.4m 的墙板中央设置一个宽度为 0.8 ± 0.01m、高度为 2.0 ± 0.01m 的开口。其他墙板、地面或吊顶板上不应存在任何供空气流动的开口。

· 试验房间安装在室内，试验过程中室内温度应控制在 10℃～30℃。

（3）试验步骤

· 初始条件确认：包括初始温度、水平风速、燃烧器位置等。

· 在试验过程中，记录以下现象并记录该现象发生的时间：试样引燃，火焰在复合夹芯板内外表面的传播，火焰穿透接缝，分层、燃烧碎片、燃烧滴落物，烟或火焰通过接缝蔓延到室外，烟气的浓度和颜色，燃烧通过试样芯材传播的迹象，火焰从开口冒出，轰燃，结构坍塌。

· 如果出现轰燃现象（如热释放速率达到 1000kW），或试验时间达到 30min，则停止试验；如果试样结构坍塌或出现可能威胁试验人员人身安全的危险情况，则应尽早结束试验。

· 试验结束后，应记录试样的损毁范围，明确说明试样的损毁情况包括分层和接缝开裂的范围、烧焦的范围和深度以及碳化、开裂、收缩等。

· 记录任何其他非正常现象。

5 安装施工要点

5.1 注意事项

- 复合墙板在安装过程中严禁用锤子敲砸，不得硬塞硬砸木楔，需开凿孔洞时，用专用锯切口。
- 用于地震区时，复合条板上部采用软连接，无特殊要求时采用硬连接。
- 在墙上悬挂重物时，用预埋件。
- 用于分户墙时，推荐采取双层板构造，错缝安装，中间空气层以 30～40mm 为宜。
- 如需进行饰面处理，应待接缝砂浆或腻子干燥后进行。饰面处理应在接缝砂浆或腻子干燥后进行。

5.2 安装构造

夹芯复合门框板和窗框板靠门窗一侧应设置钢预埋件或木砖，以便于门窗框固定。也可采用螺栓与门窗框固定，应根据洞口大小确定固定位置和螺栓数量，每侧的固定点应不少于 3 处，必须满足设计要求。

夹芯复合条板的安装构造节点依照国家建筑标准设计图集《内隔墙—轻质条板（一）》10J113—1。

图 4-7-6　门安装节点构造

第8节　纤维增强菱镁轻质条板

1 引言

纤维增强菱镁轻质条板是以镁质胶凝材料和适量硅质粉状材料为胶结材料，以短切纤维和（或）纤维网布为增强材料，加入可改善性产品耐水性的外掺料，需要减轻产品自重时可引入少量气泡，经浇注成型、养护、干燥而制成的非承重内隔墙板。由于镁质胶凝材料本质上是气硬性材料，虽然经过改性可提高其耐水性，但是将其长期用于潮湿环境时仍然存在安全风险，因此，建议只在干燥环境中使用纤维增强菱镁轻质条板。

2　质量要求及性能特点

涉及用镁质胶凝材料制造的轻质条板的现行标准有《硅镁加气混凝土空心轻质隔墙板》JC 680—1997 和《建筑用秸秆植物板材》GB/T 27796—2011。

《建筑用秸秆植物板材》GB/T 27796—2011 标准强调粉碎农作物秸秆、稻壳或木屑在墙板配料中的作用,因此,如果墙板中含有这些材料,则墙板的质量控制采用此项标准。如果墙板中不含农作物秸秆、稻壳或木屑等材料,则建议采用《菱镁加气混凝土空心轻质隔墙板》JC 680—1997。《菱镁加气混凝土空心轻质隔墙板》JC 680—1997 标准中规定的性能要求列于表 4-8-1。

表 4-8-1　轻质隔墙条板性能要求(JC 680—1997)

项目	指标	
	60mm 厚度板	90mm 厚度板
面密度(kg/m²)	≤35	≤60
干缩值(mm/m)	≤0.8	
隔声量(dB)	≥30	≥35
耐火极限(h)	≥1	
燃烧性能	不燃	
抗折力(N)	≥1000	≥2000
抗冲击性能	经 3 次冲击试验后,无贯穿裂缝	
抗弯破坏荷载(板自重的倍数)	≥1.5	
单点吊挂力(N)	≥800	

《建筑用秸秆植物板材》GB/T 27796—2011 标准规定的轻质隔墙板性能要求列于表 4-8-2。

表 4-8-2　秸秆植物板材的性能要求(GB/T 27796—2011)

项目	指标		
	100mm 厚度板	120mm 厚度板	180mm 厚度板
抗冲击性能(次)	经 5 次冲击试验后,板面无裂纹		
抗弯承载(板自重的倍数)	≥1.5		
软化系数	≥0.80		
面密度(kg/m²)	≤90	≤110	≤130
含水率(%)	≤10		
干燥收缩值(mm/m)	≤0.6		
吊挂力	荷载 1000N,静置 24h,板面无宽度超过 0.5mm 的裂缝		
抗冻性	不得出现可见的裂纹且表面无变化		
空气声计权隔声量(dB)	≥35	≥40	≥45
耐火极限(h)	≥1		
抗返卤性能	无水珠,无返潮		

续表

项目	指标		
	100mm 厚度板	120mm 厚度板	180mm 厚度板
氯离子含量(%)	≤10		
导热系数[W/(m·K)]	实心墙板≤0.35		
放射性核素限量	符合 GB 6566 的有关规定		

注：① 胶凝材料为改性镁质胶凝材料时检测软化系数、抗返卤性能和氯离子含量。
　　② 夏热冬暖地区不检测抗冻性。

3　生产工艺及控制要素

3.1　生产工艺

图 4-8-1 为纤维增强菱镁轻质条板的立模浇注工艺流程。生产设备可采用山东天意机械股份有限公司制造的 TY—08 型墙板成型机(图 4-8-2)，该设备的特点是子母槽一次成型。

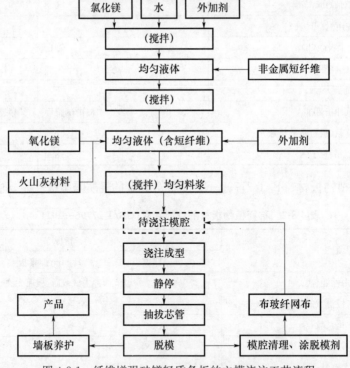

图 4-8-1　纤维增强硅镁轻质条板的立模浇注工艺流程

3.2　生产控制要素

（1）原料要求

镁质胶凝材料是指苛性苦土（MgO）和苛性白云石（MgO 和 CaCO₃）。生产苛性苦土的原料为天然菱镁矿，菱镁矿的主要成分为 $MgCO_3$，同时含有氧化硅、黏土、碳酸钙等杂质。生产

图 4-8-2 TY—08 型墙板成型机

苛性白云石的原料为天然白云石，白云石是碳酸镁和碳酸钙的复盐 $CaCO_3 \cdot MgCO_3$，同时含有铁、硅、铝、锰等的元素的氧化物杂质。镁质胶凝材料是将菱镁矿或天然白云石煅烧并磨细而成。

原料选用可依据《镁质胶凝材料用原料》JC/T 449—2008，该标准适用于用作镁质胶凝材料原料的由菱镁矿经轻烧、粉磨而成的轻烧氧化镁与由盐卤液经干燥处理制得的氯化镁。轻烧氧化镁又称苛性氧化镁，俗称苦土粉。轻烧氧化镁是将菱镁矿、水镁石和由海水中提取的氢氧化镁经 800℃～1000℃ 煅烧而得的产品，其中由菱镁矿等天然岩石制成的产品又专称轻烧镁石（或苛性镁石），化学成分为氧化镁，由方镁石组成，但其晶格缺陷较多，晶粒很小，孔隙率较大，化学活性很强，易与水作用生成氢氧化镁，因其具有粘结能力，可作为胶凝材料。轻烧氧化镁的技术要求列于表 4-8-3，氯化镁的化学成分要求列于表 4-8-4。

表 4-8-3 轻烧氧化镁的技术要求

级别		Ⅰ级品	Ⅱ级品	Ⅲ级品
氧化镁/活性氧化镁(MgO,%)		≥90/70	≥80/55	≥70/40
游离氧化钙(f—CaO,%)		≤1.5	≤2.0	≤2.0
烧失量(%)		≤6	≤8	≤12
细度(80μm 筛筛余,%)		≤10		
凝结时间	初凝	≥40min		
	终凝	≤7h		
安定性		合格		
抗折强度(MPa)	1d	≥5.0	≥4.0	≥3.0
	3d	≥7.0	≥6.0	≥5.0
抗压强度(MPa)	1d	≥25.0	≥20.0	≥15.0
	3d	≥30.0	≥25.0	≥20.0

表 4-8-4 氯化镁的化学成分

成分	指标要求
氯化镁($MgCl_2$)	≥43%
钙离子(Ca^{2+})	≤0.7%
碱金属氯化物(以 Cl^- 计)	≤1.2%

采用水热合成法测定轻烧氧化镁中活性氧化镁的含量：称取约 0.5g 样品，精确至 0.0001g，置于准确称量后的称量瓶内，加入 2mL 水，盖紧磨口盖，立即置于恒温干燥箱中，在

100℃下烘干 1h；然后升温至 150℃，半开盖烘 30～60min，取出，置于干燥器中冷却至室温，再次称量样品质量。通过公式 4-8-1 计算活性氧化镁的含量 $C(\%)$：M 为试样质量(g)；M_1 为水化干燥后的试样质量(g)；2.237 为氧化镁与水的分子量比值。

$$C=\frac{M_1-M}{M}\times 2.237\times 100 \tag{4-8-1}$$

采用灼烧差减法测定轻烧氧化镁的烧失量：称取约 1g 样品，精确至 0.0001g，放入已灼烧恒量的瓷坩埚中，将盖斜置于坩埚上，放在高温炉内，从低温开始逐渐升高温度，在(950±25)℃下灼烧 15～20min，取出坩埚置于干燥器中，冷却至室温，称量；反复灼烧，直至恒重。按照公式 4-8-2 计算烧失量 $w_{LOI}(\%)$：m_1 为试样灼烧前的质量(g)；m_2 为试样灼烧后的质量(g)。

$$w_{LOI}=\frac{m_1-m_2}{m_1}\times 100 \tag{4-8-2}$$

采用乙二醇法测定轻烧氧化镁中游离氧化钙的含量：称取约 0.5g 样品，精确至 0.0001g，置于 250mL 干燥的锥形瓶中，加入 30mL 乙二醇－乙醇溶液，放入一根搅拌子，装上冷凝管，置于游离氧化钙测定仪上，以适当的速度搅拌溶液，同时升温并加热煮沸，当冷凝下的乙醇开始连续滴下时，继续搅拌加热微沸 4min，取下锥形瓶，用预先用无水乙醇湿润过的快速滤纸抽气过滤或预先用无水乙醇洗涤过的玻璃砂芯漏斗抽气过滤(尽可能快速地抽气过滤，以防止吸收大气中的二氧化碳)，用无水乙醇洗涤锥形瓶并沉淀 3 次，过滤时等上次洗涤液过滤完后再洗涤下次。滤液及洗液收集于 250mL 干燥的抽滤瓶中，立即用苯甲酸－无水乙醇标准滴定溶液滴定至微红色消失。按照公式 4-8-3 计算游离氧化钙的含量 $w_{fCaO}(\%)$：T_{CaO} 为苯甲酸-无水乙醇标准滴定溶液对氧化钙的滴定度(mg/mL)；V 为滴定时消耗的苯甲酸－无水乙醇标准滴定溶液的体积(mL)；m_3 为试样的质量(g)。

$$w_{fCaO}=\frac{T_{CaO}\times V\times 0.1}{m_3} \tag{4-8-3}$$

氯化镁中的 Ca^{2+} 和 $MgCl_2$ 的含量直接影响制品的安定性与泛霜程度，制品中富含的 Cl^- 对金属具有腐蚀性。应防止氧化镁和氯化镁在运输和贮存过程中受潮，以保证配比的准确性。

氯化镁中钙离子含量的测定方法：称取约 25g 试样，精确至 0.001g，置于 400mL 烧杯中，加入 200mL 水，加热近沸至试样全部溶解，冷却后移入 500mL 容量瓶中，加水稀释至刻度，摇匀，必要时过滤。吸取一定体积的试样溶液于 150mL 烧杯中，加水至 25mL，加入 2mL 氢氧化钠溶液和约 10mg 钙指示剂，用 EDTA 标准滴定溶液滴定至溶液由酒红色变为纯蓝色为止。按照公式 4-8-4 计算试样中的钙离子含量 $\omega_{Ca^{2+}}(\%)$：V_1 为滴定钙时 EDTA 标准滴定溶液的用量(mL)；c_{EDTA} 为 EDTA 标准滴定溶液的浓度(mol/L)；m_4 为试样的质量(g)；40.078 为钙的摩尔质量(g/mol)；1000 为单位换算系数。

$$\omega_{Ca^{2+}}=\frac{V_1\times c_{EDTA}\times 40.078}{m_4\times 1000}\times 100\% \tag{4-8-4}$$

氯化镁中镁离子含量的测定方法：称取约 25g 试样，精确至 0.001g，置于 400mL 烧杯中，加入 200mL 水，加热近沸至试样全部溶解，冷却后移入 500mL 容量瓶中，加水稀释至刻度，摇匀，必要时过滤。吸取一定体积的试样溶液于 150mL 烧杯中，加水至 25mL，加入 5mL 氨－氯化铵缓冲溶液、4 滴铬黑 T 指示剂，用 EDTA 标准滴定溶液滴定至溶液由酒红色变为纯蓝色为止，此时 EDTA 标准滴定溶液的用量为测定钙和镁的总用量。按照公式 4-8-5 计算试样中的镁离子含量 $\omega_{Mg^{2+}}(\%)$：V_2 为滴定钙和镁时 EDTA 标准滴定溶液的总用量(mL)；V_1 为滴定钙时 EDTA 标准滴定溶液的用量(mL);c_{EDTA} 为 EDTA 标准滴定溶液的浓度(mol/L);m_5 为试样的质量(g);24.305 为镁的摩尔质量(g/mol),1000 为单位换算系数。

$$\omega_{Mg^{2+}} = \frac{(V_2 - V_1) \times c_{EDTA} \times 24.305}{m_5 \times 1000} \times 100\% \tag{4-8-5}$$

氯化镁中氯离子含量的测定方法:称取约 25g 试样,精确至 0.001g,置于 400mL 烧杯中,加入 200mL 水,加热近沸至试样全部溶解,冷却后移入 500mL 容量瓶中,加水稀释至刻度,摇匀,必要时过滤。吸取一定体积的试样溶液于 150mL 烧杯中,加入 4 滴铬酸钾指示剂,搅拌下用硝酸银标准滴定溶液滴定,直至悬浊液中出现稳定的桔红色为止,同时作空白试验。在测定氯离子含量较高的样品时,应对玻璃量器和环境温度变化对结果的影响进行校正。按照公式 4-8-6 计算试样中的氯离子含量 ω_{Cl^-}(%):V_4 为滴定钙和镁时 EDTA 标准滴定溶液的总用量(mL);V_3 为滴定钙时 EDTA 标准滴定溶液的用量(mL);c_{EDTA} 为 EDTA 标准滴定溶液的浓度(mol/L);m_6 为试样的质量(g);35.453 为氯离子的摩尔质量(g/mol);1000 为单位换算系数。

$$\omega_{Cl^-} = \frac{(V_4 - V_3) \times c_{AgNO_3} \times 35.453}{m_6 \times 1000} \times 100\% \tag{4-8-6}$$

氯化镁中硫酸根离子含量的测定方法:称取约 25g 试样,精确至 0.001g,置于 400mL 烧杯中,加入 200mL 水,加热近沸至试样全部溶解,冷却后移入 500mL 容量瓶中,加水稀释至刻度,摇匀,必要时过滤。吸取一定体积的试样溶液于 400mL 烧杯中,加水至 150mL,加入 2 滴甲基红指示剂,滴加盐酸溶液至溶液恰呈红色,加热至近沸,迅速加入 40mL 氯化钡热溶液(硫酸根的量大于 60mg 时加入 60mL),剧烈搅拌 2min,冷却至室温,再加少许氯化钡溶液检查沉淀是否完全,用预先在 120℃干燥并称量过的 4 号玻璃坩埚抽滤,先将上层清液倾入坩埚内,用水将烧杯内的沉淀洗涤数次,然后将烧杯内的沉淀全部转移至坩埚内,继续用水洗涤沉淀数次,直至滤液中不含氯离子(用硝酸银溶液检验)。用少量水冲洗坩埚外壁后,置于温度为 120℃±2℃的干燥箱内干燥 1h,取出,称量。随后每干燥 30min 称量一次,直至两次称量结果之差不大于 0.0002g。按照公式 4-8-7 计算试样中的硫酸根含量 $\omega_{SO_4^{2-}}$(%);m_7 为试样的质量(g);m_8 为玻璃坩埚加硫酸钡的质量(g);m_9 为玻璃坩埚的质量(g);0.4116 为硫酸钡换算为硫酸根的系数。

$$\omega_{SO_4^{2-}} = \frac{(m_8 - m_9) \times 0.4116}{m_7} \times 100\% \tag{4-8-7}$$

当 Ca^{2+} 与 SO_4^{2-} 结合为 $CaSO_4$,SO_4^{2-} 过量时,按照公式 4-8-8 计算氯化镁的含量 x_{MgO}(%),按照公式 4-8-9 计算碱金属氯化物(以 Cl^- 计)的含量 x_{Cl^-}(%);当 Ca^{2+} 与 SO_4^{2-} 结合为 $CaSO_4$,Ca^{2+} 过量时,按照公式 4-8-10 计算氯化镁的含量 $(x_{MgO})'$(%),按照公式 4-8-11 计算碱金属氯化物(以 Cl^- 计)的含量 $(x_{Cl^-})'$(%)。

$$x_{MgO} = 3.9173[x_3 - 0.2530(x_2 - 2.3969x_1)] \tag{4-8-8}$$

$$(x_{MgO})' = 3.9173x_3 \tag{4-8-9}$$

$$x_{Cl^-} = x_4 - 0.7447x_{MgO} \tag{4-8-10}$$

$$(x_{Cl^-})' = x_4 - 1.7692(x_1 - 0.4172x_2) - 0.7447(x_{MgO})' \tag{4-8-11}$$

公式 4-8-8 至公式 4-8-11 中:x_1 为钙离子的含量(%);x_2 为硫酸根离子的含量(%);x_3 为镁离子的含量(%);x_4 为测得氯离子的含量(%);2.3969 为钙离子换算为硫酸根离子的系数;0.2530 为硫酸根离子换算为镁离子的系数;3.9173 为镁离子换算为氯化镁的系数;0.7447 为

氯化镁换算为氯离子的系数;0.4172 为硫酸根离子换算为钙离子的系数;1.7692 为钙离子换算为氯离子的系数。

(2)镁质胶凝材料

镁质胶凝材料分为三种体系,即:氧化镁－水体系、氧化镁－氯化镁－水体系、氧化镁－氧化硅－水体系。

众所周知,MgO 的结构及水化反应活性与煅烧温度有密切关系,在 450℃～700℃温度下煅烧并磨细到一定细度的 MgO,常温下数分钟就可完全水化;而在 1000℃温度下煅烧的白云石,在常温下使 95% 的 MgO 水化需要的时间为 1800h。这是因为 Mg(OH)$_2$ 加热失水或者 MgCO$_3$ 解热分解逸出 CO$_2$ 而制成的 MgO,当煅烧温度低时,其晶格较大并且在晶粒之间存在较大的空隙和相应巨大的内比表面积,致使 MgO 与水的反应面积增大,因而反应速度快。但是,试验研究还表明,在氧化镁-水体系中,氧化镁与水反应生成氢氧化镁,虽然内比表面积大的 MgO 的水化速度快,其强度发展也较快,但是其最终的结构强度却非常低,这与 MgO 溶液的过饱和度特别高有关,过大的过饱和度会产生大的结晶应力,使所形成的结晶结构网遭受破坏。如果提高煅烧温度,降低 MgO 的内比表面积,则使溶解度原本就较小的 MgO 的溶解度更低,导致水化过程过度缓慢,虽然可得到较高的强度,但是很长的硬化周期在实际应用中是不可行的。加快氧化镁的溶解速度和降低体系的过饱和度是有效利用镁质胶凝材料需要解决的两个重要问题。以氯化镁溶液代替水作 MgO 的调和剂正是解决这两个问题的途径之一。MgCl$_2$ 可加快 MgO 的水化速度,并且能与之作用形成新的水化相,这种新水化相的平衡溶解度大于 Mg(OH)$_2$ 的平衡溶解度,因此其过饱和度也相应降低。由此形成氧化镁－氯化镁－水胶凝材料体系,即所谓的氯氧镁胶凝材料。

用氯化镁溶液调制的氯氧镁胶凝材料硬化体的结构与其他胶凝材料硬化体的结构有很多共同的特点,即:硬化体为多相多孔结构,其结构特性取决于水化物的类型、数量、水化物之间的相互作用以及孔结构。在氧化镁－氯化镁－水体系(MgO－MgCl$_2$－H$_2$O 体系)中存在的水化相主要是 Mg$_3$(OH)$_5$Cl·4H$_2$O 结晶相、Mg$_2$(OH)$_3$Cl·4H$_2$O 结晶相和少量 Mg(OH)$_2$ 凝胶相,这些水化相的形成和转变随该体系中的 MgO/MgCl$_2$ 分子比的不同而变化,也就是说,这些水化相在某种情况下是不稳定的。研究表明,MgO/MgCl$_2$ 的分子比在 4～6 范围内时,能够获得比较稳定的水化相。如果超出这个分子比范围,水化相将随着硬化过程发生转变,这种转变将导致结构网的局部破坏和强度降低。MgCl$_2$ 用量过多或者混合料混合不均或者过早干燥,都将造成氯化镁过剩,由此将对制品产生一系列的负面影响。MgCl$_2$ 溶液浓度过低时,MgO 含量相对提高,在此环境下较易形成新的水化相,使水化时间缩短,放热量增大,导致硬化体孔隙增多,对产品性能不利。MgO 细度增大,早期水化总放热量明显提高,但细度达到某一限度时,总放热量增大的幅度很小。用水量过多,可导致混合料浆的碱度降低,加快水镁石 Mg(OH)$_2$ 的形成,而 Mg(OH)$_2$ 为不稳定相,可沿毛细通道迁移到制品表面形成白色 Mg(OH)$_2$ 析出物,同时由于部分活性 MgO 的快速反应,造成部分 MgCl$_2$ 剩余。另外还会抑制提供力学性能和化学稳定性的 5Mg(OH)$_2$·MgCl$_2$·8H$_2$O 的形成。

(3)镁质胶凝材料硬化体或制品的返卤与泛霜

当处于湿度较大的环境中时,其表面吸收水分导致表面潮湿,随着吸湿量的增大,使表面挂满水珠,甚至出现水的流淌现象,这就是人们常说的返卤。当环境湿度变干燥时,表面吸收的水分逐渐蒸发,将残余的 MgCl$_2$ 带到表面并遗留在此,形成白色粉状物,这就是人们常说的泛霜。返卤与泛霜是镁质胶凝材料硬化体或制品的重大质量缺陷,不但影响外观,而且可导致产品性能的降低。

返卤是由于吸湿造成的,吸湿的主要因素是残存的氯化镁。造成镁质胶凝材料硬化体或制品中氯化镁过剩的原因有配比问题和工艺问题。

配比问题是指 MgO 与 $MgCl_2$ 的摩尔比不恰当,对于在常温空气中凝结硬化的镁质胶凝材料,其主要相组分的结构式为 $5Mg(OH)_2 \cdot MgCl_2 \cdot 8H_2O$,从此结构式得出 MgO 与 $MgCl_2$ 的摩尔比至少应为 5:1,适当增加 MgO 用量可使 $MgCl_2$ 充分反应,另外还可提高料浆碱度,加快反应速度。但是,MgO 用量过大会导致安定性问题,甚至出现膨胀开裂。MgO 用量是指活性氧化镁的用量,所谓活性氧化镁是指在常温下(10℃～30℃)和特定时间内发生水化反应的氧化镁。轻烧氧化镁中的活性氧化镁含量随储存条件和储存时间的变化而减少。在实际生产中,应关注轻烧氧化镁中活性氧化镁的含量,根据设定的摩尔比及时调整 $MgCl_2$ 的用量,避免由于配比不当引起返卤。另外,还应正确认识 $MgCl_2$ 的波美度,因为波美度随着 $MgCl_2 \cdot 6H_2O$ 的纯度、溶液的温度以及所加入的改性外加剂而改变。

工艺问题涉及搅拌工序、成型工序和养护工序。如果搅拌不均匀,MgO 与 $MgCl_2$ 就无法均匀接触并发生反应,这将导致料浆各部位的反应速度和反应充分性不能保持一致,最终造成产品强度的不一致和返卤泛霜现象。不要采用高浓度氯化镁溶液和加热方式成型,否则会导致反应速度过快,致使部分氯化镁来不及反应而成为游离状态,最终造成返卤和泛霜;反应温度过高和反应速度过快可产生热膨胀应力及晶体生长应力集中,引起结晶结构网的破坏。与其他无机胶凝材料一样,镁质胶凝材料的水化过程和硬化过程也需要一定的温度条件和持续时间,脱模后在保持自身水化热和排湿的条件下养护 3～5d,然后再进行干燥;否则未反应的氯化镁可随着水分的蒸发迁移到硬化体表面,造成返卤和泛霜。

(4)改性剂

改性剂是根据环境温度变化而掺入的一种或几种能按要求改善菱镁胶凝材料某些性能的外加剂。每一种改性剂的掺入量均不得超过轻烧氧化镁质量的 2%。菱镁胶凝材料常用的改性剂分为缓凝剂、偶联剂、消泡剂、早强促凝剂和抗返卤剂五个类别。《菱镁胶凝材料改性剂》WB/T 1023—2005 中规定,掺入改性剂后菱镁胶凝材料的性能应满足表 4-8-5 中的指标要求。

表 4-8-5　掺入改性剂后菱镁胶凝材料的性能要求

项目		缓凝剂		偶联剂		消泡剂		早强促凝剂		抗返卤剂	
		一等品	合格品	一等品	合格品	一等品	合格品	一等品	合格品	一等品	合格品
流动度提高率(%)		≥8	≥8	—	—	≥8	≥5	—	—	≥8	≥8
初凝时间差(min)		+60～+120		—		—		−120～−300		—	
抗压强度比(%)	1d	—	—	—	—	—	—	≥140	≥120	—	—
	7d	≥120	≥110	≥130	≥110	≥140	≥120	—	—	≥110	≥100
	28d	≥120	≥110	≥130	≥120	≥130	≥120	≥120	≥100	≥110	≥100
软化系数		≥0.55	≥0.50	≥0.65	≥0.60	≥0.75	≥0.70	≥0.75	≥0.65	≥0.85	≥0.80
密度比(%)		—	—	—	—	≥106	≥104	—	—	—	—
抗吸潮返卤性										抗返卤性较好	

抗返卤剂能够提高菱镁制品的抗水性并能够提高制品表面在潮湿环境中的抗吸潮返卤能力。以 $MgO-MgCl_2-H_2O$ 体系配制的镁质胶凝材料在干燥条件下具有硬化快、强度高的特点。但是由于氯盐的吸湿性大、结晶接触点的溶解度高，所以在潮湿条件下可引起硬化体结构网的破坏，导致其强度很快降低，所以说镁质胶凝材料硬化体是不耐水的。掺入某种外加剂，可在一定程度上提高镁质胶凝材料硬化体的耐水性。研究表明，加入少量磷酸、磷酸盐、水溶性树脂、液态有机硅或高效增塑剂都可提高镁质胶凝材料硬化体的耐水性。另外，用硫酸镁代替氯化镁可从根本上提高耐水性，但是硬化体的强度相对较低。用活性硅质材料替代部分氧化镁也可提高制品的耐水性。另外，可在配料中掺加少量惰性粉状材料，例如石英粉、滑石粉、大理石粉等，这些外掺料的化学稳定性和提价稳定性好，可减缓镁质胶凝材料制品的体积膨胀，增大制品的密实度。外掺料的细度不应大于 180 目，以保证其与胶凝材料的充分结合。

用作镁质胶凝材料的缓凝剂包括柠檬酸、酒石酸、葡萄糖酸、磷酸、三聚磷酸盐、焦磷酸钠、偏磷酸盐、氯化锌、磷酸铜、硫酸锌等，其中磷酸与磷酸三钠不仅具有缓凝作用，而且可降低制品中开放孔的数量，提高制品的抗渗性能。用作镁质胶凝材料的促凝剂包括硫酸盐、碳酸盐、铝酸盐、氯盐、三乙醇胺、甲酸钙等，亚硝酸钙-硝酸钙-氯化钙、氧化钙-氯化钙-亚硝酸钠、氯化钙-硝酸铵等复合促凝早强剂均具有良好的效果。

(5)增强材料

镁质胶凝材料浆体的 pH 值在 8~9 范围内，属弱碱性，对钢筋的保护作用较差，因此应避免将钢筋、钢丝网或者钢纤维用作镁质胶凝材料的增强体，镁质胶凝材料常用的增强材料包括玻璃纤维、有机合成纤维和天然植物纤维。《菱镁制品用玻璃纤维布》WB/T 1036—2006 中规定不允许使用高碱玻璃纤维作为菱镁制品的增强材料，可使用中碱玻璃纤维布和无碱玻璃纤维布，要求玻璃纤维布浸润剂的含量控制在 0.4%~0.8%，含水率不应大于 1.0%。

在水泥混凝土中常用的聚丙烯纤维、聚乙烯醇纤维、纤维素纤维等均可用于菱镁制品。几种常用有机纤维和植物纤维的主要力学性能列于表 4-8-6。

表 4-8-6　几种有机纤维和植物纤维的主要力学性能

纤维品种	密度（g/cm³）	抗拉强度(MPa)	弹性模量(GPa)	断裂延伸率(%)
聚丙烯单丝纤维	0.91	500~600	3.5~4.8	15~18
聚丙烯膜裂纤维	0.91	500~700	5.0~6.0	15~20
高模量聚乙烯醇纤维	1.30	1200~1500	30~35	5~7
改性聚丙烯腈纤维	1.18	800~950	16~20	9~11
尼龙纤维	1.15	900~960	5.0~6.0	18~20
纤维素纤维	1.20	500~600	9.0~10.0	—
剑麻纤维	1.50	800~850	13.0~20.0	3.0~5.0
黄麻纤维	1.03	250~350	26.0~32.0	1.5~1.9
椰壳纤维	1.13	120~200	19.0~26.0	10.0~25.0

4 主要性能试验(选择介绍)

4.1 抗返卤性能

当条板为实心板时,在 3 块条板上各切取一个 200mm×200mm、厚度为条板厚度的试件;当条板为空心板时,在 3 块条板上各切取一个有完整肋的整孔、厚度为条板厚度的试件。将试件放入相对湿度不小于 90%、温度在 30℃~35℃之间的恒温恒湿箱中,24h 后取出,观察有无水珠或返潮。

4.2 氯离子含量

氯离子含量的测定方法分电位滴定法和离子色谱法两种。所谓电位滴定法,就是以银电极或氯电极为指示电极,其电势随 Ag^+ 浓度变化而变化。以甘汞电极为参比电极,用电位计或酸度计测定两电极在溶液中组成原电池的电势,银离子与氯离子反应生成溶解度很小的氯化银白色沉淀。在等当点前滴入硝酸银生成氯化银沉淀,两电极间电势变化缓慢,等当点时氯离子全部生成氯化银沉淀,这时滴入少量硝酸银即引起电势急剧变化,指示出滴定终点。离子色谱法是液相色谱分析方法的一种,样品溶液经阴离子色谱柱分离,溶液中的阴离子 F^-、Cl^-、SO_4^{2-}、NO_3^- 被分离,同时被电导池检测。测定溶液中氯离子峰面积或峰高。

5 安装施工要点

硅镁轻质条板中的氯离子渗出容易腐蚀钢材。因此,墙板的含水率应尽可能控制到最低。墙板与地面之间的留空尺寸为 3~5cm,安装前先用木条支撑,之后用半干硬性混凝土填实。安装完毕后,停留 5~7d,允许墙板自由变形。嵌缝材料采用聚合物纤维水泥砂浆,配比为普通硅酸盐水泥:中砂:短切化学纤维:聚合物溶液:水=1:2.5:0.006:(0.05~0.1):(0.38~0.45)。嵌缝施工可分两次进行,第一次嵌缝深度为缝深度的 2/3,嵌缝材料凝固后再嵌剩余的 1/3。最后用贴缝带粘贴。

硅镁轻质条板的安装构造依据国家建筑标准设计图集《内隔墙——轻质条板(一)》10J113-1。硅镁轻质条板用于潮湿环境时,其下部应做大于 100mm 的混凝土墙垫,并应采取防水防潮措施。图 4-8-3 为条板与卫生间楼地面的连接构造,图 4-8-4 为条板与楼地面的连接构造,图 4-8-5 为条板与墙体连接构造,图 4-8-6 为条板与楼板底面的连接构造。

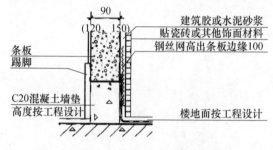

图 4-8-3 条板与卫生间楼地面的连接构造

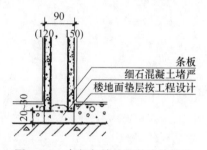

图 4-8-4 条板与楼地面的连接构造

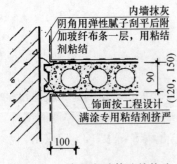

图 4-8-5 条板与墙体连接构造

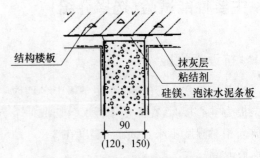

图 4-8-6 条板与楼板底面的连接构造

参考文献

[1] 陈福广,等. 墙体材料手册[M]. 北京:中国建材工业出版社.

[2] 涂平涛,等. 建筑轻质板材[M]. 北京:中国建材工业出版社.

[3] 陈燕,等. 石膏建筑材料(第二版)[M]. 北京:中国建材工业出版社.

[4] JGJ 51—2002. 轻骨料混凝土技术规程[S].

[5] JGJ/T 341—2014. 泡沫混凝土应用技术规程[S].

[6] JGJ/T 157—2014. 建筑轻质条板隔墙技术规程[S].

[7] JC/T 449—2008. 镁质胶凝材料用原料[S].

[8] QB/T 2605—2003. 工业氯化镁[S].

第5章 薄型板材

第1节 纤维水泥平板

1 引言

纤维水泥平板是以无机矿物纤维、纤维素纤维、有机合成纤维等为增强材料,以水泥或水泥中添加硅质、钙质材料代替部分水泥为胶凝材料(硅质、钙质材料的总用量不超过胶凝材料总量的80%),经成型、蒸汽或蒸压养护而制成的板材。纤维水泥平板泛指以纤维状材料作增强体,以水泥基材料作基体,经制浆、成坯、加压(或不加压)、养护而成的薄型平面板材。目前我国具有行业标准的纤维水泥平板有:《纤维水泥平板 第1部分:无石棉纤维水泥平板》JC/T 412.1—2006、《纤维水泥平板 第2部分:温石棉纤维水泥平板》JC/T412.2—2006、《维纶纤维增强水泥平板》JC/T 671—2008。其定义分别为:无石棉纤维水泥平板:用非石棉类纤维作增强材制成的纤维水泥平板,制品中石棉成份的含量为零。温石棉纤维水泥平板:以温石棉纤维单独(或混合掺入有机合成纤维或纤维素纤维)作为主要增强材料制成的纤维水泥平板。维纶纤维水泥平板:以改性维纶纤维和(或)高弹模维纶纤维为主要增强材料,以水泥或水泥和轻集料为基材并允许掺入少量辅助材料制成的不含石棉的纤维水泥平板。20世纪80年代,我国科研人员投入巨大力量对维纶纤维代替石棉的可行性和实用性进行了研究开发,为展现的所取得的成果,将在本章第2节对其进行详细介绍。

按照产品的体积密度,纤维水泥板可分为高密度板(板坯成型后经受加压过程)、中密度板(板坯成型后未经受加压过程)和低密度板(板中含有轻集料,且板坯成型后未经受加压过程)。高密度板与中密度板适用于可能遭受阳光、雨水或雪直接作用的场合,低密度板仅适用于不受阳光、雨水或雪直接作用的场合。

2 质量标准与性能特点

纤维水泥平板的现行标准为《纤维水泥平板 第1部分:无石棉纤维水泥平板》JC/T 412.1—2006 和《纤维水泥平板 第2部分:温石棉纤维水泥平板》JC/T 412.2—2006。

JC/T 412.1—2006规定的无石棉纤维水泥平板的物理性能与力学性能见表5-1-1和表5-1-2,JC/T 412.2—2006中规定的温石棉纤维水泥板的物理性能与力学性能见表5-1-3和表5-1-4。

表 5-1-1　无石棉纤维水泥板的物理性能（JC/T 412.1—2006）

项目	低密度	中密度	高密度
密度（g/cm³）	$0.8{\leqslant}D{\leqslant}1.1$	$1.1{<}D{\leqslant}1.4$	$1.4{<}D{\leqslant}1.7$
吸水率（%）	—	${\leqslant}40$	${\leqslant}28$
含水率（%）	${\leqslant}12$	—	—
湿胀率（%）	蒸压养护制品的湿胀率${\leqslant}0.25$，蒸汽养护制品的湿胀率${\leqslant}0.50$		
不透水性	—	24h 检验后，允许板反面出现湿痕，但不得出现水滴	
不燃性	GB 8625—1997 不燃 A 级		
抗冻性	—	—	经 25 次冻融循环，不得出现裂痕、分层

表 5-1-2　无石棉纤维水泥板的力学性能（JC/T 412.1—2006）

强度等级	抗折强度（MPa）	
	气干状态	饱水状态
Ⅰ级	4	—
Ⅱ级	7	4
Ⅲ级	10	7
Ⅳ级	16	13
Ⅴ级	22	18

注：抗折强度为试件纵向、横向抗折强度的算术平均值。表中数值为力学性能评定时的标准低限值。

表 5-1-3　温石棉纤维水泥板的物理性能（JC/T 412.2—2006）

项目	低密度	中密度	高密度
密度（g/cm³）	$0.9{\leqslant}D{\leqslant}1.2$	$1.2{<}D{\leqslant}1.5$	$1.5{<}D{\leqslant}2.0$
吸水率（%）	—	${\leqslant}30$	${\leqslant}25$
含水率（%）	${\leqslant}12$		${\leqslant}0.50$
湿胀率（%）	${\leqslant}0.30$	${\leqslant}0.40$	
不透水性	24h 检验后，允许板反面出现湿痕，但不得出现水滴		
不燃性	GB 8625—1997 不燃 A 级		
抗冻性	经 25 次冻融循环，不得出现裂痕、分层		

表 5-1-4　温石棉纤维水泥板的力学性能（JC/T 412.2—2006）

强度等级	抗折强度（MPa）		抗冲击强度（kJ/m²）	抗冲击性
	气干状态	饱水状态	$e{\leqslant}14$	$e{>}14$
Ⅰ级	12	—	—	—
Ⅱ级	16	8	—	—
Ⅲ级	18	10	1.8	落球法试验冲击 1 次，板面无贯通裂纹
Ⅳ级	22	12	2.0	
Ⅴ级	26	15	2.2	

注：抗折强度为试件纵向、横向抗折强度的算术平均值。表中数值为力学性能评定时的标准低限值。

3　生产工艺及控制要素

3.1　生产工艺

板坯成型是纤维水泥板的主要工艺环节,纤维水泥板板坯的成型方法主要为圆网抄取法(或称为:哈恰克法)和流浆法。图 5-1-1 为纤维水泥板生产工艺流程。

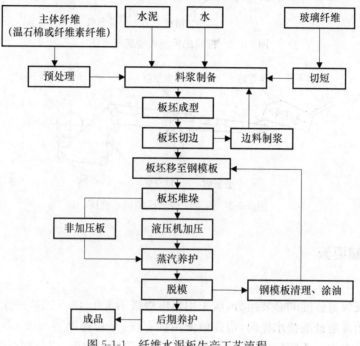

图 5-1-1　纤维水泥板生产工艺流程

圆网抄取法的原理为:使低浓度(5%~10%)的纤维水泥料浆在转动着的圆柱形网筒的网面上脱水过滤再粘附在毛布上形成纤维水泥薄料层,若干薄料层经真空脱水并在压力作用下粘结成为一定厚度的料层,当料层达到所要求的厚度时,即由成型筒上切下成为板坯,并继续加工成为加压平板或波形板。抄取法的优点是:纤维在水泥基体中均匀分布,纤维水泥制品的匀质性好;纤维在基体中呈二维部分定向分布,即纤维的统计分布方向趋向制品的主要受力方向,纤维的利用率较高;可进行连续流水生产,生产效率高。缺点是:生产线中有庞大的回水处理系统,回水沉淀罐底部要定期排放一定量的废水与废渣,若处理不当,易造成环境污染;要求纤维对水泥粒子有较好的吸附性,否则难以生产;所生产的制品由若干薄层压制而成,属层状结构,对制品的抗冻性不利。图 5-1-2 为抄取法板坯成型机示意图。

流浆法的原理为:使浓度为 15%~18%的纤维水泥料浆通过布浆系统直接流到运行中的无端毛布上形成薄料层,然后当毛布行经若干个真空箱时,使薄料层的含水率逐步下降,最后使若干薄料层在压力作用下粘结成为一定厚度的料层。流浆法与抄取法的主要区别在于料浆不经过网筒过滤而直接由料浆箱流布在毛布上。流浆法的优点是:设备构造较抄取机简单,可减少投资;生产过程中回水量相对较少,废水、废渣排出量也相应降低;纤维在制品中呈二维乱向分布。缺点是:板坯的密实性较用抄取法制得者低;板坯仍属层状结构。图 5-1-3 为流浆法板坯成型机示意图。

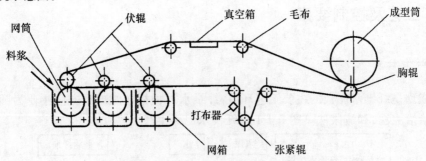

图 5-1-2 抄取法板坯成型机示意图

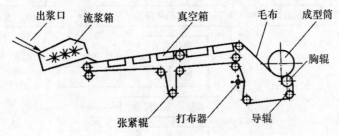

图 5-1-3 流浆法板坯成型机示意图

3.2　生产控制要素

（1）水泥

水泥是形成板材强度的必要组分，应采用强度等级不低于 42.5 的硅酸盐水泥或普通硅酸盐水泥。当使用普通硅酸盐水泥时，应谨慎使用掺有煤、炭粉作助磨剂或页岩、煤矸石作混合材的普通硅酸盐水泥。不同厂商、不同品种、不同强度等级的水泥，应分别存储并单独使用。

（2）温石棉纤维及其预处理

石棉是一类具有纤维结构、可劈分成微细而柔韧的纤维矿物的总称。按其成分和结构可分为：蛇纹石石棉（温石棉）、角闪石石棉、水镁石石棉矿和叶蜡石石棉。国际上关于石棉致病问题的争论已经持续了 40 多年，迄今也没有统一的定论。由于角闪石石棉与温石棉在性质上的差别，普遍认为既耐碱又耐酸的角闪石石棉对人体具有危害性，应该禁止，中国政府已于 2002 年 7 月宣布禁止生产、进口和使用角闪石类石棉。

自然界分布较广的是温石棉，温石棉又称蛇纹石石棉，其化学组成为 $H_4Mg_3Si_2O_9$ 或者 $3MgO \cdot 2SiO_2 \cdot 2H_2O$，常含有少量 Fe、Al、Ca 等。高倍电子显微镜下的温石棉纤维呈平行排列的极细空心管，未折损纤维的轴向抗拉强度超过 3000MPa，温石棉的耐热性较高，当处于温度在 360℃ 以下的环境中时，仅析出吸附水，纤维强度有所降低，但将其重新放置在空气中 5d，即可恢复至原有强度。加热到 400℃ 时，开始析出结构水，纤维强度降低；加热至 700℃ 时，结构水全部析出，纤维变脆。温石棉具有良好的劈分性、柔性抗拉强度及耐热性，温石棉纤维耐碱性能好，非常适合用作水泥基材料的增强体，在建筑材料领域主要用于制造石棉水泥制品（石棉水泥板、石棉水泥瓦、石棉水泥管等）、石棉隔热保温制品（石棉砖、石棉管等）以及石棉沥青制品和石棉塑料制品。温石棉纤维是一种天然矿物纤维，并非有毒物质，其中所含的微细纤维(长度大于 $3\mu m$,直径小于 $1\mu m$)即石棉粉尘可能导致人体健康问题,但是若在生产过程中严防粉尘飞扬,在制品的安装与切割过程中采取必要的防尘措施,则完全可以防止石棉粉尘对人体的有害影响。在石棉水泥板与石棉硅酸钙板中,石棉纤维被水泥水化产物或水化硅酸钙牢固地吸附与包裹着,难于逸出,通常又在板面覆盖涂料及壁纸,故完全可以安全使用。实践证明,温石棉在纤维水泥制品发展过程中的贡献是无可替代的,迄今为止所有替代纤维都无法与石棉纤维相抗衡。在 2008 年 11 月召开的温石棉(混合纤维)水泥及其制品安全使用研讨会上,宣读了温家宝总理批阅的"国家发改委关于促进温石棉安全生产和合理使用的报告",明确了我国反对禁用温石棉,主张安全生产与使用温石棉水泥制品的政策。

温石棉纤维应符合《温石棉》GB 8071 中的规定,在温石棉纤维水泥板中大多采用 GB 8071 标准中的 3 级~5 级温石棉纤维。温石棉纤维在使用前应进行松解处理,分为湿碾处理和水力松解两个步骤:①在送入轮碾机碾压之前,原棉应按品种加水碾压,严格控制加水量,需先将温石棉加水浸润 6~24h,加水量控制为石棉重量的 40%~60%,碾压时间随棉种不同而定,一般碾压 15min,轮碾处理的目的是扩展石棉束中原有的裂缝并产生新的裂缝;②在泵式打浆机或水力松解机中进行水力松解,温石棉的浓度宜控制在 3%~6%,松解时间 10~20min,水力松解的目的是使石棉纤维沿已扩展的裂缝进一步分离。石棉纤维松散的程度称为石棉松解度,经过松解并高度纤维化的温石棉称为松解棉,松解棉对水泥颗粒有极强的吸附能力。表 5-1-5 列出 3 级~5 级机选温石棉的质量要求。

表 5-1-5 3 级~5 级机选温石棉的质量要求

级别	代号	干式分级(质量分数,%)			松解棉含量(%)	湿式分级(质量分数,%)	
		+4.75mm	+1.40mm	-1.40mm		+1.18mm	-0.075mm 细粉
3	3-80	≥80	≥93	≤7	≥50	≥10	≤38
	3-70	≥70	≥91	≤9		≥10	≤40
	3-60	≥60	≥89	≤11		≥10	≤42
	3-50	≥50	≥87	≤13		≥9	≤43
	3-40	≥40	≥84	≤16		≥9	≤44
4	4-30	≥30	≥83	≤17	≥45	≥8	≤44
	4-20	≥20	≥82	≤18		≥7	≤49
	5-15	≥15	≥80	≤20		≥6	≤52
	5-10	≥10	≥80	≤20		≥6	≤52
5	5-80	—	≥80	≤20	≥40	≥4	≤54
	5-70	—	≥70	≤30		≥3	≤56
	5-60	—	≥60	≤40		≥1.5	≤58
	5-50	—	≥50	≤50		≥1	≤60

注:+1.40mm 表示温石棉纤维在网孔尺寸为 1.40mm×1.40mm 的筛箱上的筛余量,-1.40mm 则表示通过该筛箱的量。

(3)纤维素纤维及其预处理

纤维素纤维可从某些植物如黄麻、椰壳、剑麻和竹子中获得,但是树木是纤维素纤维的主要来源,可通过机械打浆、化学打浆或二者结合打浆得到纤维素纤维。纤维素纤维对水泥基材的改善效果取决于植物种类、纤维尺寸和细胞壁厚度、制浆工艺、木质素含量、打浆度、纤维吸水性、基体组分、纤维水泥制品制造工艺等诸多因素,因此对上述因素进行合理调整是获得具有较高强度和韧性的纤维素纤维水泥制品的关键所在。纤维素纤维的比重为 $1.2\sim1.5$,抗拉强度为 $300\sim800MPa$,弹性模量为 $10\sim30GPa$,可悬浮于水中,对粉末材料有一定的吸附作用,吸水率大,耐水性差。

为了使以纤维素纤维为主要增强材料的纤维水泥平板在抄取制坯过程或流浆制坯过程中能够连续正常地进行,必须对纤维素纤维进行精细化处理,使纤维束松开,以增加纤维与水泥的接触面积和吸附能力。否则在抄取或流浆过程中会造成料浆脱水速度过快,水泥粒子流失量大等不利影响,致使板坯易出现分层。通过精细化磨浆处理的纤维进一步解离成为单纤维,并在纤维表面形成很多细小的绒毛,从而提高对水泥粒子和其他粉状材料粒子的吸附能力,提高纤维素纤维与基体的粘结强度,最终提高纤维素纤维水泥平板的密实度与强度。经磨浆处理的纤维素纤维的长度控制在 $1\sim6mm$ 之间。纤维素纤维的掺量取决于原木材的品种、纤维的打浆度和纤维的分散度,掺量一般控制在 $7\%\sim9\%$。掺量过大不仅增加成本,而且容易成团,导致板材强度降低。需要注意的是,在精细化磨浆处理过程中纤维素纤维同时受到一定程度的损伤,纤维平均长度降低,给制品性能带来负面影响。因此,对纤维素纤维进行适当程度的精细化处理非常重要。

由于打浆工艺不同,用同一树种制得的纤维素纤维对水泥基体的增强、增韧效果也有很大差异。用机械打浆得到的纤维素纤维,因为其中的糖类物质和木质素可在高温高碱条件下被浸出,侵害纤维周围的水泥基体,削弱纤维与基体的粘结,因此不能用于制造压蒸养护的纤维素纤维水泥制品。

制造压蒸养护的纤维素纤维水泥制品时,宜采用经化学打浆的软木纤维,此种纤维的平均长度大于 $2.7mm$,抗拉力不低于 $17kN$,纤维素纤维含量不低于 80%,木质素含量不大于 4%,基体除水泥之外还可掺加一定量的磨细石英粉或者粉煤灰。中国建筑材料科学研究院与江苏爱富希新型建材有限公司共同研究开发的以水泥、粉煤灰为基体、以纤维素纤维为增强体并掺入适量辅助材料加水搅拌、用抄取工艺制造的无石棉粉煤灰硅酸钙建筑平板中水泥用量为 38.5%、粉煤灰的用量占到 40%、纤维素纤维占 12.1%、岩棉、云母等占 9.4%。

用钙质材料和硅质材料作纤维素纤维水泥的基体时,为在压蒸过程中生成更多量的托勃莫来石(tobermorite)晶体,必须控制好两个关键性因素:①合宜的 CaO/SiO_2 克分子比,若 CaO/SiO_2 过大,当接近 2 时,在水热合成过程中极易生成 $\alpha-C_2SH$ 晶体,导致制品孔隙率增加而强度降低。②压蒸养护时的温度和时间,温度过高如达到 $190℃\sim200℃$ 时,生成以硬硅钙石晶体为主的水化产物,也会导致制品强度的明显降低。

(4)工艺参数监控

抄取法和流浆法都属于流水传送工艺。所谓流水传送工艺就是按工艺流程分为若干工位的封闭式流水线,工艺设备和人员均固定在有关工位,而制品及模型则按一定节拍强迫性地从一个工位移动到下一个工位,在每一节拍内完成各工位的规定操作。为保证生产顺利进行,必须加强生产过程的监控,表现为工艺参数的及时测定和调整,需要监控的工艺参数包括打浆浓度、储浆池料浆浓度、各网箱料浆浓度、回水浓度、料浆温度、真空台前后料层水分与真空度、抄坯厚度、抄坯水分、加压压力与速度、养护制度等。

采用抄取工艺时,料浆的打浆浓度一般控制在 $10\%\sim22\%$。抄取机各网箱中的料浆浓度和液面高度应保持稳定,从挂料的第一个网箱开始依次递减,各网箱料浆浓度可根据实际情况确定,通常第一个网箱中的料浆浓度控制在 5%～10%,后面网箱中的料浆浓度依次递减 1%～3%。当采用流浆工艺时,进入流浆箱的料浆浓度控制在 10%～17%。

(5)回水与回料利用

在抄取工艺中,回水是指网箱中的料浆经过抄取后,从网箱溢流口流出的含有少量固体材料的水。应尽量降低回水浓度,一般回水浓度不宜大于 2%。回水可作为生产消耗用水循环使用,应合理使用回水,回水罐中的回水经过沉淀,物料返回储浆池,混水主要用于打浆和对浆,清水主要用于清洗毛布、网轮或冲洗设备及地面。回料是指生产过程中未硬化的边角料和废料坯。将回料送至回料搅拌机,将其重新制备成纤维水泥料浆,回料处理时每次料浆浓度应均匀一致,并及时送入储浆池。回料不能集中使用,放置时间不宜超过半小时。

(6)养护制度

纤维水泥板可采用自然养护或蒸汽养护。采用自然养护时,必须保证温度在 25℃以上,相对湿度在 80%以上,脱模后的养护时间不少于 7d。采用蒸汽养护时,必须控制静停时间、初始温度和升温过程。通常,静停时间不少于 1h,初始温度不大于 45℃,最高温度不大于 80℃,升温速度控制在 5℃/h 左右,蒸汽养护时间不少于 8h。

4　主要性能试验(选择介绍)

4.1　湿胀率

(1)试件制备

在距离板边缘 200mm 处的中间对称位置切取两个试件,试件尺寸为 260mm×260mm。

(2)试验步骤

将试件放入最高温度不超过 200℃的干燥箱中,启动干燥箱开始升温,在(105±5)℃的温度下烘干 24h,取出放在干燥器中冷却至室温,在试件四边测量部位划上标线,用外径千分尺分别测量四个边长 l_2(mm);然后将试件浸入温度不低于 5℃的水中 24h,取出后用湿毛巾擦净浮水,用同一外径千分尺分别测量四个边长 l_1(mm);测量结果修约至 0.01mm。

(3)结果处理

按公式 5-1-1 分别计算两个试件共 8 条边的湿胀率,以 8 个数据的算术平均值作为试验结果,修约至 0.01%。

$$湿胀率 = \frac{l_1 - l_2}{l_1} \times 100\% \tag{5-1-1}$$

4.2　抗折强度

(1)试件制备

在距离板边缘不小于 200mm 的中间部分对称位置切取试件。根据平板的厚度选择试件的尺寸,根据批量大小选择所切取试件的数量。当平板厚度 $t \leqslant 9mm$ 时,试件尺寸为 250mm×250mm;当平板厚度 $9mm < t \leqslant 20mm$ 时,试件尺寸为 250mm×(100～250)mm,按照板的纵、横方向分别取样;当平板厚度 $t > 20mm$ 时,试件尺寸为 $(10t+40)mm×100mm$,按照板的纵、横方向分别取样。

（2）试验步骤

· 试件正面朝上放置在支座上，正方形试件的支距为 215mm，长方形试件的支距为 $(10t)$mm。使平板中心线与加荷杆中心线基本重合，控制加荷速度，使试件在 10s～30s 内断裂，读取破坏荷载。

· 测量断裂处试件的宽度及对称两点的厚度，取平均值，修约至 0.1mm。

· 将试件重新组合，沿与第一次加荷方向相垂直的方向进行第二次加荷，加荷速度以及断裂处的尺寸测量方法同第一次加荷。如果试件形状为长方形，则不进行此步骤所描述的第二次加荷。

（3）结果处理

按公式 5-1-2 计算平板抗折强度，结果修约至 0.1MPa。

$$\alpha = \frac{3PL}{2bt^2} \tag{5-1-2}$$

式中：σ 为抗折强度（MPa）；P 为破坏荷载（N）；L 为支距（mm）；b 为试件断面宽度（mm）；t 为试件断面厚度（mm）。

（4）抗折强度评定

纤维水泥平板的抗折强度按照变量法进行评定。具体评定方案列于表 5-1-6。

表 5-1-6　抗折强度变量法评定方案

组成检验批的产品数量（张）	变量法检验取样数量	可接受系数 K	变量法评定公式 $AL=L+K \cdot R$
≤150	3	0.502	AL 为可接受极限；L 为标准低限；K 为可接受系数；R 为最大计算强度值与最小计算强度之差 当平均抗折强度 $\bar{X} \geqslant AL$ 时，判定抗折强度合格；当 $\bar{X} < AL$ 时，判定抗折强度不合格
151～280	3	0.502	
280～500	4	0.450	
501～1200	5	0.431	
1201～3200	7	0.405	
3201～10000	10	0.507	

5　安装施工要点

5.1　纤维水泥平板用作外墙时

密度不低于 1.7g/cm³、吸水率不大于 20％且表面经防水处理的纤维水泥加压板可用作建筑物非承重外墙的外侧和内侧面板。其施工要点如下：

· 安装墙体龙骨：①对定尺的龙骨应检查型号、长度、壁厚等是否与设计相符，翘曲、变形等无法校正的龙骨应剔除；②按设计图纸确定沿地龙骨的位置，弹好墨线；③安装沿地、沿顶龙骨，用射钉固定；④安装竖向主龙骨和门窗处的加强龙骨，再安装横向龙骨和横撑龙骨；⑤固定龙骨两侧的通长纤维水泥板条（截面 100mm×4mm），然后安装外、内面板。

· 安装墙板：①先装外侧墙板，再装绝热板材，最后装内侧墙板；②外侧墙板的第一层可用 25mm×5mm 自攻螺丝固定,空气层中的 40mm×20mm 竖向纤维水泥板条,应按间距 200mm、用 35mm×5mm 自攻螺丝与龙骨固定;并按间距 1200mm、用平头螺丝与横撑龙骨固定。带空气层的构造应用加长的自攻螺丝,其长度应保证穿过主龙骨后还有 10mm 的长度外露;③施工用的钻头直径应比自攻螺丝直径小 0.5～0.8mm;④注意表面接缝处的平整;⑤自攻沉头螺丝应保证沉入板面,并及时涂底漆腻子。

・装饰:①嵌缝。嵌缝前将缝道清理干净,板材含水率要小于 17%,嵌缝材料可用建筑密封膏、弹性嵌缝腻子或丙烯酸腻子。外侧缝用弹性腻子做成凹圆形,下凹 2mm 左右;内侧可作成凹圆形,也可以满嵌,满嵌时分两次进行,以免收缩;②喷涂料或贴装饰砖。

图 5-1-4～图 5-1-10 为纤维水泥平板用作外墙时的基本构造与连接方式。

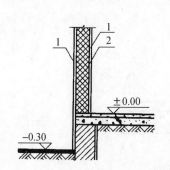

图 5-1-4　无空气层纤维水泥板外墙构造

1—纤维水泥板;2—绝热板

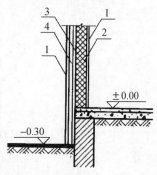

图 5-1-5　有空气层纤维水泥板外墙构造

1—纤维水泥板;2—绝热板;3—纤维水泥板;4—空气层

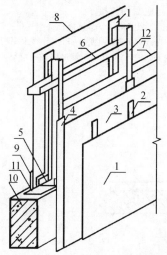

图 5-1-6　纤维水泥板外墙构造详图

1—厚度为 8～12mm 的纤维水泥板;
2—板条,40mm×20mm,间距 300mm;
3—厚度为 4mm 的纤维水泥板;4—板条,100mm×4mm;
5—沿地龙骨;6—横向加强龙骨,间距 1200mm;
7—绝热板;8—厚度 6～9mm 的纤维水泥板;
9—踢脚板;10—框架梁;11—油毡或橡胶条;
12—竖向龙骨,间距 600mm。

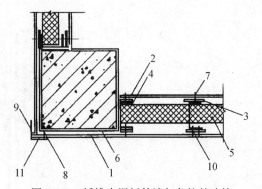

图 5-1-7　纤维水泥板外墙与角柱的连接

1—纤维水泥加压板;2—纤维水泥板;3—板条;
4—龙骨;5—绝热板;6—水泥砂浆找平层;
7—自攻螺丝;8—膨胀螺钉;
9—铝合金包角,50mm×50mm;
用自攻螺丝或粘结剂与纤维水泥板连接;
10—弹性嵌缝材料;11—密封剂

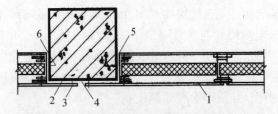

图 5-1-8　纤维水泥板外墙与中柱的连接

1—纤维水泥加压板；2—水泥砂浆找平层；3—膨胀螺钉；4—弹性嵌缝材料；

5—密封剂；6—加强射钉

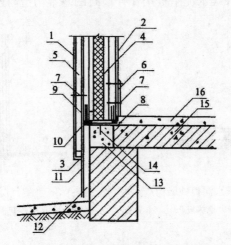

图 5-1-9　纤维水泥板外墙与地面的连接

1—纤维水泥加压板；2—纤维水泥板；3—板条，40mm×20mm；4—绝热板；5—空气层；

6—踢脚板；7—自攻螺丝；8—油毡；9—板条，100mm×4mm；10—沿地龙骨；11—纤维水泥板；

12—水泥砂浆找平层；13—现浇细石混凝土；14—射钉；15—空心板；16—钢筋网细石混凝土

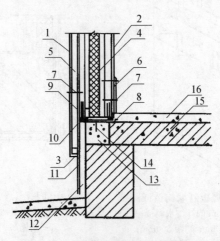

图 5-1-10　纤维水泥板外墙与楼面的连

1—纤维水泥加压板；2—纤维水泥板；3—板条，40mm×20mm；4—自攻螺丝；5—踢脚板；

6—板条，100mm×4mm；7—沿地龙骨；4—绝热板；5—空气层；8—油毡；8—现浇细石混凝土；

9—水泥砂浆找平层；14—射钉；11—沿顶龙骨；12—绝热板；13—窗帘轨；14—窗帘盒；

15—密封剂；16—空心楼板；17—钢筋网细石混凝土

5.2　纤维水泥平板用作内隔墙时

纤维水泥平板用作内隔墙的安装构造依据国家建筑标准设计图集《轻钢龙骨内隔墙》03J111－1。该图集中用于内墙的面板有:纸面石膏板、纤维水泥加压板、硅酸钙板等。

第 2 节　维纶纤维水泥平板

1　引言

维纶纤维又称聚乙烯醇纤维(化学名称代号 PVA 纤维),纺织用普通维纶纤维的弹性模量较低、极限延伸率过高,不能用作水泥的增强材料。20 世纪 80 年代中期我国自主研制的改性维纶纤维和高模量维纶纤维可作为水泥基体的增强材料。维纶纤维可部分取代石棉纤维,也可全部取代石棉纤维。但是当采用抄取工艺或流浆工艺制造纤维水泥板时,由于这种纤维对水泥粒子吸附性差、保水性差等缺点,使得其难以充分发挥应有的增强效果。因此需要在配料中加入改善工艺性能或材料性能的辅助材料,并对配合比进行合理设计。

纤维在水泥基材料中的作用有:①阻裂作用:纤维可阻止水泥基体中微裂缝的产生与扩展。这种阻裂作用既存在于水泥基体的未硬化的塑性阶段,也存在于水泥基体的硬化阶段。水泥基体在成型后的 24 h 内抗拉强度极低,若处于约束状态,当其所含水分急剧蒸发时极易生成大量裂缝,均匀分布于水泥基体中的纤维可承受因塑性收缩引起的拉应力,从而阻止或减少裂缝的生成。水泥基体硬化后,若仍处于约束状态,因周围环境温度与湿度的变化而使干缩引起的拉应力超过其抗拉强度时,也极易生成大量裂缝,此情况下纤维也可阻止或减少裂缝的生成。②增强作用:水泥基体不仅抗拉强度低,且因存在内部缺陷而往往难于保证,加入纤维可使其抗拉强度有充分保证。当所用纤维的品种与掺量合适时,还可使复合材料的抗拉强度较水泥基体有一定的提高。③增韧作用:在荷载作用下,即使水泥基体发生开裂,纤维可横跨裂缝承受拉应力并可使复合材料具有一定的延性(一般称之为"假延性"),这也意味着复合材料可具有一定的韧性。韧性通常用复合材料弯曲荷载一挠度曲线或拉应力一应变曲线下的面积来表示。

2　质量要求与性能特点

在建材行业标准《维纶纤维增强水泥平板》JC/T 671—2008 中,按密度将维纶纤维增强水泥平板分为 A 型板和 B 型板,在 B 型板中含有适量小颗粒轻集料。该标准中规定的维纶纤维增强水泥平板的物理力学性能见表 5-2-1。

表 5-2-1　维纶纤维水泥板的物理力学性能(JC/T 671—2008)

	A 型板	B 型板
密度(g/cm³)	1.6~1.9	0.9~1.2
抗折强度(MPa)	≥13.0	≥8.0

	A 型板	B 型板
抗冲击强度(kJ/m²)	≥2.5	≥2.7
吸水率(%)	≤20.0	—
含水率(%)	—	≤12.0
干缩率(%)	—	≤0.25
不透水性	经 24h 检验,允许板反面出现洇斑,但不得出现水滴	—
抗冻性	经 25 次冻融循环,不得有分层等现象	
燃烧性	不燃	不燃

注:B 型板抗折强度、抗冲击强度检验时采用气干状态试件。

与石棉水泥板和少石棉水泥板相比,维纶纤维水泥板的抗折强度较低,抗冲击强度较高。表 5-2-2 列出用抄取法制造的几种纤维水泥板性能的实测结果。其中 NAFC-1 表示用高模量维纶纤维与改性维纶纤维制造的维纶纤维水泥板,NAFC-2 表示用改性维纶纤维制造的维纶纤维水泥板,LAFC 表示用改性维纶纤维和 5% 五级短石棉制造的少石棉纤维水泥板,AC 表示用 20% 石棉(其中中长棉占 40%)制造的石棉水泥板。

表 5-2-2　四种纤维水泥板的性能对比

项目		NAFC-1	NAFC-2	LAFC	AC
抗折强度(MPa)	纵向	21.6	16.3	24.4	28.0
	横向	13.5	11.4	18.3	22.6
	平均值	17.6	13.9	21.4	25.3
抗冲击强度(kJ/m²)		2.99	3.16	2.40	1.96
密度(g/cm³)		1.80	1.81	1.85	1.87
吸水率(%)		17.1	15.8	14.5	14.9

注:纵向表示试件拉应力的方向平行于抄取机毛布的运动方向,横向表示试件拉应力的方向垂直于抄取机毛布的运动方向。

维纶纤维水泥板的耐久性是人们普遍关注的问题,比利时 Etex 集团的 REDCO 在维纶纤维水泥制品开发的初期即开展了这方面的研究工作。每次加速老化过程的循环时间为 24h,包含以下衔接过程:在 20℃水中浸泡 8h→在 80℃烘干箱中烘干 1h→在 20℃饱和 CO_2 环境中放置 5h→在 80℃烘干箱中烘干 9h℃→在 20℃烘干箱中放置 1h。表 5-2-3 列出为经过不同循环的加速老化后,维纶纤维水泥平板的抗弯强度变化与孔隙率变化。加速老化试验结果表明,经过 500 次循环后,维纶纤维水泥板仍能保持相对较高的抗弯强度,其抗弯强度值不仅没有下降反而有上升的趋势,这主要是由于水泥基体的强度与密实度增高以及纤维与水泥基体界面粘结强度的提高所致,同时也说明这种材料具有良好的长期耐久性。

表 5-2-3　维纶纤维水泥板加速老化试验后的性能变化

加速老化循环次数	抗弯强度(MPa)	孔隙率(%)
0	22.0	12.0
50	27.4	10.0
200	33.2	10.1
500	29.0	9.8

纤维水泥板在寒冷地区的室外使用时,其抗冻融性能至关重要。日本可乐丽公司按照ASTM-666C对维纶纤维水泥板进行了冻融循环试验,冻结温度为－17℃,融化温度为4℃。表5-2-4列出冻融循环后板材的抗弯强度和抗冲击强度保留率。可以看出,含有2％维纶纤维与10％云母片的纤维水泥板经冻融循环后抗弯强度下降最小,其次为含2％维纶纤维的纤维水泥板。两种含有维纶纤维的纤维水泥板的抗冲击强度都没有下降。

表 5-2-4　维纶纤维水泥板冻融试验后的性能变化

对比项目		主体纤维含量			
		2％维纶纤维＋10％云母	2％维纶纤维	15％石棉	5％纸浆
抗弯强度保留率（％）	冻融循环 150 次	100	87	104	86
	冻融循环 300 次	110	70	72	38
	冻融循环 450 次	96	69	51	27
抗冲击强度保留率（％）	冻融循环 150 次	110	108	75	69
	冻融循环 300 次	101	108	75	48
	冻融循环 450 次	105	118	48	41

注:以未遭受冻融之前的抗弯强度保留率和抗冲击强度保留率为对比基数,均为100％。

3　生产工艺及控制因素

3.1　生产工艺

维纶纤维水泥平板的生产工艺流程见图 5-2-1,板坯成型方法为圆网抄取法。

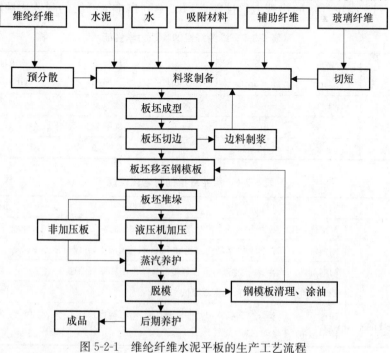

图 5-2-1　维纶纤维水泥平板的生产工艺流程

3.2 生产控制要素

（1）维纶纤维选用

纤维品种不同，它们的性能（包括抗拉强度、弹性模量、断裂延伸率与泊桑比等）也随之改变，其中某些性能指标甚至有较大的差异。一般来说，纤维抗拉强度都比水泥基体的抗拉强度要高出二个数量级，但不同品种纤维的弹性模量值相差却很大，钢纤维与碳纤维的弹性模量都高于水泥基体，而大多数有机纤维（包括很多合成纤维与天然植物纤维）的弹性模量却低于水泥基体。纤维弹性模量与水泥基体弹性模量的比值对纤维增强水泥基复合材料的力学性能有很大影响，该比值越大，复合材料在承受拉伸或弯曲荷载时，纤维所分担的应力份额也越大。改性维纶纤维的抗拉强度不应小于800MPa，弹性模量不应小于12GPa；高弹模量维纶纤维的抗拉强度不应小于1100MPa，弹性模量不应小于25GPa。

维纶纤维是以短切纤维的形式被使用，使用时必须经过水力松解形成单丝状态才能更为均匀地分散于水泥基体之中，以防止维纶纤维在纤维水泥料浆中"结团"，如果发生"结团"现象，不仅不能充分发挥其增强、增韧作用，反而有可能在制品中形成薄弱点。为此，应选用长度合适的维纶纤维，常用长度为6mm的纤维，或长度4mm与6mm的纤维适当组合。纤维使用前应经检查，短切纤维束的端部不能有粘连，否则难于分散成为单丝。虽然纤维长度必须超过水泥基体中最大颗粒的直径才能发挥纤维的增强作用，但是最大长度也受到一定程度的限制，纤维太长，导致结团的可能性增大。当使用短纤维时，纤维长度与其直径的比值（长径比）必须大于它们的临界值。纤维的临界长径比是纤维的临界长度（l_f^{ri}）与其直径（d_f）的比值，即l_f^{ri}/d_f。如果纤维的实际长径比小于临界长径比，则复合材料破坏时，纤维由水泥基体内拔出；如果纤维的实际长径比等于临界长径比，只有基体的裂缝发生在纤维中央时纤维才能拉断，否则纤维短的一侧将从基体内拔出；如果纤维的实际长径比大于临界长径比，则复合材料破坏时纤维被拉断。

表5-2-5列出维纶纤维的物理力学性能，表5-2-6列出维纶纤维的耐老化性能。

表5-2-5 维纶纤维的物理力学性能

材料	密度 （g/cm³）	直径 （μm）	长度 （mm）	抗拉强度 （MPa）	弹性模量 （GPa）	极限延伸率 （%）
高模量维纶纤维	1.3	12~14	4、6	1200~1400	25~30	7~8
改性维纶纤维	1.3	10~12	4、6	800~850	12~14	11~12
普通维纶纤维	1.3	10~12	—	600~650	5~7	16~17

表5-2-6 维纶纤维的耐老化性能

材料	性能
改性维纶纤维	耐酸性：在浓度为10%的常温盐酸溶液中或30%的常温硫酸溶液中，纤维强度基本稳定
	耐碱性：在50%NaOH溶液中或饱和Ca(OH)₂溶液中，纤维强度不下降
	耐溶剂性：不溶于一般溶剂，但在热吡啶或苯酚中膨胀或溶解
	耐日光性：耐日光性好，强度不降低
高模量维纶纤维	耐酸性：在浓度为10%的常温盐酸溶液中浸泡7d强度保持不变；在浓度为30%的常温硫酸溶液中浸泡7d强度下降3.5%

续表

材料	性能
高模量维纶纤维	耐碱性：在浓度为 3% 的常温 NaOH 溶液中浸泡 24h 强度保持不变；在浓度为 50% 的常温 NaOH 溶液中浸泡 24h 强度下降 14%；在常温饱和 $Ca(OH)_2$ 溶液中浸泡 28d 强度下降 6.7%；在 80℃ 饱和 $Ca(OH)_2$ 溶液中浸泡 28d 强度下降 8.6%
	耐溶剂性：在常温工业汽油中浸泡 7d 强度保持不变；在常温苯液中浸泡 7d 强度保持不变
	耐日光性：在日光下连续晒 28d 强度下降 7%

（2）配料设计

开发维纶纤维的初衷是替代石棉制造纤维水泥制品，但是，维纶纤维对水泥粒子的吸附能力差，在某些工艺（例如抄取工艺）中纤维水泥料浆悬浮性差，工艺操作难度大。因此需要在配料中加入改善工艺性能或材料性能的辅助材料，并对配合比进行合理设计。在组成材料中加入纤维素纤维或纸浆纤维、纤维状海泡石、粉煤灰或硅灰、高分子凝聚剂、白云母鳞片等辅助材料有助于提高纤维水泥料浆的粘聚性，增加薄层间的粘聚力，防止分层。但是加入硅灰有可能降低纤维水泥料浆的过滤速率。与维纶纤维匹配的水泥基体通常为硅酸盐水泥系列的基体，大多选用普通硅酸盐水泥。

20 世纪 80 年代后期，中国建筑材料科学研究总院、武汉建材工业设计研究院与江苏爱富希新型建材有限公司共同合作进行了在抄取工艺线上用高模量维纶纤维和改性维纶纤维替代石棉制造无石棉纤维水泥板和纤维水泥波形瓦的研究，为保证抄取制坯过程的连续性和制品的物理力学性能，在组成材料中引入了下列辅助材料：① 纤维状海泡石：经松解后的纤维状海泡石是一种高效吸附材料，其吸附水泥粒子的能力高于纤维素纤维，并有助于纤维水泥薄层间的结合。②粉状物料：起增进维纶纤维在料浆中分散性、控制料浆过滤速率等作用，可选用硅灰、钠膨润土等。③高分子凝聚剂：主要使用分子量不低于 200 万、浓度不低于 6% 的阴离子型聚丙烯酰胺溶液，使用前加水稀释至浓度不大于 0.5%。④白云母鳞片：粒度为 20～40 目，主要起降低制品湿胀率和干缩率并提高不燃性的作用。⑤膨胀珍珠岩：制造纤维水泥轻质平板时使用，膨胀珍珠岩最大粒径为 1mm。

（3）料浆制备

维纶纤维是以短切纤维（长度主要为 4mm 和 6mm）的形式被使用，使用时必须经过水力松解成为单丝状态才能更为均匀地分散于水泥基体之中，因此，生产维纶纤维水泥板的常用工艺方法为稀浆脱水法。随着技术的不断发展，还开发了浓浆脱水法和高压挤出法。在国内外使用最多的稀浆脱水法为抄取法。

在制备纤维水泥料浆时应遵循一定的加料程序，应先将维纶纤维加到已盛放一定量水的水力松解机内松解 5 min 左右，再加入纤维状海泡石与纤维素纤维松解并混合搅拌 5～10 min，以制成三种纤维充分分散并均匀混合的纤维料浆。将此混合纤维料浆放入泵式打浆机中，加入水泥经充分混合后制得均质的纤维水泥料浆。

（4）板坯抄取成型

抄取过滤过程中控制水泥粒子的流失量是影响连续生产的重要环节，由于维纶纤维对水泥粒子的吸附能力远不如石棉，因此抄取机网箱中的回水浓度会明显增高并导致恶性循环，由于水泥粒子流失过多，使薄料层之间的粘结很差，极易发生分层并造成大量回料，最终影响正常的生产过程。

为此可通过在混合料组成中掺加高吸附性材料来弥补维纶纤维对水泥粒子吸附性差的弱点;另外在料浆进入网箱前向其中滴加一定量、一定浓度的高分子凝聚剂,可以促进网箱内料浆中水泥粒子的絮凝与沉降,有效减少水泥粒子的流失。控制料浆过滤速率,保持网箱中料浆液面的稳定性,主要措施有使用目数较大的网面以及掺加某种保水性好的粉状材料。调整某些工艺参数,如真空台负压、成型筒压力等,以保证薄料层之间能较好地粘结形成整体。

防止纤维水泥浆过滤速率太快。由于维纶纤维对水与水泥粒子的吸附能力远不如石棉,当用抄取工艺或流浆工艺制造维纶纤维水泥板时,会出现纤维水泥浆过滤速率太快,水泥流失过多,循环用水中固体组分含量过高等问题,尤其是抄取法生产时这些问题更为突出。为此,应掺加适量的高吸附性材料以弥补维纶纤维吸附能力的不足。采用抄取法生产时,应保持各网箱内料浆浓度的稳定性,提高各个网筒网面挂浆的均匀性;调整抄取机的主要工艺参数,使网箱中料浆浓度、毛布速率与薄料层厚度相互间保持合理的协调关系。采用流浆法生产时虽不存在料浆经网面脱水过滤问题,但更应十分重视维纶纤维在料浆中的均匀分散,以确保毛布上薄料层厚度的均匀性。同时,还应使多个真空箱之间保持合理的真空梯度,使薄料层逐步脱水密实。

（5）加压工序

对板坯进行补充加压,以强化维纶纤维与水泥基体的界面粘结,提高维纶纤维对基体的增强作用。适当强化维纶纤维水泥板坯的加压脱水,以降低板的孔隙率,提高其密实性与强度。

（6）养护工序

维纶纤维的热稳定温度为150℃,热分解温度为220℃,对制品的不燃性有不利影响。在潮湿环境中,温度超过130℃时,纤维发生较大收缩,力学性能明显降低,故维纶纤维水泥板不能采用蒸压养护。

4 安装施工要点

按照我国建材行业标准《维纶纤维增强水泥平板》JC/T 671—2008中的规定,A型板主要用于非承重墙体、吊顶、通风道等,B型板主要用于非承重墙体、吊顶等。由于维纶纤维水泥板中完全不含石棉,曾在许多有卫生要求的食品加工车间和医疗单位的墙面装饰装修工程上大量使用。

维纶纤维水泥板用作内隔墙时的施工要点如下:

·维纶纤维水泥板的裁切与钻孔。

·与龙骨连接:维纶纤维水泥板与木龙骨复合时用圆钉或木螺丝固定,与轻钢龙骨复合时用自攻螺丝固定,与非金属材料龙骨复合时用膨胀螺丝固定。维纶纤维水泥板与龙骨之间应放置一层带棱槽的橡胶垫条作表面找平并可提高隔声功能。

·铺板方向:①耐火隔墙,纤维水泥板应纵向铺设,即板长边与竖龙骨平行,只将平接边固定到龙骨上,并使平接边落在竖龙骨翼板中央,不能将纤维水泥板固定到沿顶或沿地龙骨上。②无防火要求的隔墙,纤维水泥板可纵向铺设,也可横向铺设。

·固定件:①固定件与纤维水泥板边缘的距离不得小于10mm,也不得大于16mm,紧固时,纤维水泥板必须与骨架顶牢。②固定时,从一块板的中央向长边及短边固定。③用25mm×4mm自攻螺丝,周边螺钉中心间距最大为200mm,中间螺钉中心间距最大为300mm。

·嵌缝:安装纤维水泥板时,板与隔墙周围松散地吻合,留小于3mm的槽口,将6mm左右的嵌缝膏加注好,再放板挤压嵌缝膏。

第 3 节 纤维增强硅酸钙板

1 引言

混凝土类制品中的胶凝物质可通过两种方式获得,其一,通过水泥熟料的水化获得,用这种方式制成的混凝土称为水泥混凝土;其二,将钙质材料与硅质材料通过水热合成获得,用这种方式制成的混凝土称为硅酸盐混凝土。由此而知,纤维水泥板中的胶凝物质由水泥熟料水化获得,而纤维硅酸钙板中的胶凝物质则由钙质材料与硅质材料通过水热合成获得。

纤维增强硅酸钙板是以无机矿物纤维或纤维素纤维等松散短纤维为增强材料,以钙质材料和硅质材料为主体胶凝材料,经制浆、成型、蒸压养护等工序而制成的板材。基材中的钙质材料、硅质材料在具有一定压力和温度的容器中蒸压养护,发生水热合成反应,形成晶体结构稳定的托贝莫来石,在遭受温度、湿度变化时引起的收缩率极小,板材还具有密度低、比强度高、防火、防潮、可加工性好等特点,因此广泛用于各种高档建筑和标志性建筑的内隔墙、吊顶。湿胀率小于 0.2% 的纤维硅钙板经表面防水处理,还可用于建筑的外墙装饰。

纤维增强硅酸钙板适用于建筑物的内隔墙、外墙、吊顶,还适用于车厢、海上建筑、船舶内隔板等要求防火、隔热、防潮的部位。

2 质量要求与性能特点

按照板中所含纤维的种类,分为无石棉纤维硅酸钙板和温石棉硅酸钙板。我国建材行业标准《纤维增强硅酸钙板 第 1 部分:无石棉硅酸钙板》JC/T 564.1—2008 对无石棉硅酸钙板的定义为:以非石棉类纤维为增强材料制成的纤维增强硅酸钙板,板材中石棉含量为零。《纤维增强硅酸钙板 第 2 部分:温石棉硅酸钙板》JC/T 564.2—2008 对温石棉硅酸钙板的定义为:以单一温石棉纤维或与其他增强纤维混合作为增强材料制成的纤维增强硅酸钙板,板材中含有石棉纤维。

表 5-3-1 和表 5-3-2 分别列出硅酸钙板的物理性能与抗折强度,表中 D0.8、D1.1、D1.3、D1.5 代表硅酸钙板的四个密度类别。

表 5-3-1 纤维增强硅酸钙板的物理性能

性能	D0.8	D1.1	D1.3	D1.5	备注
密度(g/cm³)	≤0.95	0.95<D≤1.20	1.20<D≤1.40	>1.40	
导热系数[W/(m·K)]	≤0.20	≤0.25	≤0.30	≤0.35	
含水率(%)	≤10				
湿胀率(%)	≤0.25				
热收缩率(%)	≤0.50				
不燃性	GB 8624—2006 A 级 不燃材料				
抗冲击性	落球法试冲击 1 次,板面无贯通裂纹				无石棉硅酸钙板不做此项

续表

性能	D0.8	D1.1	D1.3	D1.5	备注
不透水性	检验 24h 后，允许板反面出现湿痕，但不得出现水滴				
抗冻性	经 25 次冻融循环，不得出现破裂、分层				

表 5-3-2　纤维增强硅酸钙板的抗折强度（MPa）

强度等级	D0.8	D1.1	D1.3	D1.5	纵横强度比	备注
Ⅰ	—	4	5	6		无石棉硅钙板无此等级
Ⅱ	5	6	8	9		
Ⅲ	6	8	10	13	≥58%	
Ⅳ	8	10	12	16		
Ⅴ	10	14	18	22		

注：抗折强度为试件在干燥状态下测试的结果，以纵向、横向抗折强度的算术平均值作为结果，纵横强度比为同块试件的纵向抗折强度与横向抗折强度之比。表中数值为抗折强度评定时的标准低限值。

　　硅酸钙建筑板主要用作高层与多层建筑的内隔墙与吊顶，也可用于工业厂房作为非承重的隔墙与吊顶，经表面防水处理后也可用作建筑物的外墙面板。

　　纤维增强硅酸钙板与普通硅酸钙板的区别在于板材中增强纤维的用量在 5% 以上，因此除了具有密度小、防潮、防蛀、防霉与可加工性能好（可钉、可锯、可刨、可钻、可粘结等）普通硅酸钙板也具有的各种优点外，纤维增强硅酸钙板还具有强度高、干缩湿胀及挠曲变形小等优良性能。纤维增强硅酸钙板具有优良的防火性能，在明火中不会发生炸裂与燃烧，也不产生烟气与有毒气体。由两侧各用厚度为 8mm 的纤维增强硅酸钙板，与轻钢龙骨和厚度为 60mm 的岩棉组成的总厚度为 91mm 的隔墙，按国家标准 GB 9978—1988 进行耐火试验，其耐火极限可达 90min 以上。以纤维增强硅酸钙板做面板，中间填充泡沫聚苯乙烯轻混凝土或泡沫膨胀珍珠岩轻混凝土等轻质芯材复合成型的轻质复合板材具有自重小、隔声、绝热效果好、施工速度快等特点。

3　生产工艺及控制要素

3.1　生产工艺

　　纤维增强硅酸钙板的生产工艺有抄取法、流浆法和模压法。前两种方法用于生产大幅面、厚度为 6~12mm 的板材，而模压法更加适合生产幅面较小、厚度为 19~32mm 的板材。

　　纤维材料经过预先处理，进入打浆机充分分散为单根纤维，然后与经过预先处理的钙质材料、硅质材料、水和辅助材料均匀混合，制备成为符合抄取法或者流浆法生产要求的料浆，制成板坯后切去横边和纵边，单张板坯放置在钢模板上，带模堆垛，根据环境温度静停一定时间，随后将板坯从钢板上移出，重新在养护小车上堆垛，将放置有板坯垛的养护小车送入蒸压釜进行蒸压养护。蒸压养护的蒸汽压力在 0.9~1.0MPa 之间，在此蒸汽压力下保持 8h 左右，然后降压冷却。图 5-3-1 为大幅面纤维增强硅酸钙板的生产工艺流程，板坯成型可采用抄取法或流浆法。

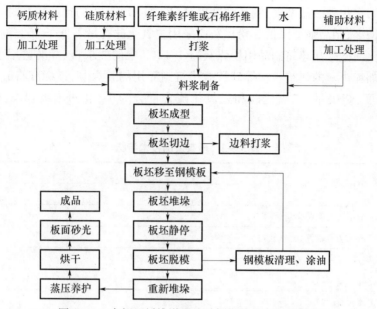

图 5-3-1　大幅面纤维增强硅酸钙板的生产工艺流程

3.2　生产控制要素

（1）原材料选择

· 硅质材料：以 SiO_2 为主要化学成分的材料，往往同时含有 Al_2O_3，磨细后，特别是在蒸汽养护和蒸压养护条件下，能与 $Ca(OH)_2$ 发生化学反应而生成以水化硅酸钙为主要产物的硬化体。在硅酸盐混凝土的诸多水化产物中，结晶性托贝莫来石的强度较高、收缩较小，而且非常稳定，因而被认为是硅酸盐品中的理想矿物。硅质材料的种类及其细度是影响托贝莫来石生成速度和数量的重要因素之一，使用含结晶态 SiO_2 的原料时蒸压后生成的托贝莫来石多，而使用含无定形 SiO_2 的原料时蒸压后生成的托贝莫来石少。少量 Al_2O_3 有利于促进板状托贝莫来石的形成，并能延迟向硬硅钙石的转化。

硅酸盐混凝土常用的硅质材料有磨细石英砂、粉煤灰、磨细高炉矿渣等。砂中 SiO_2 的含量对硅酸盐制品物理力学性能的影响极大，SiO_2 含量越大，砂的质量越好，对于制造高强度的灰砂硅酸盐制品，砂中 SiO_2 含量宜大于 80%。砂的矿物成分对硅酸盐制品强度的影响同样很大，一般用石英砂或以石英砂为主制成的制品较以其他矿物为主的砂制成的制品的物理力学性能优越。工业用石英砂分为普通石英砂、精制石英砂、高纯石英砂、熔融石英砂及硅微粉。普通石英砂一般采用天然石英矿石，经破碎，水洗，烘干，二次筛选而制成，SiO_2 含量不低于90%，粒度范围 5～220 目。硅微粉是由天然石英或熔融石英经破碎、磨细、提纯等多道工序加工而成的微粉，硅微粉为结晶二氧化硅，与硅灰（也称微硅粉）有较大差别，硅灰是非结晶二氧化硅，是在冶炼硅铁合金和工业硅时产生的 SiO_2 和 Si 气体与空气中的氧气迅速氧化并冷凝而形成的一种超细硅质粉体材料。硅微粉中的 SiO_2 含量为 75%～96%，平均粒径为 0.1～0.3 μm。

粉煤灰兼具生成胶凝材料和集料的双重作用，粉煤灰中所含的 SiO_2 和 Al_2O_3 可与 CaO 水热反应生成水化硅酸盐和水化铝硅酸盐，使制品获得强度。当 SiO_2/Al_2O_3 的比值较高时，蒸

303

压条件下生成的水化硅酸盐增多，制品强度提高；当 Al_2O_3/SiO_2 的比值较高时，蒸压条件下生成的水石榴石增多，制品强度降低。粉煤灰应采用二氧化硅含量不低于45％的低烧失量粉煤灰，其性能应符合《硅酸盐建筑制品用粉煤灰》JC/T409 中的要求，该标准适用于加气混凝土、粉煤灰砖及掺加粉煤灰的建筑板材等硅酸盐建筑制品用的粉煤灰，该标准将硅酸盐建筑制品用粉煤灰按细度、烧失量、二氧化硅和三氧化硫含量分为Ⅰ、Ⅱ两个级别，具体技术要求列于表 5-3-3。

表 5-3-3　粉煤灰的技术指标

项目		指标	
		Ⅰ 级	Ⅱ 级
细度	0.045mm 方孔筛筛余量（％）	≤30	≤45
	0.080mm 方孔筛筛余量（％）	≤15	≤25
烧失量（％）		≤5.0	≤10.0
二氧化硅含量（％）		≥45	≥40
三氧化硫含量（％）		≤1.0	≤2.0

• 钙质材料可采用生石灰、消石灰、电石泥和（或）硅酸盐水泥。硅酸盐建筑制品用生石灰的技术要求列于表 5-3-4。建筑消石灰是指以建筑生石灰为原料，经水化和加工所制得的建筑消石灰粉，建筑消石灰的化学成分应符合表 5-3-5 的要求。

表 5-3-4　硅酸盐建筑制品用生石灰的技术要求

项目	要求		
	优等品	一等品	合格品
以 CaO 表示的（CaO+MgO）质量分数（％）	≤90	≤75	≤65
MgO 的质量分数（％）	≤2	≤5	≤8
SiO_2 的质量分数（％）	≤2	≤5	≤8
CO_2 的质量分数（％）	≤2	≤5	≤7
消化速度（min）	1≤5		
消化温度（℃）	≥60		
未消化残渣质量分数（％）	≤5	≤10	≤15
磨细生石灰细度（0.080μm 方孔筛筛余，％）	≤10	≤15	≤20

表 5-3-5　建筑消石灰的化学成分

消石灰类别		化学成分含量（％）		
		CaO+MgO	MgO	SO₃
钙质消石灰	HCL 90	≥90	≤5	≤2
	HCL 85	≥85		
	HCL 75	≥75		
镁质消石灰	HML 85	≥85	>5	≤2
	HML 80	≥80		

电石渣是指电石水解获取乙炔气后的以氢氧化钙为主要成分的废渣。电石泥则是含水量高于 50% 的电石渣,电石渣可作为消石灰的代用品,广泛用于建筑、化工、冶金、农业等行业。电石泥中氧化钙的含量不应低于 50%。

·纤维材料主要为纤维素纤维或温石棉,还可加入硅灰石、玻璃纤维、纸浆纤维等。纤维素纤维是经专门加工处理过的天然植物纤维,天然植物纤维泛指从天然生长的植物中获取的纤维,纤维素纤维可从某些植物如黄麻、椰壳、剑麻和竹子中获得,而树木则是纤维素纤维的主要来源。植物纤维是否经过专门的加工处理对于这种纤维在基体中的增强效果和混合料的性能都至关重要,未经加工处理的天然植物纤维中几乎都含有葡萄糖等成分,导致其在潮湿条件下易受细菌或真菌作用而损坏和腐烂,植物纤维非常高的吸水性使其在干湿循环过程中产生非常大的尺寸变化,由此可导致最终产品的尺寸变化,因此对天然植物纤维进行加工处理是硅酸钙板生产过程中必不可少的工序。常用的处理方法为制浆法,包括高温机械制浆、化学制浆或二者结合制浆,化学法制浆产出率低(约 45%),但可除去大量对纤维素纤维强度和颜色有负面影响的木质素。用高温机械制浆法制浆产出率高(约 90%),但所得到的纤维中木质素含量较高。两种制浆方法得到的纤维素纤维的强度和密度列于表 5-3-6。纤维素纤维的长径比约为 50。硬木纤维的直径在 $20\sim60\mu m$ 范围,长度在 $0.5\sim3.0mm$ 之间;软木纤维的直径在 $20\sim60\mu m$ 范围,长度在 $2.0\sim4.5mm$ 之间。纤维素纤维的断面是圆柱形的和空心的,其性能受松解程度和壁厚的影响。

表 5-3-6　纤维素纤维的性能

制浆方法	纤维素纤维的性能		
	密度(kg/m^3)	抗拉强度(MPa)	比强度(MPa)
化学制浆(山松)	1.5	500	333
高温机械制浆(山松)	0.5	125	250

通常选用经化学制浆处理的针叶纤维素纤维,这是因为机械法制浆所得到的纤维素纤维中含有大量半纤维素和木质素,在蒸压过程中会释放出多糖与木酸等浸出物,影响纤维与基体的粘结强度,而化学制浆所得到的纤维素纤维中的半纤维素和木质素较低。针叶木的纤维长度是阔叶木纤维长度的 $3\sim5$ 倍,其对基体的增强效果无疑更加理想。

温石棉纤维在使用前应进行松解处理,分为湿碾处理和水力松解两个步骤:①在送入轮碾机碾压之前,原棉应按品种加水碾压,严格控制加水量,需先将温石棉加水浸润 $6\sim24h$,加水量控制为石棉重量的 40%~60%,碾压时间随棉种不同而定,一般碾压 15min,轮碾处理的目的是扩展石棉束中原有的裂缝并产生新的裂缝;②在泵式打浆机或水力松解机中进行水力松解,温石棉的浓度宜控制在 3%~6%,松解时间 $10\sim20min$,水力松解的目的是使石棉纤维沿已扩展的裂缝进一步分离。石棉纤维松散的程度称为石棉松解度,经过松解并高度纤维化的温石棉称为松解棉,松解棉对水泥颗粒有极强的吸附能力。

硅灰石为天然矿物,其集合体呈片状、放射状或纤维状,其无毒、耐化学腐蚀、热稳定性及尺寸稳定良好,有玻璃和珍珠光泽,低吸水率和吸油值,力学性能及电性能优良以及具有一定增强作用。硅灰石的熔点为 1540℃,作为增强材料可提高硅酸钙板的耐热性和耐火性能,硅灰石的长径比在 $20\sim30$ 范围内,二氧化硅的含量大于 50%,氧化钙的含量大于 46%。硅灰石还具有独特的工艺性能,在硅酸钙板配料中添加硅灰石,不仅可有效的减少坯体收缩率,而且能够降低坯体的吸湿膨胀。

玻璃纤维和纸浆纤维通常不作为起增强作用的主要纤维,而是作为改善硅酸钙板在制作过程中的工艺性能。这里所述纸浆纤维是指对废纸进行处理后得到的纤维,其长度通常在1.6~2.7mm范围内,在硅酸钙板制作过程中的主要作用是吸附固体细颗粒,降低回水浓度;玻璃纤维的主要作用是提高板坯的初始抗拉强度。

(2)配料设计

作为一种纤维增强制品,影响纤维硅酸钙板强度的主要因素包括所用纤维的性能、长径比、基体的强度以及纤维与基体的粘结状况,影响基体强度的主要因素包括活性CaO的用量、硅质材料的细度、板坯含水率以及湿热处理制度。活性CaO用量对基体强度的影响非常显著,当硅质材料的细度一定时,基体强度随着活性CaO用量的增加而提高,但是当活性CaO用量超过一定值时,其强度反而下降,这是因为超出的CaO没有参与水热合成反应,而是以游离状态存在于制品中。磨细砂的细度增大,砂参与反应的表面积越大,所生成的水化硅酸钙胶凝物质越多,制品的强度就越高。但是砂的细度过高时,不仅成本提高,而且反应过程中颗粒大部分消失甚至完全消失,导致制品中缺少坚硬的石英颗粒作骨架,同时导致生成物的晶体颗粒过渡细小,制品强度反而降低。磨细砂的细度一般在 $2000 \sim 5000 \mathrm{cm^2/g}$ 之间,通常使用的细度为 $3000 \mathrm{cm^2/g}$。

为了在压蒸过程中生成大量托贝莫来石晶体,必须控制好两个关键性因素:①合宜的 CaO/SiO_2 克分子比,通常钙质材料与硅质材料的用量比按照 $CaO/SiO_2 < 1.0$ 的质量比进行匹配。若 CaO/SiO_2 过大,当接近2时,在水热合成过程中极易生成 $\alpha - C_2SH$ 晶体,导致制品孔隙率增加而强度降低。②压蒸养护时的温度和时间,温度过高如达到 $190 \sim 200 ℃$ 时,生成以硬硅钙石晶体为主的水化产物,也会导致制品强度的明显降低。

为降低板材的密度并提高其绝热性能,还可在原料中加入膨胀珍珠岩;为提高板的耐火极限并降低其在高温下的收缩率,可加入云母鳞片。

(3)料浆制备

在配制硅酸钙板混合料时,依据配制时石灰是否经过消化可分为消石灰工艺和生石灰工艺。消石灰工艺适用于立即脱模工艺组织生产,采用消石灰工艺时,要求石灰在板坯成型前必须完全消化,否则脱模后的板材就会在预养或蒸压养护过程中因石灰消化时的体积膨胀而开裂。生石灰工艺适用于采用带模生产,由于石灰的消化是在成型后的模具中进行,体积膨胀受到模具的约束,因而制品更加密实,其物理力学性能有所改善。

(4)蒸压养护

蒸压养护是硅酸钙板生产的关键工序,对制品的强度、密度、干湿变形等性能均有重要影响。合理的蒸压制度不仅有利于制品的性能发展,而且有利于节约能量。压蒸制度是指在压蒸养护过程中升温速度、恒温温度和恒温时间、以及降温速度。需控制升温速度和降温速度,避免在制品中产生较大的温度应力;恒温温度和恒温时间是制品硬化的主要阶段,钙质材料与硅质材料只有在一定的温度下才能生成托贝莫来石,然而,在加气混凝土水热反应过程中,很难使所有的反应都停留在生成托贝莫来石的阶段,只要还有未反应的 SiO_2,反应就会继续进行,使托贝莫来石转化为低钙水化物(硬硅钙石、白钙沸石),反应温度越高,这种转化越快,尽管硬硅钙石的收缩小、耐火性能好,但其抗压强度低于托贝莫来石,所以加气混凝土制品在蒸压过程中的恒温温度控制在 $175 ℃ \sim 203 ℃$。在满足温度的条件下延长恒温时间,不但可增多托贝莫来石的数量,而且可大大改善水化产物的结晶度,但是过度延长恒温时间,也会使托贝莫来石转化为其他类型的水化产物,恒温时间一般在 6～10h。蒸压过程中的最高温度与恒温时间密切相关,对应于每一个最高温度,均有其最佳恒温时间。对于采用不同原料生产的硅酸钙板,因其反应能力不同,所以恒温温度与恒温时间也不相同。

在蒸压养护过程中,SiO_2 与 $Ca(OH)_2$ 通过水热合成生成托贝莫来石与硬硅钙石的混合物,有研究认为,托贝莫来石结晶度为 15% 左右时,蒸压制品的强度最高、收缩率最低。结晶度进一步提高对制品强度提高反而不利。蒸压温度为 180℃～190℃ 时最利于托贝莫来石的生成,温度大于 200℃ 时则生成硬硅钙石,制品强度显著降低。蒸压温度过高、蒸压时间过长,不仅消耗过多的能量,也不利于生成结晶度适量的托贝莫来石。

4　主要性能试验(选择介绍)

4.1　热收缩率

(1)试件制备

在距离板边缘 200mm 处的中间对称位置切取两个试件,试件尺寸为 80mm×80mm。在试件四边测量部位划上标线。

(2)试验步骤

·将试件放入干燥箱中,升温至 (105±5)℃,恒温 24h。取出,放置在加有干燥剂的玻璃干燥器中,冷却至室温,然后用用外径千分尺分别测量四个边长 l_1(mm);

·将试件放入高温炉中,升温至 600℃,保持温度 3h。取出,放置在加有干燥剂的玻璃干燥器中,冷却至室温,然后用用外径千分尺再次分别测量四个边长 l_2(mm);测量结果修约至 0.01mm。

(3)试验结果

按公式 5-3-1 分别计算两个试件共 8 条边的热收缩率,以 8 个数据的算术平均值作为试验结果,修约至 0.01%。

$$热收缩率 = \frac{l_2 - l_1}{l_1} \times 100\% \qquad (5\text{-}3\text{-}1)$$

4.2　抗冲击性

(1) 试件制备

在距离板边缘 100mm 的区域切取试件,从每张板上取两个试件,试件尺寸 500mm×400mm×厚度。

(2) 试验步骤

·将试验用砂(符合 GB/T 17671 规定的标准砂)松散均匀地平铺在工作地坪上,用刮尺刮平表面,其面积应大于试件的面积,砂层厚度不小于 50mm。

·将试件表面朝上,平放在砂面上,轻轻按压试件,确保试件反面与砂面紧密接触。

·按规定的冲击高度(试件厚度＜16mm 时,冲击高度为 110cm;20mm＞试件厚度≥16mm 时,冲击高度为 140cm;试件厚度≥20mm 时,冲击高度为 170cm),调整钢球最低点与试件正面之间的距离,释放钢球(钢球重量为 1000±10g),使钢球以自由落体的方式冲击试件。

（3）试验结果

目测试件受冲击点的正反面是否有裂纹。

5 安装施工要点

5.1 纤维硅酸钙板用于内隔墙

施工安装顺序：弹线定位→装主管道→设墙垫→装上下横龙骨→装竖龙骨→留门窗洞口→装一侧硅酸钙板→板上钻孔装管线→装另一侧硅酸钙板→接缝处理→装挂镜线→踢脚及墙面装修。

施工安装要求：①根据设计图纸和实际施工情况，对板材进行切割和开孔，必要时现场作倒角，纤维增强硅酸钙板的两长边都已作好倒角处理，但当墙体高于2440mm时，纤维增强硅酸钙板水平接缝的短边必须现场倒角，以便更好地处理接缝。②在纤维增强硅酸钙板板面上弹线并标出自攻螺钉固定点，同时预钻凹孔（孔径比自攻螺钉头大1～2mm，孔深1～2mm）。自攻螺钉距板边15mm，距板角50mm，自攻螺钉间距200～250mm。③铺板时，一般采用纵向铺设，即板的长边固定于竖龙骨上；板材对接时要自然靠近，不能强压就位；墙体两面的接缝应相互错开，不能落在同一根龙骨上。④固定纤维增强硅酸钙板时，板与龙骨应作预钻孔，孔径比自攻螺钉直径小1mm，纤维增强硅酸钙板用自攻螺钉固定，固定时应从板的中间部向周边固定，所有螺钉头均应沉入板面1mm。⑤安装门窗周围板时，板缝不能落在与地面水平和垂直框龙骨上，以避免门窗的经常开关产生振动而造成板缝开裂。

隔墙高度与长度限制：当采用单排龙骨每侧只用一层纤维硅酸钙板时，隔墙的高度限制与长度限制列于表5-3-7。

表5-3-7　纤维硅酸钙板隔墙的高度限制与长度限制

隔墙墙体厚度 （mm）	龙骨截面尺寸 （高×宽×厚，mm）	纤维硅酸钙板厚度 （mm）	限制高度 （m）	限制长度 （m）
66	50×50×0.7	8+8	3.0	9.0
91	75×50×0.7	8+8	3.5	9.0
116	100×50×0.7	8+8	4.0	9.0

注：1. 所列限制高度为竖龙骨间距600mm时的情况，当竖龙骨间距减小时，墙体高度可适当增加；

　　2. 需要超过限制长度时，应增设控制缝；

　　3. 墙体中应加横向卡档龙骨，采用抽心铆钉或螺栓固定。

硅酸钙平板与龙骨按照不同的方式组合，或者再填充岩棉、玻璃棉等吸声绝热材料，即可形成隔声或保温效果不同的各种复合内墙，常见的构造形式见图5-3-2。

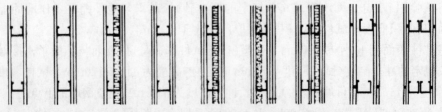

图5-3-2　复合墙常见构造形式

提高薄板龙骨复合内墙隔声性能的主要措施有：

· 将多层密实板采用多孔材料（如玻璃棉、岩棉、泡沫塑料等）分隔，做成夹层结构，隔声量比材料质量相同的单层墙大大提高。

· 避免板材的吻合临界频率落在 100～2500Hz 范围内。

· 做成分离式双层墙，附加隔声量比同样构造的双层墙要高，如果空气层中再填充多孔材料，可使隔声性进一步改善，双层墙两侧的墙板若采用不同厚度，可使各自的吻合谷错开。

· 在板材和龙骨间垫弹性垫层，比板材直接固定在龙骨上的隔声量大。

· 与采用同等质量的单层厚板相比，采用双层或多层薄板复合，一方面可使吻合临界频率上移到主要声频范围之外，另一方面多层板错缝叠置可避免板缝隙处理不好引起的漏声，叠合层间摩擦可使隔声量提高。

5.2　纤维硅酸钙板用于外墙外保温系统

图 5-3-3 为纤维硅酸钙板用于外墙外保温系统的示意图，图 5-3-4 至图 5-3-10 为安装构造图。

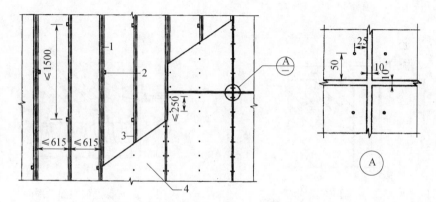

图 5-3-3　纤维硅酸钙板用于外墙外保温系统
1—Ω 形龙骨；2—调节支座；3—Z 形龙骨；4—纤维硅酸钙板

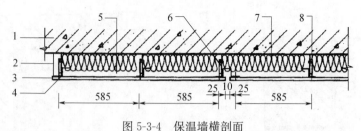

图 5-3-4　保温墙横剖面
1—主体墙；2—穿孔铝带或不锈钢网；3—纤维硅酸钙板；4—龙骨；
5—空气层，40mm；6—调节支座；7—绝热材料；8—锚固件

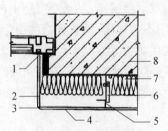

图 5-3-5　窗户部位的横剖面
1—密封剂;2—不锈钢封闭条;
3—密封剂;4—纤维硅酸钙板;
5—龙骨;6—调节支座;
7—绝热材料;8—主体墙

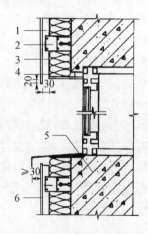

图 5-3-6　窗户部位的纵剖面
1—龙骨;2—调节支座;
3—绝热材料;4—L形龙骨;
5—主体墙;6—纤维硅酸钙板

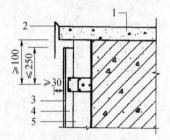

图 5-3-7　保温墙顶部纵剖面
1—混凝土压顶;2—铝单板;
3—纤维硅酸钙板;4—龙骨;
5—绝热材料

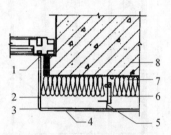

图 5-3-8　保温墙底部纵剖面
1—主体墙;2—绝热材料;
3—调节支座;4—纤维硅酸钙板;
5—穿孔铝带或不锈钢网

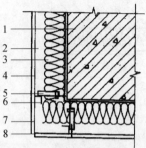

图 5-3-9　保温墙阳角
1—主体墙;2—空气层,40mm;
3—绝热材料;4—纤维硅酸钙板;
5—调节支座;6—龙骨;
7—不锈钢封闭条;8—密封剂

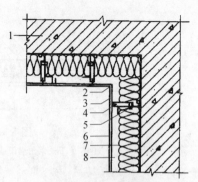

图 5-3-10　保温墙阴角
1—主体墙;2—密封剂;
3—不锈钢封闭条;4—调节支座;
5—龙骨;6—纤维硅酸钙板;
7—绝热材料;8—空气层,40mm

第 4 节　GRC 单层板

1　引言

玻璃纤维增强水泥是以水泥砂浆为基体、以玻璃纤维为增强体而制成的一种复合材料,其英文名称为 Glassfiber Reinforced Cement 或者 Glassfiber Reinforced Concrete,缩写为 GRC 或 GFRC,我国采用 GRC。

水泥基材料是具有较高抗压强度的脆性材料,其抗弯强度和抗拉强度相对较低、抗冲击性和抗裂性较差,而玻璃纤维相对于水泥基体来说具有较高的抗拉强度和较高的弹性模量,一定量的耐碱玻璃纤维与水泥基体相匹配即可形成抗弯强度、抗拉强度和抗冲击强度均较高的玻璃纤维增强水泥复合材料。

GRC 材料的吸引力和多功能在于其能够制作出细致的表面纹理和装饰图案,充分体现设计者的设计理念,设计者可以选择从复杂条纹、曲线形状直到深浮雕,在一块板内获得多种颜色和装饰效果,在板的各个位置形成颜色转变。GRC 材料特殊的成型方法,成就了 GRC 板在尺寸和形状上的随意性,也成就了迄今为止无以取代的表现能力。作为一种集功能性与装饰性为一体的复合材料,GRC 已在建筑领域、土木工程领域、农业领域和景观设计方面大量应用。GRC 同时也是一种备受关注的建筑板材制作材料,可制成具有各种复杂外形和断面的轻质挂板外墙,非常适合在建筑物的外部快速安装和使用。图 5-4-1 为任意选取的三种装饰图案的 GRC 板。

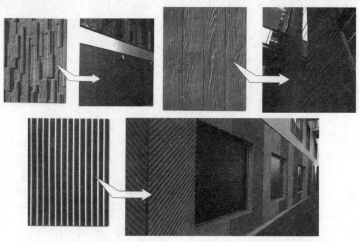

图 5-4-1　带有装饰图案的 GRC 板

2　质量要求与性能特点

GRC 单层板是所有 GRC 板材中最简单的形式,厚度一般在 10～15mm 之间。特殊情况下,可能需要更厚一些的 GRC 板。GRC 单层板区别于其他纤维水泥板的最大特点就是能够充分发挥材料的特性,制作出具有各种造型和表面图案的板材,实现设计者的创作理念。从板材的定义出发,GRC 单层板的意义更加广泛,在国际 GRC 行业,将具有某种复杂形状的、长度和宽度远远大于厚度的异型构件也归类为 GRC 单层板(见图 5-4-2),GRC 单层板还可做成镂空板(见图 5-4-3)。GRC 单层板可分为无肋板与含肋板两种类型。含肋单层板可根据空间情况,做成各种形状。最常用的含肋单层板是柱面板,柱面板是包覆柱子的垂直板,有时为了获得某种效果,还可将柱面板用于没有柱子的地方作为起装饰作用的模拟柱子。还可用同样的方法将含肋单层板用于梁的包覆。

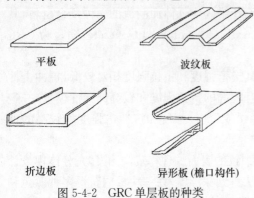

平板　　　　波纹板

折边板　　　异形板(檐口构件)

图 5-4-2　GRC 单层板的种类

图 5-4-3　GRC 镂空板(引自国际 GRC 协会论文集)

对于面积相对较小的单层板,采用某种形状即能够保证其刚度和强度。而对于尺寸较大的单层板,如果不使用钢框架,则需要采用加强肋以提高板的刚度和强度,见图 5-4-4。常用的加强肋衬模为有机泡沫塑料梯形条或者预制 GRC 梯形槽,见图 5-4-5,布置在单层板周边的加强肋还有利于 GRC 板之间的接缝处理。

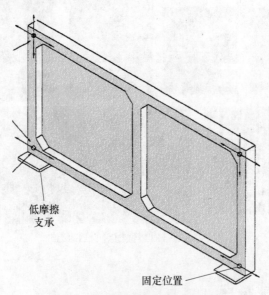

低摩擦支承

固定位置

图 5-4-4　含加强肋的 GRC 单层板

玻璃纤维增强水泥的性能不仅与玻璃纤维和水泥基体各自的性能密切相关,而且与基体组分、基体配合比、纤维掺量、纤维掺入方式、纤维基体的界面粘结强度、纤维在基体中分布的均匀性和取向性等密切相关。

图 5-4-5　加强肋的衬模

GRC 材料的性能除了在"GRC 框架结构板"一节中介绍的抗弯性能、抗剪切性能、干缩湿胀性能、热膨胀性能和吸水性能之外,经常涉及到的性能还有抗冲击性能、抗冻融性能、抗渗透性能和抗压性能。

抗冲击性能:抗冲击性能的试验方法分为落锤试验和摆锤试验。落锤试验是用一定质量的茄形锤以一定的高度自由落下,多次冲击 GRC 板的表面,然后观察表面凹坑的深度和开裂情况。摆锤试验是采用摆锤式冲击试验机,使一定尺寸的试件经受冲击能而破坏,用冲击能除以试件遭受冲击的面积,得出抗冲击强度。抗冲击强度可更加准确、更加具有对比性地表现 GRC 板的抗冲击性。抗冲击强度很大程度上受到纤维长度的影响,纤维长度从 25mm 增加到 52mm 或使用改性浸润剂的耐碱玻璃纤维,抗冲击强度提高。抗冲击性能与拉伸和弯曲应力-应变曲线下的面积有关,这些曲线随时间而改变,抗冲击性能随之变化。GRC 的抗冲击强度最高可达 25kJ/m² 。

抗冻融性能:ASTMC666 程序 A 试验标准中,GRC 样品经受 $-18℃$ 水中冻结约 2h,然后在 4℃ 水中融解 1.5h 的冻融循环过程。试验表明,经 100 次冻融循环后,GRC 的抗弯极限强度降低到大约 10.4MPa,经 300 次冻融循环后降低到大约 6.9MPa。ASTM C666 程序 A 是非常严酷的冻融条件,大多数材料在这种条件下都表现出一定程度的恶化,GRC 也不例外,但是与其他水泥基体材料相比,抗冻融仍然良好,研究表明玻璃纤维的存在可有效保护水泥基体免遭冻融循环的损害。

抗渗透性能:GRC 材料趋向于吸水并将水分均匀快速地分布在整个材料中,但是水分难以沿着板的厚度直接通过。对于水灰比为 0.25 和 0.35 的 GRC 材料,GRC 的水蒸气渗透系数在 $7.3×10^{-9}～16×10^{-9}ng/(m·h·Pa)$ 范围内。

抗压性能:玻璃纤维的存在影响到基体的连续性,因此也影响到复合材料的抗压性能,特别是用直接喷射法成型的纤维含量较大的 GRC 制品,其所呈现的各向异性性质更加明显,为了区分 GRC 制品在不同方向上承受压力荷载的能力,把荷载垂直于纤维分布平面的受压状态称为面外受压,把荷载平行于纤维分布平面的受压状态称为面内受压,通常面内抗压强度要低于面外抗压强度,图 5-4-6 表明面内受压与面外受压的区分方法。

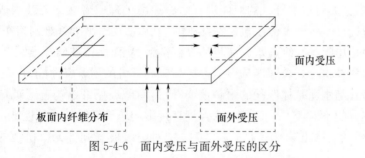

图 5-4-6　面内受压与面外受压的区分

3 生产工艺及控制要素

3.1 生产工艺

玻璃纤维的掺入量和使用方式对于玻璃纤维增强水泥复合材料的力学性能有很大影响，用于增强的玻璃纤维形式有连续纤维无捻粗纱、短切纤维纱、网格布、短切纤维毡等，不同形式的玻璃纤维掺入到水泥基体中的方法不同，相同形式的玻璃纤维掺入到水泥基体中的方法也不完全相同，这就形成了GRC板材的多种生产方法，如直接喷射法、预混喷射法、预混浇注法等等。直接喷射法使短切玻璃纤维以二维乱向方式分布于水泥基体之中，而预混喷射法和预混浇注法则使短切玻璃纤维以三维乱向方式分布于水泥基体之中。

直接喷射法已在本文"GRC框架结构板"一节中作过介绍，本章重点介绍预混法。预混法是将短切玻璃纤维与水泥基体共同拌和，形成均匀的玻璃纤维水泥混合料，然后通过喷射成型或浇注成型制成产品。根据成型方法不同，预混法又可分为预混喷射法和预混浇注法。

预混法的要点：首先将水泥砂浆混合均匀并使其具有足够的和易性，然后将短切玻璃纤维混入水泥砂浆中，为了防止玻璃纤维在搅拌过程中受到损伤，加入纤维后应尽可能缩短搅拌时间。玻璃纤维可采用预先切断的短切纤维，也可采用连续纤维经过纤维切断器现场切断，纤维切断器和搅拌机安装在一起，其自动分散系统使得纤维能够更加均匀地分散。纤维掺量较高时混合料不易搅拌均匀，搅拌时间过长则纤维易于形成单丝并降低混合料的工作性。与喷射成型的GRC相比，具有相同纤维掺量和相同纤维长度的预混成型GRC的强度较低，这是因为：预混过程可能带入更多的空气，因而降低复合材料密度，导致GRC强度降低；预混过程纤维束受到损伤，其抗拉强度降低；玻璃纤维的三维乱向分布，降低了在GRC板材平面内的有效纤维含量，因此抗弯强度、抗拉强度和抗冲击强度均有降低。

直接喷射法是最典型的GRC制品的成型方法，而预混法特别是预混浇注法更加适用于镂空板材的成型。图5-4-7为预混浇注法成型GRC镂空板的工艺流程。

3.2 生产控制要素

（1）耐碱玻璃纤维

在玻璃纤维增强水泥中应该只使用专门为抵抗碱腐蚀而研制的含有氧化锆的耐碱玻璃纤维，不应该使用其他玻璃纤维如高碱玻璃纤维、中碱玻璃纤维或无碱玻璃纤维，因为这些玻璃纤维会遭受水泥水化产物$Ca(OH)_2$的破坏作用。为提高玻璃纤维在水泥基体中的长期耐久性，采取的技术措施如对玻璃纤维的表面进行耐碱涂覆处理或者在传统玻璃成分中引入耐碱组分。耐碱涂覆处理是将耐碱涂层包覆在纤维的表层，适用于玻璃纤维网格布，目的是通过玻璃纤维表面的涂覆层阻隔纤维与水泥液相的直接接触，从而保持玻璃纤维原有的特性；在传统玻璃成分中引入耐碱组分是希望能从根本上提高玻璃纤维的耐碱腐蚀能力，中国、英国和日本都研制成功了适宜与水泥基体匹配的耐碱玻璃纤维，耐碱玻璃纤维与普通玻璃纤维的根本区别在于其化学成分的不同，ZrO_2和TiO_2的含量直接影响玻璃纤维的耐碱性能。我国建材行业标准《耐碱玻璃纤维无捻粗纱》JC/T 572—2012中对耐碱玻璃纤维无捻粗纱的技术要求列于表5-4-1。

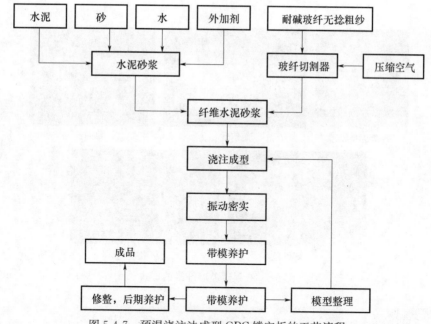

图 5-4-7　预混浇注法成型 GRC 镂空板的工艺流程

表 5-4-1　耐碱玻璃纤维无捻粗纱的技术要求（JC/T 572—2002）

项　目	技　术　要　求
外观	外表不得有影响使用的污渍。其颜色应均匀,纱筒应紧密、规则地卷绕成圆筒状,以保证退绕方便
ZrO2 含量	L 类(低锆)：ZrO2 含量不小于 14.0% 和 ZrO2 与 TiO2 总含量不小于 19.2% H 类(高锆)：ZrO2 含量不小于 16.0%
单纤维直径	应不超过公称直径的 ±15%,变异系数不大于 14%
线密度	应不超过公称值的 ±10%,变异系数不大于 6%
断裂强度	应不小于 0.26N/tex
含水率	C 类(短切类)：不小于 0.20% W 类(织造类)：由供需双方商定
可燃物含量	C 类(短切类)：应不大于 1.2% W 类(织造类)：不小于 0.8%
硬挺度	C 类(短切类)：应不小于 140mm

　　耐碱玻璃纤维可采用的形式有无捻粗纱、短切丝、网格布、纤维毡等,见图 5-4-8。不同形式的玻璃纤维在水泥基体中所发挥的作用是有差别的。

　　在玻璃纤维增强水泥中可单独使用一种形式的玻璃纤维,也可同时使用两种或两种以上形式的玻璃纤维；使用连续纤维并且在设定位置以层状形式铺放,能在最小掺量时获得最大的增强效果,连续无捻粗纱仅在单一方向上有增强作用,对于单向承载构件,用无捻粗纱会非常有效,如果有必要可将短纤维引入到基体中以抵抗在垂直方向的非常小的荷载。织物增强体或多向层状纤维适用于在二维平面上双向受力(双向结构平板)或多向受力的状况。纤维定向排布,可得到最优化效果,与短纤维的三维分布相比,在指定方向上纤维排布的有效性明显提高。

连续无捻粗纱　　　　短切丝　　　　单向纱

纤维毡　　　　　　网格布

图 5-4-8　耐碱玻璃纤维的形式

（2）水泥基体

水泥品种及其质量不仅影响复合材料的常规力学性能，而且影响复合材料的长期耐久性。纵然玻璃纤维的耐碱性显著优于普通玻璃纤维，但此种纤维对水泥基体的增强增韧效果随着时间的延长也会有逐渐减弱的趋势，减弱的机理是玻璃纤维受到水泥水化产物液相碱度的腐蚀以及水化产物在纤维单丝之间的沉积使纤维脆化丧失了原有特性，因此提高玻璃纤维增强水泥的长期耐久性，不仅要提高玻璃纤维的耐碱性，而且还要降低水泥基体液相的碱度。

为降低水泥基体液相的碱度，通常采用两种技术途径：第一种技术途径是对硅酸盐类水泥进行改性，第二种技术途径是研制新型低碱度水泥。所谓改性，就是在硅酸盐类水泥中加入高活性火山灰质掺合料，期望能够消耗在水泥水化过程中产生的氢氧化钙，防止氢氧化钙晶体填充纤维单丝之间的空隙。

水泥基体组分的变化可导致 GRC 材料物理力学性能的变化，通常在工业化生产中采用的灰砂比范围为 1∶1～3∶1，但是水泥、砂、外加剂和外掺料会因来源不同而有所变化，因此水泥基体的组分、配比以及物理力学性能也会随之变化，应该注意由于水泥基体组分的变化而导致的 GRC 物理性能的潜在变化。

（3）玻璃纤维含量、长度和取向

在纤维水泥制品中，影响纤维发挥作用的主要因素有：①纤维品种：由于纤维品种的不同，它们的力学性能（包括抗拉强度、弹性模量、断裂延伸率与泊松比等）不可能相同，甚至其中某些性能指标有较大的差异。一般来说，纤维抗拉强度均比水泥基体的抗拉强度要高出二个数量级，但不同品种纤维的弹性模量值相差很大，有些纤维（如钢纤维与碳纤维）的弹性模量高于水泥基体，而大多数有机纤维（包括很多合成纤维与天然植物纤维）的弹性模量甚至低于水泥基体。纤维与水泥基体的弹性模量的比值对纤维增强水泥基复合材料的力学性能有很大影响，因该比值愈大，则在承受拉伸或弯曲荷载时，纤维所分担的应力份额也愈大。纤维的断裂延伸率一般要比水泥基体高出一个数量级，但若纤维的断裂延伸率过大，则往往使纤维与水泥基体过早脱离，因而未能充分发挥纤维的增强作用。水泥基体的泊松比一般是 0.20～0.22，若纤维的泊松比过大，也会导致纤维与水泥基体过早脱离。②纤维长度与长径比：当使用连续长纤维时,因纤维与水泥基体的粘结较好,故可充分发挥纤维的增强作用。当使用短纤维时,则纤维的长度与其长径比必须大于它们的临界值。纤维的临界长径比是纤维的临界长度与其直径的比值。③纤维的体积率:该值表示在单位体积的纤维增强水泥基复合材料中纤维所占有的体积百分数。用各种纤维制成的纤维增强水泥与纤维增强混凝土均有一临界纤维体积率,当纤维的实际体积率大于临界体积率时,复合材料的抗拉强度才得以提高。④纤维取向:纤维在纤维增强水泥基复合材料中的取向对其利用效率有很大影响,纤维取向与应力方向相一致时,其利用效率就愈高。

玻璃纤维的含量、长度和取向主要影响 GRC 的力学强度。喷射法 GRC 配比中玻璃纤维的最佳质量含量为 5%,纤维含量过低会导致较低的复合材料抗弯极限强度,纤维含量过高会导致复合材料的密实问题。在 GRC 生产过程中通过测试和调整单位时间内纤维的输出量和砂浆的输出量,控制玻璃纤维含量。纤维长度影响 GRC 的极限强度与密实度,采用直接喷射法时,纤维长度为 25~52mm。长度较短时尽管容易喷射但不能最大程度地发挥增强效果,纤维较长时可能引发喷射困难以及在辊压过程中的密实问题。纤维的取向同样会影响 GRC 的性能,期望喷射 GRC 中的纤维为二维随机分布,这需要熟练的喷射操作经验,否则纤维会倾向于平行一个方向排列,结果将导致在两个相互垂直方向上 GRC 性能的巨大差异。采用预混法,纤维掺量一般为 3% 时,理论上,较长的纤维应该使 GRC 材料得到较高的强度,但是采用预混法时 12mm 长度的纤维更有优势,因为它更容易与基体融合为一体,使预混料具有更好的和易性。

(4)GRC 制品的密实方法

必须对 GRC 进行充分密实以保证纤维完全嵌入基体之中。密实不充分将对 GRC 强度性能产生不利影响,并将导致 GRC 材料的渗透性变差以及在冻融循环过程中的破坏。

直接喷射法成型的 GRC 板采取辊压密实,而预混浇注法成型的 GRC 板则采取振动密实。采用直接喷射法时,水泥砂浆与玻璃纤维只是按一定规律相互交叉叠合,并没有完全相互融合,此时必须采取措施使二者紧密融合在一起;使用表面有凹槽或者有凸起的圆柱辊对新喷射的 GRC 进行辊压密实,可使喷射过程中带入的空气顺利排出,并可实现水泥砂浆与玻璃纤维的紧密结合。采用预混浇注法时,水泥砂浆与玻璃纤维经过搅拌已经成为相互融合的纤维水泥砂浆混合料,并且具有一定的流动性能,因此可采用振动密实。由于纤维水泥砂浆混合料的特殊性,可采用大振幅低频率振动,也可采用先进的变频和变振幅振动。

(5)厚度控制

设计厚度应该被认为是 GRC 板的最小控制厚度,板材的任何部分都不能低于该厚度,超过该厚度时可能会被认可,在转角处或者有深浮雕图案的位置可能更加希望超出设计厚度,但是在任何平面区域的厚度都不应超过设计厚度的 4mm,否则会增大 GRC 板的自重。

GRC 的优势是制作薄壁制品,即使微小的厚度变化也会对 GRC 板所承受的应力有重要影响,因此 GRC 板的厚度必须在规定的厚度偏差之内。以设计厚度为 12mm 的 GRC 板在简支状态下承受双点集中荷载为例,如果 GRC 板的实际厚度仅为 10mm,通过公式 5-4-1 计算可得到:10mm 厚度板所承受的弯拉应力为 12mm 厚度板所承受弯拉应力的 1.44 倍。而如果 GRC 板的实际厚度为 11mm,则所承受的弯拉应力为 12mm 厚度板所承受弯拉应力的 1.19 倍。由此可知,保证板的设计厚度非常重要。

$$\frac{\sigma_{10}}{\sigma_{12}}=\frac{\left(\dfrac{PL}{100b}\right)}{\left(\dfrac{PL}{144b}\right)}=1.44 \tag{5-4-1}$$

式中：P 为抗弯极限程度(N)；L 为跨距(mm)；b 为试件宽度(mm)。

4 主要性能试验(选择介绍)

4.1 抗弯性能(屈服强度、极限强度、弹性模量)

(1)试件制备

GRC 材料的弯曲强度用于 GRC 产品的质量控制和设计，还可用于验证与技术要求的符合性并用于收集研发计划中的数据。因此按照标准规范制备试件是很重要的。

· 采用与生产过程相同的方法制作一块样品板。把 GRC 材料喷射到尺寸为 450mm×1200mm×13mm 的试验模具中，用钢抹刀抹去模具边缘的多余材料并抹平表面。然后采用与产品相同的方法和条件对样品板进行养护。

· 养护至所需龄期后，按照图 5-4-9 的标示从样品板上切割取样。如果需要，对用于切割 56d 龄期试样的两端部分的样品板应完整保留、标志并保存。所切割试件的主跨度长度与厚度的比值应在 16～30 范围内。试件总长度最少应比主跨长度长 25mm，试件的公称宽度应为 50mm。每个龄期取 6 个试件进行试验。

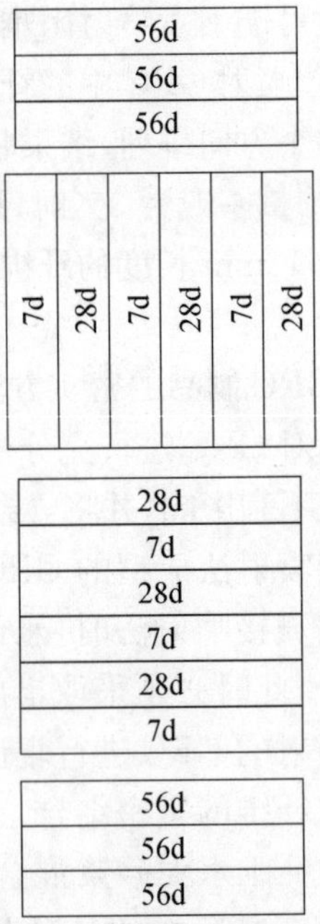

(2)仪器设备

· 试验机：经校正的试验机，加载头可以固定速度运行，试验机测力系统的偏差不应超过预期测量的最大力值±1%。试验机应装备变形测量和记录装置。试验机系统的总弹性变形不应超过试验过程中试件总变形的 1%或者进行适当的修正，力值显示机构在使用的加载速度下应基本上无惯性滞后。

图 5-4-9 从 450mm×1200mm×13mm 的样品板上取样示意图

· 加载杆和支座：加载杆和支座应为圆柱体。为避免过度缩进或由于加载杆和支座下的直接应力集中引起破坏，加载杆和支座的直径至少应为 13mm。加载装置见图 5-4-10。

(3)试验步骤

· 按照试验要求的主跨长度 L(mm)固定两个支座的位置；按照主跨长度的 1/3 设置两个加载杆的位置。使加载杆与支座相互平行。

· 将试件放置在支座上，使试件位于支座长度方向的中部，试件伸出支座外侧的长度应基本相等。以 3 个试件的模型面作为受拉区，另外 3 个试件的抹平面作为受拉区。

· 试验机加载头的加载速度设定在 1.27～5.1mm/min 范围内，记录挠度的走纸速度设定为加载速度的 75 倍左右。设定初裂荷载测量范围，使屈服点的荷载出现在记录显示总范围的不小于 30%的位置。用恒定速度对试件加载，直至破坏。检查试件的破坏位置，如果破坏发生在次跨以外的位置,则放弃该试件以及该试件的测试数据。

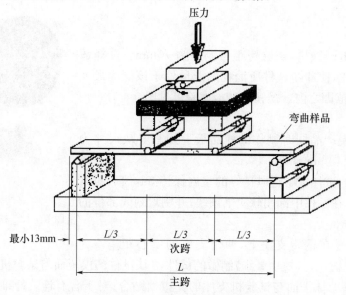

图 5-4-10　弯曲试验加载装置

· 记录试件破坏时的最大荷载值 $P_u(\mathrm{N})$ 与荷载-挠度曲线上偏离线性关系点的荷载值 $P_y(\mathrm{N})$,还可测量荷载—挠度曲线上与 P_u 对应的挠度值 Y_u 以及与 P_y 对应的挠度值 Y_y,图 5-4-11为典型荷载-挠度曲线图。

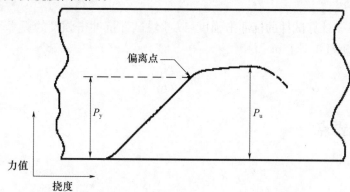

图 5-4-11　典型荷载-挠度曲线图

· 在破坏位置附近,测量并记录试件的厚度 $d(\mathrm{mm})$ 和宽度 $b(\mathrm{mm})$。

(4)结果计算

· 按照公式 5-4-2 计算抗弯屈服强度 $F_y(\mathrm{MPa})$。

$$F_y = P_y L / bd^2 \tag{5-4-2}$$

· 按照公式 5-4-3 计算抗弯极限强度 $F_u(\mathrm{MPa})$。

$$F_u = P_u L / bd^2 \tag{5-4-3}$$

· 按照公式 5-4-4 计算弹性模量 $E(\mathrm{MPa})$。

$$E = \frac{23 P_y L^3}{108 Y_y bd^3} \tag{5-4-4}$$

4.2 抗冲击强度

（1）试验设备

摆锤式抗冲击试验机，试验跨距可调整为 70mm。选择适当能量级别的摆锤，使冲断试件所消耗的能量处于该摆锤最大能量 20%～80% 范围之内。摆锤式冲击试验机见图 5-4-12。

（2）试验步骤

· 在与所代表产品同时制作的样品板上切割 6 块尺寸为 120mm×50mm×10mm 试件。

· 将切割后的试件置于通风良好的室内保持 3d，然后对试件进行编号标记；在试件中部用软质笔划线，并测量划线部位的宽度 b 和厚度 h（mm）。

图 5-4-12　摆锤式冲击试验机

· 将试件放置在钢质支座上，两个支座的中心距离 l 为 70mm。对于用喷射工艺（短切纤维）制做的试件，3 块试件的模板面与试验机支座的支撑面贴合，另外 3 块试件的抹平面与试验机支座的支撑面贴合；对于含有连续纤维或纤维网布的试件，以连续纤维或纤维网布所在主平面经受摆锤冲击。

· 保持试件稳定，并调整试件使划线部位处在支座的中心，即：使试件的划线部位对准摆锤的刃口。操纵试验机控制机构，使摆锤自由落下，冲击试件使其破坏。

· 记录冲击能量值 N_I（J）。

（3）结果计算

按照公式 5-4-5 计算试件的抗冲击强度，以 6 块试件抗冲击强度的算术平均值作为试验结果（kJ/m²），精确到 0.1kJ/m²。

$$\sigma_I = \frac{N_I}{bh} \tag{5-4-5}$$

5　安装施工要点

5.1　固定系统

固定系统的作用：能够充分调整以适应结构误差与预期的变形；在所有环境下，都可使 GRC 板中的局部应力减到最小；保证外力能够通过固定件传递到整个 GRC 板；充分利用 GRC 的强度性能。

图 5-4-13 为连接件封装固定：固定件埋置在 GRC 材料内。封装固定的锚固件通常为具有锥形端部或十字销端部的内螺纹管。封装固定件的 GRC 材料的长度和宽度至少应为螺纹管外径的 10 倍，最小部位 GRC 材料的长度和宽度至少应为螺纹管外径的 8 倍。按照板的规格尺寸选择螺纹管规格。

图 5-4-14 为表面固定：通过板表面进行的固定。通过橡胶垫片和大尺寸孔（相对于螺栓直径）释放变形。拧紧螺栓后，用 GRC 填实固定孔。

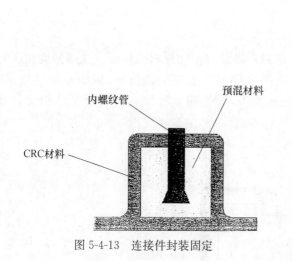

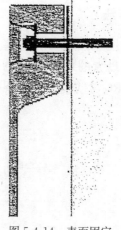

图 5-4-13　连接件封装固定

图 5-4-14　表面固定

图 5-4-15 为隐藏式固定:将 GRC 板的底部边缘或内部支托支承在托架上,通过销钉或连接在托架上的垂直钢板连接。

图 5-4-16 为辅助件固定:在 GRC 板上安装窗户、遮雨板或排水管等构件时,可在 GRC 内埋设硬木块或塑料块,用螺钉连接。

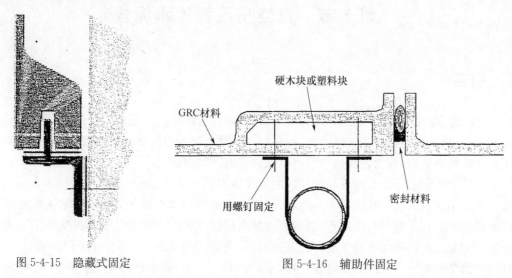

图 5-4-15　隐藏式固定

图 5-4-16　辅助件固定

固定系统所用材料例如托架、螺栓、螺母、垫圈、埋件、长槽等使用钢材制造。根据环境状况、结构寿命及是否易于检查和维护,选择钢材的品质。垫片和密封垫采用耐久性好、非压缩性材料如塑料和不锈钢制造,允许变形时采用氯丁橡胶垫片和密封垫。

5.2　接缝密封系统

通常在外表面采用弹性密封,选择接缝材料应考虑的因素:与不同表面的粘结性、可使用温度范围、老化特性、抗磨损性、颜色及其保持性、使用便利性以及与其他密封材料的适应性。

5.3 连接方法

必须考虑板材的制造允许偏差、安装允许偏差以及与相邻材料的界面。连接件应在所有方向上都具有最大的可调节性，板的排布规则应优先考虑外表面排布，以满足美学要求。图 5-4-17 为 GRC 含肋单层板与混凝土梁的连接方法，使用柔性锚具与混凝土结构梁直接连接。

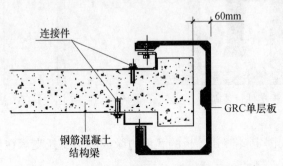

图 5-4-17　GRC 含肋单层板与混凝土梁的连接

第 5 节　真空挤压纤维水泥板

1　引言

以纤维素纤维和化学合成纤维为增强材料，以普通硅酸盐水泥、磨细石英砂、消石灰、增塑剂和水组成的混合料为基体，经搅拌、混练、真空挤出成型、养护而制成的板材。此类板材主要用作外墙外面装饰，板的表面通常具有不同的装饰图案和颜色。

与抄取法制造纤维水泥板和流浆法制造纤维水泥板相比，挤压法制造纤维水泥板的突出特点是采用低水灰比的纤维水泥塑性混合料，在真空挤出成型机内，首先经真空排气，再在螺杆的高挤压力和高剪切力作用下，通过模口挤出而制成具有一定断面形状的板材，因此真空挤压法不需要庞大的回水处理系统；所制造板材的断面为匀质结构，不存在分层风险，产品物理性能和力学性能的一致性更加稳定；更换模口，即可在同一条生产线上生产不同断面的产品；更换压花辊，即可生产具有不同表面图案的板材；由于是连续挤出成型，可根据需要的板材长度进行切断操作，在一定范围内获得所需任意长度的板材。

用真空挤压法可生产纤维水泥平板、纤维水泥多孔板和纤维水泥异型构件，例如窗框、拐角等。用真空挤出法生产的产品具有诸多优点和特点，但是真空挤出法对原材料要求非常严格，而且在生产过程中对环境温度和物料温度的要求也非常严格，导致这种方法的推广应用受到一定程度的限制。国际上曾经采用真空挤出法制造水泥制品的国家只有德国、日本、英国、前苏联等为数不多的国家。我国北新建材集团于 2001 年开始用真空挤出法生产纤维水泥板。

2　质量要求与性能特点

真空挤压纤维水泥板的质量控制可依据我国建材行业标准《纤维增强水泥外墙装饰挂板》JC/T 2085—2011,该标准适用于以水泥等硅酸盐材料和纤维为主要原料制作的用于建筑物外墙围护和装饰用的纤维增强水泥外墙装饰挂板。该标准的制定参照了日本工业标准《纤维增强水泥外墙板》JIS A 5422—2008。该标准规定的板的物理力学性能要求列于表 5-5-1。

表 5-5-1　挤压纤维水泥板的物理力学性能

项目	技术指标			
	墙板厚度为 (8~13)mm 时	墙板厚度为 (14~17)mm 时	墙板厚度为 (18~20)mm 时	墙板厚度为 (21~27)mm 时
弯曲破坏荷载	≥700N	≥800N	≥900N	≥1000N
耐冲击性	尺寸为 500mm×400mm 的墙板受检块平放于厚度为 100mm 的细砂上,外表面向上,将 500g 钢球从规定高度[1400mm(15~17 厚度板)、1100mm(8~14 厚度板)、1700mm(18~27 厚度板)]自由落下,冲击样品板中央位置一次,不产生贯通裂缝			
涂膜附着力	涂膜剥离(仅适用于装饰板)			
耐候性	表面剥离、膨胀等面积率≤2%,涂层板色差值≤6(2 级)			
抗冻性	表面剥离面积率≤2%,没有明显层间剥离,且厚度变化率≤10%			
不透水性	水面降低高度≤10			
吸水后的翘曲	≤2mm			
吸水率	素板:≤25%;装饰板:≤15%			
湿胀率	≤0.30%			
燃烧性能	不低于 A2 级			
抗风压性能	满足设计要求			

按照外墙板表面是否经过加工处理,将其分为素板和装饰板;按照墙板断面将其分为有空洞的中空板和无空洞的实心板。外墙板典型断面形状如图 5-5-1。

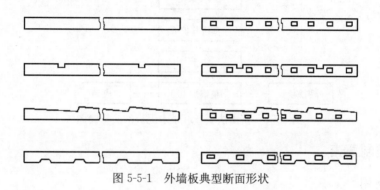

图 5-5-1　外墙板典型断面形状

3 生产工艺及控制因素

3.1 生产工艺

纸浆板经解纤机分解成为纤维素纤维,将纤维素纤维与水泥、磨细石英砂、消石灰粉以及增塑剂的水溶液(需要时可加入化学合成纤维),按照一定的加料顺序送入搅拌机内进行粗混,成为拌和料;拌和料再进入捏合机内进行混炼,使其成为具有足够塑性和粘聚性的物料;通过给料系统将该物料均匀送入真空挤出机,当物料进入真空挤出机的空腔时,通过真空抽吸除去物料中的气体;随后物料经受真空挤出机大直径螺杆的挤压与剪切作用,使之密实,最后由模口挤出,成为具有设定厚度的连续板坯;板坯在辊道上向前推送,通过压花辊使板面压出某种花纹,然后按要求切割成一定的长度并移放到托架上;静停一段时间后,送入蒸压釜内进行蒸压养护;出釜后的板经过烘干,进行板面与边缘精加工。

图 5-5-2 为挤出法制造纤维水泥板的流程简图。

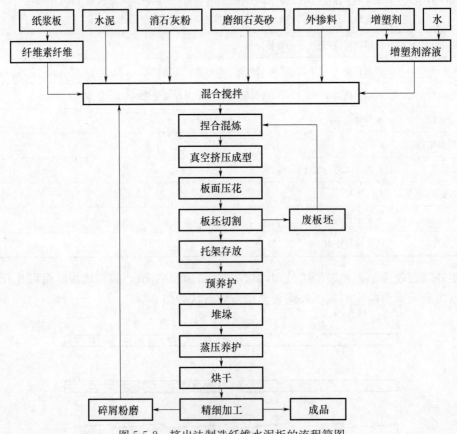

图 5-5-2 挤出法制造纤维水泥板的流程简图

3.2 生产控制要素

(1)原料选用

真空挤压纤维水泥板主要用作外墙面板,装饰性是其重要功能之一,因此除了重视板在长期使用过程中的性能变化,还应重视板的外观变化,表面泛霜是影响水泥基制品外观质量的重要因素之一,泛霜现象是水泥水化产物中的 $Ca(OH)_2$ 随着水分迁移到制品表面所形成的。从原料匹配和生产工艺入手,是解决表面泛霜的根本措施。众所周知,通过在配料中加入含有 SiO_2 的材料组分并通过特定的工艺过程使之与 $Ca(OH)_2$ 发生反应,不仅可生成有利于制品性能改善的产物,而且可大幅度减少制品中游离 $Ca(OH)_2$ 的数量。

① 水泥:应选用符合《通用硅酸盐水泥》GB 175 规定的强度等级为 42.5 的普通硅酸盐水泥。普通硅酸盐水泥的初凝时间不小于 45min,终凝时间不大于 600min,3d 龄期的抗压强度不小于 17.0MPa。

② 硅质原料:砂是制造硅酸盐混凝土制品广泛使用的硅质材料,砂的化学成分特别是砂中 SiO_2 的含量对制品物理力学性能的影响极大。对于高强度的硅酸盐混凝土制品,砂中 SiO_2 的含量宜大于 80%;砂中所含矿物成分对制品的强度也有极大影响,使用以石英为主的砂制成的制品的物理力学性能比以其他矿物为主的砂所制成的制品的物理力学性能更加优越,这是由于石英中的 SiO_2 为游离态,易于和 CaO 化合,石英砂中石英矿物的含量在 90% 以上。石英砂中可能含有少量黏土杂质,这些黏土杂质在蒸压处理后,可与 $Ca(OH)_2$ 生成水石榴石或其他水化物,另外,黏土还可提高混合料塑性,增加制品密实度,因此在一般情况下不必刻意清除石英砂中的黏土杂质。但是黏土杂质含量过大可导致制品吸水率和膨胀率增大,因此应控制石英砂中的含泥量小于 0.5%。为充分利用游离 SiO_2 的反应活性,将石英砂磨细后进行使用,细度要求为 180 目筛的筛余量不大于 10%。

③ 钙质原料:采用建筑消石灰,其质量应符合《建筑消石灰》JC/T 481 的规定,消石灰中 (CaO+MgO) 的含量不小于 90% 且 MgO 含量不大于 5%,消石灰的细度要求为 180 目筛的筛余量不大于 10%,并且安定性合格。

④ 纤维材料:纤维素纤维和耐热型聚丙烯纤维,纤维含量约 5%。纤维素纤维是用某些植物的茎秆和韧皮经机械或化学加工制成的纤维,为了运输和保存方便,通常将纤维素纤维制成纸浆板,使用前再经过解纤机将纸浆板制成纤维浆。纤维素纤维的比重在 1.2~1.5 之间,抗拉强度在 300~800MPa 之间,弹性模量在 9.0~10.0GPa 之间,纤维素纤维除了具有增强作用,还可改善混合料的工艺性能。

⑤ 增塑剂:是一类增加材料柔韧性和使材料液化的添加剂。其作用在于提高混合料的保水性和制品的保形性,使混合料在挤压力的作用下能够顺利移动通过模口成型。在真空挤压纤维水泥板配料中使用的增塑剂为纤维素醚,纤维素醚是由纤维素经醚化后制成的具有醚结构的高分子化合物,可溶于水、稀碱溶液和有机溶剂,并具有热塑性。随所用醚化剂的不同而有甲基纤维素、羟乙基甲基纤维素、羧甲基纤维素、乙基纤维素、苄基纤维素、羟乙基纤维素、羟丙基甲基纤维素、羧甲基羟乙基纤维素等。由于甲基纤维素和羟丙基甲基纤维素的保水率较高,因此常常被选用。①甲基纤维素可溶于冷水,热水溶解会遇到困难,其水溶液在 pH=3~12 范围内非常稳定。温度的变化会严重影响甲基纤维素的保水率,温度越高,保水性越差。如果混合料温度超过 40℃,甲基纤维素的保水性将会明显变差。当温度达到凝胶化温度时,会出现凝胶现象。甲基纤维素的保水性取决于其添加量、黏度、颗粒细度及溶解速度。②羟丙基甲基纤维素易溶于冷水,热水溶解也会遇到困难。但它在热水中的凝胶化温度要明显高于甲基纤维素。在冷水中的溶解情况也较甲基纤维素有大的改善。羟丙基甲基纤维素对酸、碱具有稳定性,其水溶液在 pH=2~12 范围内非常稳定。苟

性钠和石灰水对其性能也没有太大影响,但碱能加快其溶解速度,并对黏度稍有提高。羟丙基甲基纤维素对一般盐类具有稳定性,但盐溶液浓度高时,羟丙基甲基纤维素溶液黏度有增高的倾向。羟丙基甲基纤维素的保水性取决于其添加量、黏度等,相同添加量时的保水率高于甲基纤维素。

(2)养护

真空挤压纤维水泥板的养护过程分为两个阶段:蒸汽养护阶段和蒸压养护阶段。这是因为在真空挤压法成型的纤维水泥板配料中含有 30%～40%的硅质材料(包括石英粉和硅灰),这些硅质材料与配料中的消石灰(CaO)和水泥水化产物 Ca(OH)$_2$ 只有在温度高于 100℃的饱和蒸汽介质中进行水热合成反应,才能生成结晶度较好、强度较高的托贝莫来石。托贝莫来石可以用石灰和石英粉在 130～175℃时顺利合成,具有良好的物理力学性能。因此在真空挤出纤维板采用蒸压处理是非常必要的。

在湿热养护过程中,除了形成各类水化产物的结晶连生体因而形成坚固的硅酸盐石结构外,还伴随着结构结构缺陷的发展过程,表现为结构疏松、开裂、膨胀等,这些结构缺陷的产生和发展可使得制品强度和其他物理力学性能降低。为抑制和减少结构缺陷的产生,可采取以下措施:①采用较缓和的蒸压制度,但是这种方法将影响蒸压釜的生产效率;②在蒸压前,使制品具有一定的入釜强度。以提高制品抵抗结构破坏作用力的能力;入釜强度高,升温速度可相应加快;③用静停方法使制品入釜前的含水量减少,从而减少制品孔隙中的水分充盈度、除此之外,在静停过程中,制品强度将有所增加,因而也可提高制品的入釜强度。其影响因素包括内在因素和外在因素,混合料组成、配合比、制品形状与尺寸属于内在因素。

4 主要性能试验(选择介绍)

4.1 弯曲破坏荷载

(1)试验准备

试件优选尺寸为 500mm(长度)×400mm(宽度),如无法获得优选尺寸的试件,也可使用其他尺寸的试件,但是试验时的支距随之变化,支距与试件尺寸的对应关系列于表 5-5-2。

表 5-5-2　支距与试件尺寸的对应关系

试件尺寸(长度×宽度,mm)	500×400	400×300	300×250	200×150	(15·t+50)×80
支距(mm)	40	350	250	150	15·t

注:(1)长度是指板材成型时沿挤出方向的尺寸;(2)t 为板厚度(mm)。

(2)试验步骤

· 在试验机的两个半圆形支座上部分别放置宽度为 40mm 的刚性支撑板。

· 试件外表面朝上,将试件平稳放置在两个支撑板上,使试件长度方向的中心线位于加载杆的下方。

· 以 100N/min 以上的速度加载至试件破坏,记录破坏荷载。

(3)试验结果

以三个试件试验结果的算术平均值作为最终弯曲破坏荷载(N)。

4.2 抗冻性

真空挤压纤维水泥板的抗冻性判定指标包括三个方面：表面剥离面积率≤2%，没有明显层间剥离，且厚度变化率≤10%。

(1)试验准备

取 3 个尺寸为 200mm×100mm 的试件，在试件两端距离端边 20mm 的位置标注厚度测量点(共四个点)，分别测量四个测量点的厚度，计算出平均厚度 t_0(mm)。

(2)试验步骤

· 将试件放置在常温清水中浸泡约 24h，随后放入到冷冻箱内，在(-20±2)℃的空气中冻结 2h，然后放入(10±2)℃的水中溶解 1h。按此冻融方法，反复进行 200 次。

· 取出试件，擦干表面水分。再次测量四个测定点的厚度，计算出平均厚度 t_1(mm)。

· 用长度约为 50mm 的透明压敏胶粘带粘贴在试件上，用橡皮在胶带上擦蹭，使胶带充分粘着，粘着 1~2min，拿住胶带一端，与试件成角度瞬间扯下；将扯下的胶带粘贴在有 1mm 刻度的方格纸上，用 1mm² 单位读取剥离面积 S_4；测量粘贴在试件上的透明胶带的实际长度和宽度，计算其面积 S_3。

(3)结果处理

目测试件的层间剥离情况，同时按照公式 5-5-1 和公式 5-5-2 分别计算厚度变化率和剥离面积率。

$$厚率变化率 H = \frac{t_1 - t_0}{t_0} \times 100\% \tag{5-5-1}$$

$$剥离面积率 F_2 = \frac{S_4}{S_3} \times 100\% \tag{5-5-2}$$

4.3 吸水后的翘曲

(1)试验准备

取三块尺寸为 320mm×150mm 的试件。在试件的内侧面画两条对角线，以两条对角线的交点 O 作为测量基准点。

(2)试验步骤

· 将翘曲测量仪(图 5-5-3)均衡放置在试件上，使百分表测量杆的端点与试件上的测量基准点重合，读取百分表读数 d_1(mm)。

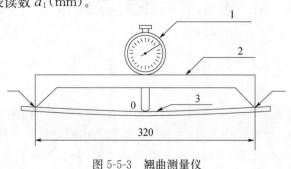

图 5-5-3 翘曲测量仪

• 将试件放入水面以下约 3cm 处浸泡 3h,取出;随后将试件侧立放入温度为(80±5)℃的电热鼓风干燥箱里,静置 1.5h。

• 重复第一个步骤,读取百分表读数 d_2(mm)。

(3)结果处理

用 $d_2 - d_1$ 计算试件的翘曲值。以三块试件翘曲值中的最大值作为试验结果。

5 安装施工要点

真空挤压纤维水泥板主要用作建筑的外墙装饰板和复合外墙的外围护板。作为外墙装饰板,是安装在已有墙体的外表面,其功能仅仅是作为装饰板材。作为外围护板,是作为墙体必不可少的组成部分,例如在薄壁型钢房屋建筑中作为墙体面板。墙体面板与墙体立柱应采用螺钉连接,在墙体面板边部和接缝处的螺钉间距不宜大于 150mm,墙体面板内部的螺钉间距不宜大于 300mm。墙体面板进行上下拼接时宜错缝拼接,在拼接缝处应设置厚度不小于 0.8mm 且宽度不小于 50mm 的连接钢带进行连接。

作为国内建筑市场唯一用真空挤出法生产的纤维水泥外挂墙板,北新建材研究开发了以薄壁型钢为骨架的施工方法和节点构造。为有效解决板面和板缝开裂问题,采取了以下技术措施:①板两面涂有防水剂,降低板材在空气湿度变化时内部含水率的波动,进而控制干缩变形;②安装时,在板与保温材料之间设置厚度为 7mm 的空气层,使板内外湿度保持一致,避免由于环境湿度变化引起的变形;③安装时,采用挂件结构,使板在二维方向上都能自由变形,避免在板面内产生应力。为解决保温层内结露问题,在保温层内侧采用具有呼吸功能的纸面石膏板,可使保温层湿气及时扩散。为解决板缝防水问题,竖缝采用密封胶材料防水,而横缝采用企口结构防水与密封胶嵌入材料防水。

对纵向高度小于板宽的部位(如:窗口、檐口等),在板内侧附加橡胶垫块,再用自攻螺钉固定。在墙体泛水和檐口处留有进出气的通风道,保持墙体内侧通风,避免板因湿度差而产生变形,同时可允许保温层内的水分向外扩散,避免结露。

国家建筑标准设计图集《钢结构住宅(一)》05J910-1 适用于三层及三层以下的独立后联排轻型钢结构住宅,包括冷弯薄壁型钢密肋结构体系和轻钢框架结构体系两种结构体系,其中冷弯薄壁型钢密肋结构体系的外墙和内墙均需采用结构板材,纤维水泥板是该图集推荐优先使用的外挂墙板。

第6节 纸面石膏板

1 引言

纸面石膏板是以天然石膏或工业副产石膏为原料,掺入适量轻集料、纤维增强材料、淀粉、发泡剂和促凝剂等,与水混合制成芯材,并与增强护面纸牢固粘结在一起的建筑板材。按照功能,将纸面石膏板分为普通纸面石膏板、耐水纸面石膏板、耐火纸面石膏板与耐水耐火纸面石膏板四种。普通纸面石膏板是以建筑石膏为主要原料,掺入适量增强材料和外加剂等,与水搅拌后浇注于护面纸的面纸与背纸之间,并与护面纸牢固地粘结在一起的建筑板材。耐水纸面石膏板是以建筑石膏为主要原料,掺入适量纤维增强材料和耐水外加剂等,与水搅拌后浇注于耐水护面纸的面纸与背纸之间,并与耐水护面纸牢固地粘结在一起,旨在改善防水性能的建筑板材。耐火纸面石膏板是以建筑石膏为主要原料,掺入无机耐火纤维增强材料和外加剂等,与水搅拌后浇注于护面纸的面纸与背纸之间,并与护面纸牢固地粘结在一起,旨在提高防火性能的建筑板材。耐水耐火纸面石膏板是以建筑石膏为主要原料,掺入耐水外加剂和无机耐火纤维增强材料等,与水搅拌后浇注于耐水护面纸的面纸与背纸之间,并与耐水护面纸牢固地粘结在一起,旨在改善防水性能并提高防火性能的建筑板材。纸面石膏板适于在建筑物中作为非承重墙体和吊顶。

2　质量要求与性能特点

《纸面石膏板》GB/T 9775—2008 中规定的规格尺寸列于表 5-6-1,该标准规定的纸面石膏板的面密度和断裂荷载列于表 5-6-2,其他性能列于表 5-6-3。

表 5-6-1　纸面石膏板的规格尺寸与允许偏差(GB/T 9775—2008)

项目	规格尺寸(mm)	允许偏差(mm)
长度	1500、1800、2100、2400、2440、2700、3000、3300、3600、3660	−6～0
宽度	600、900、1200、1220	−5～0
厚度	9.5	±0.5
	12.0、15.0、18.0、21.0、25.0	±0.6

表 5-6-2　纸面石膏板的面密度和断裂荷载(GB/T 9775—2008)

板材厚度(mm)	面密度(kg/m²)	断裂荷载(N)			
		纵向		横向	
		平均值	最小值	平均值	最小值
9.5	≤9.5	≥400	360	≥160	140
12.0	≤12.0	≥520	460	≥200	180
15.0	≤15.0	≥650	580	≥250	220
18.0	≤18.0	≥770	700	≥300	270
21.0	≤21.0	≥900	810	≥350	320
25.0	≤25.0	≥1100	970	≥420	380

表 5-6-3　纸面石膏板的其他性能(GB/T 9775—2008)

性能	指标要求
硬度	棱边硬度和端头硬度应不小于 70N
抗冲击性	经冲击后,板材背面无径向裂纹
护面纸与芯材粘结性	护面纸与芯材应不剥离
吸水率(%)	≤10(仅适用于耐水纸面石膏板和耐水耐火纸面石膏板)
表面吸水量(g/m²)	≤160(仅适用于耐水纸面石膏板和耐水耐火纸面石膏板)

性能	指标要求
遇火稳定性	≥20min（仅适用于耐火纸面石膏板和耐水耐火纸面石膏板）
受潮挠度	（供需双方商定）
剪切力	（供需双方商定）

　　纸面石膏板的棱边形状分为矩形、倒角形、楔形和圆形，如图 5-6-1。倒角棱边和楔形棱边适用于暗接缝的墙面，矩形棱边和圆形棱边适用于明接缝或有压条的墙面。

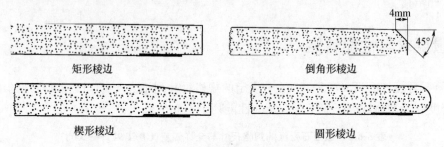

矩形棱边　　　　　　　　　　　　倒角形棱边

楔形棱边　　　　　　　　　　　　圆形棱边

图 5-6-1　纸面石膏板的棱边形状

　　纸面石膏板具有良好的耐火性能，这是由于石膏板中的二水石膏是以 $CaSO_4 \cdot 2H_2O$ 的结晶形态存在的，结晶水的含量相当于全部重量的 21%，当遭遇火灾时，结晶形态的二水石膏首先吸收热量进行脱水反应，每千克二水石膏脱去两个水分子需要大约 712kJ 的热能，然后使水分子变成蒸汽蒸发还需要大约 544kJ 的热能，这两个过程所需要的热能可在一定程度上消耗火灾造成的热能，为人员疏散和消灭火灾提供宝贵时间。另外，纸面石膏板在遭遇火灾时可释放水蒸气，并在面向火源的表面形成水蒸气幕，而不会释放其他对人体有害的气体，这对于保护生命安全是非常重要的。

　　石膏制品（包括纸面石膏板、纤维石膏板、石膏刨华板、石膏砌块和石膏空心条板）均具有一种独特的"呼吸"功能，由于石膏硬化体具有微孔结构，在环境空气的相对湿度较大时可吸收水分，而当空气相对湿度降至 60% 以下时所吸收的水分又可自然地释放出来，石膏制品的此种特性称为"呼吸作用"。石膏制品的吸湿量较小，纸面石膏板在温度为 32℃、相对湿度 90% 的空气中时，达到平衡时的吸湿量仅为 0.2%，对制品的强度影响较小，对制品尺寸变化的影响也很小，所以不会引起制品的变形或开裂。

3　生产工艺及控制要素

3.1　生产工艺

　　将熟石膏粉与各种外加剂加水搅拌成均匀的料浆，将料浆连续浇注到运行状态的底层护面纸上，然后进入成型辊筒，成型为两面贴纸的湿石膏板；随后，湿石膏板在皮带输送机上凝固硬化，并按要求的尺寸在切割机上切割成片，然后分层进入干燥机，干燥后经修边、检验即得成品。图 5-6-2 为纸面石膏板的生产工艺流程。

3.2　生产控制要素

（1）建筑石膏

石膏胶凝材料的制备是指将二水石膏加热脱水成为半水石膏或其他类型的脱水石膏；而石膏制品的制造则是将这种半水石膏或其他类型的脱水石膏与适量的水溶液拌和成为石膏浆，通过水化作用生成二水石膏晶体，使石膏浆体硬化并形成具有一定强度和形状的制品。我们熟知的建筑石膏实质上就是半水石膏，半水石膏加水后进行的水化反应为 $CaSO_4 \cdot \frac{1}{2} H_2O + 1\frac{1}{2} H_2O \Longrightarrow CaSO_4 \cdot 2H_2O + \uparrow$ 热，影响半水石膏水化速度的因素主要有石膏煅烧温度、粉磨细度、结晶形态、杂质情况与水化条件等。

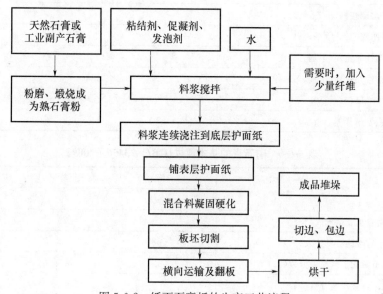

图 5-6-2　纸面石膏板的生产工艺流程

生产纸面石膏板的建筑石膏应符合 GB/T 9776 标准的要求。GB/T 9776—2008 标准对建筑石膏的定义为：天然石膏或工业副产石膏经脱水处理制得的以 β 半水硫酸钙（$\beta-CaSO_4 \cdot \frac{1}{2} H_2O$）为主要成分，不预加任何外加剂或添加物的粉状胶凝材料。建筑石膏组成中 β 半水硫酸钙（$\beta-CaSO_4 \cdot \frac{1}{2} H_2O$）的含量（质量分数）不应小于 60%，其物理力学性能应满足表 5-6-4 所列要求。

表 5-6-4　建筑石膏的物理力学性能

等级	细度（0.2mm 方孔筛筛余，%）	凝结时间（min）		2h 强度（MPa）	
		初凝	终凝	抗折	抗压
3.0				≥3.0	≥6.0
2.0	≤10	≥3	≤30	≥2.0	≥4.0
1.6				≥1.6	≥3.0

工业副产石膏是工业生产过程中产生的富含二水硫酸钙的副产品。以工业副产石膏作为制备建筑石膏的原料时,应进行必要的预处理。烟气脱硫石膏和磷石膏的技术要求应分别符合《烟气脱硫石膏》JC/T 2074 和《磷石膏》GB/T 23456 中的相关要求。现行建材行业标准《烟气脱硫石膏》JC/T 2074—2011 对烟气脱硫石膏的技术要求列于表 5-6-5,现行国家标准《磷石膏》GB/T 23456—2009 中对磷石膏的基本要求列于表 5-6-6。

表 5-6-5 烟气脱硫石膏的技术要求(JC/T 2074—2011)

项目	指标		
	一级	二级	三级
气味	无异味		
附着水含量(湿基,%)	≤10.0		≤12.0
二水硫酸钙(干基,%)	≥95.0	≥90.0	≥85.0
半水硫酸钙(干基,%)	≤0.50		
水溶性氧化镁(干基,%)	≤0.10		≤0.20
水溶性氧化钠(干基,%)	≤0.06		≤0.08
pH 值(干基)	5—9		
氯离子(干基,mg/kg)	≤100	≤200	≤400

表 5-6-6 磷石膏的基本要求(GB/T 23456—2009)

项目	指标		
	一级	二级	三级
附着水质量分数(%)	≤25		
二水硫酸钙质量分数(%)	≥85	≥75	≥65
水溶性五氧化二磷质量分数(%)	≤0.80		
水溶性氟质量分数(%)	≤0.50		
放射性核素限量	符合 GB 6566 的要求		

氯化物在纸面石膏板中会影响护面纸与石膏芯的结合,在潮湿状态使用纸面石膏板时,氯离子会加速钉子和钢筋的锈蚀,

纳的存在也会影响护面纸与石膏芯的结合。纳在石膏中以硫酸钠的形式存在,在纸面石膏板干燥时,硫酸钠迁移到护面纸与石膏芯之间,形成一层膜,石膏板干燥后,在常温下逐渐冷却,当温度低于 32℃时,硫酸钠从环境中吸收水分形成白色絮状物,造成护面纸与石膏芯的粘结破坏而导致剥离。钾的存在同样也会影响护面纸与石膏芯的结合。

(2)护面纸

对于纸面石膏板来说,护面纸也是主要原料之一。在生产纸面石膏板的过程中,纸面覆盖于石膏芯两面,并能够与石膏芯牢固地粘结在一起。护面纸分为成型上纸和成型下纸两种,成型上纸在生产纸面石膏板时覆盖于石膏浆上面(使用时的底面),成型下纸在生产纸面石膏板时承载石膏浆(使用时的外面)。虽然护面纸在纸面石膏板中所占重量比不到 5%,但是可承担纸面石膏板断裂荷载的 60% 以上。另外,护面纸的质量对纸面石膏板的生产工程和产品性能也有重要影响。我国建材行业标准《纸面石膏板护面纸板》JC/T 443—2007 中对护面纸的

技术要求列于表 5-6-5。

表 5-6-5 护面纸的技术要求(JC/T 443—2007)

项目		U 级	A 级	B 级
定量(g/m²)		290±5	290±10	290±15
厚度(mm)		0.34~0.38	0.40~0.44	0.40~0.46
透气度(μm/Pa·s)		1.00~1.60	1.00~1.60	0.85~1.60
吸水性(Cobb 值)(g/m²)	正面	15~25	15~25	15~30
	反面	15~25	15~25	15~30
抗张强度(kN/m)	纵向	≥14.5	≥13.5	≥12.5
	横向	≥4.0	≥4.0	≥3.5
横向湿伸缩性(%)		≤2		
水分(%)		10±1	10±1	10±2

护面纸的定量是护面纸最基本的技术指标之一,是每平方米纸的克重数,随着纸面石膏板技术的发展,要求在满足其他性能的前提下,逐渐降低护面纸的克重。护面纸的克重特别是克重的均匀性对纸面石膏板的表面质量有较大影响,克重的均匀性不好,将导致纸面石膏板板面的"拉沟"现象,影响板的表面质量。

透气度影响纸面石膏板的生产过程,纸面石膏板成型时的用水量大于石膏水化所需要的结合水,多余的水分在烘干时向外蒸发,水分的蒸发速率与护面纸的透气度有关,不同的生产速度,要求湿板中水分的蒸发速率也不相同。透气度过小,表明纸板透气阻力大,水分不易蒸发,表现为纸面石膏板过湿;透气度过大,水分蒸发过快,石膏芯中的淀粉就容易随水分蒸发而迁移到护面纸中,从而降低护面纸与石膏芯的粘结,甚至可能导致纸面石膏板强度的降低,因此适合的透气度是生产高质量纸面石膏板的重要技术指标之一。

护面纸吸水性有助于吸附料浆,使硬化后的石膏晶体渗入纸纤维内,促进护面纸与石膏芯的紧密结合。除了要求吸水量在一定范围内之外,纸的横幅吸水均匀性也非常重要,它影响着纸面石膏板的表面平整度,如果护面纸的边缘吸水量大于中部吸水量,则纸面石膏板的板边易发生翘曲。

护面纸的抗张强度决定着纸面石膏板的断裂荷载,护面纸的抗张强度达到一定数值时,才能保证纸面石膏板的强度。纸面石膏板的断裂荷载取决于护面纸在干燥状态时的强度,而纸面石膏板在成型过程中则要求护面纸在潮湿状态下有足够高的强度,纸的湿强度过低,在成型时容易断开,特别是在低速生产线上更加突出,因此,护面纸不仅要有足够高的干态抗张强度,而且还要有足够高的湿态抗张强度。

护面纸遇到石膏料浆后迅速吸收料浆中的水分,若湿膨胀过大,板面易出现"拉沟"现象,同时纸的湿强度降低,不利于成型。纸的湿膨胀速度应与石膏料浆的水化速度相匹配,在料浆初凝前应快速吸水膨胀,初凝后减慢,终凝后膨胀趋于稳定。

(3)粘结剂

粘结剂是护面纸与石膏芯牢固结合的重要影响因素,作为生产纸面石膏板的粘结剂,必须同时满足以下要求:①在水中可溶解,加热溶解时黏度上升较慢;②温度下降时,黏度增大,粘结力增强；③可从石膏芯中通过毛细作用迁移到表层，即：迁移到护面纸与石膏芯的结合处；④不影响其他添加剂的作用。

使用效果较好的粘结剂为改性淀粉，加热时其黏度逐渐增大，冷却时黏度增加速度较缓慢，黏度变化平稳，最终黏度较大。其迁移性能也能很好地控制，绝大部分都可迁移到护面纸与石膏芯的结合处，是较为理想的纸面石膏板粘结剂。改性淀粉的技术指标要求列于表5-6-6。

表 5-6-6　改性淀粉的技术指标要求

项目	技术指标要求
外观	白色粉末
淀粉含量(%)	＞80%
水分含量(%)	8～11
灰分含量(%)	≤6
蛋白质含量(%)	≤0.3
氧化钠含量(%)	≤0.3
pH 值	6～7
细度	0.2mm 筛筛余量：≤4.0%
溶解度	20℃水中的溶解度为 73%～78%
黏度	50～100Pa·s(12%浓度，加热搅拌至 95℃，然后冷却至 25℃～30℃，用旋转黏度计测定)

(4)改性材料与调凝剂

改性材料是指可改善石膏板物理力学性能的外加材料，改性材料包括纤维材料与发泡剂。调凝剂是指可改变石膏水化速度与浆体凝结时间的外加剂，调凝剂包括缓凝剂和促凝剂。

① 纤维材料：为提高纸面石膏板的强度和韧性，可在配料中添加纤维材料，添加原则是在提高芯板性能的同时，不能影响芯板与护面纸的粘结强度，要求纤维材料在浆体中有良好的分散性并且与石膏基体有良好的结合力。经常使用的纤维材料有纸纤维、木纤维和玻璃纤维。

② 发泡剂：优质的纸面石膏板板芯应具有强度又具有均匀微孔结构，还应具有一定弹性和韧性，这样的性能与所使用建筑石膏的品位有关，也与生产过程中采用的技术措施有关。建筑石膏的品位较低时，石膏板芯的密度较大、弹性小，为此可在配料中添加轻质材料或发泡剂，轻质材料一般为膨胀珍珠岩、膨胀蛭石等，发泡剂是纸面石膏板生产中常用的添加材料。阴离子型发泡剂表面活性大，发泡能力强且价格比较低廉；非离子型发泡剂具有非常稳定的发泡效果，但其价格昂贵。结合两类发泡剂的特点，常常采用混合型发泡剂，阴离子型发泡剂与非离子型发泡剂的混合比例约为 3∶1。

在石膏浆体配料中引入发泡剂，可减少石膏用量，在减轻纸面石膏板面密度的同时改善板材脆性。发泡剂的活性物含量和泡沫稳定性影响发泡效果和用量，发泡剂的添加量一般为建筑石膏用量的 0.08%～0.15%。发泡剂的技术要求列于表5-6-7。

表 5-6-7　发泡剂的技术要求

项目	技术要求
外观	无色透明液体
有效成分	表面活性物含量大于 32%
无机盐	不大于 3%
石油醚可溶物	不大于 2.5%
黏度(20℃)	不大于 0.02Pa·s
浑浊点	0℃以下
比重(20℃)	约 1.02g/mL
pH 值	7 左右
泡沫量	不小于 190mm
泡沫稳定性	5min 后泡沫下降高度不大于 5mm

③ 缓凝剂:缓凝剂的作用是降低半水石膏的溶解速度或溶解度,因而使水化过程减缓,常用的缓凝剂有硼酸和硼酸盐、柠檬酸和柠檬酸盐。缓凝剂用量过大可导致浆体终凝时间过长,由此导致板坯切断时的强度不够,或者即使勉强切断,也会造成板坯端头下垂。

④ 促凝剂:促凝剂的作用是提高半水石膏的溶解速度或溶解度,常用的促凝剂有硅氟酸钠、氯化钠、氯化镁、硫酸镁、硫酸钠等。掺入少量二水石膏作为晶胚也可以起到促凝剂的作用。促凝剂用量过大可导致浆体流动性不好,从而影响铺浆操作,造成板坯平整度不好,甚至导致板坯翘曲;另外,浆体凝结过快还可导致结晶应力集中,使板材脆性增大。

石膏浆体的终凝时间影响着板坯的切断时间和切断性能,建筑石膏的终凝时间、水膏比、调凝剂用量都可影响料浆的终凝时间,应保证板坯在成型过程中的适时凝结,并应保持浆体凝结时间与护面纸湿膨胀速度的良好匹配。

(5)石膏浆体硬化与强度发展的影响因素

建筑石膏在水化过程中形成的水化产物并不一定能够形成具有强度的硬化体。只有当水化产物晶体相互连生形成结晶结构网时,才能硬化并形成具有一定强度的硬化体。石膏浆体在硬化过程中始终存在着结构形成与结构破坏这一对矛盾,其影响因素是多方面的,但是最本质的影响因素是液相的过饱和度。过饱和度较高时,液相中形成的晶核多,生成的晶粒较小,因而产生的结晶接触点也多,容易形成结晶结构网;过饱和度较低时,液相中形成的晶核少,形成的晶粒较大,因而产生的结晶接触点也较少,因而在同样条件下形成结晶结构网需要消耗的水化物数量较多。初始结构形成以后,水化物继续生成,使结构网进一步密实,但是当达到某一限度后,若水化物继续增多,就会对已形成的结构网产生一种称之为结晶应力的内应力,结构密实后形成的水化物结晶体越多,结晶应力就越大,当结晶应力大于当时的结构强度时,就会导致结构破坏,最终导致塑性强度降低。如果结晶结构形成后,水化产物的生成量不足以引起结晶应力或者所引起的结晶应力不足以破坏结晶结构,那么达到最高强度的时间与水化结束的时间是一致的。在生产工艺中,应对与过饱和度有关的因素进行控制,这些因素主要有:建筑石膏的性质和细度、工艺温度、水膏比与溶液的介质条件等。

建筑石膏的细度在一定范围内时,浆体的结构强度在随着细度的提高而提高,细度超出这个范围后,浆体的结构强度会随之降低,细度越大,溶解度越大,相应的过饱和度也越大,当过饱和度的增长超过一定限度时,就会产生较大的结晶应力,导致浆体结构的破坏。浆体温度影响建筑石膏粉的水化速度及板芯强度增长速度,建筑石膏粉的温度决定着料浆的温度,一般要求建筑石膏粉的温度低于80℃,浆体温度控制在30℃~40℃之间。浆体稠度主要依赖于拌和水用量与建筑石膏用量的比值(简称:水膏比),水膏比影响石膏浆体的稠度、凝结时间与最终产品的强度。水膏比过小,石膏料浆流动性差、凝结时间短,可导致铺料不均匀,使最终产品的抗断裂性能不稳定;水膏比过大,浆体太稀,板坯成型性能不好,最终产品中贯通孔数量增多,导致强度降低。对于品位在80%左右的建筑石膏,水膏比控制在0.75~0.80之间;对于品位大于85%的建筑石膏,水膏比应大于0.80。

(6)石膏硬化体抗水性差的原因及改进措施

石膏硬化体在形成结晶结构网之后,它的许多性质都取决于结晶接触点的特性和数量。一方面,石膏硬化体的强度由单个接触点的强度及单位体积内接触点的数量所决定;另一方面,由于结晶接触点在热力学上是不稳定的,所以在潮湿环境中将会溶解并再结晶,因而削弱结构强度。接触点数量越多,接触点尺寸越小,接触点晶格变形越大,引起的结构降低幅度也可能越大。

与其他水硬性胶凝材料的水化产物相比,二水石膏的溶解度要大很多,例如:托贝莫来石的溶解度为1.8×10^{-4}mol/L,而二水石膏的溶解度为6×10^{-3}mol/L,因此人们认为石膏抗水性差与其溶解度大有一定关系。

还有学者认为,在固体材料内部都存在微细裂缝网,因而相应地存在巨大的内比表面积,如果材料的孔隙被液体饱和,则液体以吸附膜的形式渗入微裂缝的空间,并产生双向应力,当双向应力增大到一定限度时,可在材料内部产生拉应力,最终导致材料强度的降低。

根据以上分析,可以通过对生产工艺的良好控制在一定程度上改善石膏硬化体的抗水性,但是要从根本上解决石膏的抗水性问题,还需要采取措施改变石膏硬化体的结构,例如在石膏中加入一定量的硅酸盐水泥或其他含有活性二氧化硅、三氧化二铝和氧化钙的材料,这些材料与石膏一起在水化硬化过程中可形成具有水硬性的水化硅酸钙或水化硫铝酸钙,这些水化产物的强度与稳定性比二水石膏结晶结构的强度与稳定性大得多,因此可大大改善石膏制品的抗水性。但是,这些材料的掺加量都有一定的范围,掺加量过少,可能得不到期望的效果,掺加量过大,可能会起到反面作用,因此,当使用这些材料提高石膏制品的耐水性时,应同时考虑该材料对石膏制品其他性能的影响,并应针对实际情况进行试验。

(7)板坯干燥

石膏胶凝材料的制备过程是将二水石膏脱水成为半水石膏或其他类型的脱水石膏;而石膏制品的制造过程则是将这种半水石膏或其他类型的脱水石膏与适量的水拌和形成石膏浆体,通过水化作用再次生成二水石膏,硬化后成为具有一定形状和强度的石膏制品。石膏为气硬性胶凝材料,只能在空气中硬化,而不能在水中硬化。纸面石膏板具有较大的表面积和较薄的厚度,其干燥过程以水分向外扩散为主。当板坯在干燥机的输送辊道上向前移动时,与周围的热介质进行充分的热交换,使板中的游离水完全排出,纸面石膏板才能具有最大强度。如果板中仍含有较多的游离水,势必造成板材变形、发霉和低强度。当板坯中的游离水完全排出后,如果继续干燥,将导致板的温度继续升高,甚至失去部分结晶水,使部分二水石膏脱水转变为半水石膏,造成板强度的降低,甚至造成护面纸与石膏芯的脱粘。

干燥过程是复杂的热工过程,也是物料平衡和热量平衡的过程,原料性能、含水量、水分蒸发速度、板坯移动速度、干燥介质的温度和湿度都是影响干燥过程的重要因素。

（8）废料的回收利用

在纸面石膏板生产过程中,将不可避免地产生一些废料,这些废料可分为废纸与废石膏。废石膏包括未硬化废石膏和硬化废石膏,未硬化废石膏由成型过程产生的废料与不合格板坯构成,硬化废石膏由切边产生的废料与不合格板构成。这些废料经加工处理后可再次利用,以减少资源浪费和环境污染。石膏废料中的护面纸经过打浆处理重新制成纸纤维,可用作石膏板的增强材料。硬化废石膏板经破碎、磨细后可以用作石膏浆体的促凝剂;全部未硬化废石膏与绝大部分硬化废石膏经破碎后返回到石膏原料堆场,经重新煅烧后使用。需要注意的是,石膏废渣尤其是未硬化废渣的回收利用一定要控制好掺加比例和均匀性,掺加比例不能大于石膏原料的 2％,绝对不能随意掺加,因为这将影响石膏胶凝材料的煅烧质量与石膏板的正常生产。

4　主要性能试验(选择介绍)

4.1　断裂荷载

（1）试验准备

抽取 5 张试验板,在每张板上按照纵向(代号 Z)、横向(代号 H)分别切取一个尺寸为400mm×300mm 的试件,纵向断裂荷载试验和横向断裂荷载试验的试件分别为 5 个。

（2）试验步骤

· 将试件放置在鼓风干燥箱中,在(40±2)℃的温度条件下烘干至恒重,然后在温度为(25±5)℃、相对湿度(50±5)％的实验室条件下冷却至室温。

· 将抗折试验机支座中心距调整为 350mm。将代号为 Z 的试件正面朝下放置在抗折试验机的支座上,或者将代号为 H 的试件正面朝上放置在抗折试验机的支座上。

· 在跨距中央,通过加荷辊沿平行于支座的方向施加荷载,加载速度控制在(4.2±0.8)N/s,直至试件断裂,记录破坏荷载值。

（3）结果处理

以 5 个试件的断裂荷载平均值和其中的最小值作为试验结果。

4.2　护面纸与芯材粘结性

（1）试验准备

抽取 5 张试验板,在每张板上按照面纸与芯材粘结性(代号 M)、背纸与芯材粘结性(代号 D)分别切取一个尺寸为 120mm×50mm 的试件,代号 M 和代号 D 的试件分别为 5 个。

（2）试验步骤

· 将试件放置在鼓风干燥箱中,在(40±2)℃的温度条件下烘干至恒重,然后在温度为(25±5)℃、相对湿度(50±5)％的实验室条件下冷却至室温。

· 在试件纵向距端头 20mm 处切割一道缝,但不得破坏另一面的护面纸。代号 M 试件的切缝在试件的背面，代号 D 试件的切缝在试件的正面。

· 把试件固定在粘结性试验仪的上夹具中，在试件沿切缝弯折的端头处拧上下夹具，逐渐增加荷载，直至护面纸撕离。

（3）结果处理

以 5 个试件最严重的情况作为面纸与芯材粘结性的试验结果。

4.3 表面吸水量

（1）试验准备

抽取 5 张试验板，在每张板上切取一个尺寸为 125mm×125mm 的试件，共 5 个试件。计算每个试件的面积 $S(m^2)$。

（2）试验步骤

· 将试件放置在鼓风干燥箱中，在 (40 ± 2)℃的温度条件下烘干至恒重，然后在温度为 (25 ± 5)℃、相对湿度 (50 ± 3)% 的实验室条件下放置 24h。

· 在温度为 (25 ± 5)℃、相对湿度 (50 ± 3)% 的实验室条件下，用电子天平称量试件质量 $G_1(g)$，精确到 0.01g；然后把试件固定于纸张表面吸收重量测定仪上。向测定仪的圆筒内注入温度为 (25 ± 5)℃的水，注水高度为 25mm。

· 翻转圆筒，同时开始计时，将水倒在试件上，静置 2h。转正圆筒，取下试件，用中性滤纸吸去试件表面的附着水。然后用电子天平称量试件质量 $G_2(g)$，精确到 0.01g。

（3）结果处理

按照公式 5-6-1 计算试件的表面吸水量 W，精确至 $1g/m^2$；以 5 个试件中的最大值作为试验结果。

$$W=\frac{G_2-G_1}{S} \tag{5-6-1}$$

5 安装施工要点

5.1 纸面石膏板隔墙的一般构造

· 轻钢龙骨石膏板隔墙按构造可分为单排龙骨单层石膏板隔墙、单排龙骨双层石膏板隔墙和双排龙骨双层石膏板隔墙，前一种用于一般隔墙，后两种用于隔声墙。

· 石膏板的排列：石膏板隔墙均应竖向排列，龙骨两侧的石膏板排列时应错缝，双层石膏板隔墙的面板与底板也应错缝排列。

· 石膏板板面的接缝有四种：即嵌缝、压缝、控制缝和暗缝，前三种缝的石膏板是直角板边，后一种缝的石膏板是楔形板边。

· 石膏板与龙骨的固定应采用自攻螺丝，单层石膏板用 25mm 螺丝，双层石膏板用 35mm 螺丝。

· 门扇开向石膏板隔墙时，应设置护墙定门装置。

5.2　纸面石膏板安装注意事项

• 石膏板应竖向排列,隔墙两侧的石膏板应错缝,双层板隔墙和隔声墙的底板与面板也应错缝排列。

• 石膏板与龙骨用自攻螺丝固定。

• 双层石膏板的面板与底板也可用胶粘剂粘贴。

• 门窗洞口的石膏板采用刀把形板。

• 隔墙的阳角和门窗洞口边选用边角方正无损的石膏板。

• 隔墙石膏板的下端不应直接放在地面上,应留 $10\sim15$mm 缝隙,隔声墙的四周应留 5mm 缝隙,上述缝隙均应用密封膏嵌填。

• 在隔墙中设置接线盒或电器插座时,应安装石膏板隔离框并与龙骨固定,接线盒周边应用密封膏嵌严。

• 在潮湿环境中使用纸面石膏板作隔墙时,应使用耐水纸面石膏板,耐水纸面石膏板在板芯成型过程中加有防水材料,如有机硅、乳化沥青等,并对护面纸进行防水处理,墙板安装完毕后,可再在板面粘贴防水的饰面材料。

图 5-6-3 至图 5-6-5 摘自华北标 BJ 系列图集《墙身——轻型龙骨纸面石膏板》08BJ2－5,更多详细内容请查看原图集。

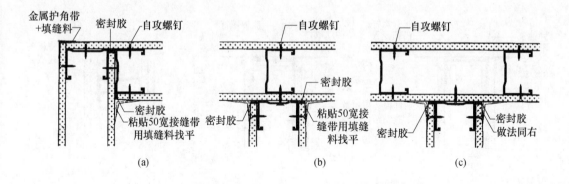

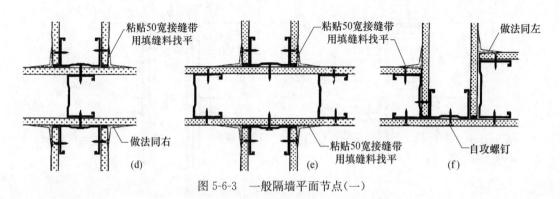

图 5-6-3　一般隔墙平面节点(一)

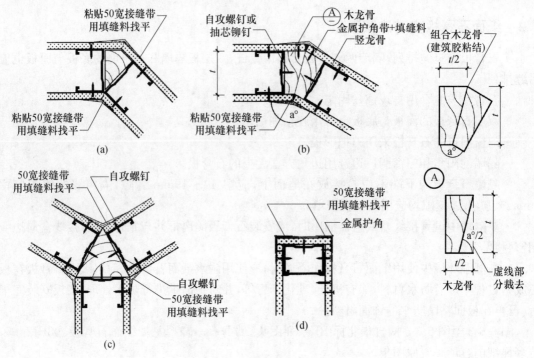

图 5-6-4　一般隔墙平面节点(二)

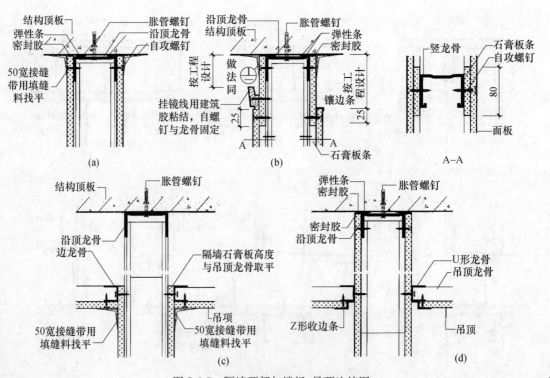

图 5-6-5　隔墙顶部与楼板、吊顶连接图

第 7 节　水泥刨花板和水泥木屑板

1　引言

水泥刨花板、水泥木屑板、水泥木丝板都是以水泥为胶凝材料,以木质碎料为填充材料或加筋材料,加入化学添加剂和水,经搅拌、铺装、加压和养护而成的建筑板材。按照木质材料的几何形态将这样的一类板材分别赋予不同的名称。水泥刨花板中使用的木质材料形态为刨花,刨花的长度一般在 20~40mm 之间,宽度在 4~6mm 之间,厚度在 0.2~0.4mm 之间;由于刨花厚度直接影响板材的静曲强度、平面抗拉强度、抗冲击强度和吸水厚度膨胀率,因此可在板材的表层和中间层使用不同厚度的刨花。水泥木屑板中使用的木质材料的形态为颗粒状,是在木材加工过程中踞切加工得到的碎屑,在用木屑制造水泥木屑板时,颗粒直径为 10mm 的木屑的用量不大于 30%,颗粒直径 5mm 木屑的用量不大于 60%,颗粒直径 2mm 木屑的用量为 5%,颗粒直径小于 2mm 木屑的用量为 5%;可以全部使用木屑,也可以使用一部分木刨花,木丝水泥板中使用的木质材料形态更像连续增强筋,木丝的长度通常在 350~450mm 之间,厚度约为 0.25mm,粗丝的宽度约为 3.5mm,细丝的宽度约为 1.8mm。

在我国,这三种板材分别对应有各自的标准。《水泥刨花板》GB/T 24312—2009 对水泥刨花板的定义为:以水泥为胶凝材料、刨花(由木材、麦秸、稻草、竹材等制成)为增强材料并加入其他化学添加剂,通过成型、加压和养护等工序制成的刨花板。按照板的结构,刨花板可分为单层结构板、三层结构板、多层结构板和渐变结构板。《水泥木屑板》JC/T 411—2007 适用于以普通硅酸盐水泥或矿渣硅酸盐水泥为胶凝材料,木屑为主要填料,木丝或木刨花为加筋材料,加入水和外加剂,经过搅拌、平压成型、保压养护、调湿处理等工序制成的建筑板材。该标准对水泥木屑板的定义为:用水泥和木屑制成的各类建筑板材。《木丝水泥板》JG/T 357—2012 对水泥木丝板的定义为:以普通硅酸盐水泥、白色硅酸盐水泥或矿渣硅酸盐水泥为胶凝材料,木丝为加筋材料,加水搅拌后,经铺装成型、保压养护、调湿处理等工艺制成的板材。按产品密度分为中密度板和高密度板,中密度木丝水泥板的密度不低于 $300kg/m^3$ 且不大于 $550kg/m^3$;高密度木丝板的密度大于 $550kg/m^3$ 且不大于 $1200kg/m^3$。木丝:木材经机械刨切和改性处理后加工成的宽度和厚度均匀的木质细丝。

采用不同形态木质材料制造的三种板材,既有需要解决的共性问题例如木质材料对水泥凝结硬化过程的不利影响及其解决方法,也有需要解决的特殊问题例如木质材料的掺入方法以及工艺问题。

通过对三种板材各自标准中技术性能指标的分析,认为水泥刨花板和水泥木屑板可作为构成墙体的板材独立使用,而木丝板更加适用于与其他板材复合使用。

2　质量要求与性能特点

国家标准《水泥刨花板》GB/T 24312—2009 参考了 ISO 8335：1987《Cement－bonded particleboard - board of portland or equivalent cement reinforced with fibrous wood particle》、日本标准《纤维增强水泥板》JIS A 5422：2002 和欧洲标准《水泥刨花板》EN 634－1：1995。《水泥刨花板》GB/T 24312—2009 标准规定的水泥刨花板物理力学性能要求列于表 5-7-1。

表 5-7-1　水泥刨花板的物理性能

项目	优等品	合格品
密度(含水率为 9％时,kg/m³)	≥1000	
含水率(％)	6～16	
浸水 24h 厚度膨胀率(％)	≤2	
弹性模量(MPa)	≥3000	
垂直板面握钉力(N)	≥600	
燃烧性能	B 级	
静曲强度(MPa)	≥10.0	≥9.0
浸水 24h 静曲强度(MPa)	≥6.5	≥5.5
内结合强度(MPa)	≥0.5	≥0.3
抗冲击性	按产品应用场合与客户要求检测	

我国建材行业标准《水泥木屑板》JC/T 411—2007 修改采用了 ISO 8335：1987《Cement-bonded particleboard-board of portland or equivalent cement reinforced with fibrous wood particle》。《水泥木屑板》JC/T 411—2007 标准规定的水泥木屑板的物理力学性能要求列于表 5-7-2。

表 5-7-2　水泥木屑板的物理性能

项目	要求
密度(含水率为 9％时)(kg/m³)	≥1000
含水率(％)	≤12.0
浸水 24h 厚度膨胀率(％)	≤1.5
抗冻性	不得出现可见的裂痕,或表面无变化
抗折强度(MPa)	≥9.0
浸水 24h 后抗折强度(MPa)	≥5.5
弹性模量(MPa)	≥3000

3　生产技术及控制要素

3.1　工艺流程

水泥刨花板的生产工艺有热压法、半干法、三层定向法和平压压蒸法四种方法。其中半干法生产工艺成熟可靠,也是世界各国水泥刨花板生产企业普遍采用的生产工艺。半干法是指将半干状态的混合料通过铺装机铺装在垫板上,然后将带有坯料的垫板堆放在具有锁紧装置的模车底座上,通过传送机将堆放了一定高度坯料和垫板的模车送入压机进行加压,在压机中压倒要求的厚度并用锁紧装置锁紧,板坯在受压状态下经过 540～640℃·h 的养护过程方可脱模,脱模后的板材再经过约 7d 的自然养护,然后送入温度控制在 70～110℃的干燥机进行干燥,使板材的含水率控制在 9%左右,以减少板材在使用过程中的收缩率。

图 5-7-1 为水泥刨花板的半干法生产工艺流程,水泥木屑板生产可采用同样的流程。

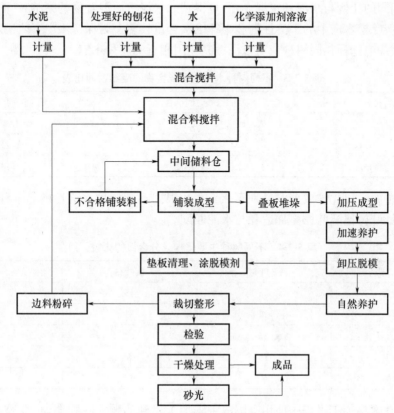

图 5-7-1　水泥刨花板(水泥木屑板)的半干法生产工艺流程

3.2　生产控制要素

(1)木质材料的选用与预处理

无论是木屑还是木刨花,其来源都是木材,因此它们对水泥凝结过程的不利影响是相同的。木材中所含的物质为纤维素、木素、半纤维素和少量抽提物(单宁、树脂、脂肪、蜡、挥发油、有机酸、水溶性糖以及矿物盐等)。抽提物也称提取物或浸提物,这是一种存在于木材中的游离低分子物质,可溶于有机溶剂或水,测定抽提物含量的方法有苯—醇抽提、热水抽提、冷水抽提和 1%NaOH 抽提。在水泥木屑板和水泥刨花板生产过程中,木材所处的环境条件可能涉及热水、冷水或者碱性溶液,因此,在这三种环境条件下容易抽提出的物质对于水泥的凝结过程都可能造成不利影响。

木质材料中影响水泥凝固的物质为水溶性单糖和能够转化为单糖的半纤维素,因为这两种成分都非常容易在冷水或碱性溶液中抽提。虽然木材中水溶性单糖的含量很少,约占 0.1%～0.5%,但是由于其分子小,非常容易用矿化剂溶液将其从木材细胞中析出,由此可明显减慢水泥的凝固过程。半纤维素的成分主要为多聚糖,在碱性介质(水泥水化过程中的碱性溶液)中可发生水解而转化为水溶性糖,水溶性糖对水泥的凝固也有非常不利的影响。木材中对水泥有不利影响的成分含量取决于在树种和树的部位,通常树枝中的水溶性抽提物含量远远大于树木主干中的水溶性抽提物含量。不同树种的水溶性抽提物含量也有很大的差别,有学者研究认为,针叶树种比阔叶树种更加适合与水泥匹配。有研究者使用云杉、松树和落叶松木屑,按照相同的比例与水泥和水混合,测量得到的水泥木屑混合物的凝结时间列于表 5-7-3,表明松树和落叶松木屑中的水溶性糖和半纤维素含量较多。为保持生产工艺稳定和产品质量稳定,每班生产应选择相同树种或对水泥缓凝作用相近的树种木屑。

表 5-7-3　不同树种木屑水泥混合物的凝结时间比较

树种	初凝时间(h:min)	终凝时间(h:min)
云杉	1:15	9:35
松树	5:30	10:15
落叶松	7:30	89:40

不同树种的主要化学成分含量列于表 5-7-4,根据不同树种水溶性糖和半纤维素的含量,进一步证实针叶树比阔叶树更加适和与水泥匹配。

表 5-7-4　不同树种主要化学成分含量的比较(%)

主要化学成分	针叶材	阔叶材	禾本科植物
纤维素	45	45	42
木素	29	21	17
半纤维素	26	34	40
聚葡萄糖-甘露糖	16	5	0
聚木糖	9	25	33

木屑是在木材加工过程中使用盘踞或带锯加工得到的颗粒状物质,其来源绝大部分为树木的主干,因此抽提物的含量相对较少,这对水泥木屑板的生产和性能来说无疑是较为有利的。在水泥木屑板中,颗粒直径为 10mm 的木屑的用量不大于 30%,颗粒直径 5mm 木屑的用量不大于 60%,颗粒直径 2mm 木屑的用量为 5%,颗粒直径小于 2mm 木屑的用量为 5%。可以全部使用木屑,也可以使用一部分木刨花,木屑与木刨花的重量比控制在 8:2~6:4 之间。刨花的长度在 20~40mm 之间,宽度在 4~6mm 之间,厚度在 0.2~0.4mm 之间。

应保持木质材料的相对干燥,对于湿度较大的木屑和木刨花,应将其放入干燥机中干燥至含水率约为 20%。这样做的目的有三个:①通过加热,使木质材料中的糖分受热氧化,减少对水泥的凝结过程的不利影响;②较好地控制木质材料的含水率,以便更好地控制混合料拌和时的加水量;③尽可能使所有木质材料的含水率保持一致,以保证板材各部位含水率的一致。另外,采用聚乙烯醇或者沥青对刨花进行预处理,同时在配方中添加硅质材料,可使板材的可逆尺寸变化大幅度降低。

(2)化学添加剂的选用

为了减缓或者消除木质材料对水泥凝结硬化过程的不利影响,在水泥与木质材料的混合配料中必须加入有效的化学添加剂。按照化学添加剂在水泥木质材料混合料中的作用,将其分为三种类型:①水泥促凝剂:加快水泥的凝结硬化速度,减少木质材料中水溶性成分抽提所需要的自由水含量;②抽提物反应剂:与木质材料中的水溶性成分结合,生成难溶性化合物;③成膜剂:在木质材料表面形成膜状物以减少其与水的接触面,同时还可促进水泥的凝结硬化。从使用的便利性和原料的可获得性考虑,水泥促凝剂无疑是一种好的选择。许多盐类化合物例如氯化钙、硫酸钠等混凝土速凝剂都可用于水泥木屑板的生产。表 5-7-5 列出各种促凝剂对水泥木屑板在不同龄期强度的影响。

表 5-7-5　各种促凝剂对水泥木屑板在不同龄期强度的影响

促凝剂名称	水泥木屑板在不同龄期的抗压强度(MPa)			
	3d	7d	14d	28d
对比样品	0.95	1.46	1.57	1.96
$CaCl_2$	1.10	1.61	1.76	2.26
$FeSO_4+CaCl_2+Ca(OH)_2$	1.95	2.48	2.82	4.34
$FeSO_4+Ca(OH)_2$	1.33	1.93	2.73	3.21
$AlCl_3$	1.61	2.32	3.04	3.78
NaS_2O_3	1.12	1.52	1.91	2.12
$NaSO_3$	1.48	2.14	2.72	3.87
$NaAlO_2$	1.33	1.85	2.10	2.36
NH_4NO_3	1.61	1.75	2.28	3.17
$CaCl_2$+水玻璃	1.85	2.23	2.56	3.43
水硬石膏	1.40	1.72	2.33	2.65

常用促凝剂有氯化钙($CaCl_2$)和水玻璃($Na_2O \cdot nSiO_2$)。氯化钙的用量不得超过水泥重量的 4%,否则将发生盐析现象,影响板材外观。水玻璃在水泥木屑板中具有双重作用,既可在木质材料表面形成膜状物,阻止木质材料中有害成分的析出,又可加快水泥的凝结过程;一般采用模数为 2.4～2.8 的水玻璃,模数大,则 SiO_2 含量大,强度随之提高,但是模数大的水玻璃难以溶解。单独使用水玻璃可导致水泥木屑板后期强度降低,因此水玻璃通常与氯化钙或者硫酸铝复合使用。对水泥用量与木质材料用量比在 2.0～2.5 范围内的配料,可选用以下用量的复合添加剂(添加剂百分量以水泥用量为基准):①4.8%氢氧化钙+6.3 硫酸铝;②1.8%氯化钙+2.3%水玻璃;③1.8%氯化钙+3.2%硫酸铝;④4%碳酸钠+4%氯化钙;⑤4%硫酸铝+5%水玻璃+3%氢氧化钙;⑥3%氯化钙+3%氯化镁。

(3)配合比确定

板材性能与密度密切相关,而密度又与水泥用量与木质材料用量的比值(灰木比)有关。随着水泥用量的增加,板材的密度也随之增大,板材的吸水率随之降低,板材的静曲强度在一定水泥用量时随着密度的增大而提高,但是,当水泥用量过大时,板材的强度反而会大幅度价格低,而且板材的加工性也会变差。《水泥刨花板》GB/T 24312—2009 和《水泥木屑板》JC/T 411—2007 对板材密度的要求都是不小于 1000kg/m³。有资料显示,各组成材料之间的合理比例关系可通过三元相图进行解读,图 5-7-2 显示出板材设计密度为 1100kg/m³ 时,综合考虑板材各种性能后所得到的最佳组成材料配合比区域,图中:区域 A 为组成材料的最佳配合比区域,X_1,X_2,X_3 分别表示 $1m^3$ 水泥刨花板中木质材料、水泥和水的用量,y_1 为抗压强度(MPa),y_2 为实测密度(kg/m³),y_3 为凝固收缩率(%),y_4 为毛细吸水率(%),y_5 为板材浸泡

24h 的厚度膨胀率(mm/m), y_6 为板材浸泡 24h 的吸水率(%), y_H 为单位强度下水泥的消耗率。

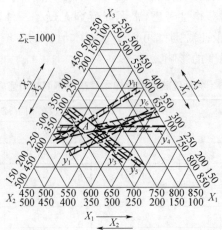

图 5-7-2　板材设计密度为 1100kg/m³ 时各组成材料的最佳配合比区域

水泥刨花板或水泥木屑板各组成材料之间的关系可用公式 5-7-1 表示。

$$d \cdot V = W_{水泥} + \beta \cdot W_{水泥} + \alpha \cdot W_{水泥} + Q \cdot d \cdot V \tag{5-7-1}$$

式中: d 为板的设计密度(kg/m³); V 为板的体积(m³); $W_{水泥}$ 为水泥用量(kg); β 为化学添加剂的百分量,以水泥用量的百分比计; α 为木质材料与水泥用量的比值; Q 为板材含水率(%)。

举例:当板的设计密度为 1250kg/m³,含水率为 9%,化学添加剂为 5%,木质材料与水泥的用量比为 1:2.8 时,1m³ 板材需要的原材料用量为:水泥 808.5kg,木质材料 288.7kg,化学添加剂 40.4kg。实际生产中,还应考虑原料的损耗。

混合料中加水量的多少受两方面因素的制约,除了考虑水泥水化需要的水量之外,还需考虑在混合料搅拌过程和铺装过程中木质材料所吸收的水分。从板材性能考虑,用水量越少越好;从板材的成型考虑,最大用水量以铺装完成后板坯在加压过程中不排出游离水为准则,用水量还与水泥用量和木质材料用量密切相关。A·C 谢乐巴科夫等人通过大量研究,确立了用水量计算公式:

$$m = \frac{(H \cdot m_c + K \cdot m_w)}{100} \tag{5-7-2}$$

式中: m 为 1m³ 混合料需要的用水量(kg); H 为水泥浆标准稠度需水量(%); m_c 为 1m³ 水泥用量(kg); m_w 为木质材料用量(kg); K 为木质材料的最大吸水率(%)。

用水量对板材的力学性能、变形性能及制造工艺都有直接影响,应通过试验进行调整。

(4)混合料搅拌

能否使木质材料表面被水泥和化学添加剂充分包裹是搅拌效果的关键所在,混合料搅拌不均匀可导致板材强度的不均匀和翘曲变形。要保证混合料搅拌的均匀性,必须保证一定的搅拌时间,生产中常常采用大容积、慢转速的间歇式搅拌机,此种搅拌方式不会破坏刨花形态,不易产生搅拌热影响水泥的凝结。采用星形双轴搅拌机可保证在较短的时间内将混合料搅拌均匀。由于木质材料中所含水分不是非常固定,因此加水量的控制是影响投料时间的关键,可采取的措施之一是设置湿度测定仪,以便及时测出木质材料的含水率,并及时调整加水量,避免因加水量不足而影响水泥的凝结硬化,同时也避免因加水量过多而影响产品质量。化学添加料在使用前应稀释成一定的浓度的溶液。投料顺序也是影响搅拌均匀性的因素,建议先将木质材料与添加剂水溶液搅拌均匀,然后再加入水泥进行搅拌。

(5)混合料铺装与铺料厚度

铺装的关键问题是如何保证混合料铺装的均匀性,铺装均匀性包括两个方面,其一,应保证在整个模板面积内混合料铺装厚度的均匀性,这样才能保证成品板材密度的一致性,从而保证整个板面内收缩与膨胀的一致性,避免板材翘曲;其二,对于夹层结构和渐变结构的板材来说,应保证混合料在厚度方向的对称性,如果含木质材料的混合料在两侧板面附近不能均匀分布,则极易造成板的翘曲。铺装的均匀性不仅取决于铺装机的结构,还与原材料的合理匹配、混合料的搅拌的均匀性、混合料的输送方式等因素有关。

无论是水泥刨花板还是水泥木屑板,标准中规定厚度最大允许偏差值都是±1.5mm,这就要求生产者必须掌握铺料厚度与板材厚度之间的关系,即混合料压缩比。影响混合料压缩比的因素包括刨花形态、刨花用量、灰木比和成型压力,表 5-7-6 列出这些因素对水泥木屑刨花板混合料压缩比的影响,其中长刨花的尺寸为 70mm×(3~4)mm×(0.4~0.5)mm,普通刨花的尺寸为(30~40)mm×(3~4)mm×(0.4~0.5)mm,针棒刨花的尺寸为(12~22)mm×(2~4)mm×(0.5~2)mm,木屑中尺寸大于 0.6mm 的颗粒占 60% 以上。

表 5-7-6　刨花形态、刨花用量、灰木比和成型压力对混合料压缩比的影响

灰木比	刨花形态	木屑/刨花 (%/%)	成型压力 (MPa)	铺料厚度 (mm)	板材厚度 (mm)	压缩比
2.0∶1	长刨花	40/60	2.5	29.00	9.17	3.16
2.0∶1	长刨花	60/40	2.5	34.50	11.65	2.96
2.0∶1	长刨花	60/40	3.0	33.70	11.13	3.03
2.0∶1	长刨花	60/40	2.0	30.46	10.50	2.89
3.0∶1	长刨花	60/40	2.5	30.00	11.15	2.69
2.5∶1	针棒刨花	60/40	2.5	34.50	13.90	2.50
2.0∶1	长刨花	80/20	2.5	33.74	12.59	2.68
2.5∶1	长刨花	80/20	2.5	30.00	11.17	2.69
2.5∶1	普通刨花	80/20	2.5	31.50	11.63	2.67
2.5∶1	针棒刨花	80/20	2.5	34.70	13.21	2.62

(7)降低板材吸水膨胀率的技术措施

由于木质碎料的强大吸水作用,导致板材吸水后厚度的巨大变化,尽管各自的标准对板材吸水后的厚度变化率规定了限值,但是水泥木屑板 24h 吸水厚度膨胀率不大于 1.5%,水泥刨花板 24h 吸水厚度膨胀率不大于 2% 的规定仍然是非常大的。迄今为止,有研究者通过在水泥刨花板的配方增添硅质材料,并在生产过程中增加蒸压工序,使板材的尺寸稳定性明显改善。还有研究者采用聚乙烯醇或者沥青对刨花进行预处理,同时在配方中添加硅质材料,也使

板材的可逆尺寸变化大幅度降低。

4 主要性能试验(选择介绍)

4.1 静曲强度和弹性模量

(1)试件准备

试件数量 12 个,沿板的横向、纵向各取 6 个试件。试件长度:$16h+50$mm,宽度 100mm,h 为板的公称厚度(mm)。

(2)试验步骤

·测量试件的宽度 b 和厚度 t。宽度在试件长边中心处测量,厚度在试件对角线交叉点处测量。对纵向、横向两组试件进行试验,每组试件的一半试件正面向上,另一半试件的正面向下。

·调整两支座间的中心距 l_0;将试件平放在支座上,使试件的长轴与支承辊垂直,试件的中心位于加荷辊下方。在试件的中点下方放置变形测量仪,测量试件在加荷过程中的挠曲变形。

·恒速加荷,使试件在(60 ± 30)s 时间内达到最大荷载 F_{max},试验过程中至少读取 6 对荷载－挠度值,以便绘制荷载-挠度曲线。

(3)结果处理

单块试件的静曲强度按公式 5-7-3 进行计算;按照 6 块试件的算术平均值 $\bar{X}$ 和最小值 X_{min} 进行判定,应满足公式 5-7-4 和公式 5-7-5 的要求。

$$\sigma_b = \frac{3 \times F_{max} \times l_0}{2 \times b \times t^2} \tag{5-7-3}$$

$$\bar{X} \geqslant Su \quad (Su \text{ 为产品标准中的规定值}) \tag{5-7-4}$$

$$X_{min} \geqslant 0.8Su \quad (Su \text{ 为产品标准中的规定值}) \tag{5-7-5}$$

弹性模量按公式 5-7-6 进行计算,按照算术平均值 $\bar{X}$ 进行判定。

$$E_b = \frac{l_0{}^3}{4 \times b \times t^3} \times \frac{F_2 - F_1}{d_2 - d_1} \tag{5-7-6}$$

式中:$F_2 - F_1$ 是在弹性变形范围内荷载－挠度曲线的荷载增量(N);$d_2 - d_1$ 是与荷载增量对应的变形增量(mm);弹性变形范围内的荷载－挠度曲线见图 5-7-3。

4.2 内结合强度

内结合强度是试件表面承受均匀分布的拉力,直至破坏时的抗拉能力。内结合强度为垂直于试件表面的最大破坏拉力与受拉面面积之比。

(1)试件准备

正方形试件 6 个,试件公称尺寸为 50mm×50mm。将试件粘结在试验机夹具的卡头上,粘结时,应尽可能避免由于胶粘剂中的水分和(或)温度升高等原因引起的附加应力对试件产生影响。

将粘贴好的试件放入温度为(20±2)℃、相对湿度为(65±5)%的室内进行固化。

(2)试验步骤

·测量试件两条边的尺寸 b_1 和 b_2。

·将试件放入夹紧装置中,加载直至试件破坏。试验过程中应均匀加载,使试件在(60±30)s 内破坏,记录最大荷载值。若部分或全部在胶粘层破坏,或者卡头破坏,则试验结果无效,应另取试件重新试验。

(3)结果处理

单块试件的内结合强度 $\sigma_\perp$ 按公式 5-7-7 进行计算;按照 6 块试件的算术平均值 $\overline{X}$ 和最小值 X_{min} 进行判定,应满足公式 5-7-4 和公式 5-7-5 的要求。

$$\sigma_\perp = \frac{F_{max}}{b_1 \times b_2} \tag{5-7-7}$$

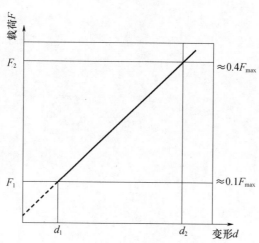

图 5-7-3　弹性变形范围内的荷载－挠度曲线

5　安装施工要点

水泥刨花板和水泥木屑板用作墙体面板时,其安装施工方法可参照纸面石膏板的安装施工方法。需要特别注意的事项如下:

·运输时,应轻装轻卸,严禁剧烈撞击和抛摔。

·储存时,应按规格分类水平堆放,防止受潮,单垛堆放高度不大于 1m。

·安装时,应在无应力状态下进行,防止强拉就位,相关湿作业未完成前避免安装水泥刨花板或水泥木屑板。

·可横向铺板也可纵向铺板(防火墙必须纵向铺设),板材周边必须落在龙骨架上,板与墙体周围应松散吻合,留 3～5mm 缝隙;板与板之间应留 6mm 缝隙。墙体两面板缝应错缝排列,对接时不要强拉就位。在板竖向拼接处应安装横龙骨。

- 水泥刨花板一般用自攻螺丝固定。固定顺序应由每张板的中部开始向周边固定,螺钉与板边距离 15mm,螺钉中距 200～300mm,螺钉钉头沉入板面深度不超过 1mm,螺钉长度应足以穿透板和龙骨框架后伸出 8mm 以上,并保证板材与龙骨结合牢固。
- 板材安装完毕后,应对板缝进行处理,板面钉头作防锈处理及抹灰处理。

参考文献

[1]陈燕,等.石膏建筑材料(第二版)[M].北京:中国建材工业出版社.

[2]涂平涛,等.建筑轻质板材[M].北京:中国建材工业出版社.

[3]ASTM C1228－96(2015)Standard Practice for Preparing Coupons for Flexural and Wash out Tests on Glass Fiber Reinforced Concrete[S].

[4]ASTM C947－03(2009)Standard Test Method for Flexural Properties of Thin-Section Glass Fiber Reinforced Concrete(Using Simple Beam With Third-Point Loading)[S].

[5]沈荣熹,王璋水,崔玉忠.纤维增强水泥与纤维增强混凝土[M].北京:化学工业出版社.

第6章 预制混凝土楼梯

第1节 预制楼梯综述

1 引言

《工程结构设计基本术语标准》GB/T 50083—2014 对"楼梯"的定义为:由包括踏步板、栏杆的梯段和平台组成的沟通上下不同楼面的斜向部件。分为板式楼梯、梁式楼梯、悬挑楼梯和螺旋楼梯。《民用建筑设计通则》GB 50352—2005 对"楼梯"的定义为:由连续行走的梯级、休息平台和维护安全的栏杆(或栏板)、扶手以及相应的支托结构组成的作为楼层之间垂直交通用的建筑部件。

楼梯是现代建筑中最具功能性的构件之一,也是建筑中与人接触最普遍最密切的建筑构件,楼梯作为建筑物中楼层间交通用的重要构件,也是人们的生命安全通道。因此,在设有电梯的高层建筑中也必须设置楼梯。楼梯分普通楼梯和特种楼梯两大类。普通楼梯包括钢筋混凝土楼梯、钢楼梯和木楼梯等,其中钢筋混凝土楼梯在结构刚度、耐火、造价、施工、造型等方面具有较多的优点,应用最为普遍。特种楼梯主要有安全梯、消防梯和自动梯。

因承重与防火要求,在多层及高层建筑中大多采用钢筋混凝土楼梯。钢筋混凝土楼梯按施工方法不同可分为现浇式和预制装配式。预制装配式楼梯在装配式建筑的建造过程中占有重要地位。预制楼梯部件可按梯段(板式或梁板式梯段)、平台梁、平台板三部分进行划分:①板式梯段:板式梯段为整块带踏步的条板,其上下两端直接支承在平台梁上。由于没有梯斜梁,梯段底面平整,结构厚度小。为减轻梯段自重,也可做成空心梯段,有横向抽孔和纵向抽孔两种方式。②梁板式梯段:由梯斜梁和踏步板组成,一般在踏步板两端各设一根梯斜梁,踏步板支承在梯斜梁上。③平台梁:为了便于支承梯斜梁或梯段板、平衡梯段水平分力并减少平台梁所占结构空间,一般将平台梁做成L形断面。其构造高度按 $L/12$ 估算(L 为平台梁跨度)。④平台板:平台板可根据需要采用钢筋混凝土空心板、槽板或平板。需要注意的是,在平台上有管道井处,不宜布置空心板。平台板一般平行于平台梁布置,以利于加强楼梯间整体刚度。当垂直于平台梁布置时,常常采用平板。

2 建筑楼梯分类

按照所处空间,可将楼梯划分为室内楼梯和室外楼梯。室内楼梯因追求美观舒适,多以实木楼梯、钢木楼梯、钢与玻璃混合结构楼梯、钢筋混凝土楼梯为主,其中实木楼梯是高档住宅内应用最广泛的楼梯,钢与玻璃混合结构楼梯在现代办公区,写字楼,商场,展厅等应用居多,钢筋混凝土楼梯广泛应用于各种复式建筑中。室外楼梯因为考虑到风吹雨晒等气候因素,通常采用钢筋混凝土楼梯与各种石材楼梯。

　　按结构形式和受力特点,可将楼梯划分为板式楼梯、梁式楼梯、悬挑(剪刀)楼梯和螺旋楼梯。板式楼梯踏步上的荷载通过楼梯板传至楼梯上下两端梁上,即板直接作为整个楼梯的承重构件,板厚度一般较大。梁式楼梯的踏步上的荷载主要由踏步板传至两侧斜梁上,板跨度小,板厚度一般较小,斜梁作为整个楼梯的承重构件。悬挑板式楼梯是指板式楼梯的上部踏步板上端和下部踏步板下端悬挑在楼房的外墙上,而平台板没有支座的双跑剪刀式楼梯。螺旋转梯是以扇形踏步支承在中立柱上,虽行走欠舒适,但节省空间,适用于人流较少,使用不频繁的场所;圆形、半圆形、弧形楼梯,由曲梁或曲板支承,踏步略呈扇形,花式多样,造型活泼,富于装饰性,适用于公共建筑。

　　按楼梯布置形式分为单跑楼梯、双跑楼梯和多跑楼梯,按梯段的平面形状分为直线型、折线型和曲线型。图 6-1-1 为楼梯的布置形式。

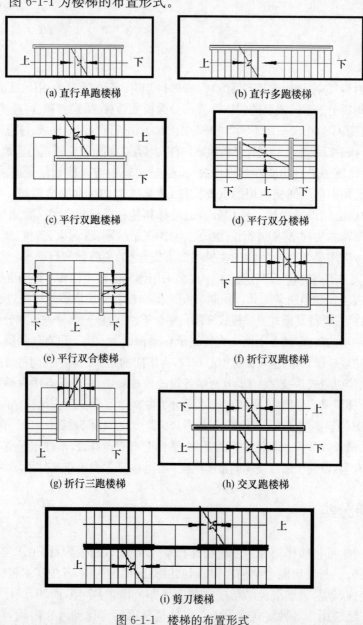

(a) 直行单跑楼梯　　　　　(b) 直行多跑楼梯

(c) 平行双跑楼梯　　　　　(d) 平行双分楼梯

(e) 平行双合楼梯　　　　　(f) 折行双跑楼梯

(g) 折行三跑楼梯　　　　　(h) 交叉跑楼梯

(i) 剪刀楼梯

图 6-1-1　楼梯的布置形式

（a）直行单跑楼梯最为简单,适合于层高较低的建筑;（b）直行多跑楼梯是在直行单跑楼梯的基础上增设了中间平台;（c）平行双跑楼梯是指第二跑楼梯段折回且与第一跑楼梯段平行的楼梯,此种楼梯布置紧凑,在建筑物中采用较多。（d）平行双分楼梯:楼梯第一跑在中间,为宽度较大的楼梯段,经过休息平台后,向两边分为两跑楼梯段,这两个楼梯段的宽度均为第一跑楼梯段宽度的1/2,常用作办公类建筑的楼梯。（e）平行双合楼梯:楼梯的第一跑为两个平行的较窄的楼梯段,经过休息平台后,合成一个宽度为第一跑两个楼梯段宽度之和的楼梯段。（f）折行双跑楼梯:第二跑楼梯段与第一跑楼梯段成90°角或其他角度。（g）折行三跑楼梯:折行三跑楼梯段围绕的中间部分形成较大的楼梯井,常在楼梯井部位布置电梯。（h）交叉跑楼梯:由两个直行单跑楼梯交叉并列布置,可为上下楼层的人流提供两个通行方向,但仅适用于层高低的建筑。（i）剪刀楼梯:由一对方向相反的双跑平行梯组成,或由一对互相重叠而又不连通的单跑直梯构成,剖面呈交叉的剪刀形,能同时通过较多的人流并节省空间。

3 预制混凝土楼梯及楼梯部件

3.1 预制混凝土楼梯

预制混凝土楼梯是把整个梯段和平台预制成一个构件,按结构形式可分为板式楼梯和梁板式楼梯。一个梯段可带一个平台也可带两个平台,每层楼梯由两个相同的构件组成。为减轻构件重量,可采用空心梯段。梯段与平台整体构件支承在钢支托或钢筋混凝土支托上。预制整体混凝土楼梯装配化程度高,施工速度快,但需要大型起重设备和运输设备。

3.2 预制楼梯部件

（1）中型部件

按照图6-1-2,中型部件装配式楼梯的预制件可划分为楼梯段、平台梁和平台板。

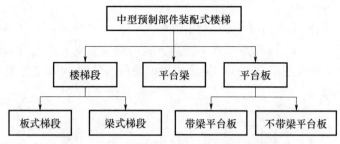

图6-1-2 中型预制部件装配式楼梯预制件划分

· 板式梯段:板式梯段为整块或数块带踏步的条板,其上下两端直接支承在平台梁上。由于没有梯斜梁,梯段底面平整,结构厚度小。为减轻梯段自重,也可做成空心梯段,有横向抽孔和纵向抽孔两种方式。为减小预制件的尺寸,可将宽度较大的板式梯段划分成条板式梯段,如图6-1-3所示。

· 梁式梯段:梁式梯段是把踏步板和边梁组合成一个构件。梁式梯段比板式梯段节省材料,为进一步减轻构件重量,可在踏步板内留孔或采用折板式踏步。

· 平台梁:为支承梯斜梁或梯段板,平衡梯段水平分力并减少平台梁所占结构空间,一般将平台梁做成 L 形断面。其构造高度按 $L/12$ 估算(L 为平台梁跨度)。

·平台板:平台板可根据需要采用钢筋混凝土空心板、槽形板或平板。需要注意的是,在平台上有管道井处,不宜布置空心板。平台板一般平行于平台梁布置,有利于加强楼梯间整体刚度。

(2)小型部件

按照图 6-1-4,小型部件装配式楼梯的预制件可划分为平台梁、平台板、踏步板和梯斜梁。梁承式装配钢筋混凝土楼梯是将预制踏步板搁

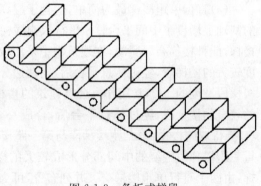

图 6-1-3 条板式梯段

置在梯斜梁上形成梯段,梯斜梁搁置在平台梁上,平台梁搁置在两边墙上或梁上。墙承式装配钢筋混凝土楼梯是将预制踏步板直接搁置在墙上,踏步板一般采用一字型、L 型。悬臂式装配钢筋混凝土是将预制踏步板的一端嵌固于楼梯间侧墙上而另一端悬挑,用于嵌固踏步板的墙体厚度不应小于 240mm,踏步板悬挑长度一般为 1800mm,踏步板一般采用 L 型,嵌固端常做成矩形截面,嵌入深度 240mm。

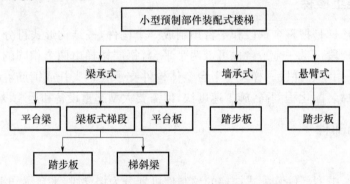

图 6-1-4 小型预制部件装配式楼梯预制件划分

·踏步板:按照截面形状,可将预制钢筋混凝土踏步板分为一字形、L 形、⌐ 形、△形踏步板,见图 6-1-5;一字形、L 形、⌐ 形踏步板的安装方式可采用简支方式也可采用悬挑方式,△型踏步板的安装方式优先采用简支方式。梁承式楼梯的预制件安装时,先安装平台梁,再安装梯斜梁,最后安装踏步板。

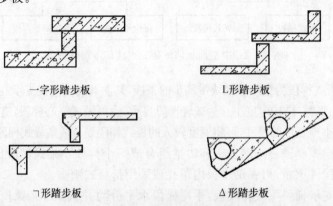

一字形踏步板   L形踏步板

⌐形踏步板   △形踏步板

图 6-1-5 预制钢筋混凝土踏步板的型式

·梯斜梁：梁承式踏步板的支承构件是斜向布置的梯梁（即：梯斜梁），这种由踏步板和梯斜梁组成的梯段称为梁板式梯段。预制梯斜梁的截面随所支承的踏步板的型式而变化。踏步板为一字形、L 形、⌐形时，梯斜梁的上面需做成锯齿形；踏步板为△形时，梯斜梁常做成上面平齐的等截面矩形梁。

·平台板：平台板可采用实心平板、槽形板或空心板。实心平板尺寸较小，板的刚度也较小，适用于跨度较小的楼梯平台。槽形板是一种梁板结合的构件，由面板和纵肋构成。作用在槽形板上的荷载，由面板传给纵肋，再由纵肋传到板两端的墙或梁上。空心板的截面高度较实心板大，故其刚度也大，由于空心，隔音隔热效果也较好，而且上下表面都平整，顶棚处理较容易。

·平台梁：为了便于支承梯斜梁或梯段板，平衡梯段水平分力并减少平台梁所占结构空间，一般将平台梁做成 L 形断面。其构造高度按 $L/12$ 估算（L 为平台梁跨度）。

4　现有与预制楼梯相关的产品标准

4.1　《住宅楼梯　预制混凝土梯段》JG 3002.1—92

预制混凝土梯段的质量标准遵循《住宅楼梯　预制混凝土梯段》JG 3002.1—92，该标准适用于构件厂生产和现场预制的住宅建筑的单跑、双跑等楼梯梯段。按结构类型分为板式梯段、梁板式梯段和斜梁搁板式梯段。预制混凝土梯段的基本要求：①梯段宽度最小尺寸必须符合《民用建筑设计通则》的规定；②踏步宽度度、踏步高度、梯段宽度及其水平投影标注长度的尺寸应符合《建筑楼梯模数协调标准》GJG 101 的规定；③每个楼梯梯段的踏步数不应超过 18 级，不应少于 3 级。

4.2　《住宅楼梯　预制混凝土中间平台》JG 3002.2—92

楼梯平台是联系两个楼梯段的水平构件，主要是为了解决楼梯段的转折和与楼层连接，同时也可供人们在上下楼时能在此处稍作休息，平台一般分为两种，与楼层标高一致的平台称为楼层平台，位于两个楼层之间的平台称为中间平台。

预制混凝土中间平台的质量标准遵循《住宅楼梯　预制混凝土中间平台》JG 3002.2—92，该标准适用于构件厂生产和现场预制的住宅建筑的楼梯中间平台。中间平台是指位于两层楼面之间的平台。按结构类型分为板式中间平台和梁板式中间平台。预制混凝土中间平台的基本要求：①中间平台的标准尺寸必须符合《建筑楼梯模数协调标准》GJG 101 的规定；②中间平台扶手处的净宽尺寸应大于梯段净宽尺寸。预制混凝土中间平台的外观质量应符合表 6-2-1 的规定，尺寸允许偏差应符合表 6-2-2 的规定。

表 6-2-1　预制混凝土中间平台外观质量要求

项目	质量要求
露筋	·主筋：不应有 ·副筋：外露总长度不应超过 300mm
孔洞	任何部位都不应有

续表

项目	质量要求
蜂窝	·主要受力部位:不应有 ·次要部位:总面积不超过所在面的 0.8%,任何部位长度不超过 8 cm
裂缝	·影响结构性能和使用:不应有 ·不影响结构性能和使用:裂缝不应超过 0.2mm
外形缺陷	最大长度不超过中间平台构件长度的 1/500
外表缺陷	不超过所在面的 3%
外表沾污	不应有
连接部位	混凝土松动和预埋件松动: 不应有

表 6-2-2　预制混凝土中间平台尺寸允许偏差

项目	允许偏差(mm)
长度(板梁)	+10,-5
宽度、高度(板梁)	±5
侧向弯曲(板)	不超过中间平台构件长度的 1/750
表面平整度(板梁)	5
对角线差(板)	10
主钢筋保护层(板梁)	±5
翘曲(板)	不超过中间平台构件长度的 1/750
预留洞中心线偏移	10
预埋件中心线偏移	10
预埋件高度位置	3

4.3 《住宅楼梯　栏杆、扶手》JG 3002.3—92

　　栏杆是布置在楼梯段和平台边缘的有一定刚度和安全度的栏隔设施。扶手是附在墙上或栏杆上的长条配件。住宅楼梯的栏杆、扶手的质量标准遵循《住宅楼梯　栏杆、扶手》JG 3002.3—92,该标准适用于住宅楼梯金属栏杆以及金属、塑料或木质扶手。表 6-1-3 列出栏杆与扶手的允许尺寸偏差。

表 6-1-3　栏杆与扶手的允许尺寸偏差

项目	允许尺寸偏差(mm)
栏杆高度	±2
栏杆横向弯曲	3
扶手纵向弯曲	3
装饰件	±2
扶手断面	±2
栏杆竖向杆件之间的间距	±5
栏杆水平杆件之间的间距	±5

栏杆、扶手的结构性能试验应按照《混凝土结构设计规范》GB 50010 中悬臂构件的要求进行。

4.4 《乡村建设用混凝土圆孔板和配套构件》GB 12987—2008

楼梯踏步板一般用于梁承式楼梯,预制踏步支承在梯梁上,形成梁式梯段,梯梁支承在平台梁上。楼梯踏步板的质量标准遵循《乡村建设用混凝土圆孔板和配套构件》GB 12987—2008,该标准适用于农村和乡镇建造的住房、办公室、中小学教室等用作建筑楼面、屋面和天棚等的圆孔板和混凝土门、窗过梁、阳台悬臂梁及楼梯踏步板等配套构件。预制混凝土踏步板分为预应力 L 形混凝土踏步板、混凝土平板型踏步板和混凝土 L 形踏步板三种类型,踏步板按不同均布活荷载标准值划分为两个级别:Ⅰ 级为 $1.5kN/m^2$,Ⅱ 级为 $2.0kN/m^2$,L 形踏步板和平板踏步板的外形图与尺寸标示见图 6-1-6 和图 6-1-7。踏步板的长度为 1000mm~1400mm,不同类型踏步板的截面尺寸列于表 6-1-4。

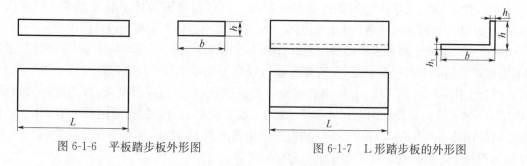

图 6-1-6 平板踏步板外形图   图 6-1-7 L 形踏步板的外形图

表 6-1-4 踏步板长度及截面尺寸

踏步板类型	截面尺寸(mm)		
	b	h	h_1
预应力 L 形混凝土踏步板	240~320	150~200	35
混凝土平板型踏步板	250~350	40,50	—
混凝土 L 形踏步板	240~320	150~200	40

预制混凝土踏步板的外观质量和尺寸允许偏差列于表 6-1-5。预应力混凝土踏步板的力学性能检验项目应包括承载力、挠度和抗裂性;非预应力混凝土踏步板的力学性能检验项目应包括承载力、挠度和裂缝宽度。

表 6-1-5 预制混凝土踏步板的外观质量和尺寸偏差允许值

项目		允许值
外观质量	露筋、裂缝、孔洞	不允许
	缺角、掉边	每件不超过 1 处;长度≤40mm,宽度≤20mm
	蜂窝、麻面	不大于同一面面积的 3%
尺寸偏差(mm)	长度	+10,−5
	宽度、高度	±5
	侧向弯曲	≤L/750

续表

项目	允许值	
尺寸偏差(mm)	表面平整度	≤7(2m 长度内)
	主筋保护层厚度	+5,−3
	对角线差	≤12
	预留孔中心位移	≤12

制作预制混凝土踏步板的基本技术要求：

• 对于预应力混凝土踏步板,当采用冷轧带肋钢筋时混凝土强度等级不宜低于 C30,当采用碳素钢钢丝时混凝土强度等级不宜低于 C40。对于非预应力混凝土踏步板,混凝土强度等级不宜低于 C30。混凝土配合比设计应符合《普通混凝土配合比设计规程》JGJ 55 的规定,混凝土的质量控制应符合《混凝土质量控制标准》GB 50164 的规定。

放张预应力时,与踏步板同条件养护的混凝土抗压强度不得低于混凝土设计强度值的75%。出厂时,与踏步板同条件养护的混凝土抗压强度不得低于混凝土设计强度值。

• 预应力混凝土踏步板中的预应力筋宜采用冷轧带肋钢筋 CRB650 或 CRB800 冷轧带肋钢筋,也可采用碳素钢丝及刻痕钢丝;非预应力混凝土踏步板宜采用 CRB550 冷轧带肋钢筋、钢筋混凝土用热轧光圆Ⅰ级、Ⅱ级钢筋或冷拔低碳钢丝;其性能应分别符合《冷轧带肋钢筋》GB 13788、《预应力混凝土用钢丝》GB/T 5223、《钢筋混凝土用热轧光圆钢筋》GB 13013、《混凝土制品用冷拔低碳钢丝》JC/T 540 的规定。钢筋的加工、焊接、绑扎和安装应符合《混凝土结构工程施工质量验收规范》GB 50204 的有关规定。

预应力混凝土踏步板的主筋保护层厚度不宜小于 15mm,钢筋混凝土踏步板的主筋保护层厚度不应小于 10mm。

• 冷轧带肋钢筋、预应力钢丝等施加预应力时的张拉控制应力、张拉程序及预应力钢丝检验规定值应符合《混凝土结构设计规范》GB 50010 及《混凝土结构工程施工质量验收规范》GB 50204 的有关规定。预应力筋实际建立的预应力总值与检验规定值的偏差不应超过±5%。

5 相关图集、规范、规程

5.1 《预制钢筋混凝土板式楼梯》15G367－1

该图集适用于非抗震设计和抗震设防烈度为 6～8 度地区的多高层剪力墙结构体系的住宅。其他类型的建筑,当满足该图集要求时,也可参考选用。该图集适用于剪力墙结构中的预制钢筋混凝土板式双跑楼梯和剪刀楼梯。图集中归纳了常用层高、楼梯间净宽所对应的梯段板类型。该图集中的梯段板采用立模工艺制作,采用其他工艺时,还应进行脱模验算。该图集仅提供了吊点位置及吊重要求,若工程吊装有特殊要求时另行设计。

该图集对预制混凝土板式楼梯相关尺寸要求：①层高 2.8m、2.9m 和 3.0m;②楼梯间净宽：双跑楼梯 2.4m、2.5m,剪刀楼梯 2.5m、2.6m;③建筑面层做法：楼梯入户处建筑面层厚度50mm,楼梯平台板处建筑面层厚度 30mm;④楼梯梯段板为预制混凝土构件,平台梁、板可采用现浇混凝土。

5.2　《建筑楼梯模数协调标准》GBJ 101—87

该标准适用于以城镇居住建筑、公共建筑以及一般工业建筑中,供人流通行和安全疏散的、由矩形踏步组成的楼梯。农村建筑可参照执行。该标准是《建筑模数协调统一标准》在楼梯中的应用,因模数协调原则是在三向正交六面体的模数化空间网络中展开的定位系统,因此该标准以矩形踏步组成直楼梯的各种平面形式为主,并作了具体规定。

预制梯段和平台构件的水平投影标志长度应符合基本模数的整数倍数。楼梯梯段宽度应采用基本模数的整数倍数。楼梯踏步的高度不宜大于 210mm,并且不宜小于 140mm,各级踏步高度均应相同。楼梯踏步的宽度应采用 220mm、240mm、260mm、280mm、300mm、320mm。楼梯梯段的最大坡度不宜超过 38°,即:踏步高/踏步宽≤0.7813,供少量人通行的内部交通楼梯可适当放宽。

5.3　《民用建筑设计通则》GB 50532—2005

该通则适用于新建、改建和扩建的民用建筑设计。民用建筑是供人们居住和进行公共活动的建筑的总称。

该通则对楼梯的设计要求:

·楼梯的数量、位置、宽度和楼梯间形式应满足使用方便和安全疏散的要求。

·墙面至扶手中心线或扶手中心线之间的水平距离即楼梯梯段宽度,除应符合防火规范的规定外,供日常交通用的楼梯的梯段宽度应根据建筑物使用特征,按每股人流为 0.55m+(0~0.15)m 的人流股数确定,并不应少于两股人流。(0~0.15)m 为人流在行进中人体的摆幅,公共建筑人流众多的场所应取上限值。

·梯段改变方向时,扶手转向端处的平台最小宽度不应小于梯段宽度,并不得小于1.20m,当有搬运大型物件要求时应适量加宽。

·每个梯段的踏步不应超过 18 级,亦不应少于 3 级。

·楼梯平台上部及下部过道处的净高不应小于 2m,梯段净高不宜小于 2.20m。梯段净高为自踏步前缘(包括最低和最高一级踏步前缘线以外 0.30m 范围内)至上方突出物下缘间的垂直高度。

·楼梯应至少一侧设扶手,梯段净宽达三股人流时应两侧设扶手,达四股人流时宜加设中间扶手。

·室内楼梯扶手高度自踏步前缘线起不宜小于 0.90m。靠楼梯井一侧水平扶手长度超过0.50m 时,其高度不应小于 1.05m。

·踏步应采取防滑措施。

·托儿所、幼儿园、中小学及少年儿童专用活动场所的楼梯,梯井净宽大于 0.20m 时,必须采用防止攀滑的措施,楼梯栏杆应采取不宜攀登的构造,当采用垂直杆件做栏杆时,杆件净距不应大于 0.11m。

·供老年人、残疾人使用及其他专用服务楼梯应符合专用设计规范的规定。

·楼梯踏步的高宽比应符合表 6-1-6 的规定。

表 6-1-6　楼梯踏步的最小宽度和最大高度

楼梯类别	最小宽度（m）	最大高度（m）
住宅共用楼梯	0.26	0.175
幼儿园、小学校等场所的楼梯	0.26	0.15
电影院、剧场、体育场、商城、翼缘、疗养院等场所的楼梯	0.28	0.16
办公楼、科研楼、宿舍、中学、大学等场所的楼梯	0.26	0.17
专用疏散楼梯	0.25	0.18
服务楼梯、住宅套内楼梯	0.22	0.20

注：无中柱螺旋楼梯和弧形楼梯离内侧扶手中心 0.25m 处的踏步宽度不应小于 0.22m。

5.4　《住宅设计规范》GB 50096—2011

该规范适用于全国城镇新建、改建和扩建住宅的建筑设计。

该规范对共用部分楼梯的设计要求为：

· 楼梯梯段净宽不应小于 1.10m，不超过 6 层的住宅，一边设有栏杆的梯段净宽不应小于 1.00m。

· 楼梯踏步宽度不应小于 0.26m，踏步高度不应大于 0.175m。扶手高度不应小于 0.90m。楼梯水平段栏杆长度大于 0.50m 时，其扶手高度不应小于 1.05m。楼梯栏杆垂直杆件间净空不应大于 0.11m。

· 楼梯平台净宽不应小于楼梯梯段净宽，且不得小于 1.20m。楼梯平台的结构下缘至人行通道的垂直高度不应低于 2.00m。入口处地坪与室外地面应有高差，并不应小于 0.10m。

· 楼梯为剪刀梯时，楼梯平台的净宽不得小于 1.30m。

· 楼梯井净宽大于 0.11m 时，必须采取防止儿童攀滑的措施。

5.5　《装配式混凝土结构技术规程》JGJ 1—2014

该规程适用于民用建筑非抗震设计及抗震设防烈度为 6 度至 8 度抗震设计的装配式混凝土结构的设计、施工及验收。

该规程涉及楼梯的条文包括：

· 建筑的围护结构以及楼梯、阳台、隔墙、空调板、管道井等配套构件、室内装修材料宜采用工业化、标准化产品。

· 预制板式楼梯的梯段板底应配置通长的纵向钢筋。板面宜配置通长的纵向钢筋；当楼梯两端均不能滑动时，板面应配置通长的纵向钢筋。

· 预制楼梯与支承构件之间宜采用简支连接。采用简支连接时，应符合下列规定：①预制楼梯宜一端设置固定铰，另一端设置滑动铰，其转动及滑动变形能力应满足结构层间位移的要求，且预制楼梯端部在支承构件上的最小搁置长度应符合表 6-1-7 的规定。②预制楼梯设置滑动铰的端部应采取防止滑落的构造措施。

表 6-1-7　预制楼梯在支承构件上的最小搁置长度

抗震设防烈度	6 度	7 度	8 度
最小搁置长度（mm）	75	75	100

5.6　《楼梯、栏杆、栏板》(一)15J403-1

该图集适用于工业与民用建筑及景观环境中的楼梯和平台。该图集共分六个部分:基本技术要求、楼梯栏杆栏板、特殊场所楼梯栏杆、平台栏杆栏板、构造详图和附录。在"基本技术要求"部分,汇集了各种标准规范对楼梯和栏杆设计的基本要求;在"楼梯栏杆栏板"部分,包括有钢、不锈钢、玻璃、金属板、金属网、钢筋混凝土板、铁艺、铜艺各类材质的楼梯栏杆栏板做法;在"特殊场所楼梯栏杆"部分,包括有幼儿园、住宅小开间楼梯栏杆、室内外宽楼梯中间栏杆、护窗栏杆等做法;在"平台栏杆栏板"部分,包括有钢、不锈钢、玻璃、金属板、金属网、钢筋混凝土板各类材质的平台栏杆栏板做法;在"构造详图"部分,包括有楼梯靠墙扶手、楼梯踏步构造做法、栏杆立柱固定构造、扶手及扶手端头固定和收头的做法等;在"附录"部分,包括有钢栏杆立柱截面选用表,设计人员可根据栏杆的用途、高度、立柱水平间距和柱顶水平推力的大小,选择立柱的截面形式和尺寸。

第 2 节　预制混凝土楼梯梯段

1　引言

楼梯由楼梯段、楼梯平台、扶手栏杆三部分组成。楼梯段又称"梯跑",是联系两个不同标高平台的倾斜构件,它由若干个踏步组成。为了减轻人们上下楼梯时的疲劳,梯段的踏步数一般最多不超过 18 级,但也不宜少于 3 级,以免步数太少不被人们察觉而摔倒。两梯段之间的空隙称为楼梯井,当公共建筑楼梯井净宽大于 200mm、住宅楼梯井净宽大于 110mm 时,必须采取安全措施。楼梯平台是指连接两梯段之间的水平部分。按平台所处的位置与标高,与楼层标高相一致的平台称为楼层平台,介于两个楼层之间的平台,称为中间平台。平台的主要作用在于让人们在连续上楼时可稍作休息,故又称为休息平台。同时,平台还是梯段之间转换方向的连接处。楼层平台还可用来分配从楼梯到达各楼层的人流。栏杆扶手是布置在楼梯梯段和平台边缘处的安全围护部件,要求坚固可靠,并保证有足够的安全高度。

预制钢筋混凝土楼梯是将楼梯划分成梯段、平台板、平台梁、梯斜梁或更小尺寸的部件分别预制。采用预制钢筋混凝土楼梯梯段,可大大提高工业化施工水平,节约模板,简化施工程序,较大幅度地缩短工期。

2　质量要求与性能特点

预制混凝土梯段的质量标准遵循《住宅楼梯　预制混凝土梯段》JG 3002.1—92,该标准适用于构件厂生产和现场预制的住宅建筑的单跑、双跑等楼梯梯段。按结构类型分为板式梯段、梁板式梯段和斜梁搁板式梯段。预制混凝土梯段的基本要求:①梯段宽度最小尺寸必须符合《民用建筑设计通则》的规定;②踏步宽度度、踏步高度、梯段宽度及其水平投影标注长度的尺寸应符合《建筑楼梯模数协调标准》GJG101 的规定;③每个楼梯梯段的踏步数不应超过 18 级,不应少于 3 级。

梯段的结构性能应符合设计要求。按照《建筑结构荷载规范》GB 50009,民用建筑楼梯的均布活荷载标准值及其组合值、频遇值和准永久值系数应按表 6-2-1 的规定采用。生产车间的楼梯活荷载可按实际情况采用,但不宜小于 $3.5kN/m^2$。

表 6-2-1　民用建筑楼梯的均布活荷载标准值及其组合值、频遇值和准永久值系数

类别	标准值 (kN/m^2)	组合值系数	频遇值系数	准永久值系数
住宅、宿舍、旅馆、医院病房、托儿所、幼儿园	2.0	0.7	0.5	0.4
办公楼、教室、餐厅、医院门诊部	2.5	0.7	0.6	0.5
消防疏散楼梯、其他民用建筑	3.5	0.7	0.5	0.3

注:对预制楼梯踏步平板,尚应按 1.5kN 集中荷载验算。

楼梯栏杆顶部的水平荷载应按下列规定采用:①住宅、宿舍、办公楼、旅馆、医院、托儿所、幼儿园,应取 $0.5kN/m^2$;②学校、食堂、剧场、电影院、车站、礼堂、展览馆或体育场,应取 $1.0kN/m^2$。

梯段的耐火性能应符合建筑设计防火规范和高层民用建筑设计防火规范的规定。按照《建筑防火设计规范》GB 50016—2014 规定,厂房和仓库、民用建筑的耐火等级可分为一、二、三、四级。疏散楼梯的燃烧性能和耐火极限,除本规范另有规定外,不应低于表 6-2-2 中的规定。

表 6-2-2　不同类别建筑、不同耐火等级建筑疏散楼梯的燃烧性能和耐火极限(h)

建筑类别	耐火等级			
	一级	二级	三级	四级
厂房和仓库	不燃性 1.50	不燃性 1.00	不燃性 0.75	可燃性 —
民用建筑	不燃性 1.50	不燃性 1.00	不燃性 0.50	可燃性 —

3　生产工艺与控制要素

3.1　生产工艺

预制混凝土楼梯构件可采用不同的生产工艺,从技术和经济角度考虑,可根据具体情况优选与之相适应的生产工艺。

图 6-2-1、图 6-2-2 分别为天意机械股份有限公司制造的用于制作预制混凝土板式梯段的立式模型和卧式模型,图 6-2-3 为预制钢筋混凝土板式梯段。

图 6-2-1　板式梯段立式模具

图 6-2-2　板式梯段卧式模具

图 6-2-3　预制钢筋混凝土板式梯段

3.2　生产控制要素

（1）配制自密实混凝土的原材料

自密实混凝土具有高流动性、均匀性和稳定性，浇注时无需外力振捣，能够在自重作用下流动并充满模型空间。采用立模工艺生产楼梯段时，因浇注深度大而且有较多受力筋和构造筋，采用自密实混凝土无疑是最佳选择。

配制自密实混凝土宜采用硅酸盐水泥或普通硅酸盐水泥，并应符合《通用硅酸盐水泥》GB 175 的规定。还可掺加粉煤灰、粒化高炉渣粉、硅灰等矿物掺合料。粉煤灰应符合《用于水泥和混凝土中的粉煤灰》GB/T 1596 的规定，粒化高炉渣粉应符合《用于水泥和混凝土中的粒化高炉渣粉》GB/T 18046 的规定，硅灰应符合《高强高性能混凝土用矿物外加剂》GB/T 18736 的规定。砂、石应符合《普通混凝土用砂、石质量及检验方法标准》JGJ 52 的规定，粗集料颗粒的最大粒径应根据配筋情况确定。水应符合《混凝土用水标准》JGJ63 的规定，外加剂应符合《混凝土外加剂》GB 8076 和《混凝土外加剂应用技术规范》GB 50119 的规定。可通过增加粉体材料用量或通过掺加外加剂来改善自密实混凝土拌和物的粘聚性和流动性。

（2）自密实混凝土配合比设计

采用绝对体积法进行自密实混凝土的配合比设计。正如普通混凝土的配合比设计，自密实混凝土的配合比设计也需经过初始配合比计算和试配调整两个阶段。在配合比设计过程中，应综合考虑拌和物的自密实性能、强度、耐久性以及其他性能要求。立模浇注生产楼梯段用自密实混凝土拌和物的自密实性能及要求列于表 6-2-3。

表 6-2-3　自密实混凝土拌和物的自密实性能及要求

自密实性能		技术要求	重要性
填充性	坍落扩展度（mm）	760～850	控制指标
	扩展时间 T_{500}（s）	＜2	
间隙通过性（坍落扩展度与 J 环扩展度差值，mm）		0≤PA2≤25	
抗离析性	离析率（%）	≤15	选用指标
	粗集料振动离析率（%）	≤10	

①自密实混凝土初始配合比的设计

· 按照拌和物的坍落扩展度要求,将每立方混凝土中粗集料的体积 V_g 确定为 $0.28\text{m}^3 \sim 0.30\text{m}^3$,按公式 $m_g = V_g \times \rho_g$ 计算每立方混凝土中粗集料的质量 m_g,其中 ρ_g 为粗集料的表观密度。

· 按公式 $V_m = 1 - V_g$ 计算砂浆体积 V_m。

· 砂浆中砂的体积分数 Φ_s 在 0.42～0.45 之间取值。

· 每立方混凝土中砂的体积 V_s 和质量 m_s 分别按公式 $V_s = V_m \times \Phi_s$ 和 $m_s = V_s \times \rho_s$ 进行计算,其中 ρ_s 为砂的表观密度（kg/m³）。

· 按公式 $V_p = V_m - V_s$ 计算浆体体积 V_p。

· 根据矿物掺合料与水泥的相对含量以及各自的表观密度,按公式 6-2-1 计算确定胶凝材料的表观密度 ρ_p。

$$\rho_p = \frac{1}{\dfrac{\beta}{\rho_m} + \dfrac{(1-\beta)}{\rho_c}} \tag{6-2-1}$$

式中:ρ_m 为矿物掺合料的表观密度（kg/m³）;ρ_c 为水泥的表观密度（kg/m³）;β 为每立方混凝土中矿物掺合料占胶凝材料的质量分数（%）,当采用两种或两种以上掺合料时,可分别以 β_1、β_2、β_3 等表示,并进行相应计算。矿物掺合料占胶凝材料的质量分数不宜小于 20%。

· 按 JGJ 55《普通混凝土配合比设计规程》的规定计算自密实混凝土的配制强度 $f_{cu,0}$（MPa）,当混凝土设计强度等级小于 C60 时,按公式 6-2-2 确定配制强度。

$$f_{cu,0} \geqslant f_{cu,k} + 1.645\sigma \tag{6-2-2}$$

式中:$f_{cu,k}$ 为混凝土立方体抗压强度标准值,这里取混凝土设计强度等级值（MPa）;σ 为混凝土强度标准差（MPa）,对于强度等级大于 C30 且小于 C60 的混凝土,当混凝土强度标准差计算值不小于 4.0MPa 时,应按公式 6-2-3 计算的结果取值;当混凝土强度标准差计算值小于 4.0MPa 时,应取 4.0MPa。

当没有近期同一品种、统一强度等级混凝土的强度资料时,其强度标准差可按表 6-2-4 取值。

$$\sigma = \sqrt{\frac{\sum_{i=1}^{n} f_{cu,i}^2 - n\, m_{fcu}^2}{n-1}} \tag{6-2-3}$$

式中:$f_{cu,i}$ 为第 i 组试件的强度（MPa）;m_{fcu} 为 n 组试件的强度平均值（MPa）;n 为试件组数。

表 6-2-4　强度标准差 σ 取值

混凝土强度标准值(MPa)	≤C20	C20~C45	C50~C55
σ 取值(MPa)	4.0	5.0	6.0

· 按公式 6-2-4 计算水胶比 $\dfrac{m_w}{m_b}$，自密实混凝土的水胶比宜小于 0.45。

$$\frac{m_w}{m_b}=\frac{0.42 f_{æ}(1-\beta+\beta\times\gamma)}{f_{cu,0}+1.2} \tag{6-2-4}$$

式中：m_w 为每立方混凝土中水的质量(kg)；m_b 为每立方混凝土中胶凝材料的质量(kg)；$f_{æ}$ 为水泥的 28d 强度实测值(MPa)，没有水泥的 28d 强度实测值时，可用水泥的强度等级对应值乘以 1.1 作为计算过程采用的抗压强度值；γ 为矿物掺合料的胶凝系数，当采用粉煤灰时（$\beta\leqslant30\%$），γ 取 0.4；当采用粒化高炉矿渣粉时（$\beta\leqslant40\%$），γ 取 0.9。

· 根据公式 6-2-5 计算每立方自密实混凝土中胶凝材料的质量 m_b，胶凝材料用量控制在 $400\sim550\text{kg/m}^3$ 范围内。

$$m_b=\frac{(V_p-V_a)}{\left(\dfrac{1}{\rho_b}+\dfrac{m_w}{m_b}\dfrac{}{\rho_w}\right)} \tag{6-2-5}$$

式中：V_a 为每立方混凝土引入的空气体积(L)，对于非引气型自密实混凝土，V_a 可取 10~20L；ρ_w 为拌和水的表观密度，取 $\rho_w=1000\text{kg/m}^3$。

· 按照公式 $m_w=m_b\times\left(\dfrac{m_w}{m_b}\right)$ 计算每立方混凝土中水的质量 m_w。

· 按照公式 $m_m=m_b\times\beta$ 和 $m_c=m_b-m_m$ 计算每立方混凝土中矿物掺合料的质量 m_m 和水泥的质量 m_c。

· 根据试验确定外加剂品种和用量，外加剂用量 $m_{æ}$ 可按公式 $m_{æ}=m_b\times\alpha$ 计算确定，其中 α 为外加剂占胶凝材料总量的质量分数(%)。

② 自密实混凝土配合比的调整

· 配合比调整使用的原材料应与生产楼梯段实际使用的原材料相同。

· 采用初始配合比进行试拌，首先检查拌和物自密实性能的控制指标，再检查拌和物自密实性能的选用指标。当试拌得到的拌和物自密实性不能满足要求时，应在水胶比不变、胶凝材料用量和外加剂用量合理的原则下，调整胶凝材料用量、外加剂用量或砂的体积分数等，直到符合要求。并根据试拌结果确定混凝土强度试验用的基准配合比。

· 至少应采用三个不同的配合比进行强度试验。以试拌确定的基准配合比为基本配合比，另外两个配合比的水胶比分别增加和减少 0.02，用水量与基准配合比相同，砂的体积分数分别增加和减少 1%。

· 制作混凝土强度试验的试件时，应验证拌和物的自密实性能是否达到设计要求，并以该结果代表相应配合比混凝土拌和物的自密实性能指标。

· 每种配合比至少制作一组试件，在标准养护条件下养护 28d 或设计要求的龄期，然后测定混凝土的抗压强度。如有耐久性要求，则应按试验要求的数量成型试件。

· 根据试配结果对基准配合比进行调整，调整方法应按照《普通混凝土配合比设计规程》JGJ 55 的规定进行，最终确定的配合比即为自密实混凝土的设计配合比。

（3）配筋及预埋件

钢筋采用 HRB400、HPB300 钢筋，其性能应分别符合《钢筋混凝土用钢　第2部分：热轧带肋钢筋》GB 1499.2 和《钢筋混凝土用钢　第1部分：热轧光圆钢筋》GB 1499.1 的规定。

预埋件：锚板采用 Q235-B 钢材，钢筋采用 HRB400（抗拉强度设计取值不应大于300MPa，严禁采用冷加工钢筋）。锚板与锚筋之间的焊接采用埋弧压力焊，E50、E55 型焊条和 HJ431 型焊剂（焊条型号应与主体金属的力学性能相适应）。

吊环应采用 HPB300 钢筋（Q235-B）制作，严禁采用冷加工钢筋。构件吊装采用的吊环、内埋式吊杆或其他形式吊件应符合现行国家标准要求。

（4）楼梯梯段设计

楼梯设计应根据建筑物性质、楼梯间开间宽度、楼梯间进深、楼梯间层高以及人流数量等进行综合考虑。楼梯设计主要是对楼梯各部位尺寸的设计，图 6-2-4 为楼梯各部位的名称。

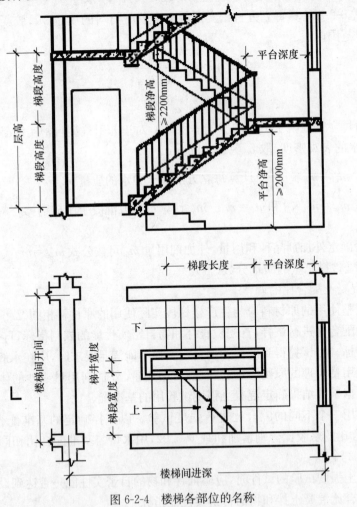

图 6-2-4　楼梯各部位的名称

① 选择楼梯布置形式

根据楼梯间尺寸选择适合的楼梯形式。如果开间尺寸较小而进深尺寸较大，则可选择双跑平行楼梯，住宅建筑中多为双跑平行楼梯；如果楼梯间开间和进深尺寸均较大，则可选用平行双分楼梯,公共建筑中多为平行双分楼梯。

② 确定梯段宽度

梯段宽度是指楼梯间墙表面至楼梯扶手中心线的水平距离或者两侧扶手中心线之间的水平距离。梯段宽度必须满足人流交叉及搬运物品的需要,应根据紧急疏散时要求通过的人流股数确定,并不少于两股人流。按每股人流宽为 $0.55m + (0 \sim 0.15)m$ 宽度考虑,其中 $0 \sim 0.15m$ 为人流在行进中的摆幅,人流较多的公共建筑应取上限。双人通行时,梯段宽度为 $1000 \sim 1200mm$,三人通行时,梯段宽度为 $1500 \sim 1800mm$,其余类推。同时,需满足各类建筑设计规范中对梯段宽度的限定,如住宅中梯段的宽度不小于 $1100mm$,公共建筑中梯段的宽度不小于 $1300mm$ 等。

梯段宽度 B 还可根据楼梯间开间宽度 A、梯井宽度 C 和墙体厚度 E 计算确定,双跑平行楼梯的计算公式为 $B = \dfrac{(A - C - E)}{2}$,其中,梯井宽度 C 的取值范围为 $60 \sim 120mm$,可根据建筑类型和相关规范取值。

③ 确定梯段坡度和踏步数量

梯段坡度有两种表示方法,第一种方法是用梯段斜面与水平面的夹角来表示,例如 $30°$、$45°$ 等;第二种方法是用梯段斜面的垂直投影高度与斜面的水平投影长度之比来表示,例如 $1 : 12$、$1 : 8$ 等。梯段坡度范围为 $20° \sim 45°$,常用坡度约为 $26° \sim 35°$。梯段坡度取决于踏步的高宽比,即:$\mathrm{tg}\alpha = \dfrac{踏步高度}{踏步宽度}$。踏步的高宽比需根据人行走的舒适、安全和楼梯间的尺寸、面积等因素进行综合考虑。根据建筑物的性质,初步选定踏步踢面高度 h,根据建筑层高 H 确定每个楼层的踏步数量 N,$N = \dfrac{H}{h}$。建筑中常采用平行双跑楼梯,为减少梯段类型,应尽量采用等跑楼梯,故 N 宜为偶数,则每跑梯段的踏步数 $n = \dfrac{N}{2}$。如所求出的 N 为奇数或非整数,则经修约取 N 为偶数,再反过来调整踏步高度。最后根据关系式 $2h + b = 600 \sim 620mm$ 与 $h + b = 450mm$,确定踏步宽度 b 和踏步高度 h。不同性质建筑中楼梯踏步的适合尺寸见表 6-2-5。

表 6-2-5　不同性质建筑中楼梯踏步的适合尺寸

	住宅	幼儿园	学校、办公楼	医院、疗养院	剧院、会堂
踏步高度(mm)	$150 \sim 175$	$120 \sim 150$	$140 \sim 160$	$120 \sim 150$	$120 \sim 150$
踏步宽度(mm)	$250 \sim 300$	$260 \sim 280$	$280 \sim 340$	$300 \sim 350$	$300 \sim 350$

在设计踏步宽度时,当受到楼梯间深度限制,致使踏面宽度无法满足最小尺寸时,为保证足够尺寸踏面宽度,可以采取制作突缘或将踢面倾斜的方式加大踏面宽度,突缘挑出尺寸一般为 $20 \sim 30mm$。图 6-2-5 为踏步形式和尺寸要求。

④ 确定梯段长度和梯段高度

梯段长度是指梯段的水平投影长度。根据每跑梯段的踏步数 n 和踏步踢面宽度 b,计算该梯段的水平投影长度 L:$L = (n - 1) \times b$

梯段高度 H':$H' = n \times h$

⑤ 确定平台深度

楼梯平台是连接楼地面与梯段端部的水平部分,分为中间平台和楼层平台,连接楼层间楼

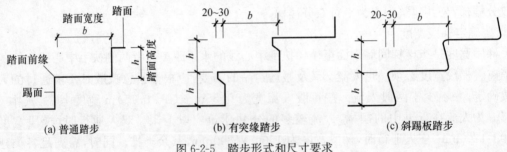

(a) 普通踏步   (b) 有突缘踏步   (c) 斜踢板踏步

图 6-2-5   踏步形式和尺寸要求

梯段的平台称为中间平台。平台宽度不应小于梯段宽度,并不应小于 1.2m。

- 初步确定中间平台宽度 D_1,$D_1 \geqslant B$。D_1 和 B 均为净尺寸。
- 根据中间平台宽度 D_1、每跑梯段的长度 L 及楼梯间进深 M,计算楼层平台宽度 D_2,$D_2 = M - D_1 - L$。

⑥ 确定底层楼梯中间平台下的地面标高和中间平台面标高

楼梯净空高度包括梯段净高和平台处净高。梯段净高以踏步前缘处到顶棚垂直线的净高度计算。这个净高保证人们行走或搬运物品时不受影响,一般不小于 2200mm。楼梯平台净高是平台结构下缘至人行通道的垂直高度,应不小于 2000mm。梯段的起始、终了踏步的前缘与顶部突出物的外缘线应不小于 300mm,如图 6-2-6 所示。需要对楼梯净高进行验算,有时可能需要重新调整楼梯的踏步数量及踏步的高度和宽度。

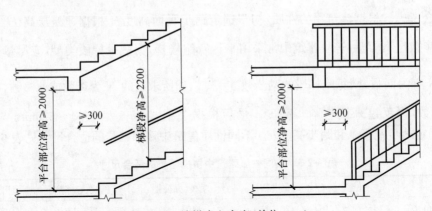

图 6-2-6   楼梯净空高度(单位:mm)

在居住建筑中,常利用楼梯间作为出入口,而居住建筑的层高通常较低,故应着重处理底层楼梯平台下通行时的净高。为使平台净高满足要求,常采用以下几种做法:

- 增加楼梯底层第一个梯段的踏步数量。
- 降低底层中间平台下的地面标高,将部分室外台阶移至室内。
- 降低底层中间平台下的地面标高,同时增加楼梯底层第一个梯段的踏步数量。

⑦ 校核

根据以上设计结果,计算楼梯间进深。若计算结果小于已知的楼梯间进深,只需调整平台深度即可;若计算结果大于已知的楼梯间进深,而平台深度又无调整余地时,应调整踏步尺寸,按以上步骤重新计算,直到与已知的楼梯间进深一致。

⑧ 栏杆和扶手高度

栏杆是布置在楼梯梯段和平台边缘处有一定安全保障度的围护构件。栏杆或栏板顶部供人们行走倚扶用的连续构件称为扶手。

扶手高度是指踏面宽度中点至扶手面的竖向高度,一般高度为 900mm。供儿童使用的扶手高度为 600mm,室外楼梯栏杆、扶手高度应不小于 1100mm。楼梯平台上的水平扶手高度为 1000mm。栏杆间的净空宽度不应大于 120mm。

4　主要性能试验(选择介绍—预制梯段结构性能)

(1)一般规定

钢筋混凝土梯段的结构性能试验方法执行《混凝土结构试验方法标准》GB/T 50152—2012 第 8 章"预制构件试验"的规定。该标准规定:批量生产的预制混凝土构件,应根据现行国家标准《混凝土结构工程施工质量验收规范》GB 50204 的规定按产品检验批抽样进行合格性检验。预制构件的合格性检验应符合下列规定:①钢筋混凝土构件和允许出现裂缝的预应力混凝土构件,应进行承载力、挠度和裂缝宽度检验;②要求不出现裂缝的预应力混凝土构件,应进行承载力、挠度和抗裂检验;③预应力混凝土构件中的非预应力杆件,应按钢筋混凝土构件的要求进行检验。

预制构件结构性能检验的检验指标及合格性判断方法,应根据《混凝土结构工程施工质量验收规范》GB 50204 的有关规定。

(2)试验方案

·混凝土预制构件应采用短期静力加载试验的方法进行结构性能检验。有特殊要求的预制构件,由设计文件对其试验方法作出专门规定。

·试验的结构性能检验指标及其检验允许值,应根据构件的受力特点和混凝土强度等级由设计文件计算确定。结构性能检验应在同条件养护的混凝土立方体抗压强度达到设计要求后进行。当试件的混凝土尚未达到设计强度等级,或在超过规定的龄期后进行结构性能检验时,检验所需的结构性能试验参数和检验允许值宜作相应的调整。

·试验用的加载设备及量测仪表应预先进行标定或校准。试验应在 0℃ 以上的环境中进行。蒸汽养护后的试件,应在出池冷却至常温后进行试验。

·试验加载应根据设计文件规定的加载要求、试件类型及设备条件等,按荷载效应等效的原则选择加载方式。

·试验荷载布置应符合设计文件的规定。当试验荷载的布置不能完全与设计规定相符时,应按荷载效应等效的原则换算。换算结果应使试件试验的内力图形与设计的内力图形相似,并使控制截面上的主要内力值相等。但改变荷载布置形式对其他部位产生不利影响并可能影响试验结果时,应采取相应措施。

·预制构件的试验应按阶段分级加载,加载等级、持荷时间等应符合有关规定。合格性检验可加载至所有规定的项目通过检验,直接判为合格不再继续加载。

分级加载试验原则应符合下列规定:①在达到使用状态试验荷载值 Q_s 以前,每级加载值不宜大于 $0.20Q_s$;超过 Q_s 以后,每级加载值不宜大于 $0.10Q_s$;②接近开裂荷载计算值 Q_{cr}^0 时,每级加载值不宜大于 $0.05Q_{cr}^0$;试件开裂后每级加载值可取 $0.10Q_{cr}^0$;③加载到承载能力极限状态的试验阶段时,每级加载值不应大于承载力极限状态荷载设计值 Q_d 的 0.05 倍。

· 每级加载的持荷时间应符合下列规定:①每级荷载加载完成后的持荷时间不应少于 5～10min 且每级加载时间宜相等;②在使用状态试验荷载值 Q_s 作用下,持荷时间不应少于 15min;在开裂荷载计算值 Q_{cr}^0 作用下,持荷时间不宜少于 15min;如荷载达到开裂荷载计算值前已经出现裂缝,则在开裂荷载计算值 Q_{cr}^0 作用下的持荷时间不应少于 5～10min。

5 安装施工要点

5.1 首层楼梯段基础的连接

楼梯段与平台板及基础的连接方式可采用焊接和插接。首层楼梯段的下端搁置在楼梯基础上,楼梯基础的顶部通常设置钢筋混凝土基础梁并留有缺口,便于同首层楼梯段连接。

5.2 楼梯段与平台板或平台梁的连接

除首层楼梯段之外,其余楼梯段的两端搁置在平台板的边肋上或平台梁上。为保证梯段平稳,应先在平台板边肋或平台梁上用水泥砂浆坐浆,然后再安装楼梯段。梯段和平台板之间的缝隙用水泥砂浆填实,梯段和平台板边肋或平台梁的对应部分应预留埋件并在安装时焊接牢固,以确保梯段和平台板或平台梁形成整体。

按照《装配式混凝土结构技术规程》JGJ 1—2014 的规定,预制楼梯与支承构件之间宜采用简支连接。采用简支连接时,应符合下列规定:①预制楼梯宜一端设置固定铰,另一端设置滑动铰,其转动及滑动变形能力应满足结构层间位移的要求,且预制楼梯端部在支承构件上的最小搁置长度应符合表 6-2-6 的规定。②预制楼梯设置滑动铰的端部应采取防止滑落的构造措施。

表 6-2-6　预制楼梯在支承构件上的最小搁置长度

抗震设防烈度	6 度	7 度	8 度
最小搁置长度(mm)	75	75	100

5.3 栏杆、栏板与踏步的连接

栏杆和栏板是保护行人通行的安全围护设施。栏杆多采用方钢、圆钢、钢管或扁钢等制成,可焊接或铆接成各种图案。栏板通常采用预制钢筋混凝土板或钢丝网水泥板。

栏杆与踏步的连接方式有焊接、锚接和螺栓连接。采用焊接方式连接,在制作楼梯段时,应在需要设置栏杆的部位,沿踏面预埋钢板或在踏步内埋置套管,安装时将栏杆焊接在预埋钢板或套管上。采用锚接方式连接时,应在踏步板上预留与栏杆截面尺寸相适应的孔洞,安装时将栏杆插入孔内,插入深度至少 80mm,然后向孔洞内浇灌水泥砂浆或细石混凝土嵌固。

5.4 扶手与栏杆的连接

按制作材料,楼梯扶手可分为木质扶手、金属扶手、塑料扶手等;按照构造,楼梯扶手可分为漏空栏杆扶手、栏板扶手和靠墙扶手。

木质扶手、塑料扶手用木螺钉通过扁铁与漏空栏杆连接；金属扶手用焊接或螺钉连接；靠墙扶手则由预埋铁脚的扁钢通过木螺钉固定。

第 3 节 欧洲标准：预制混凝土楼梯
［EN14843：2007（E）］

1 范围

本标准规定了预制混凝土整体式楼梯与用于制作钢筋混凝土楼梯和/或预应力混凝土楼梯的预制混凝土部件（即：单块踏步）的材料、生产、性能、要求和试验方法的技术要求。

本标准适用于室内使用和室外使用的结构楼梯。

本标准包括整体设计的楼梯和配套平台或者由梁或柱支承的单块踏步建造的预制混凝土楼梯和配套平台。支承构件可包括现浇混凝土。

本标准包括术语、性能指标、验证方法、公差、相关物理性能、特殊试验方法和特定的运输、安装和连接方式。

本标准不包括与楼梯功能相关的几何特性，这些几何特性能够在国家规范或地方条例中找到。

预制混凝土楼梯分为两个主要产品系列：

· 用包括梯段、平台或二者结合在内的预制混凝土构件建成的整体式楼梯。整体式楼梯可包括垂直支承构件。

· 用单块踏步建成的楼梯，不论是否承载，都是在现场进行装配，例如，与托架或中心柱在现场装配。

楼梯形状可以是直的或弯曲的。

楼梯可装配护栏（在一侧或两侧）和楼梯平台。

楼梯可有简单支承（例如：支承在梁托、墙体或梁上），用螺栓连接，或者用钢筋和现浇混凝土连接。

预制件的表面可以是裸露面或者带有装饰层。

2 引用文件

以下引用文件是本标准不可缺少的。凡是注明日期的引用文件，只能引用该文件。对于未注明日期的引用文件，应引用该文件（包括任何修改）的最新版本。

EN1992-1-1：2004，欧洲规范 2：混凝土结构设计—第 1-1 部分：建筑通则和规则

EN 13369：2004，预制混凝土产品通则

注：仿宋字体部分为欧洲标准的内容。

3 术语和定义

EN13369:2004 条款 3.1 和条款 J.4 适用于本标准。

附录 A(资料性)规定了楼梯的术语和定义。

4 要求

4.1 材料要求

应符合 EN13369:2004 条款 4.1 的规定。

4.2 生产要求

应符合 EN13369:2004 条款 4.2 的规定。

钢筋混凝土楼梯或预应力混凝土楼梯的混凝土最小强度等级应为 C30/37。

4.3 产品要求

4.3.1 几何参数

4.3.1.1 产品公差

除了表 1 中规定的修正值之外,还应符合 EN 13369:2004 条款 4.3.1.1 的规定,除非在项目技术规范中有更严格的公差要求。

表 1 结构件横截面的允许偏差(对 EN13369:2004 表 4 的修正)

被检测方向横截面的目标尺寸	ΔL^a(mm)	ΔC^b(mm)
$L \leqslant 150$mm	+10,−5	±5
$L \geqslant 400$mm	±5	+15,−10

注:[a] 两个连续踢板之间的差别不应超过 6mm。

　[b] 条款 4.3.7 规定的最小混凝土保护层厚度应考虑装饰过程清除掉的混凝土深度。钢筋的位置应确保能够达到条款 4.3.7 规定的最小混凝土保护层厚度。

提示:规定 ΔL 和 ΔC 的正值(允许偏差上限),是为了确保横截面尺寸偏差和钢筋的位置不超过欧洲标准中相应安全系数所包含的数值。规定 ΔC 的负值(允许偏差下限),是为了耐久性目的。中间插值为线性插入值。

4.3.1.2 最小公称尺寸

最小公称尺寸应符合表 2 的规定。

表 2 最小公称尺寸

项目	最小尺寸(mm)
踏步或平台的厚度	45
墙体厚度	80
栏杆厚度	60

续表

项目	最小尺寸(mm)
空心构件的壁厚	45
柱的平面尺寸	120

在厚度为 45mm 的情况下,应特别注意钢筋的正确位置。

4.3.2　表面特性

应符合 EN13369:2004 条款 4.3.2 的规定。

表 3 列出预制混凝土楼梯部件表面特征值的允许偏差。

表 3　表面特征值的允许偏差(mm)

表面特征值	允许偏差
不平度 $\Delta d(\Delta d=d_1-d_2)$	$\Delta d \leqslant \left(2+\dfrac{L}{500}\right)$

注:L 为检验用直尺的长度;d_1 为构件表面与直尺之间的最大垂直距离;d_2 为构件表面与直尺之间的最小垂直距离。

提示:用户可告知生产者自己希望的用油漆或薄层涂料装饰的特定表面。

4.3.3　力学抗力

4.3.3.1　一般要求

应符合 EN13369:2004 条款 4.3.3.1 的规定。

4.3.3.2　计算验证

应符合 EN13369:2004 条款 4.3.3.2 的规定。

不仅应考虑静态荷载,还应考虑动态荷载。

提示 1:对于厚度小于 80mm 的踏步板或者独立踏步板,动态系数可以采用有效国家规范或在产品使用地其他规程中确定的值。

提示 2:偶然作用和强度要求采用国家规范的规定。

4.3.3.3　试验辅助的计算验证

应符合 EN13369:2004 条款 4.3.3.3 的规定。

4.3.4　耐火性能和火反应性

4.3.4.1　一般要求

应符合 EN13369:2004 条款 4.3.4.1 的规定。

4.3.4.2　耐火性能

应符合 EN13369:2004 条款 4.3.4.1 和条款 4.3.4.3 的规定。

4.3.4.3　火反应性

应符合 EN13369:2004 条款 4.3.4.4 的规定。

4.3.5　声学性能

应符合 EN13369:2004 条款 4.3.5 的规定。

4.3.6　热工性能

应符合 EN13369:2004 条款 4.3.6 的规定。

4.3.7　耐久性

应符合 EN13369:2004 条款 4.3.7 的规定,除了在条款 4.3.9 中规定的楼梯梁托的最小混凝土保护层之外。

4.3.8　其他要求

应符合 EN13369：2004 条款 4.3.8 的规定。

4.3.9　细节

应在技术文件中规定材料与预埋件的几何尺寸和补充性能等细节，部件的细部应包括结构数据，例如尺寸、公差、钢筋的布置、混凝土保护层、预期瞬变值和最终支承条件以及吊装条件。特别是技术文件中应包括安装时可以接受的构件之间的最大间隙，以确保实现设计规定的钢筋搭接(见 EN1992-1-1：2004 条款 10.9.4.7)。

支承设计应依照 EN 1992-1-1：2004 条款 10.9.5，应为安装公差规定预期容许公差。

对于这条规则的应用，规定了两类楼梯梁托(图1)：

· A 类：按照条款 4.3.1.1 的设计保护层厚度制作的楼梯梁托。

· B 类：楼梯梁托类似于 A 类，但是端部的保护层厚度减薄，在这种情况下，通过现场浇注非收缩砂浆达到混凝土保护层厚度要求。砂浆及其最小厚度应符合 EN1992-1-1：2004 第 4 章的规定。

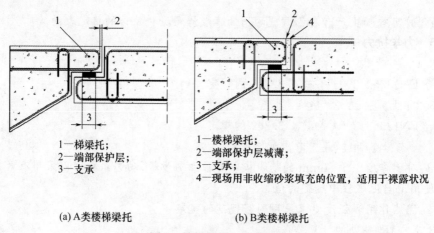

1—梯梁托；
2—端部保护层；
3—支承

1—楼梯梁托；
2—端部保护层减薄；
3—支承；
4—现场用非收缩砂浆填充的位置，适用于裸露状况

　　　(a) A 类楼梯梁托　　　　　　　　(b) B 类楼梯梁托

图 1　楼梯梁托的分类规定

提示：应针对不锈钢或有保护层钢筋的使用，规定注意事项，以确保 B 类楼梯梁托的耐久性。

5　试验方法

5.1　混凝土试验

应符合 EN13369：2004 条款 5.1 的规定。

5.2　尺寸和表面特性测量

应符合 EN13369：2004 条款 5.2 的规定。

参照 EN13369：2004 中的图 J.5，根据被检验的尺寸，使用量程为 200mm 或 1000mm 的直尺。

5.3　产品重量

应符合 EN13369:2004 条款 5.3 的规定。

6　符合性评价

应符合 EN13369:2004 第 6 章的规定。

用表 4 替代 EN13369:2004 表 D.4 中的条目 2。

表 4　成品检查

	项目	方法	目的	频次
D.4.1 产品试验				
1	最终检查	尺寸测量(见条款 5.2)	与本标准要求和制造商公布性能要求的符合性	每个模型每制作 10 模,至少检验 1 件楼梯
2	表面特性	按条款 5.2 测量	与条款 4.3.2 的符合性	

7　标志

应符合 EN13369:2004 中第 7 章的规定。

8　技术文件

应符合 EN13369:2004 中第 8 章的规定。

附录 A(资料性):楼梯—术语和定义

表 A-1　以标记方式分类

标记	术语	定义
1.1	总则	见图 A-1
1.1.1	楼梯	一系列处于倾斜状态的水平台阶(踏步或平台),能够使人们通过步行到达另一层楼
1.1.2	单块踏步	具有单一踏板和踢板的预制品 注:单块踏步的一端可以有一个整体轮毂,便于与盘旋楼梯中心柱连接,或者可以对其进行设计,用楼梯斜梁、托架其他支承物将其装配在楼梯上
1.1.3	预制楼梯	以整体方式或部件方式制作的楼梯,后者是在最终使用位置安装和(或)装配
1.1.4	楼梯间	为容纳楼梯和限值其体积的墙面而留出的空间
1.1.5	楼梯井	由梯段和休息平台内侧面围成的空间

标记	术语	定义
1.1.6	平台	在梯段端部或两个梯段之间的水平平台,是楼梯或楼板的组成部分
1.1.7	楼梯斜梁	支承踏步板端部的倾斜构件
1.1.8	固定件	把楼梯固定在支承物上的部件
1.1.9	支承物	预制品搁置在其上的支承物
1.1.10	梁托	形成支承的部件的伸出部分
1.1.11	搭接(企口接合)	传递荷载的一对重叠梁托
1.1.12	墙	分隔或封闭一个区域的构件。可以是承载的或非承载的
1.1.13	空心构件	有内部孔洞的预制构件
1.1.14	栏杆	防止在边缘跌落的构件
1.2	楼梯类型和布置	见图 A—2
1.2.1	直线楼梯	方向始终相同的楼梯
1.2.2	梯段	两个平台之间的一系列连续踏步
1.2.3	中间平台或休息平台	两个楼层之间的平台
1.2.4	双分楼梯	一个梯段的楼梯到达平台,然后从平台分为两个梯段
1.2.5	转向楼梯	方向改变的楼梯
1.2.6	左侧(或右侧楼梯)	上楼时,转向左侧的(或右侧)的楼梯
1.2.7	盘旋式楼梯	通过采用锥形踏步板改变方向的楼梯
1.2.8	整体式楼梯	作为单一构件浇注的楼梯
1.2.9	露明梯井楼梯	围绕梯井的转向楼梯
1.2.10	螺旋楼梯	围绕梯井沿螺旋轨道行走的盘旋式楼梯
1.2.11	盘旋楼梯	围绕中心柱沿螺旋线轨道行走的盘旋式楼梯
1.3	尺寸	见图 A—3
1.3.1	楼梯开间	在楼层为楼梯留出的空间
1.3.2	楼层高度	从一层楼的装饰面到下一层楼装饰面的垂直距离
1.3.3	倾斜线	连接连续踏步前缘的假想线,通常假定为行走线
1.3.4	倾斜角	倾斜线与水平面之间的角度
1.3.5	净空高度	倾斜线上方,可通畅行走的最低垂直尺寸
1.3.6	踏步高度	从一个踏面表面到下一个踏面表面的垂直尺寸
1.3.7	踏步宽度	在行走线上测量的两个连续踏步前缘之间的水平尺寸
1.3.8	踏板宽度	踏板前缘到踏板后部的水平尺寸
1.3.9	重叠	踏板后缘与上方连续前缘之间的水平尺寸
1.3.10	楼梯宽度	在与行走线成直角的方向测量的踏板的水平尺寸

标记	术语	定义
1.3.11	楼梯净宽	在与行走线成直角的方向测量的可畅通行走的水平尺寸,允许人和物品通行
1.3.12	梯斜梁上空宽度	楼梯斜梁外面之间的水平尺寸
1.3.13	行走线	指示楼梯使用者常规路径的理论线 注:在这条线上的箭头始终指示上楼方向
1.3.14	行走区	单人上楼所占据的名义宽度
1.4	踏步类型	见图 A—4
1.4.1	斜踏步	踏板前缘与紧邻上方踏步前缘或平台前缘不平行的踏步
1.4.2	顶部踏步	楼梯段最高处的踏步
1.4.3	底部踏步	上楼时,安装有第一个踢板的踏步
1.5	楼梯部件	见图 A—5
1.5.1	踏步	含有踢板和踢板的楼梯的组成部分
1.5.2	踏板	水平部件或踏步的上面部件
1.5.3	踢板	封闭踏步前部的部件
1.5.4	无踢板楼梯	连续踏板之间的垂直空间是敞开的或者未被踢板完全填充的楼梯
1.5.5	前缘	踏板或平台的突出前部边缘
1.5.6	托架	踏步下面用于支承踏步的部件
1.5.7	中部构件	用于支承踏步的楼梯的结构件
1.5.8	柱	楼梯的垂直结构构件,宽度不大于其厚度的 4 倍
1.5.9	拱肩墙	盘旋式楼梯的中心墙,可为楼梯提供支撑
1.5.10	轮毂	在盘旋楼梯中使用的踏步的环形部件,能够形成中心柱

提示:钢筋的布置仅用于图解。

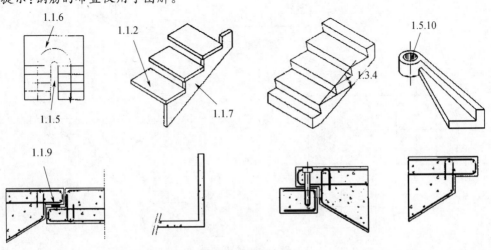

图 A-1　通用术语

377

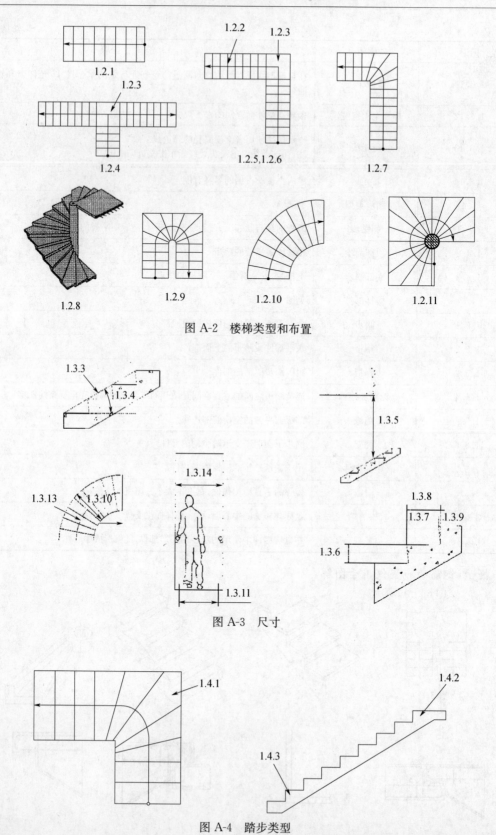

图 A-2　楼梯类型和布置

图 A-3　尺寸

图 A-4　踏步类型

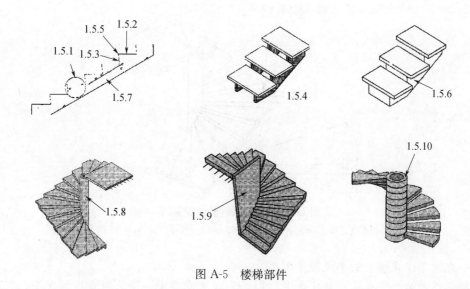

图 A-5　楼梯部件

附录 B(资料性):试验方法

B.1　目的

为了验证为计算而假设的设计模型的可靠性,必要时应首先进行承载试验(见 EN13369:2004 条款 4.3.3.3)。

提示:在 CEN/TR14862《预制混凝土产品》中可看到深层次指导(预制混凝土产品的足尺试验要求)。

B.2　样品的技术要求和选择

B.2.1　产品类别的鉴别

生产商应鉴别构件的类别,该类构件将作为具有同样产品性能的构件进行处理。

对每类构件,应规定一组特定的产品性能,作为此类构件的代表性能。

B.2.2　试验样品的设计

生产商应制定和记录试验计划,包括描述试验样品的适当的图纸和文件,以及它们与 B.2.1 规定的产品类别的关系。

每类构件应最少取 3 个样品进行试验。

a)整体式楼梯

考虑到楼梯正常使用的动态效应,对踏步厚度小于 80mm 的整体式楼梯,可对楼梯施加集中荷载进行试验(图 B-1)。

b)单块踏步板

按照踏步板在建筑物内的同样安装要求,把踏步板安装在为固定踏步板而设计的试验架上,可对单块踏步板进行加载试验。

图 B-2～图 B-4 为试验方案的几个实例。

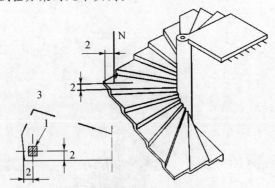

图 B-1　薄踏步楼梯的试验实例

1—硬木立方体 100mm×100mm×100mm；2—尺寸＝100mm；3—细节

——在两个支承物上的单块踏步板：

· 试验荷载施加于单人行走区跨中(图 B-2)；或者在多于一个人行走的情况下,试验荷载施加在每个行走区的中心部位(图 B-3)。对后一种情况,可按照预期的现场使用状况,用固定件将踏步板固定以评价其适用性,或者用辅助支承将踏步板固定以避免摇摆。

——具有整体式轮毂的单块踏步板(例如:对于盘旋楼梯)：

· 在靠近行走区的端部施加试验荷载,见图 B-4。

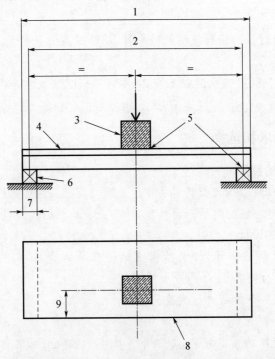

图 B-2　有一个行走区和两个托架支承的单块踏步板的试验方案实例

1—行走区；2—跨距；3—硬木立方块 100mm×100mm×100mm；4—有装饰面的顶面；
5—厚度 5mm 的橡胶板；6—支承梁；7—生产商规定的支承宽度；8—前缘；9—尺寸 100mm

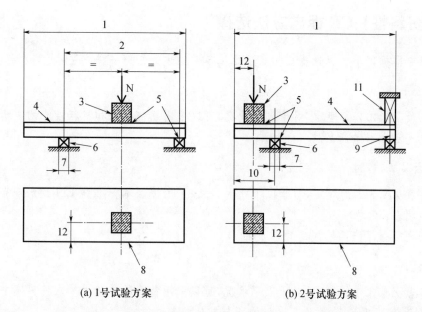

(a) 1号试验方案　　　　　　　　　(b) 2号试验方案

图 B-3　有一个行走区和两个托架支承的有悬挑部分的单块踏步板的试验方案实例
1—行走区；2—跨距；3—硬木立方块 100mm×100mm×100mm；4—有装饰面的顶面；
5—厚度 5mm 的橡胶板；6—支承梁；7—生产商规定的支承宽度；8—前缘；9—固定件；10—悬挑部分；
11—辅助支承(如果没有固定件 9)；12—尺寸 100mm

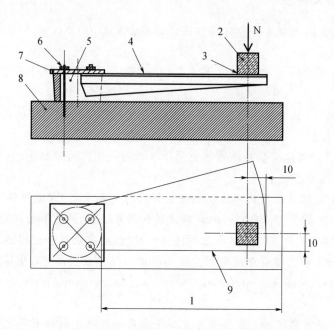

图 B-4　有一个行走区的用于盘旋楼梯的单块踏步板的试验方案实例
1—行走区；2—硬木立方块 100mm×100mm×100mm；3—厚度 5mm 的橡胶板；4—有装饰面的顶面；
5—现浇混凝土；6—固定件；7—钢板；8—支承梁；9—前缘；10—尺寸 100mm

附录 Y(资料性):CE 标志方法选择

生产商应根据以下状况选择应用条款 ZA.3 中描述的任何一种方法。

Y.1 方法 1

按照条款 ZA.3.2 的规定,对于以下状况,可以采用几何数据和材料性能的声明书:

· 现成产品和目录产品。

Y.2 方法 2

按照条款 ZA.3.3 的规定,对于以下状况,应该采用按照本标准和 EN 欧洲规范确定的产品性能的声明书:

· 生产商公布了产品性能的预制产品。

Y.3 方法 3

按照条款 ZA.3.4 的规定,对于以下状况,可以采用符合给定技术要求的声明书:

· 除了条款 Y.1 和条款 Y.2 之外的所有其他状况。

附录 ZA(资料性):"欧洲标准条款"与"欧盟建筑产品条例规定"的链接

ZA.1 范围和相关特性

欧洲标准是在由欧洲委员会和欧洲自由贸易协会赋予的 CEN 的 M/100[1]"预制混凝土产品"的授权下制定的。

本附录中的这项欧洲标准的条款满足"欧盟建筑产品条例(89/106/EEC)"规定的强制要求。

与这些条款的符合性给予本附录涵盖的预期用途的预制混凝土楼梯的适用性假设;应查阅 CE 标志的附带信息。

警告:其他要求和其他欧盟条例可能适用于本标准范围内的楼梯系列,而不影响预期用途预制混凝土楼梯的适用性。

提示 1:除了与本标准涉及的危险品相关的任何特定条款之外,还可能有适用于本标准范围内产品系列的其他要求(例如:变换的欧盟法规和国家法律、规程和管理规定)。为满足欧盟建筑产品条例的规定,无论在何时何地应用楼梯的时候,还应该符合这些要求。

提示 2:欧洲标准和国家管理规定对危险品管理的信息数据库可在 EUROPA 建筑网站上查看(通过 http://europa.eu.int/comm/enterprise/construction/internal/dangsub/dangmain.htm 访问)。

本附录确定了用钢筋混凝土或预应力混凝土制作的用作室内和室外结构楼梯的预制混凝土楼梯的 CE 标志的条件,并说明了适用的相关条款。

本附录与本标准第 1 章的范围相同,并在表 ZA-1 进行规定。

表 ZA.1　建筑制品:预制混凝土楼梯(预期用途:室内或室外的结构楼梯)

基本特性		本标准中的要求条款	级别和(或)等级	注释和单位
混凝土抗压强度	所有方法	4.2　生产要求	无	MPa
钢筋极限抗拉强度和抗拉屈服强度	所有方法	EN13369:2004 条款 4.1.3 和条款 4.1.4	无	MPa
承载能力或力学强度	方法 1	条款 ZA.3.2 所列信息	无	几何特性和材料性能
	方法 2	4.3.3　力学抗力	无	kN,kN/m²
	方法 3	设计技术要求	无	—
耐火性能	方法 1	条款 ZA.3.2 所列信息	R,REI	几何特性和材料性能
	方法 2	4.3.4.2　耐火性能	R,REI	min
	方法 3	设计技术要求	R,REI	min
细节	所有方法	4.3.1　几何特性 4.3.9　细节 8　技术文件	无 无 无	mm — —
撞击噪声传递	所有方法	4.3.5　声学性能	无	dB
使用安全性	所有方法	EN 13369 条款 4.3.8.2 使用安全性	无	几何特性
耐腐蚀性	所有方法	4.3.7　耐久性	无	环境条件

方法 1:几何数据和材料性能的声明书(见 ZA.3.2)。

方法 2:产品性能值的声明书(见 ZA.3.3)。

方法 3:与设计技术要求符合性的声明书(见 ZA.3.4)。

生产商应按照附录 Y 选择使用各种方法。

在那些对产品预期用途的特性没有监管要求的成员国(MSs)中,对某些特性的要求是不适用的。在这种情况下,将产品投放到成员国(MSs)市场中的制造商没有义务确定也不用公布他们的产品性能,可以使用 CE 标志附带信息中的这个特性和选项"未确定性能(NPD)"(见 ZA.3)。但是,当这个特性受临界水平支配的时候,可以不使用 NPD 选项。

ZA.2　楼梯的符合性证明程序

ZA.2.1　符合性证明体系

对表 ZA-1 中列出的基本特性,按照《强制性 M/100"预制混凝土产品"附录Ⅲ》"中给出的 1999/94/EC 委员会在 1999 年 1 月 25 日的决定,表 ZA-2 列出预制混凝土楼梯符合性证明体系,给出了预期用途和相应的级别或等级。

表 ZA-2　符合性证明体系

产品	预期用途	级别或等级	符合性证明体系
楼梯	结构	—	2+

注:体系 2+见条例 89/106(CPD)附录Ⅲ-2(ii)第一可能性,包括认证机构根据工厂和工厂生产控制的初始检查以及对工厂生产控制的连续监测、评价和验收而进行的工厂生产控制认证。

对于表 ZA-1 规定的基本特性,预制混凝土楼梯符合性证明应依据表 ZA-3 规定的符合性评价程序,结果源自本标准或本文所指其他欧洲标准的条款的应用。

表 ZA-3　对按照体系 2⁺ 进行的楼梯符合性评价任务的分配

任务		任务内容	符合性评价应用的条款
生产商的任务		初始型式检验	表 ZA-1 中的所有特性	EN 13369:2004 第 6 章
		工厂生产控制	与表 ZA-1 中所有特性相关的参数	本标准的第 6 章和 EN 13369:2004 条款 6.3
		从工厂取样,作进一步试验	表 ZA-1 中的所有特性	EN13369:2004 条款 6.2.3
认证机构的任务	工厂生产控制认证,在下列基础上	工厂和工厂生产控制的初始检查	·抗压强度(混凝土) ·极限抗拉强度和抗拉屈服强度(钢筋) ·细节 ·耐久性 ·耐火性 REI[a](在试验验证的情况下)	EN13369:2004 条款 6.1.3.2 a 和条款 6.3 与本标准第 6 章
		工厂生产控制的连续监测、评价和认可	·抗压强度(混凝土) ·极限抗拉强度和抗拉屈服强度(钢筋) ·细节 ·耐久性 ·耐火性 REI[a](在试验验证的情况下) ·承载能力(试验验证的时候)	EN 13369:2004 条款 6.1.3.2 b 和条款 6.3 与本标准第 6 章

注:[a] 耐火性能(试验验证的时候)试验应由测试实验室进行。

ZA.2.2　CE 证书和符合性声明书

当符合本附录的条件时,一旦认证机构起草了下面提到的证书,制造商或其在 EEA 上公布的代理商就应制定并保持符合性的声明书,这个证书给予制造商贴附 CE 标志的权利。声明书中应包括:

·制造商或者其在 EEA 上授权代表的名称和地址以及生产地点。

提示 1:制造商也可以是对投放到 EEA 市场的产品负责的个人,如果他为 CE 标志负责。

·产品描述(类型、标示、用途……),CE 标志附带信息的副本。

提示 2:如果声明书要求的某些信息已在 CE 标志信息中给出,则不需要再重复。

·产品所符合的规定(例如本 EN 标准的附录 A)。

·适用于产品用途的特殊条件(例如:在一定条件下使用的规定,等等)。

·附带工厂生产控制证书的编号。

·获得授权签署声明书的个人的姓名和地址,此人代表生产商或其授权代表。

由认证机构起草的工厂生产控制证书应附带声明书,除了上述信息之外,声明书中还应包含以下内容:

·认证机构的名称和地址。

·工厂生产控制证书的编号。

·证书的条件和有效期,适用时。

·获得授权签署声明书的个人的姓名和地址。

上述声明书和证书应采用官方语言或产品使用地成员国的语言。

ZA.3　CE 标志和标签

ZA.3.1　一般要求

制造商及其在 EEA 上的授权代表对贴附 CE 标志负责。贴附 CE 标志的标签应依照条例
93/68/EC 并应在产品上标明(如果不可能在产品上标明,可以在附带的标签上、包装上或附
带的商业文件例如交货单上标明)。

下列信息应被添加到 CE 标志的标签上:

·认证机构的标识号。

·生产商的名称或识别标记和注册地址。

·贴附标志时当年年份的最后两个数字。

·CE 工厂生产控制证书的编号。

·本欧洲标准的编号和标题。

·产品描述:通用名称和预期用途。

·取自表 ZA-1 的相关基本特性的信息,这些基本信息列于 ZA.3.2、ZA.3.3 或 ZA.3.4
的相应条款。

·相关特性的"未确定性能"。

当该特性受制于临界水平时,可以不使用"未确定性能(NPD)"选项。另外,对于给定的
预期用途,无论何时何地,当该特性不受制于目的地成员国的监管要求时,可以使用 NPD
选项。

在下列条款中给出应用 CE 标志的条件。图 ZA-1 给出贴附在产品上的简化标签,包括最
少的一组信息以及与写有其他要求信息的附带文件的链接。对于所关注的基本特性信息,有
些信息可由明确的参考文献给出:

·技术信息(产品目录)(见条款 ZA.3.2)。

·技术文件(见条款 ZA.3.3)。

·设计技术要求(ZA-4)。

图 ZA-2、图 ZA-3 和图 ZA-4 规定了在贴附标签上或附带文件上需要的最少的一组信息。

ZA.3.1.1　简化标签

对于简化标签,下列信息应添加到 CE 标志的标签上:

·生产商的名称或识别标记和注册地址。

·单位的标识号(保证可追溯性)。

·贴附标志时当年年份的最后两个数字。

·CE 工厂生产控制证书的编号。

·本欧洲标准的编号和标题。

应在有单位相关信息的附带文件上标记同样的标示号。

图 ZA-1 给出贴附在产品上简化标签与所包括的最少的一组信息。条款 ZA.3.1 规定的
其他信息和简化标签上未给出的信息应通过附带文件提供。

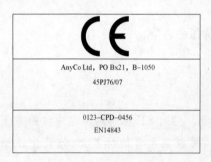

包含条例 93/68/EEC 规定的 CE 符号在内的 CE 符合性标志

生产商的名称或识别标记和注册地址

单位的标识号与贴附标志时当年年份的最后两位数字

工厂生产控制证书编号（前四位数字 -0123 代表认证机构的参考号码）

本欧洲标准的编号

图 ZA-1　简化标签实例

ZA.3.2　几何特性和材料性能的声明书

（根据方法 1 确定与"力学抗力和稳定性"和"耐火性能"基本要求有关的性能。）

对于预制混凝土楼梯，按照在使用地现行有效的设计规范，图 ZA-2 给出包括所需信息在内的 CE 标志模板，以确定与力学抗力和稳定性以及耐火性能有关的性能，包括耐久性和使用可靠性。

参照表 ZA-1 和条款 ZA.3.1 中引用的信息，应公布下列性能：

- 钢筋的抗拉极限强度。
- 钢筋的抗拉屈服强度。
- 预应力钢筋的抗拉极限强度。
- 预应力钢筋拉伸弹性极限应力的 0.1%。
- 几何数据(只有临界尺寸)。
- 耐久性条件。
- 细节、耐久性和几何数据可能参考的技术信息(产品目录)。

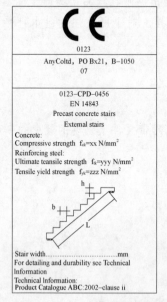

包含条例 93/68/EEC 规定的 CE 符号在内的 CE 符合性标志

认证机构的标识

生产商的名称或识别标记和注册地址

贴附标志时当年年份的最后两位数字

工厂生产控制证书编号

所涉及欧洲标准的编号和标题

通用名称和预期用途

包括细节在内的产品几何特性和材料性能的信息（适合

生产商的特定产品）

注：如果等价信息可用于清楚地确认所指产品的技术

信息（产品目录），标签上的草图可以省略。

图 ZA-2　包含 CE 标志和方法 1 声明书的标签实例

ZA.3.3 产品性能的公告

（根据方法 2 确定与"力学抗力和稳定性"和"耐火性能"基本要求有关的特性。）

对所有设计数据，包括计算使用的模型和参数，可以参考技术（设计）文件。

参照表 ZA-1 和条款 ZA.3.1 中引用的信息，应公布下列性能：

· 混凝土抗压强度。

· 钢筋的抗拉极限强度。

· 钢筋的抗拉屈服强度。

· 预应力钢筋的抗拉极限强度。

· 预应力钢筋的拉伸弹性极限应力 0.1%。

· 构件的力学极限强度（非抗震状况的计算设计值）与临界截面的弯矩、抗剪能力和抗扭能力。

· 计算过程使用的混凝土和钢筋的安全系数。

· 耐火 R 级（对于特定用途，还应增加耐火 E 级和 I 级）。

· 计算过程使用的其他在全国范围内确定的参数 NDPs。

· 空气声隔声。

· 耐腐蚀的条件。

· 几何数据、细节、耐久性、其他在全国范围内确定的参数、隔声参数和耐热性可能参考的技术文件。

对于预制混凝土楼梯，图 ZA-3 给出的 CE 标志模板中包括由生产商按照 EN 欧洲规范确定的与力学抗力和稳定性以及耐火性能有关的性能。

对于在全国范围内确定的参数，用计算机计算的构件力学极限强度设计值和耐火等级，EN 1992—1—1 和 EN 1992—1—2 中的推荐值或者欧洲规范附录中的规定值，均适用于这项工作。

ZA.3.4 与规定设计技术文件符合性的声明书

（用方法 3 确定与"力学抗力和稳定性"和"耐火性能"基本要求有关的特性。）

方法 3 适用于下列状况：

a）按照工程设计师制定的设计细则（图纸、材料技术要求等）生产的结构构件或者配套部件；

b）由生产商设计和生产的结构构件或配套部件。

对于预制混凝土楼梯，图 ZA-4 给出按照设计技术要求所生产产品的 CE 标志模板，由设计规定确定的与力学抗力和稳定性以及耐火性能有关的特性，适用于这项工作。

参考表 ZA-1 和条款 ZA.3.1 中引用的信息，应公告下列性能：

· 混凝土的抗压强度。

· 钢筋的抗拉极限强度。

· 钢筋的抗拉屈服强度。

· 预应力钢筋的抗拉极限强度。

· 预应力钢筋拉伸弹性极限应力的 0.1%。

本方法还适用于采用 EN 欧洲标准以外的方法设计的状况。

对于公布的符合性，除了与危险品相关的特定信息之外，无论何时何地需要并以适当的形式，产品上还应附带其他法规中对危险品要求的文件以及这些法规所要求的任何信息。

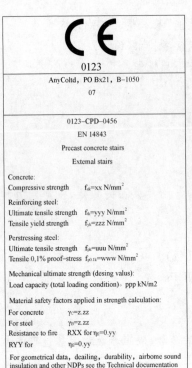

包含条例 93/68/EEC 规定的 CE 符号在内的 CE 符合性标志

认证机构的标识

生产商的名称或识别标记和注册地址

贴附标志时当年年份的最后两位数字

工厂生产控制证书编号

所涉及欧洲标准的编号和标题

通用名称和预期用途

包括细节在内的产品强制特性的信息（适合生产商的特定产品）

注：通过对技术文件相关内容的引用，可替代耐火极限值。

图 ZA-3　包含 CE 标志和方法 2(计算验证)声明书的标签实例

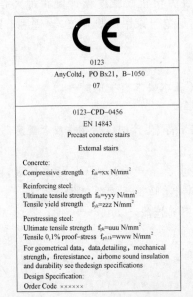

包含条例 93/68/EEC 规定的 CE 符号在内的 CE 符合性标志

认证机构的标识

生产商的名称或识别标记和注册地址

贴附标志时当年年份的最后两位数字

工厂生产控制证书编号

所涉及欧洲标准的编号和标题

通用名称和预期用途

包括细节在内的产品强制特性的信息（适合生产商的特定产品）

图 ZA-4　包含 CE 标志和方法 3 声明书的标签实例

提示 1：不需要提及没有背离国家标准的欧洲法规。

提示 2：贴附 CE 标志标签意味着产品总是受多于一项条例的支配，即符合所有适用的条例。

参考文献

[1] 15SG307. 现浇混凝土板式楼梯[S].

[2] 15G367-1. 预制钢筋混凝土板式楼梯[S].

[3] 15J403-1. 楼梯　栏杆　栏板[S].

[4] JGJ/T 283—2012. 自密实混凝土应用技术规程[S].

第7章　装配式房屋实践

第1节　天意别墅式轻钢结构房屋

1　天意钢结构体系

天意集成房屋有限公司致力于新型集成房屋的研制、推广、应用事业，着力于打造"安全、适用、经济、绿色、美观"的21世纪新型装配式住宅，产品广泛应用于新农村建设、旅游度假、应急救援、工矿营地、公用设施等领域。公司以乡村住宅为切入点，探索农村住宅建设发展新模式，倾力打造"老百姓买得起的房子"，为美丽新农村的建设贡献出一份力量。公司先后被国家住建部评定为"国家住宅产业化基地""国家装配式建筑科技示范项目"。

天意房屋钢结构体系是在工厂加工成型后到现场组装，快捷方便。具有轻质、高强、防腐、用钢量少、造价低、抗震性能好等特点。可建造各种中式、欧式、美式、日韩式等风格的建筑。图7-1-1为采用天意钢结构技术体系建造的别墅式轻钢结构房屋。该房屋为架空式住宅，可有效避免地面返潮，非常适合低水位地区的住房要求。

图 7-1-1　天意别墅式轻钢结构房屋

2　结构体系

天意轻钢结构房屋以钢管结构作为承重体系，板材主要发挥围护结构和分隔空间的作用。此体系适用于低层装配式轻钢结构住宅。

2.1　基础

基础是将结构所承受的各种作用传递到地基上的结构组成部分。当建筑物上部结构采用框架结构或单层排架结构承重时,其基础常采用方形或矩形独立基础(也称柱式基础),独立基础是柱下基础的基本形式,当柱采用预制构件时,将基础做成杯口形,安装时将柱子插入并嵌固在杯口内,故称杯形基础(也称杯口基础)。基础混凝土强度等级不应低于C20,钢筋的混凝土保护层厚度不应小于40mm。

按照《建筑地基基础设计规范》GB 50007—2011,本文所介绍轻钢装配式房屋地基基础的设计等级为丙级。在满足地基稳定和要求的前提下,基础埋深不宜小于0.5m。基础宜埋置在地下水位以上,当必须埋置在地下水位以下时,应采取地基土在施工时不受扰动的措施。

2.2 钢管柱与混凝土杯形基础的连接

柱脚是上部主体结构与基础连接的节点,在结构中起着重要作用,根据钢柱与基础的连接方式,柱脚可分为铰接柱脚和刚接柱脚两类,铰接柱脚有平板式、带肋板式和靴梁式,刚接柱脚有外露式、包裹式、埋入式和插入式。钢框架柱脚不但要承受轴心压力,还要承受水平剪力和弯矩,因此需要与基础刚接。

本文所述房屋采用插入式刚接柱脚连接方式,即:将钢柱直接插入混凝土基础杯口内并通过二次浇灌混凝土对钢柱进行固定,二次浇灌混凝土的强度等级应高于杯口基础混凝土的强度等级。钢管柱插入混凝土基础杯口的最小深度按表7-1-1的规定,但不宜小于500mm,亦不宜小于吊装时钢管柱长度的1/20。图7-1-2为与基础连接完成的方形钢结构柱及钢框架。

表 7-1-1 管柱插入混凝土基础杯口的最小深度

柱截面形式	实腹柱	双肢格构柱(单杯口或双杯口)
最小插入深度	$1.5h_c$ 或 $1.5d_c$	$0.5h_c$ 和 $1.5b_c$(或 d_c)的较大值

注:① h_c 为柱截面高度(长边尺寸)、b_c 为柱截面宽度、d_c 为圆管柱的外径。
② 钢柱底端至基础杯口底的距离一般采用50mm,当有柱底板时,可采用200mm。

图 7-1-2 与基础连接完成的钢柱及钢框架

2.3 钢管框架结构

为保证承重结构的承载能力和防止在一定条件下出现脆性破坏,应根据结构的重要性、荷载特征、结构形式、应力状态、连接方法、钢材厚度和工作环境等因素综合考虑,选用合适的钢材牌号和材性。天意轻型钢结构房屋的承重结构采用Q235—B级钢,其质量应符合国家标准

《碳素结构钢》GB/T 700 的规定，Q235 碳素结构钢的力学性能列于表 7-1-2。

表 7-1-2　Q235 碳素结构钢的力学性能

牌号	等级	拉伸试验						V 形冲击试验		弯曲试验 180°B=2a	
		屈服强度 R_{eH}（MPa）			抗拉强度 R_m（MPa）	断后伸长率 A（%）		温度（℃）	冲击吸收功（J）	钢材厚度（mm）	
		钢材厚度（mm）				厚度（mm）					
		≤16	>16～40	>40～60		≤40	>40～60			≤60	>60～100
Q235	A	≥235	≥225	≥215	370～00	≥26	≥25	—	—	纵:d=a 横:d=1.5a	纵:d=2a 横:d=2.5a
	B							20	≥27		
	C							0			
	D							−20			

注：B 为试样宽度，a 为试样厚度，d 为弯心直径。

天意房屋采用钢管框架结构，钢管柱和钢管梁通过焊接构成桁架结构。钢管选材标准遵循《建筑结构用冷弯矩形钢管》JG/T 178—2005，该标准适用于建筑结构用冷弯焊接成型矩形钢管，也适用于桥梁等其他结构，Ⅰ级钢管适用于建筑、桥梁等结构中的主要构件及承受较大动力荷载的场合，Ⅱ级钢管适用于建筑结构中一般承载能力的场合。采用冷轧或热轧钢带，经连续辊式冷弯及高频直接焊接生产形成的矩形钢管。按产品截面分为冷弯正方形钢管和冷弯长方形钢管，按屈服强度等级分为 235、345、390。Ⅰ级钢管的力学性能应符合表 7-1-3 的规定，Ⅱ级钢管仅提供原料的力学性能。

表 7-1-3　Ⅰ级钢管的力学性能

产品屈服强度等级	壁厚（mm）	屈服强度（MPa）	抗拉强度（MPa）	延伸率（%）	（常温）冲击力（J）
235	4～12	≥235	≥375	≥23	—
	>12～22				≥27
345	4～12	≥345	≥470	≥21	—
	>12～22				≥27
390	4～12	≥390	≥490	≥19	—
	>12～22				≥27

3　地面系统

根据《建筑地面设计规范》GB 50037—2013 中的定义，建筑地面是建筑物底层地面和楼层地面的总称。这里所述地面系统是指房屋底层地面，天意房屋底层地面系统的组成为：支承钢管＋预制钢筋混凝土圆孔板＋防潮层＋保温层＋找平层＋隔离层＋面层。

3.1　支承钢管

方钢管地梁固定在独立混凝土基础上，支承圆孔楼板的钢管按均匀间隔固定在主钢管上。图 7-1-3 为地面系统施工过程。

图 7-1-3　地面系统施工

3.2　预制钢筋混凝土圆孔板

所选预制混凝土圆孔板的质量标准遵循《乡村建设用混凝土圆孔板和配套构件》GB 12987—2008,该标准适用于农村和乡镇建造的住房、办公室、中小学教室等用作建筑楼面、屋面和天棚等的圆孔板和混凝土门、窗过梁、阳台悬臂梁及楼梯踏步板等配套构件。圆孔板分预应力圆孔板和钢筋混凝土圆孔板(也称非预应力圆孔板)两种类型,圆孔板按正常使用均布活荷载标准值划分为五个级别(见表 7-1-4)。

表 7-1-4　圆孔板正常使用均布活荷载标准值级别划分

级别	I	II	III	IV	V
活荷载标准值(kN/m²)	1.5	2.0	2.5	3.0	3.5

按照设计荷载,选用截面尺寸为 590mm×130mm,长度为 3000mm 的楼板。

3.3　防潮层

防潮层采用聚氯乙烯防水卷材或者承载防水卷材,其材质应分别符合《聚氯乙烯防水卷材》GB 12952—2011 或《承载防水卷材》GB/T 21987—2008 的规定。《承载防水卷材》GB/T 21987—2008 适用于以水泥材料与工程主体混凝土粘结并能够承受工程切向剪力、法向拉力、侧向剥离力的复合高分子防水卷材。承载防水卷材公称厚度不小于 1.0mm,其物理力学性能列于表 7-1-5。

表 7-1-5　承载防水卷材的物理力学性能

项目		指标
断裂拉伸强度(纵/横,N/cm)		≥60
拉断伸长率(纵/横,%)		≥20
不透水性(30min,0.6MPa)		无渗漏
拉断伸长率(纵/横,N)		≥75
承载性能(MPa)	正拉强度	≥0.7
	剪切强度	≥1.3
	剥离强度	≥0.4
复合强度(N/cm)		≥1.0

续表

项目		指标
低温弯折(纵/横)		−20℃,对折无裂纹
加热伸缩量(纵/横,mm)	延伸	≤2
	收缩	≤4
热空气老化(纵/横) (80℃,168h)	断裂拉伸强度保持率(%)	≥65
	拉断伸长率保持率(%)	≥65
耐碱性(纵/横) [10%Ca(OH)₂,80℃,168h]	断裂拉伸强度保持率(%)	≥65
	拉断伸长率保持率(%)	≥65
粘结剥离强度(N/mm)		≥2.0

3.4 保温层

地面保温材料采用硬质聚氨酯泡沫塑料板,其质量控制遵循《建筑绝热用硬质聚氨酯泡沫塑料》GB/T 21558—2008 的规定,硬质聚氨酯泡沫塑料板按用途可分为三类:Ⅰ类适用于无承载要求的场合;Ⅱ类适用于有一定承载要求,且有抗高温和抗压缩蠕变要求的场合;Ⅲ类适用于有更高承载要求,且有抗压、抗压缩蠕变要求的场合。硬质聚氨酯泡沫塑料的物理力学性能列于表 7-1-6。本项目地面系统的保温材料选择Ⅲ类硬质聚氨酯泡沫塑料板。

表 7-1-6 硬质聚氨酯泡沫塑料的物理力学性能

项目		性能指标		
		Ⅰ类	Ⅱ类	Ⅲ类
芯密度(kg/m³)		≥25	≥30	≥35
压缩强度或形变10%压缩应力(MPa)		≥80	≥120	≥180
初期导热系数 [W/(m·K)]	平均温度10℃,28d	—	≤0.022	≤0.022
	平均温度23℃,28d	0.026	≤0.024	≤0.024
长期热阻(180d)(m²·K/W)		供需双方协商		
尺寸稳定性 (长、宽、厚)(%)	高温(70℃,48h)	≤3.0	≤2.0	2.0
	低温(−30℃,48h)	≤2.5	≤1.5	≤1.5
压缩蠕变(%)	80℃,20kPa,48h	≤5		—
	70℃,40kPa,7d	—	—	≤5
水蒸气透过系数(23℃,相对湿度梯度0~50%) [Ng/(Pa·m·s)]		≤6.5	≤6.5	≤6.5
吸水率(%)		≤4	≤4	≤3

3.5 找平层

找平层材料采用配合比为 1:3 的水泥砂浆,找平层厚度不应小于 15mm。

3.6 隔离层

隔离层材料选用聚合物水泥防水涂料,其质量应符合《聚合物水泥防水涂料》GB/T

23445—2009 的规定,聚合物水泥防水涂料适用于房屋建筑及土木工程涂膜防水,按产性能分为三个类别,其中Ⅰ型防水涂料适用于活动量较大的基层,Ⅱ型和Ⅲ型防水涂料适用于活动量较小的基层。本项目选用Ⅰ型防水涂料。

3.7 面层

面层材料可根据需要选择木质地板、陶瓷地砖等。

4 屋面系统

屋面工程是指由防水、保温、隔热等构造层所组成的房屋顶部的设计和施工。屋面工程应根据建筑造型、使用功能和环境条件对屋面防水等级和设防要求、屋面构造、屋面排水、防水层、保温层、接缝密封防水等内容进行设计。根据《屋面工程技术规范》GB 50345—2012 规定,一般建筑的防水等级为Ⅱ级防水,防水设防要求为一道防水设防。天意房屋屋面的防水等级为Ⅱ级设防,采用"瓦+防水垫层"的瓦屋面防水。天意别墅式房屋的屋面系统的组成为:坡屋面部分采用有保温层、防水等级为一级的块瓦坡屋面,其构造自下至上为:钢屋架+钢筋混凝土屋面板+保温层+2.4mm 厚波形沥青板通风防水垫层+挂瓦条+块瓦。块瓦屋面适用于防水等级为一级和二级的坡屋面,块瓦屋面的坡度不应小于 30%。

4.1 钢屋架

钢屋架参照《轻型屋面三角形钢屋架》(圆钢管、方钢管)06SG517-1 的规定选择制作。该图集为跨度 12m,15m 和 18m 的轻型屋面三角形屋架(圆钢管、方钢管)及相应支撑系统的施工详图,该图集屋面为有檩体系,屋面坡度为 1∶3,屋面材料为瓦楞铁、压型金属板、夹芯板或压型复合保温板等金属板屋面,也可用于波形瓦、水泥瓦等瓦屋面。该图集适用于非地震区及抗震设防烈度不大于 9 级的地区,在设计计算中采用的屋面荷载标准值和荷载设计值列于表 7-1-7。

表 7-1-7 屋面荷载标准值和荷载设计值

荷载等级	荷载标准值(kN/m²)			荷载设计值(kN/m²)		
	永久荷载	可变荷载	总荷载	永久荷载	可变荷载	总荷载
1	0.3	0.3	0.6	0.36	0.42	0.78
2	0.3	0.7	1.0	0.36	0.98	1.34
3	0.6	0.7	1.3	0.72	0.98	1.70
4	0.9	0.7	1.6	1.08	0.98	2.06
5	1.0	0.9	1.9	1.20	1.26	2.46
6	1.3	0.9	2.2	1.56	1.26	2.82

屋架及支撑系统和檩条系统用钢材应符合《碳素结构钢》GB/T 700 规定的 Q235-B 钢。方钢管型号按《建筑结构用冷弯矩形钢管》JG/T 178 选用,成型以后的产品性能均应符合《建筑结构用冷弯矩形钢管》JG/T 178 中Ⅰ级产品的规定。图 7-1-4 为天意房屋方钢管屋架及屋面板安装图。

图 7-1-4　方钢管屋架及屋面板安装图

4.2　钢筋混凝土屋面板

钢筋混凝土屋面板选择符合《乡村建设用混凝土圆孔板和配套构件》GB 12987—2008 的预制钢筋混凝土屋面板。

4.3　保温层

《严寒和寒冷地区居住建筑节能设计标准》JGJ 26—2010 规定的寒冷地区低层建筑屋面传热系数不应大于 $0.35W/(m^2 \cdot K)$，当采用挤塑聚苯乙烯泡沫塑料板时，其导热系数取 $0.029W/(m \cdot K)$，屋面传热系数达到 $0.35W/(m^2 \cdot K)$需要的挤塑聚苯乙烯泡沫塑料板的最小厚度应为 83mm。

4.4　防水垫层

防水垫层是设置在瓦材下面，起防水、防潮作用的构造层。装配式结构、钢结构及大跨度建筑屋面，应选用耐候性好、适应变形能力强的防水材料。坡屋面选用与基层粘结力强、感温性小的防水材料。防水垫层宜采用自粘聚合物沥青防水垫层或聚合物改性沥青防水垫层或波形沥青通风防水垫层。波形沥青通风防水垫层的主要性能应符合表 7-1-8 的规定。

表 7-1-8　波形沥青通风防水垫层的主要性能

项　　目		性能要求
弯曲强度(跨距 620mm，弯曲位移 1/200)(N/m^2)		≥700
撕裂强度(N)		≥150
抗冲击性(跨距 620mm，40kg 沙袋，250mm 落差)		不得穿透
抗渗性(100mm 水柱，48h)		无渗漏
沥青含量(%)		≥40
吸水率(%)		≤20
耐候性	冻融后撕裂强度(N)	≥150
	冻融后抗渗性(100mm 水柱，48h)	无渗漏

4.5　块瓦

块瓦选用混凝土波形瓦,其质量应符合《混凝土瓦》JC/T 746—2007 的有关规定,混凝土波形瓦的结构形状如图 7-1-5。

块瓦搭接要求:横向搭接应顺年最大频率风向,并应满足所选瓦材搭接的构造要求,纵向搭接应按上瓦前端紧压后瓦尾端的方式排列,搭接长度必须满足所选瓦材应搭接的长度要求。屋面坡度及螺钉固定要求列于表 7-1-9。

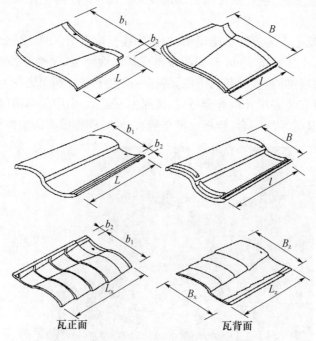

L（L_z、L_x）—长度；B（B_s、B_x）—宽度；b_1—遮盖宽度；b_2—搭接宽度；l—吊挂长底；

图 7-1-5　混凝土波形瓦的结构形状

表 7-1-9　屋面坡度及螺钉固定要求

屋面坡度	固定要求
32%～41%(18°～22.5°)	周边瓦用 2 个螺钉固定,其余部分用 1 个螺钉固定
41%～100%(22.5°～45°)	所有瓦都用 2 个螺钉固定
100%～120%(45°～51°)	所有瓦都用 2 个螺钉固定,或者用 1 个螺钉固定并在瓦之间加万用抗风搭扣固定

5　外墙系统

天意房屋的外墙系统的组成自外至内为"外挂板-柱组合＋保温层＋内侧墙板"。

5.1　外挂板-柱组合

外挂板-柱组合由混凝土挂板和混凝土挂柱组成,混凝土挂板的宽度为180mm、厚度为40mm,长度为1200mm和600mm,这种混凝土外挂板外形独特,板材两侧都有企口且位置相错,安装时将上层挂板的下部企口与下层挂板的上部企口相互搭接,起到构造防水作用。混凝土挂柱的总厚度为119mm,其中挂键厚度为19mm,挂键间隔165mm,安装时将挂板下部企口放置在挂柱的挂键上,挂板自重由挂键直接承受。挂板和挂柱的这种组合方式可保证挂板正常条件下抵抗由于温度变化、湿度变化而引起的变形。图7-1-6为正在安装的混凝土外挂板-柱组合。

在独立混凝土基础上安装连续基础钢梁,根据外挂板排板图,在基础钢梁上确定每根挂柱的位置中心点,将混凝土挂柱按600mm间距分布在基础钢梁上,调整好整面墙体中挂柱的平整度以及每根混凝土挂柱的垂直度和水平度,将挂柱的上下端分别固定在上下钢梁上,保持挂柱牢固稳定,所有挂柱安装完毕并检查合格后,按照由下至上、由中间向两侧的顺序安装挂板,保证每块挂板与挂柱挂键准确配合,挂板应横平竖直,同时调整墙面的整体平整度。

图7-1-6　混凝土外挂板-柱组合墙面安装

5.2　保温层

《严寒和寒冷地区居住建筑节能设计标准》JGJ 26—2010规定的建筑围护结构的传热系数限值为:寒冷地区低层建筑外墙的传热系数不应大于$0.45W/(m^2 \cdot K)$。保温层由两部分组成,其中一部分保温板安装在混凝土挂柱之间,安装时应注意保温板与混凝土挂柱的贴合度,不能留缝隙但是也不能挤压挂柱,另一部分保温板满贴在已安装的那层保温板上,并完全包覆钢结构柱、混凝土挂柱、钢结构梁等可能形成热桥的部位。保温层采用自熄性聚苯乙烯泡沫塑料板,导热系数取$0.039W/(m \cdot K)$,不考虑热桥作用时,外墙的传热系数达到$0.45W/(m^2 \cdot K)$需要的自熄性聚苯乙烯泡沫塑料板最小厚度应为60mm。

5.3　内侧墙板

外墙的内侧墙板可采用条形板材,也可采用薄型板材。

6 内隔墙

内隔墙采用利废环保的灰渣混凝土轻质条板,是以水泥为胶凝材料,以灰渣为集料,以纤维或钢筋为增强材料,其构造断面为多孔空心式,长宽比不小于2.5,且灰渣总掺量(重量)在40%以上。

灰渣混凝土轻质条板的质量标准应符合《灰渣混凝土空心隔墙板》GB/T 23449—2009的规定。

7 结语

天意别墅式轻钢结构房屋所用结构材料和围护材料均符合相应的国家标准或行业标准要求,施工过程中干法作业量达到90%以上。不仅节约资源能源、减少施工污染,还提升了劳动生产效率和质量安全水平。

第2节 天意轻钢框架结构房屋

1 概况

天意集成房屋公司以国家提出大力发展装配式建筑为契机,引领新型房屋事业的蓬勃发展为己任,始终遵循国家装配式建筑发展战略,秉承"绿色建筑未来的"产业理念,公司通过坚定不移的创新和发展,将天意集成房屋打造成为中国最受尊重的装配式房屋行业领导者。天意全装配轻钢结构房屋的设计、施工和验收遵循《轻型钢结构住宅技术规程》JGJ 209—2010,该规程适用于以轻型钢框架为结构体系,并配套有满足功能要求的轻质墙体、轻质楼板和轻质屋面板建筑体系,层数不超过6层的非抗震设防以及抗震设防烈度为6度~8度的轻型钢结构住宅的设计、施工和验收。轻型钢结构住宅的建筑设计应符合《住宅建筑规范》GB 50368 和《住宅设计规范》GB 50096 的规定。天意全装配轻钢结构房屋以集成化住宅为目标,按照建筑、结构、装修一体化的原则,并按照配套的建筑体系和产品,对该房屋进行了综合设计。图7-2-1 为天意集成房屋公司开发建造的轻钢框架结构房屋,该房屋采用轻型钢梁柱框架结构。

该房屋是在华北平原地区建造的一栋二层住宅,房屋的平面设计为大开间设计,平面几何形状规则,长宽比例可满足结构对质量、刚度均匀的要求,空间布局有利于结构抗侧力体系的设置与优化。图7-2-2 为天意二层轻钢框架结构房屋的平面图,其中一层的建筑面积为115.47m²,二层的建筑面积为99.27m²。

图 7-2-1 天意集成房屋公司开发建造的轻钢框架结构房屋

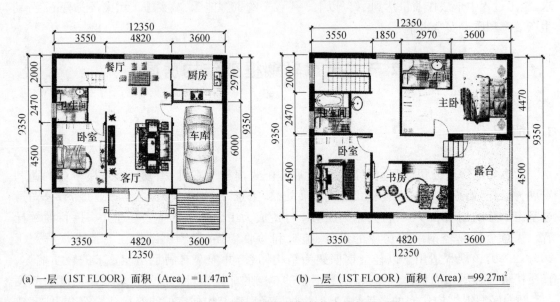

(a) 一层（1ST FLOOR）面积（Area）=11.47m²   (b) 一层（1ST FLOOR）面积（Area）=99.27m²

图 7-2-2 天意二层轻钢框架结构房屋的平面图

2 结构体系

2.1 轻钢梁柱框架结构

根据《工程结构可靠性设计统一标准》GB 50153,轻型钢结构住宅的设计使用年限不应少于 50 年,其安全等级不应低于二级。在框架结构中镶嵌填充灰渣混凝土轻质条板,利用墙体侧向刚度增强整体结构的抗侧移能力。天意轻钢结构房屋承重结构采用的钢材为 Q345－B 钢,其质量应符合国家标准《低合金高强度结构钢》GB/T 1591 的规定。Q345 低合金高强度的力学性能列于表 7-2-1。

表 7-2-1　Q345 低合金高强度的牌号及力学性能

牌号	等级	拉伸试验						V 型冲击试验		180°弯曲试验	
		屈服强度 R_{eH}(MPa)			抗拉强度 R_m(MPa)	断后伸长率 A(%)		温度 (℃)	冲击吸收能 (公称厚度 12mm ~ 150mm)(J)	钢材厚度(mm)	
		公称厚度(mm)				公称厚度(mm)				≤16	>16~100
		≤16	>16~40	>40~63		≤16	>40~63				
Q345	A	≥345	≥335	≥325	470~630	≥20	≥19	—	—	d=2a	d=3a
	B					≥20	≥19	20	≥34		
	C					≥21	≥20	0	≥34		
	D					≥21	≥20	−20	≥34		
	E					≥21	≥20	−40	≥34		

注:d 为弯心直径,a 为试样厚度

　　天意轻钢框架结构房屋的建筑主体结构采用轻钢梁柱框架结构,结构柱采用高频焊接方钢管,结构梁采用高频焊接 H 型钢或热轧 H 型钢,屋面梁采用热轧 H 型钢。图 7-2-3 为轻钢框架安装过程。

图 7-2-3　轻钢框架安装

　　钢结构安装顺序应先形成稳定的空间单元,然后再向外扩展,并应及时消除误差。柱的定位轴线应从地面控制轴线直接上引,不得从下层柱轴线上引。钢管柱与 H 型钢梁的刚性连接采用柱带悬臂梁段式连接,梁的拼接采用全螺栓连接或焊接和螺栓连接相结合的连接方式。钢框架梁柱节点连接采用高强度螺栓连接,高强度螺栓采用扭剪型。

　　钢框架梁柱的节点连接采用扭剪型高强度螺栓连接副(包括一个螺栓、一个螺母和一个垫圈),其型式尺寸、技术要求应符合《钢结构用扭剪型高强度螺栓连接副》GB/T 3632—2008 的规定,该标准规定了螺纹规格为 M16~M30 钢结构用扭剪型高强度螺栓连接副的型式尺寸、技术要求、试验方法、标记方法及验收与包装,适用于工业与民用建筑、桥梁、塔桅结构、锅炉钢结构、起重机械及其他钢结构用扭剪型高强度螺栓连接副。

2.2　结构柱用方形钢管

　　结构柱方形钢管的选用按照《结构用冷弯空心型钢尺寸、外形、重量及允许偏差》GB/T

6728—2002 标准规定,该标准适用于可用于冷加工变形的冷轧或热轧连轧钢板和钢带在连续辊式冷弯机组上生产的冷弯型钢。该标准所规定的冷弯型钢主要采用高频电阻焊接方式,也可采用氩弧焊或其他焊接方法。

2.3 结构梁用 H 型钢

结构梁用钢材选用热轧 H 型钢,热轧 H 型钢应符合《热轧 H 型钢和剖分 T 型钢》GB 11263—2005 中的规定,该标准适用于热轧 H 型钢和由热轧 H 型钢剖分的 T 型钢。图 7-2-4 为 H 型钢截面图。

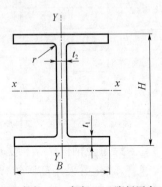

H—高度;B—宽度;t_1—腹板厚度
t_2—翼缘厚度;r—圆角半径

图 7-2-4　H 型钢截面图

2.4 地基基础

地基是支承基础的土体或岩体;基础是将结构所承受的各种作用传递到地基上的结构组成部分。与传统混凝土结构相比,轻钢结构在柱脚处存在较小的竖向力和较大的水平力,刚接柱脚还存在较大的弯矩,在风荷载起控制作用的情况下还存在较大的上拔力。根据住宅层数、地质状况、地域特点等因素,轻型钢结构住宅的基础可采用柱下独立基础或条形基础。基础设计通常包括基础底面积、基础高度和配筋,还应符合有关构造要求。轻钢结构的基础除了上述内容外,还应进行柱底板设计和锚栓设计。

天意轻钢结构房屋采用柱下条形基础,基础用混凝土应符合现行国家标准《混凝土结构设计规范》GB 50010 的规定,混凝土强度等级不应低于 C20,钢筋的混凝土保护层厚度不应小于 40mm。预埋锚栓的长度不应小于锚栓直径的 25 倍,图 7-2-5 为天意轻钢结构房屋采用的柱下条形基础及预埋锚栓。

2.5 钢结构柱与基础的连接

轻钢结构柱通过预埋锚栓与基础连接,轻钢结构的基础可能发生的破坏形式包括冲切破坏、剪切破坏、较大水平力引起的倾覆和滑移破坏、较大风荷载引起的上拔破坏,为防止这些破坏的发生,最经济有效的方法就是加大基础埋深。另外,为了钢结构柱与基础的连接而必须在钢筋混凝土基础中预埋锚栓,若锚栓离钢筋混凝土基础边缘太近,将会导致基础劈裂破坏,若锚栓长度过短,将会导致锚栓从基础中拔出。柱脚锚栓不宜用于承受柱脚底板的水平反力,此水平反力由底板与混凝土基础间的摩擦力(摩擦系数可取 0.4)或设置抗剪键承受。柱脚锚栓埋置在基础中的深度,应使锚栓的拉力通过其与混凝土之间的粘结力传递。当埋置深度受到限制时,则锚栓应牢固地固定在锚板或锚梁上,以传递锚栓的全部拉力,此时可不考虑锚栓与混凝土之间的粘结力。

采用预埋螺栓与柱脚板连接的外露式做法,在柱脚底板与基础表面之间应留 50～80mm 的间隙,并应采用灌浆料或细石混凝土填实间隙。柱脚板与基础混凝土间产生的最大压应力标准值不应超过混凝土轴向抗压强度标准值的 2/3。

图 7-2-5　柱下条形基础及预埋锚栓

3　地面系统

3.1　底层地面

根据《建筑地面设计规范》GB 50037—2013 的规定,建筑物底层地面的标高宜高出室外地面 150mm。

底层地面的基本构造为面层＋找平层＋填充层＋防潮层＋垫层＋地基。面层材料采用陶瓷地砖,找平层材料采用配合比 1∶3 的水泥砂浆,填充层材料采用强度等级为 C10 的轻骨料混凝土,防潮层采用防水卷材,垫层材料采用混凝土,混凝土垫层的强度等级不应低于 C15。

3.2　楼层地面

楼层地面的构造为面层＋找平层＋预制楼板。天意全装配轻钢框架房屋为低层住宅建筑,采用的预制楼板为钢筋混凝土圆孔板,圆孔板的选用标准可依据《乡村建设用混凝土圆孔板和配套构件》GB 12987—2008。

楼板的混凝土强度等级不应低于 C30,受力筋宜采用 CRB550 冷轧带肋钢筋或 HPB235 热轧光圆钢筋,其质量应分别符合《冷轧带肋钢筋》GB 13788—2008 和《钢筋混凝土用钢　第 1 部分　热轧光圆钢筋》GB 1499.1—2008 的规定。应对楼板进行承载力检验,受弯承载力检验系数不应小于 1.35,并在荷载效应的标准组合下,板的受弯挠度最大值不应超过板跨度的 1/200,且不应出现裂缝。预制圆孔楼板与钢梁的搭接长度不应小于 50mm,并应有可靠连接,采用焊接方法时应对焊缝进行防腐处理。楼板安装应平整,相邻板面高差不宜超过 3mm。吊装应按楼板排板图进行,并应严格控制施工荷载,对悬挑部分的施工应设临时支撑措施。

4　屋面系统

如图 7-2-6 所示,天意轻钢结构房屋屋面系统设置分为两种不同的屋面,房屋前部的屋面采用平屋面,房屋后部的屋面采用坡屋面。

图 7-2-6　天意轻钢结构房屋屋面系统的设置

4.1　平屋面部分

《平屋面建筑构造》12J201 图集适用于屋面排水坡度为 2‰～5‰,屋面结构层为钢筋混凝土的平屋面。该房屋平屋面部分为有保温上人屋面,其构造自下而上为:钢筋混凝土屋面板＋30mm 厚 LC5.0 轻集料混凝土找坡层＋保温层＋20mm 厚水泥砂浆找平层＋防水层＋10mm 厚低强度等级砂浆隔离层＋20mm 厚聚合物砂浆＋防滑地砖,防水砂浆勾缝。

· 钢筋混凝土屋面板

钢筋混凝土屋面板选用符合《乡村建设用混凝土圆孔板和配套构件》GB　12987—2008 规定的钢筋混凝土圆孔板。钢筋混凝土圆孔板之间的缝隙应采用强度等级不小于 C20 的细石混凝土灌填密实;板缝宽度大于 40mm 或上窄下宽时,应在缝中放置构造钢筋;板端缝应进行密封处理。

· 找坡层

找坡层采用质轻、吸水率低并有一定强度的材料,坡度为 2％。

· 保温层

保温材料选用符合《绝热用挤塑聚苯乙烯泡沫塑料(XPS)》GB/T 10801.2—2002 的不带表皮 W200 板材。按照《严寒和寒冷地区居住建筑节能设计标准》JGJ 26—2010 规定的寒冷地区低层建筑屋面传热系数不应大于 0.35W/(m² · K),W200 挤塑聚苯乙烯泡沫塑料的导热系数取 0.035W/(m · K),屋面系统传热系数达到 0.35W/(m² · K)需要的板材厚度最小应为 90mm。

· 防水层

上人屋面的防水层应选用耐霉变、拉伸强度高的防水材料。防水层采用 2.0mm 厚度改性沥青聚乙烯胎防水卷材与 1.5mm 厚聚合物水泥防水涂料复合防水,材料性能应分别符合《改性沥青聚乙烯胎防水卷材》GB 18967—2009 与《聚合物水泥防水涂料》GB/T 23445—2009 的规定。

4.2　坡屋面部分

坡屋面部分采用有保温层、防水等级为二级的沥青瓦坡屋面,其构造自下至上为:钢筋混凝土屋面板＋保温层＋40mm 厚 C20 细石混凝土找平层＋防水垫层＋沥青瓦。

· 钢筋混凝土屋面板

钢筋混凝土屋面板选用标准同本房屋的平屋面部分。

· 保温层

沥青瓦屋面的保温层设置在屋面板之上时，应采用压缩强度不小于 150kPa 的硬质保温隔热板材。保温材料选择同平屋面部分。

· 防水垫层

防水垫层表面应具有防滑性能或采取防滑措施，防水垫层材料应采用沥青类防水垫层、高分子类防水垫层、防水卷材和防水涂料。本房屋坡屋面采用自粘聚合物沥青防水垫层，最小厚度为 1.0mm，搭接宽度为 80mm，性能应符合《坡屋面用防水材料　自粘聚合物沥青防水垫层》JC/T 1068—2008 的有关规定。

· 沥青瓦

沥青瓦的性能应符合《玻纤胎沥青瓦》GB/T 20474—2015 的规定，该标准适用于以石油沥青为主要原料，加入矿物填料，采用玻纤毡为胎基、上表面覆以保护材料，用于铺设搭接法施工的坡屋面的沥青瓦。

沥青瓦屋面坡度不应小于 20%；沥青瓦应具有自粘胶带或相互搭接的连锁构造。矿物粒料或片料覆盖沥青瓦的厚度不应小于 2.6mm，金属箔面沥青瓦的厚度不应小于 2mm；沥青瓦的固定方式以钉为主、粘结为辅，每张瓦片上不得少于 4 个固定钉；在大风地区或屋面坡度大于 100% 时，每张瓦片上的固定钉不得少于 6 个。天沟部位铺设的沥青瓦可采用搭接式、编织式或敞开式，搭接式、编织式铺设时，应在防水垫层上铺设厚度不小于 0.45mm 的防锈金属板材，沥青瓦与金属板材应用沥青基胶结材料粘结，其搭接跨度不应小于 100mm。

5　外墙系统

外墙系统的构造自外至内为：外墙保温装饰一体化复合板＋受力结构条板＋内侧装饰板。

· 外墙保温装饰一体化复合板

外墙保温装饰一体化复合板的安装方式为整体外包钢结构，可阻断钢框架造成的热桥；外墙保温装饰一体化复合板采用天意机械股份有限公司制造的生产线生产（见图 7-2-7），外墙外饰面材料为防水、抗裂、耐候和耐粘污的材料。保温材料可选用符合相关国家标准或行业标准的岩棉板、聚苯乙烯泡沫塑料板或硬质聚氨酯板。

图 7-2-7　外墙保温装饰一体化复合板生产线

· 受力结构条板

受力结构条板选用钢筋陶粒混凝土轻质实心条板,将条板镶嵌在钢框架之间,可承受水平侧力。钢筋陶粒混凝土轻质墙板是以通用硅酸盐水泥、砂、硅砂粉、陶粒、陶砂、外加剂和水等配制的轻集料混凝土为基料,内置钢网架,经浇注成型、养护而制成的轻质条型墙板,产品质量应符合《钢筋陶粒混凝土轻质墙板》JC/T 2214—2014 的规定。

· 内侧装饰板

外墙系统的内侧装饰板采用纸面石膏板,石膏板的性能符合《纸面石膏板》GB/T 9775—2008 的规定。纸面具有良好的耐火性能,这是由于石膏板中的二水石膏是以 $CaSO_4 \cdot 2H_2O$ 的结晶形态存在的,结晶水的含量相当于全部重量的 21%,当遭遇火灾时,结晶形态的二水石膏首先吸收热量进行脱水反应,每千克二水石膏脱去两个水分子需要大约712kJ的热能,然后使水分子变成蒸汽蒸发还需要大约544kJ的热能,这两个过程所需要的热能可在一定程度上消耗火灾造成的热能,可为人员疏散和消灭火灾提供宝贵时间。另外,纸面石膏板在遭遇火灾时仅释放水蒸气,并在面向火源的表面形成水蒸气幕,而不会释放其他对人体有害的气体,这对于保护生命安全是非常重要的。纸面石膏板还具有一定的湿度调节作用,石膏制品中的孔隙率为 40%~60%,并且有分布适当的孔结构,所以具有较高的透水蒸气能力,当室内湿度较大时,石膏板可以吸收湿气,当室内空气干燥时,石膏板则可释放部分水,所以,石膏板在室内使用能起到一定的湿度调节作用。

6 内隔墙

内隔墙采用厚度为 120mm 的纤维水泥夹芯复合墙板,填缝后可直接粉刷涂料。纤维水泥夹芯复合墙板是以玻璃纤维为增强材料,以硅酸盐水泥(或硅酸钙)等胶凝材料制成的薄板为面层,以水泥(硅酸钙、石膏)聚苯颗粒或膨胀珍珠岩等轻集料混凝土、发泡混凝土、加气混凝土为芯材,由两种或两种以上不同功能材料复合而成的实心墙板。产品质量应符合《纤维水泥夹芯复合墙板》JC/T 1055—2007 的规定。

7 结语

天意房屋依托集团公司在钢结构、板材生产装备、铝合金窗、物流等行业的产业链优势,紧跟国家政策,面向世界提供装配式住宅一体化服务。

第3节 钢结构装配式汉泰房屋

1 汉泰房屋建筑体系概述

中煤汉泰装配式钢结构低层、多层房屋建筑体系(以下简称"汉泰房屋建筑体系"),是在对国内外工业化建筑体系进行全面调研的基础上,通过自主研发形成的一种新型装配式钢结构绿色建筑体系,它适用于低层、多层住宅和商用建筑。徐州中煤百甲重钢科技股份有限公司、徐州中煤汉泰建筑工业化有限公司,通过"建筑工业化试验楼"项目的建设,完成了汉泰房屋建筑体系的技术验证和总结,并于 2015 年 5 月通过了部级技术成果鉴定,鉴定结论为:满足国家相关绿色建筑标准,该建筑技术体系达到国内领先水平。2016 年中煤百甲公司承接的"宁夏纺织工业园如意公寓楼装配式钢结构住宅项目"一期约 25000m² 已竣工并投入使用。汉泰房屋建筑体系技术先进、体系完整,可在装配式建筑工程中大规模应用和推广。

汉泰房屋建筑体系有两个突出特点:一是采用建筑尺寸模数化和模块化设计相结合的"双模数"协调机制,更加有利于不同建筑面积的模块组合和部品部件标准化、工厂化生产;二是将钢结构主体结构与混凝土预制外墙板(简称 PC 大板)采用"嵌入式"连接方式,安装牢靠、建筑外观协调,可进一步增大建筑使用面积。公司通过"建筑工业化试验楼工程项目"的验证和总结,实现了以建筑产品设计的标准化和模块化、生产的工业化、安装的机械化、一体化装修和 BIM 信息化管理为主要特征的住宅建筑生产方式,并在研发设计、加工、施工等环节形成了完整、协调的产业链,能够实现房屋建造全过程的工业化、集成化,不仅能提高建筑工程质量和效益,而且能实现节能减排与资源节约。

"双模数"和模块化协调机制,可组合面积从 60m² 到 160m² 的各类住宅的建筑平面和建筑立面。只要将基本模块形成的标准板加上部分异形板即可满足各类居住要求的平面和立面尺寸,从而形成标准化、模块化设计,并为工厂化生产奠定基础。建筑的主体结构采用钢结构承重体系和 PC 复合保温墙板、叠合楼面(屋面)板、EC 墙板、ALC 墙板形成完整的建筑结构,因此提高了建筑的寿命和抗震性能。

汉泰房屋建筑体系的部品全部采用工厂化生产、机械化安装,减少了现场施工工人,基本取消了脚手架、模板、抹灰等项目,取消了梁、柱现浇及钢筋的绑扎等工序,减少了现场湿作业,并且一体化装修的板面平整、光滑,取消了传统砂浆找平等工序,可直接进行刮腻子、喷白等工序,节约了材料。根据对已完成的建筑工业化试验楼项目和宁夏如意公寓楼装配式钢结构项目的计算和综合对比分析,汉泰房屋建筑体系的预制装配率可达 89%,而施工工期比常规缩短 1/3,人工费用降低 2/3,综合造价与传统的混凝土结构建筑相比基本持平,有利于保证工程质量、提高施工安全性。而 BIM 技术的应用提高了构件安装的速度和精度,提高了管理水平、生产效率,节能环保等优势突出。采用汉泰房屋建筑体系建造的"建筑工业化试验楼"项目,如图 7-3-1 所示。

图 7-3-1　"建筑工业化试验楼"项目

2 建筑体系

2.1 汉泰房屋建筑体系的特征

(1)建筑体系特征

· 建筑体系采用模数化的"双模数"协调技术系统。

· 建筑体系采用模块组合技术系统。

(2)建筑的主体部分特征

· 建筑主体结构:采用钢框架结构体系。

· 钢框架结构的柱:采用高频焊接矩形钢管、圆钢管(或钢管混凝土柱)。

· 钢框架结构的梁:采用高频焊接 H 型钢或热轧 H 型钢。

· 梁、柱连接:采用摩擦型大六角头高强度螺栓连接。

· 楼板:采用预制钢筋桁架混凝土薄板(厚 60mm),然后现浇混凝土形成叠合楼板(厚度≥120mm),如图 7-3-2 所示;或采用钢筋桁架楼承板现浇混凝土形成楼板,如图 7-3-3 所示。

图 7-3-2 预制钢筋桁架混凝土薄板(叠合板)及其案例

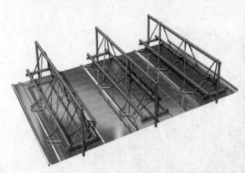 

图 7-3-3 钢筋桁架楼承板及其案例

· 围护墙板(外墙):采用 PC 复合保温墙板,PC 复合保温墙板采用两边混凝土中间夹保温层的内保温构造,满足了保温隔热功能,提高了节能效果;同时,满足防火、隔声等要求,如图 7-3-4所示。

・内隔墙：采用 ALC 加气轻质混凝土条板，如图 7-3-5 所示；或 EC 混凝土聚苯颗粒复合条板，如图 7-3-6 所示。

・屋面板：ALC 加气轻质混凝土屋面板，如图 7-3-7 所示。

・防火：钢柱、钢梁采用 S50 ALC 板包覆式防火方式，如图 7-3-8 所示。

・一体化的厨房、卫生间集成装修。

・具有智能家居、太阳能热水和新风系统等。

图 7-3-4　PC 复合保温外墙板及其案例

图 7-3-5　ALC 加气轻质混凝土条板及其案例

图 7-3-6　EC 混凝土聚苯颗粒复合条板及其案例

图 7-3-7　ALC 加气轻质混凝土屋面板案例

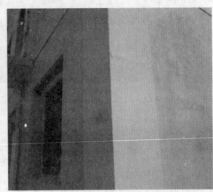

图 7-3-8　钢柱、钢梁采用 S50 ALC 板包覆式防火案例

2.2　模数化的"双模数"协调及模块组合技术系统

（1）模数化的"双模数"协调技术系统

建筑的模数化是实现建筑、结构设备和装修等各环节进行尺寸协调、配合的基础或规则，是实现建筑产品工业化、集成化的前提，因此具有非常重要的意义，主要体现在以下几个方面：

· 实现设计、制造、施工等各个环节的互相协调。

· 实现建筑产品的标准化、系列化，增加了产品的通用性和互换性，减少或避免施工安装的砍、锯、填、嵌等粗放型的施工作业方式。

· 实现规模化集成生产，建筑构配件规格最大限度地统一化，使全部结构构件、围护板材等实现规模化集成制造，从而通过批量生产保证质量且有效降低成本。

· 实现建筑的部品与部品之间的标准接口与配套。

（2）"双模数"协调模数数列

模数协调是建立工业化建筑体系最基本的要素，是实现建筑工业化、集成化、建筑产品通用化、可互换性和配套化的基础，汉泰房屋低层、多层建筑技术体系采用"双模数"协调技术：

水平基本模数：$1P=300mm$。

竖向基本模数：$1P=300mm$。

模数数列见表 7-3-1。

表 7-3-1　模数数列表

数列名称	模数	进级	使用范围
水平扩大模数数列	1/2P	150	开间、进深;柱距、跨度;门窗、洞口
	1P	300	
	2P	600	
	4P	1200	
	5P	1500	
	10P	3000	
竖向扩大模数数列	1P	300	建筑物高度;层高、门窗、洞口
	1/2P	150	
	1/3P	100	
分数模数数列	1/30P	10	节点构造、构配件截面

3　结构体系

3.1　主体结构

汉泰房屋建筑体系的主体结构采用钢框架结构体系或钢框架-支撑体系,钢框架结构体系主要用于低层钢结构住宅体系,而钢框架-支撑体系主要用于地震高烈度地区和多层钢结构住宅体系。

由于框架体系能够提供较大的内部使用空间,因而建筑布置灵活,构造简单,施工周期短,所以对低层、多层住宅建筑的结构来说,框架体系是一种应用广泛的结构体系,如图 7-3-9 所示。

图 7-3-9　低层建筑的钢框架结构施工图

3.2　梁、柱截面形式

（1）钢梁截面形式

钢梁采用热轧 H 型钢梁和焊接 H 型钢梁。热轧型钢梁构造简单,加工工时省,加工成本低,但截面尺寸受型钢的规格限制;焊接型钢梁的特点是截面尺寸组合方便,但加工时间长、加工费用较高,如图 7-3-10、图 7-3-11 所示。

图 7-3-10　热轧 H 型钢梁　　　　　　　图 7-3-11　焊接 H 型钢梁

（2）钢柱截面形式

钢柱采用矩形管柱或矩形管混凝土柱。矩形管柱抗扭刚度大、承载力高、外形规则,组成的结构轻巧美观,具有很好的建筑适用性;矩形管混凝土柱是在矩形管内灌注混凝土,其防火性能、稳定性和局部稳定性较好,与 H 型钢组成的结构相比,用钢量少,成本低;与圆钢管相比,梁柱连接构造比较简单,不产生空间相贯,便于加工,并且浇注时不需要支模,目前已经在建筑中得到广泛应用,如图 7-3-12 所示。

图 7-3-12 矩形管柱

4 楼板系统

汉泰房屋建筑体系的楼板系统:采用预制钢筋桁架混凝土薄板(厚 60mm),然后现浇混凝土形成叠合楼板(厚度≥120mm),如图 7-3-13 所示;或采用钢筋桁架楼承板现浇混凝土形成楼板,如图 7-3-14 所示。

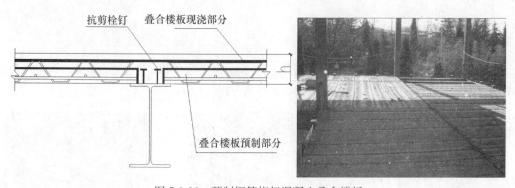

图 7-3-13 预制钢筋桁架混凝土叠合楼板

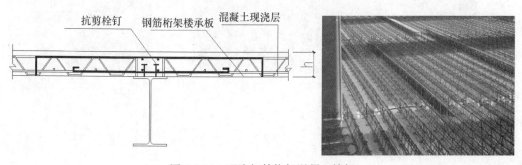

图 7-3-14 现浇钢筋桁架混凝土楼板

5 围护系统

汉泰房屋建筑的围护墙板(外墙):采用内嵌式 PC 复合保温墙板,即外墙板嵌入两柱之间。与常用的外挂墙板相比,建筑外立面光滑平整,内部空间角部无突兀,布局灵活,增加了内部空间使用面积,提高了住宅的舒适性,如图 7-3-15 所示。

图 7-3-15 内嵌式 PC 复合保温墙板

6 内隔墙

汉泰房屋建筑的内隔墙:采用 EC 混凝土聚苯颗粒复合条板、空心复合条板,如图 7-3-16、图 7-3-17 所示;或采用 ALC 加气轻质混凝土条板,如图 7-3-18 所示。

图 7-3-16 EC 复合条板　　　图 7-3-17 多孔复合条板　　　图 7-3-18 ALC 内墙板

7 主要连接节点

(1)梁柱连接节点

钢框架结构体系中,梁-柱连接节点起到传递弯矩和剪力的作用,梁-柱连接节点对结构的可靠性、安全性和结构的抗震性能具有非常重要的意义。汉泰房屋建筑体系的梁-柱连接节点采用刚性连接节点,如图 7-3-19 所示。

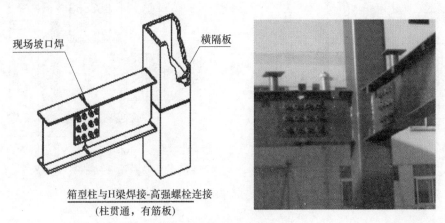

箱型柱与H梁焊接-高强螺栓连接
(柱贯通,有筋板)

图 7-3-19　带悬臂的连接节点

(2)外墙板连接及防水密封节点

外墙 PC 复合保温墙板的连接采用内嵌式铰接连接方式,外墙板之间的纵、横缝隙采用专用硅酮耐候密封胶进行密封,如图 7-3-20、图 7-3-21 所示。

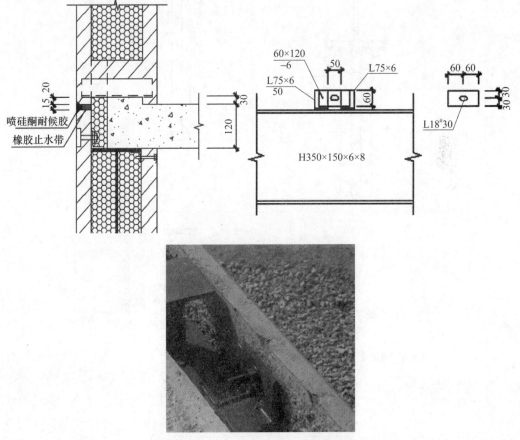

图 7-3-20　PC 复合保温外墙板安装图

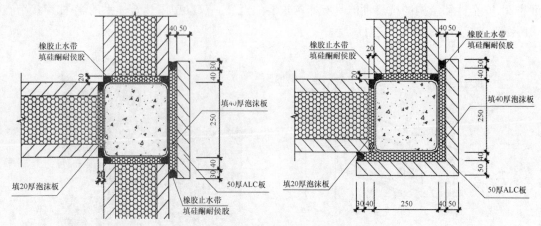

图 7-3-21　PC复合保温外墙板防水节点

（3）内隔墙板与结构连接节点

内隔墙板采用 EC 混凝土聚苯颗粒复合条板或 ALC 加气轻质混凝土条板。内隔墙板与结构连接节点如图 7-3-22 所示。

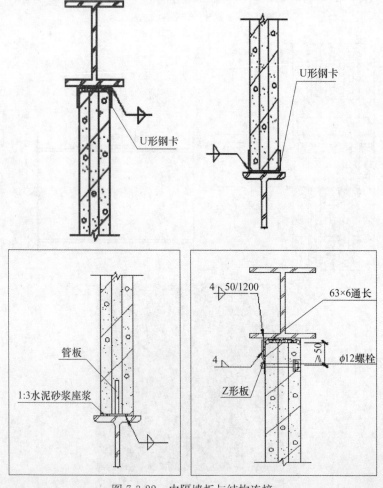

图 7-3-22　内隔墙板与结构连接

（4）钢柱、钢梁防火节点

钢柱、钢梁采用 S50 ALC 板包覆式防火构造，如图 7-3-23 所示。该钢柱、钢梁的包覆式防火构造具有防火性能高、耐火时间长等特点。

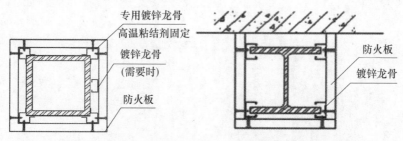

图 7-3-23　钢柱、钢梁采用 S50 ALC 板包覆式防火示意图

（本章作者为：徐州中煤百甲科技股份有限公司徐州中煤汉泰建筑工业化有限公司　朱蕾宏）